3 个月速成
建筑 BIM 造价实训教程

鸿图造价 组编

机械工业出版社

本书主要介绍了建筑构造、建筑材料、建筑施工技术以及基于实际案例的广联达计量和计价软件应用、CAD 导图、外部清单组价等知识。本书共分为 10 章，内容包括房屋建筑构造、建筑材料、建筑施工技术、工程量计算规则依据、建筑与装饰工程手工算量、开闭所工程 BIM 造价实操案例、五层办公楼工程 BIM 造价实操案例、CAD 图纸导入快捷识别、外部清单组价分析、随机实战案例。

本书图文并茂、实用性强、重点突出，具有较强的指导性和可操作性，可作为建筑工程造价员的培训教材和参考用书。

图书在版编目（CIP）数据

3 个月速成建筑 BIM 造价实训教程/鸿图造价组编 .—北京：机械工业出版社，2023. 7

ISBN 978-7-111-73416-1

Ⅰ.①3… Ⅱ.①鸿… Ⅲ.①建筑造价管理－应用软件－教材
Ⅳ.①TU723. 3-39

中国国家版本馆 CIP 数据核字（2023）第 116786 号

机械工业出版社（北京市百万庄大街 22 号　邮政编码 100037）
策划编辑：汤　攀　　　　责任编辑：汤　攀　关正美
责任校对：肖　琳　张　征　　封面设计：张　静
责任印制：刘　媛
唐山楠萍印务有限公司印刷
2024 年 11 月第 1 版第 1 次印刷
184mm×260mm · 17. 5 印张 · 429 千字
标准书号：ISBN 978-7-111-73416-1
定价：79. 00 元

电话服务　　　　　　　　　网络服务
客服电话：010-88361066　　机　工　官　网：www. cmpbook. com
　　　　　010-88379833　　机　工　官　博：weibo. com/cmp1952
　　　　　010-68326294　　金　　书　　网：www. golden-book. com
封底无防伪标均为盗版　　机工教育服务网：www. cmpedu. com

前言 FOREWORD

随着建筑产业市场化的飞速发展，工程造价行业的业务规模和需求也在迅速扩大，广大造价人员对利用信息技术提高管理质量、工作效率的业务意识也在不断增强，从根本上为造价软件的应用创造了良好的条件。目前90%以上的工程招标投标环节中都使用了相关造价软件工具。用计算机技术辅助进行造价管理工作是提升行业整体素质的重要手段，用软件进行辅助工作已成为广大造价人员必须具备的基本素质之一。

通过灵活应用软件，可以帮助初学者早日接触到实际业务的操作，切实做到推动初学者“学完能上岗”目标的实现；通过软件的深入教学和认证考核，也将为用人单位选聘、院校毕业考核、学生择业就业三个环节提供一种选拔考核方法。

目前应用最为广泛的造价软件是广联达GTJ土建计量平台和广联达云计价平台GCCP6.0。为此，本书以实际案例为主线，全面介绍广联达系列造价软件在建筑工程造价中的使用方法。案例的工程规模从小到大，从最简单的开闭所项目进阶到五层办公楼项目，让读者由浅入深地学习软件实操，并在过程中加入常用功能的使用方法及常遇到问题的处理方法。且每一个案例都是从识图到软件计量、手工算量，进而到软件组价进行介绍，流程完整全面，让读者能够沉浸式学习完整的计价流程。然后又从计量CAD导图、外部清单组价两方面重点突破，让读者完成进阶式学习。

本书内容的主要特色如下：

（1）内容全面。本书全面涵盖建筑基础知识、造价基础知识、造价实操、技巧进阶四大方面。

（2）实战操作性强。以实际工程项目为载体，以造价流程为导向，从基础知识、工程算量、工程组价、CAD导图、外部清单，再到清单计价，由浅入深，遵循学习规律。

（3）图文并茂。书中对软件的每一步操作都配有操作截图和相应的文字说明。

（4）技巧性强。考虑绘图以及导图的方便，本书先进行计量绘制和清单添加，再借助土建计量进行计价中的工程导入和组价等。

（5）赠送免费课程。本书提供约55节视频课程，课程获取的流程为：第一步，扫码右侧二维码；第二步，用手机号注册账号；第三步：直接观看视频。

（6）加入QQ群进行答疑及交流。QQ群号为618024818，可查找群号添加或者用手机QQ扫码入群，并可索取部分章节的案例图纸文件。

由于编者水平有限，书中难免存在不足之处，恳请广大读者、同行批评指正。

目录 CONTENTS

造价基础知识篇

造价实操篇

技巧进阶篇

建筑基础知识篇

第 1 章　房屋建筑构造

1.1　民用建筑

1. 房屋建筑学的含义和内容

建筑是人工创造的空间环境，通常认为是建筑物和构筑物的总称。其中，建筑物是指直接供人们使用的建筑；构筑物是指间接供人们使用的建筑。

我国的建筑方针是全面贯彻实施“适用、安全、经济、美观”。这也是评价建筑优劣的基本准则。

2. 建筑的构成要素

构成建筑的基本要素是指在不同历史条件下的建筑功能、建筑技术和建筑形象。

3. 建筑的分类

（1）按使用性质分类

①民用建筑即非生产性建筑。民用建筑可以分为居住建筑、公共建筑。

a. 居住建筑是指供人们工作、学习、生活、居住用的建筑物。

b. 公共建筑是指人们从事政治文化活动、行政办公、商业、生活服务等公共事业所需要的建筑物。

②工业建筑即生产性建筑，是指为工业生产服务的生产车间及为生产服务的辅助车间、动力用房、仓储建筑等。

③农业建筑是指供农（牧）业生产和加工用的建筑。

（2）按建筑规模和数量分类

①大量性建筑。它是指建筑规模不大，修建数量多，与人们生活密切相关的分布面广的建筑。

②大型性建筑。它是指规模大、耗资多的建筑。

（3）按建筑层数和总高度分类

①住宅按层数分类。

a. 低层住宅：1 ~3 层的住宅。

b. 多层住宅：一般是指 4 ~6 层的住宅。

c. 中高层住宅：一般是指 7 ~9 层的住宅。

d. 高层住宅：一般是指 10 层及 10 层以上的住宅。

②其他民用建筑按高度分类。

a. 普通建筑：建筑高度不超过 24m 的民用建筑和建筑高度超过 24m 的单层民用建筑。

b. 高层建筑：建筑高度超过 24m 的民用建筑和 10 层及 10 层以上的居住建筑。

c. 超高层建筑：建筑物高度超过100m时，不论住宅或公共建筑均为超高层。

（4）按承重结构的材料分类

①木结构建筑。

②砌体结构建筑。

③钢筋混凝土结构建筑。

④钢结构建筑。

⑤混合结构建筑。

4. 建筑的等级划分

建筑的等级一般按耐久性和耐火性进行划分。

（1）按耐久性划分等级

建筑物的耐久性等级主要根据建筑物的重要性和规模大小划分，作为基建投资和建筑设计的重要依据。

（2）按耐火性划分等级

按材料的燃烧性能将材料分为燃烧材料（如木材等）、难燃烧材料和非燃烧材料（如砖、石等）三种。

5. 建筑物的构造组成及其作用

建筑一般是由基础、墙或柱、楼板层和地坪、楼梯、屋顶和门窗六大部分组成，如图1-1所示。

（1）基础

基础是建筑物最下部的承重构件，其作用是承受建筑物的全部荷载，并将这些荷载传给地基。因此，基础必须具有足够的强度，并能抵御地下各种有害因素的侵蚀。

（2）墙或柱

墙或柱是建筑物的承重构件和围护构件。

（3）楼板层和地坪

楼板是水平方向的承重构件，按房间层高将整幢建筑物沿水平方向分为若干层。

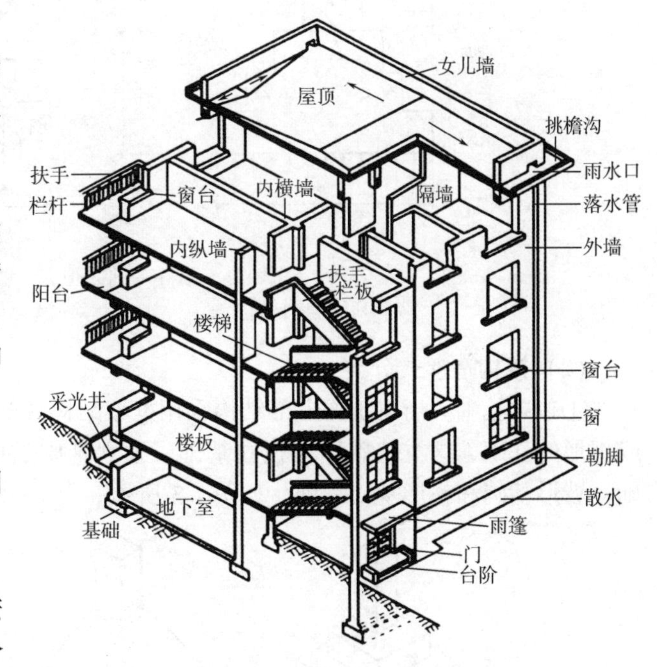

图1-1　房屋的构造组成

地坪是底层房间与地基土层相接的构件，起承受底层房间荷载的作用。要求地坪具有耐磨、防潮、防水、防尘和保温的性能。

（4）楼梯

楼梯是楼房建筑的垂直交通设施，供人们上下楼层和紧急疏散之用，故要求楼梯具有足够的通行能力，并且防滑、防火，能保证安全使用。

（5）屋顶

屋顶是建筑物顶部的围护构件和承重构件。

(6) 门窗

门窗均属非承重构件，也称为配件。

1.2 基础与地下室

1. 基础的类型

(1) 按材料及受力特点分类

①刚性基础。由刚性材料制作的基础称为刚性基础，一般抗压强度高，而抗拉、抗剪强度较低。刚性基础在刚性角范围内传力如图 1-2a 所示，基础底面宽超过刚性角范围而破坏刚性基础的受力、传力如图 1-2b 所示。

②柔性基础。柔性基础是指用抗拉、抗压、抗弯、抗剪均较好的钢筋混凝土材料制作的基础（不受刚性角的限制）。

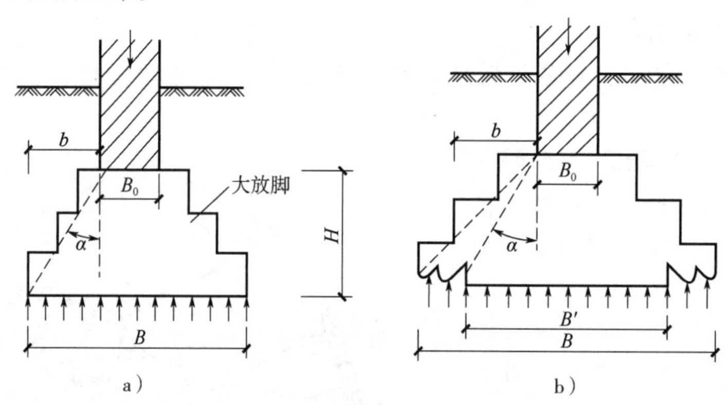

图 1-2　刚性基础的受力、传力特点

a）基础在刚性角范围内传力　b）基础在刚性角范围外受力、传力

(2) 按构造形式分类

①独立基础。当建筑物上部结构采用框架结构或单层排架结构承重时，基础常采用方形或矩形的基础，这类基础称为独立基础。独立基础是柱下基础的基本形式，可分为阶形基础、坡形基础和杯形基础三种，如图 1-3 所示。

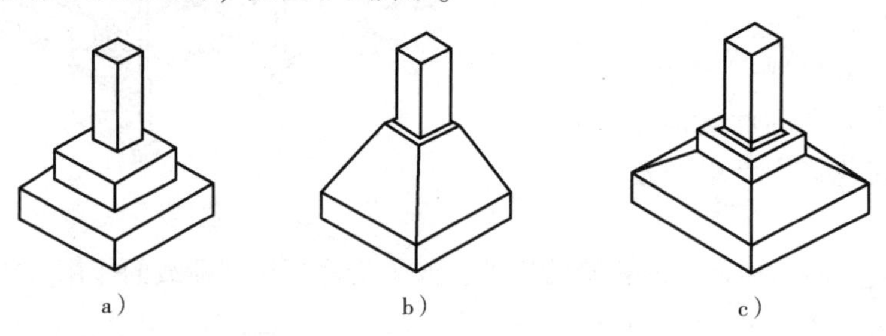

图 1-3　独立基础

a）阶形基础　b）坡形基础　c）杯形基础

②条形基础。当建筑物上部结构采用墙承重时，基础沿墙身设置，多做成长条形，这类基础称为条形基础，是墙承式建筑基础的基本形式，如图 1-4a 所示。当房屋为骨架承重或内骨架承重且地基条件较差时，为提高建筑物的整体性，避免各承重柱产生不均匀沉降，常

将柱下基础沿纵横方向连接起来，形成柱下条形基础，如图1-4b所示。

③井格基础。当地基条件较差时，为了提高建筑物的整体性，防止柱子之间产生不均匀沉降，常将柱下基础沿纵横两个方向扩展连接起来，做成十字交叉的井格基础，如图1-5所示。

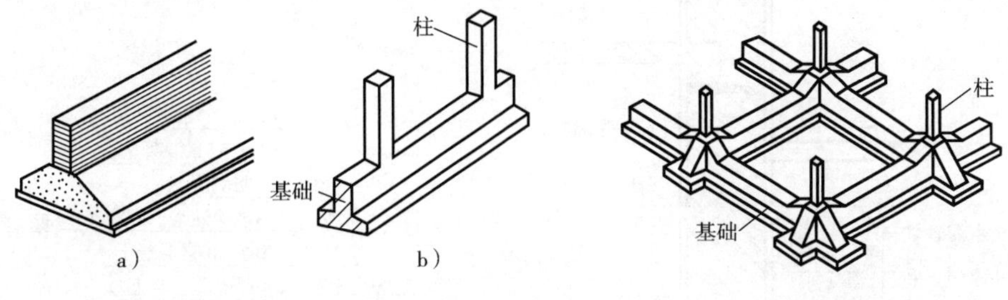

图1-4　条形基础

a）墙下条形基础　b）柱下条形基础

图1-5　井格基础

④片筏基础。若建筑物上部荷载大，而地基又较弱，这时采用简单的条形基础或井格基础已不能适应地基变形的需要，通常将墙或柱下基础连成一片，使建筑物的荷载承受在一块整板上成为片筏基础。片筏基础有平板式和梁板式两种，如图1-6所示。

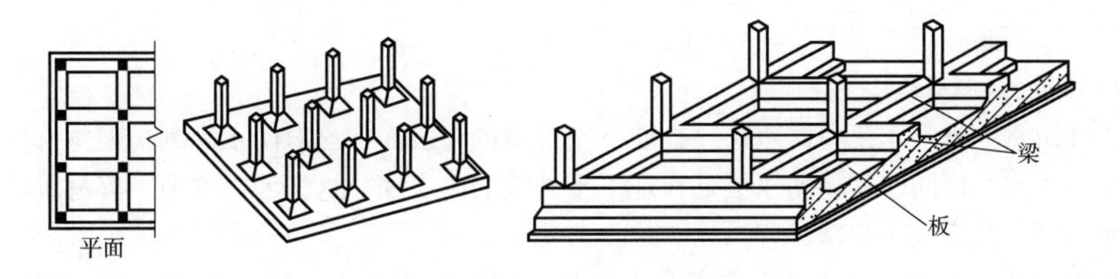

图1-6　片筏基础

⑤箱形基础。当板式基础做得很深时，常将基础改做成箱形基础。箱形基础是由钢筋混凝土底板、顶板和若干纵横隔墙组成的整体结构，如图1-7所示。

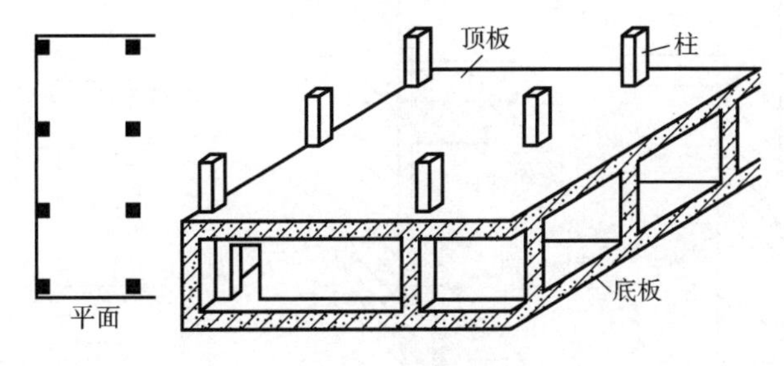

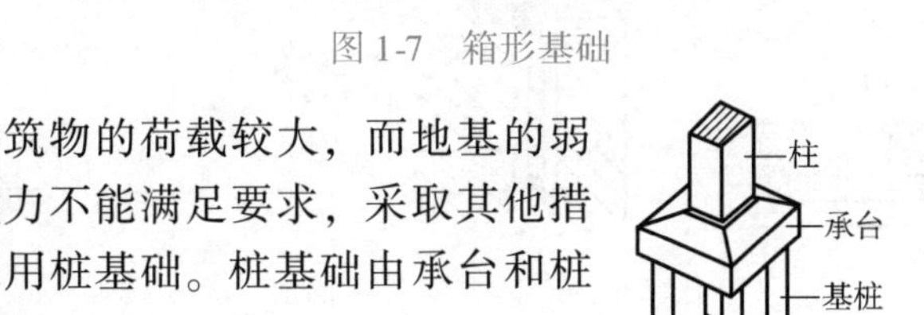

图1-7　箱形基础

⑥桩基础。当建筑物的荷载较大，而地基的弱土层较厚，地基承载力不能满足要求，采取其他措施又不经济时，可采用桩基础。桩基础由承台和桩柱组成，如图1-8所示。

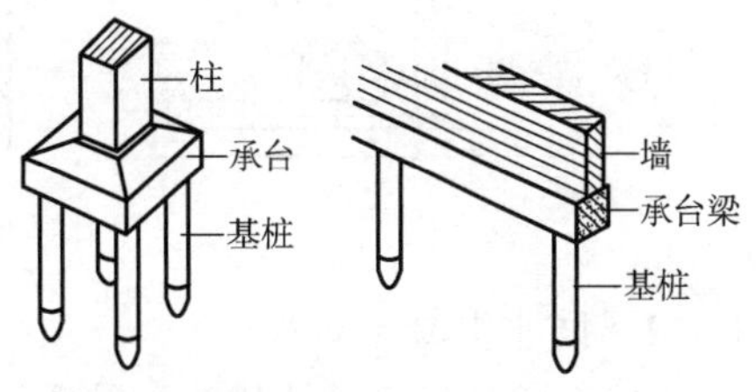

图1-8　桩基础

2. 地下室的防潮构造

地下室的所有墙体都应设两道水平防潮层，一道设在地下室地坪附近，另一道设在室外地坪以上150～200mm处，使整个地下室防潮层连成整体，以防地下潮气沿地下墙身或勒脚处进入室内，如图1-9所示。

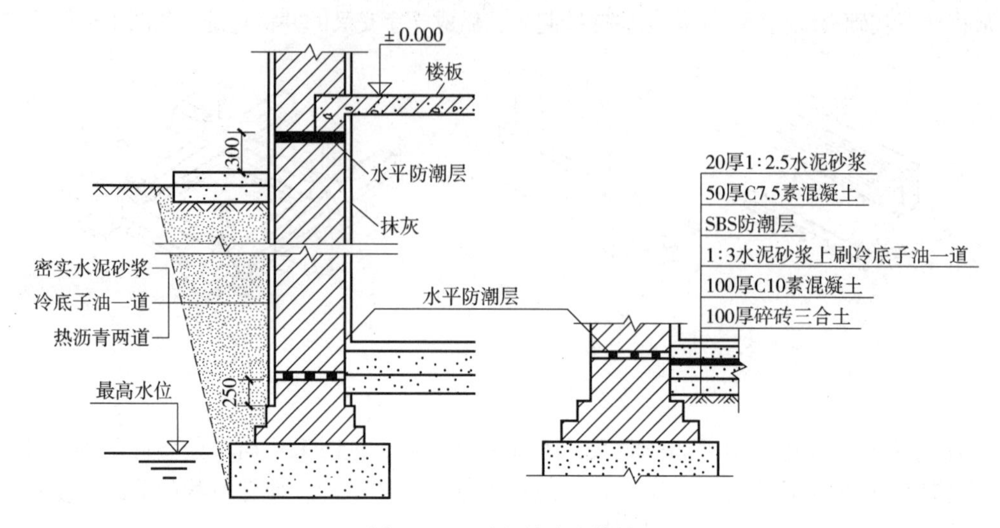

图1-9　地下室的防潮构造

3. 地下室的防水构造

（1）沥青卷材防水

①外防水。外防水是将防水层贴在地下室外墙的外表面，这对防水有利，但维修困难。

②内防水。内防水是将防水层贴在地下室外墙的内表面，这样施工方便，容易维修，但对防水不利，故常用于修缮工程。

地下室地坪的防水构造是先浇混凝土垫层，厚度约为100mm；再以选定的油毡层数在地坪垫层上做防水层，并在防水层上抹20～30mm厚的水泥砂浆保护层，以便于上面浇筑钢筋混凝土，如图1-10所示。

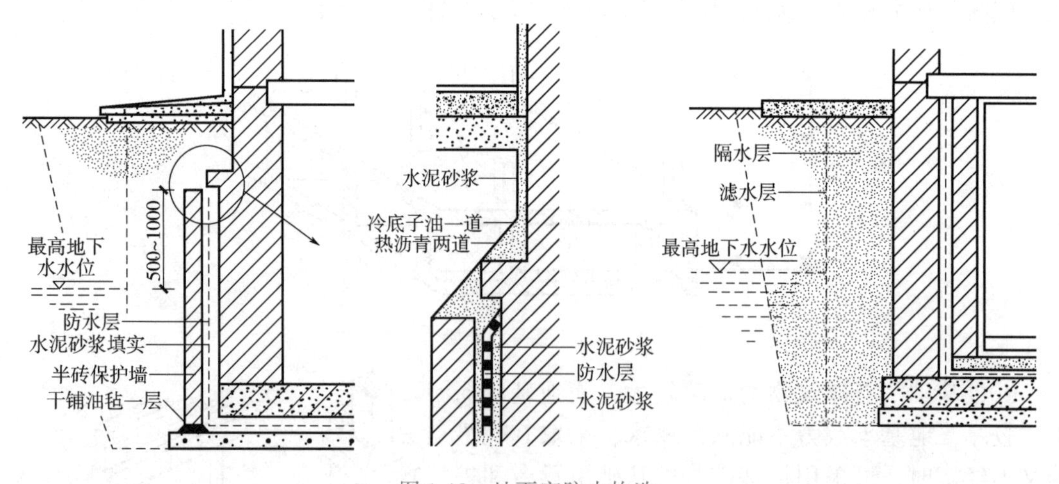

图1-10　地下室防水构造

（2）防水混凝土防水

当地下室地坪和墙体均为钢筋混凝土结构时，应采用抗渗性能好的防水混凝土材料，常采用的防水混凝土有普通混凝土和外加剂混凝土。防水混凝土的防水构造如图1-11所示。

1.3 墙体

1. 砖墙构造

砖墙的组砌是指砌块在砌体中的排列。砖墙组砌中需要了解几个基本概念：

①丁砖。在砖墙组砌中，把砖的长方向垂直于墙面砌筑的砖称为丁砖。

②顺砖。在砖墙组砌中，把砖的长方向平行于墙面砌筑的砖称为顺砖。

③横缝。上下皮之间的水平灰缝称为横缝。

④竖缝。左右两块砖之间的垂直缝称为竖缝。

砖墙组砌的概念如图1-12所示。

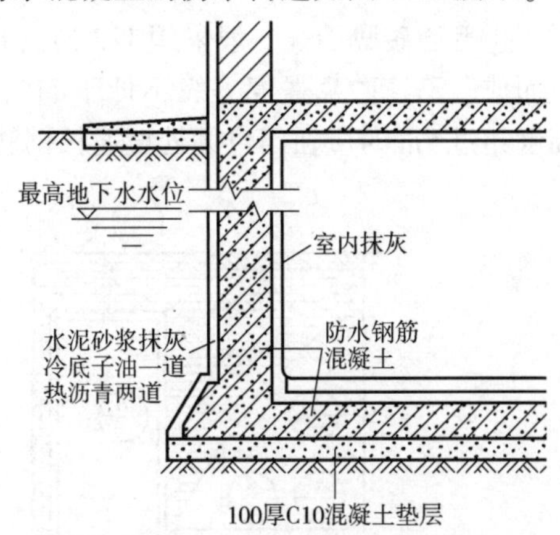

图1-11 防水混凝土的防水构造

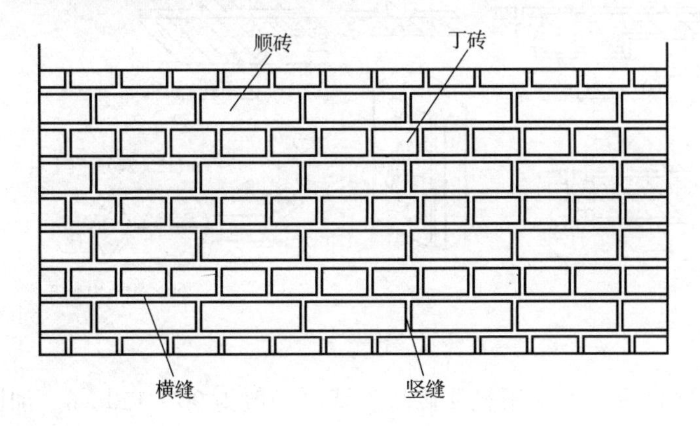

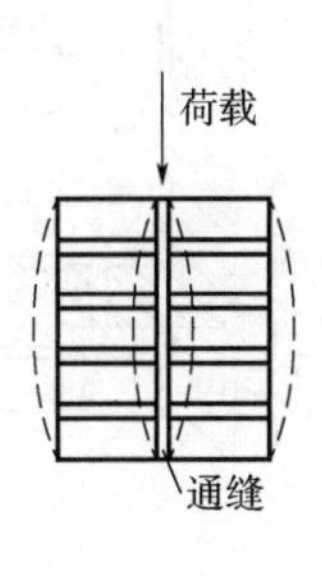

图1-12 砖墙组砌的概念

常用的错缝方法是将丁砖和顺砖上下皮交错砌筑。每排列一层砖称为一皮。常见的砖墙组砌方式有全顺式（120墙）、一顺一丁式、三顺一丁式或多顺一丁式、每皮丁顺相间式（也称十字式或梅花丁）（240墙）、一砖半墙式等，如图1-13所示。

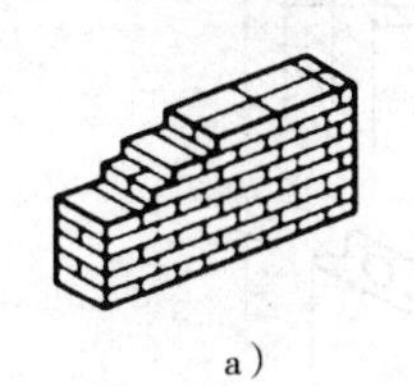

a）

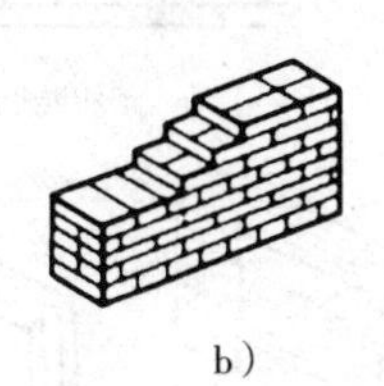

b）

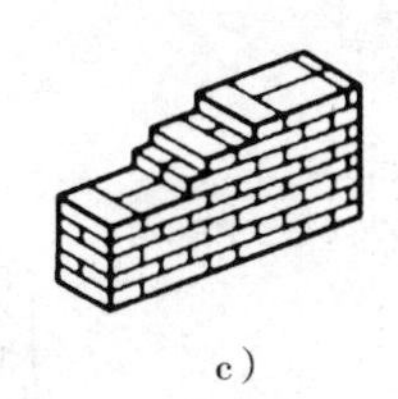

c）

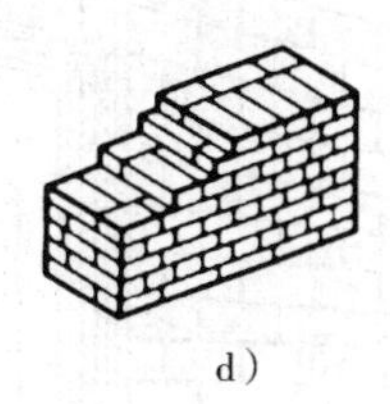

d）

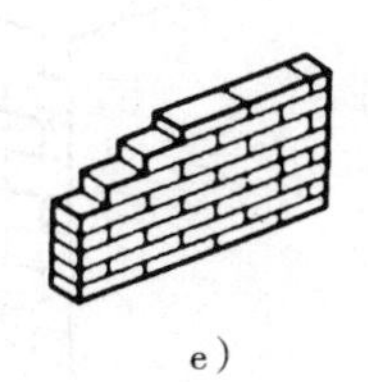

e）

图1-13 砖墙组砌方式

a）一顺一丁式 b）三顺一丁式 c）每皮丁顺相间式
d）一砖半墙式 e）全顺式

2. 隔墙构造

（1）块材隔墙

块材隔墙是用烧结普通砖、空心砖、加气混凝土等块材砌筑而成的，常采用普通砖隔墙和砌块隔墙两种。

①普通砖隔墙。一般采用1/2砖（120mm）隔墙。1/2砖墙用烧结普通砖采用全顺式砌筑而成，砌筑砂浆强度等级不低于M5，砌筑较大面积墙体时，长度超过6m应设砖壁柱，高度超过5m时应在门过梁处设通长钢筋混凝土带。普通砖隔墙构造如图1-14所示。

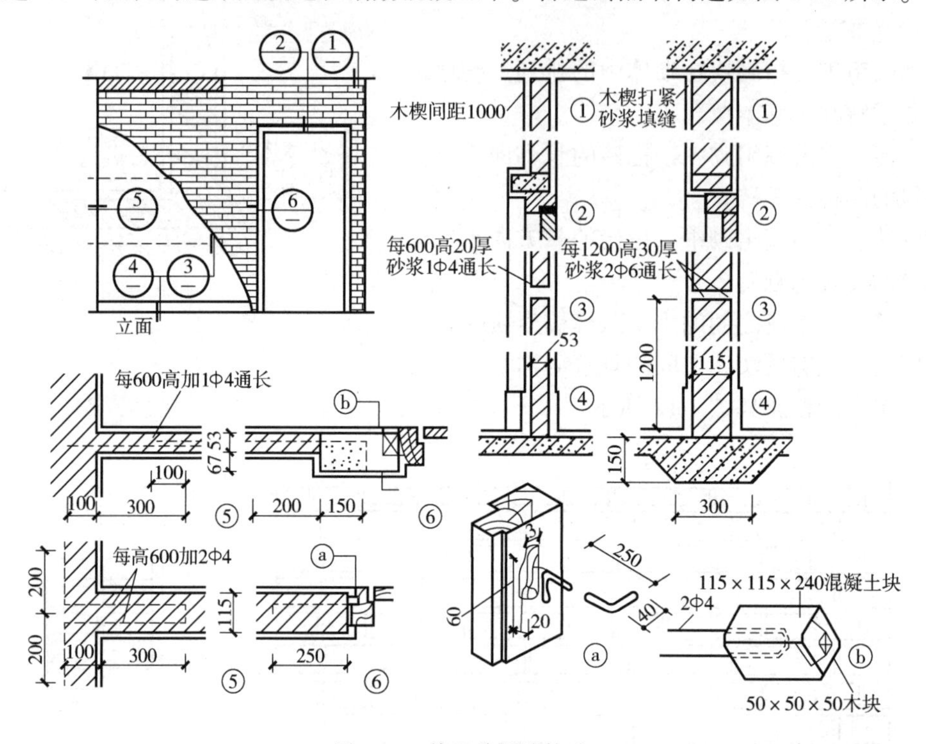

图1-14　普通砖隔墙构造

②砌块隔墙。为减轻隔墙自重，可采用轻质砌块，墙厚一般为90～120mm。加固措施同1/2砖隔墙的做法。砌块不够整块时宜用烧结普通砖填补。因砌块孔隙率、吸水量大，故在砌筑时先在墙下部实砌3～5皮烧结实心砖再砌砌块。砌体隔墙构造如图1-15所示。

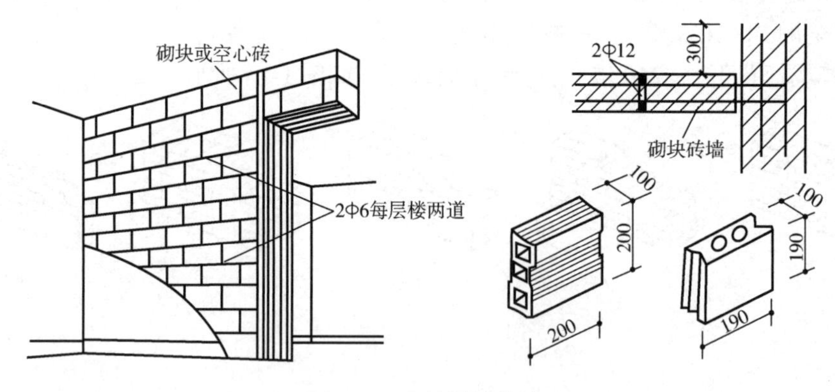

图1-15　砌体隔墙构造

（2）轻骨架隔墙

①板条抹灰隔墙是由上槛、下槛、墙筋、斜撑或横挡组成木骨架，其上钉以板条再抹灰而成，如图1-16所示。

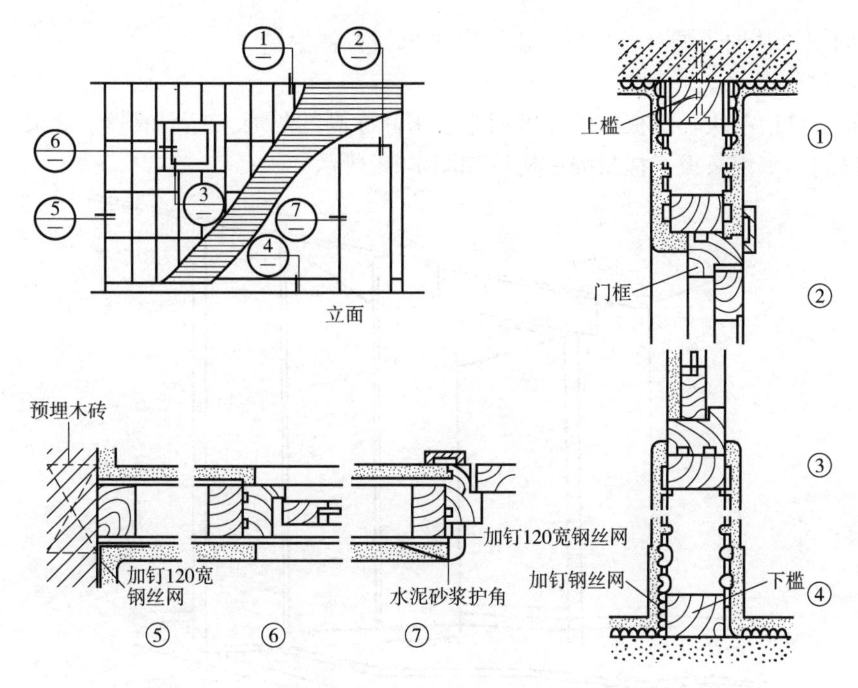

图 1-16　板条抹灰隔墙构造

②立筋面板隔墙是指面板用人造胶合板、纤维板或其他轻质薄板，骨架为木质或金属组合而成。

a. 骨架。金属骨架一般采用薄型钢板、铝合金薄板或拉伸钢板网加工而成，并保证板与板的接缝在墙筋和横档上。金属骨架构造如图 1-17 所示。

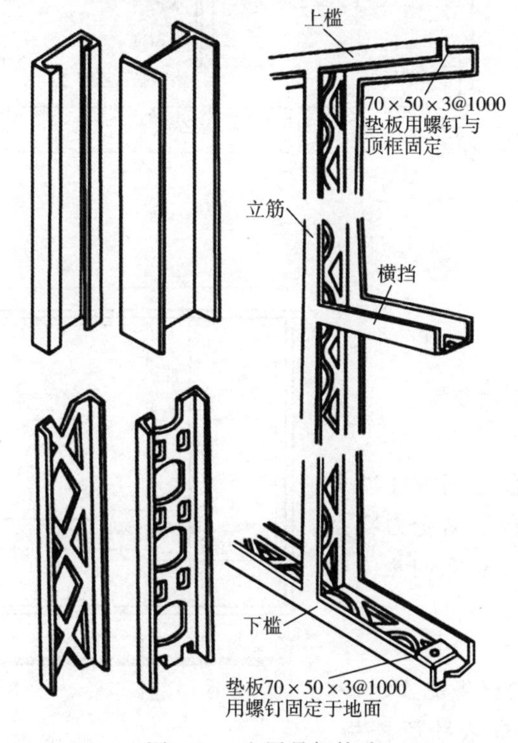

图 1-17　金属骨架构造

b. 饰面层。常用类型有胶合板、硬质纤维板、石膏板等。

(3) 板材隔墙

板材隔墙是指单块轻质板材的高度相当于房间净高的隔墙，它不依赖于骨架，可直接装配而成，目前多采用条板，板材隔墙构造如图 1-18 所示。

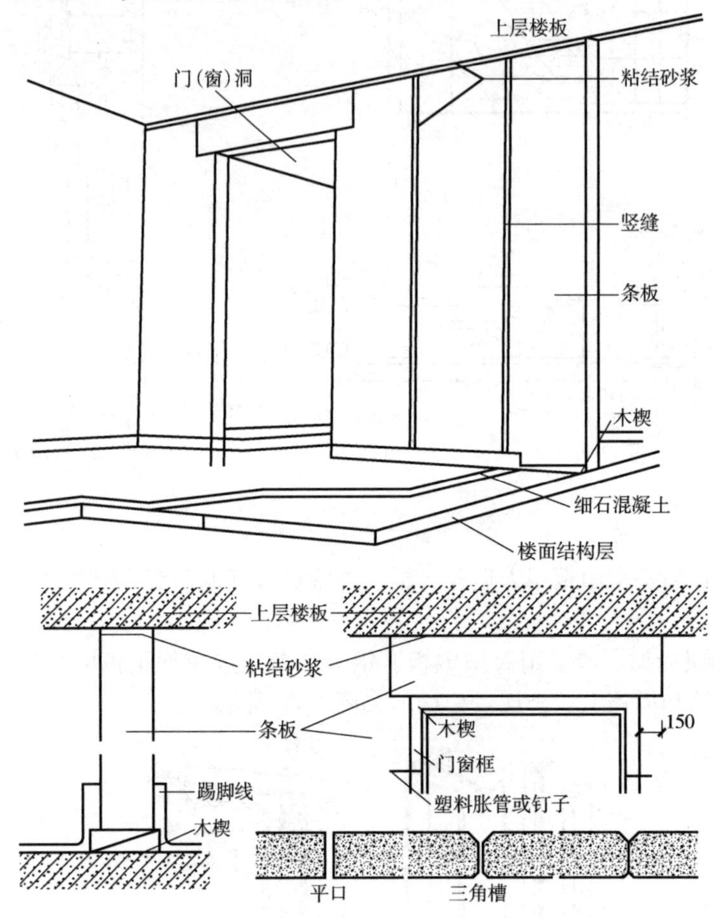

图 1-18　板材隔墙构造

1.4　楼板

1. 现浇式钢筋混凝土楼板

(1) 板式楼板

楼板下不设置梁，直接搁置在墙上的板称为板式楼板。楼板根据受力特点和支承情况，分为单向板和双向板，如图 1-19 所示。

(2) 肋梁楼板

肋梁楼板是最常见的楼板形式之一，当板为单向板时称为单向板肋梁楼板，

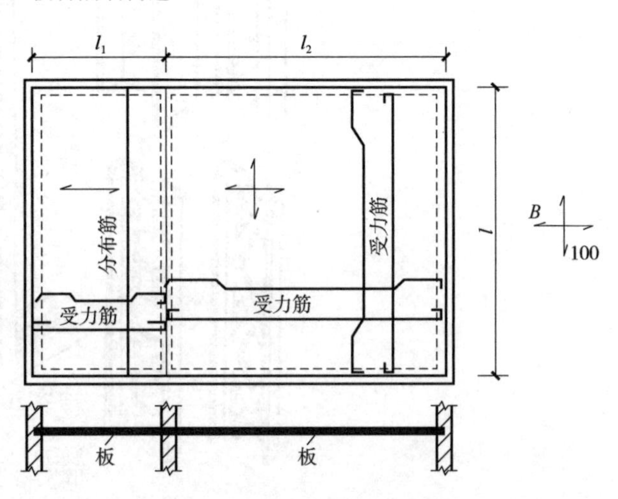

图 1-19　单向板和双向板

当板为双向板时称为双向板肋梁楼板。其中，单向板肋梁楼板由板、次梁和主梁组成，如图 1-20 所示。当次梁与窗口光线垂直时，如图 1-20a 所示光线照射在次梁上使梁在顶棚上产生较多的阴影，影响亮度和采光均匀度。当次梁和光线平行时采光效果较好，如图 1-20b 所示。

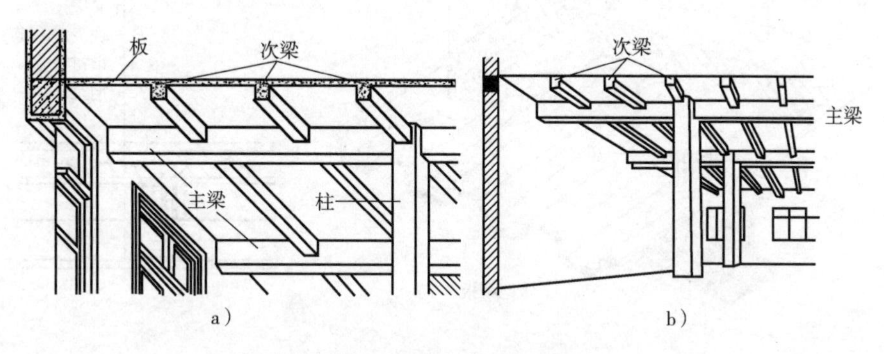

图 1-20　单向板肋梁楼板的布置

a）次梁与窗口光线垂直布置　b）次梁与窗口光线平行布置

（3）井式楼板

井式楼板是肋梁楼板的一种特殊形式，分为正井式和斜井式两种，如图 1-21 所示。

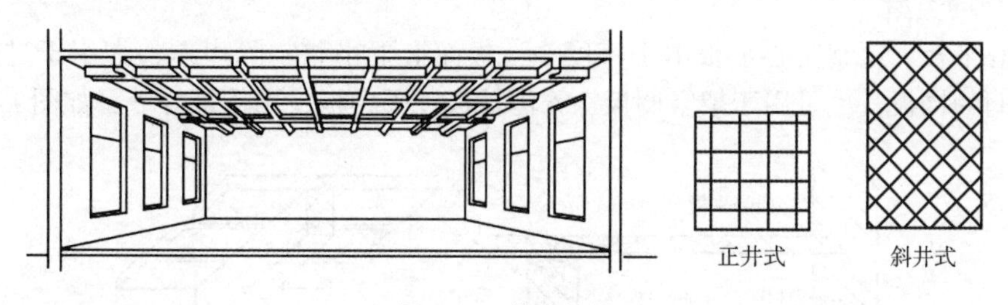

图 1-21　井式楼板

（4）无梁楼板

无梁楼板具有净空高度大、顶棚平整、采光通风及卫生条件均较好、施工简便等优点，适用于商店、书库、仓库等荷载较大的建筑，如图 1-22 所示。

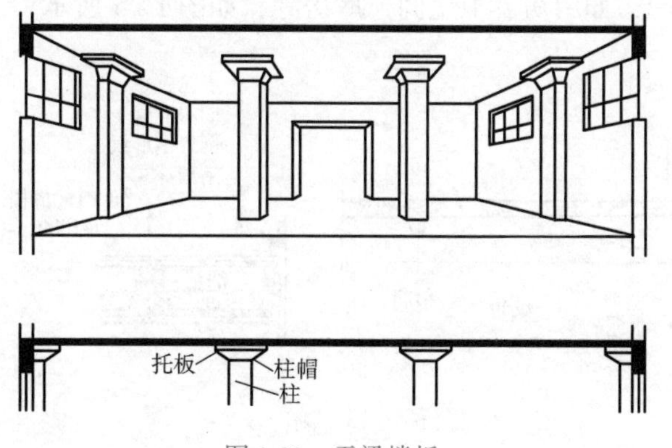

图 1-22　无梁楼板

（5）压型钢板组合楼板

压型钢板组合楼板是利用截面为凹凸相间的压型钢板作衬板，与现浇混凝土面层浇筑在一起支承在钢梁上的板，是整体性很强的一种楼板。压型钢板组合楼板的构造如图 1-23 所示。

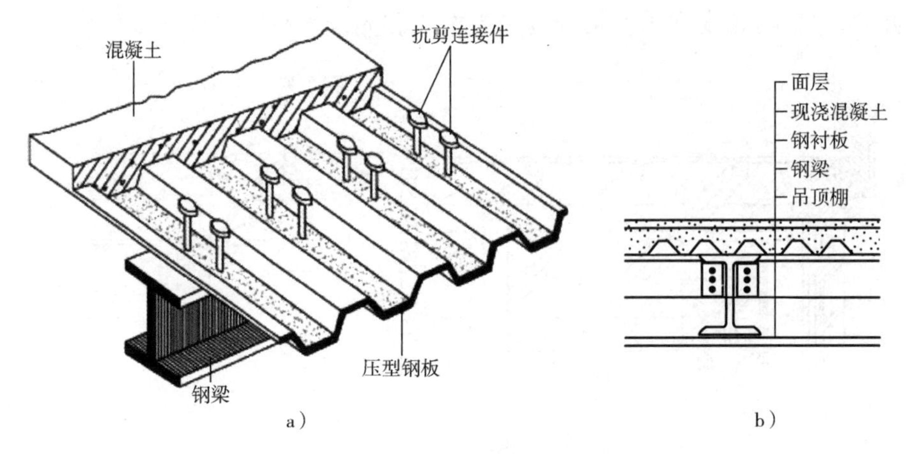

图 1-23　压型钢板组合楼板

a）立体图　b）基本组成

2. 装配式钢筋混凝土楼板

（1）板的类型

①实心平板。预制实心平板由于跨度小，板面上下平整，隔声差，常用于过道和小房间、卫生间的楼板，也可用于架空搁板、管沟盖板、阳台板、雨篷板等处，如图 1-24 所示。

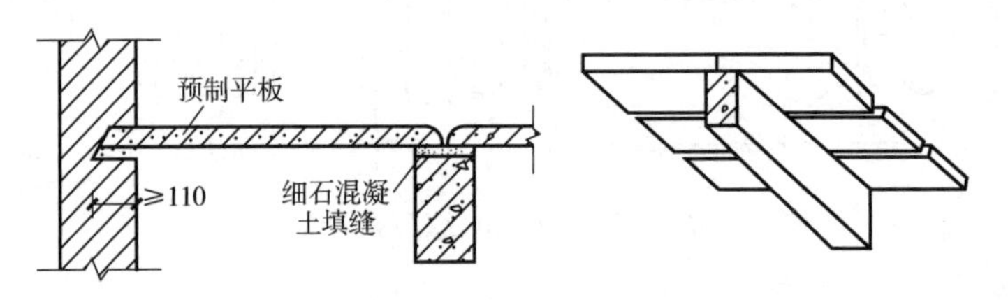

图 1-24　预制实心平板

②槽形板。板面较薄，自重较轻，可以根据需要打洞穿管，而不影响板的强度和刚度，常用于管道较多的房间，如厨房、卫生间、库房等，如图 1-25 所示。

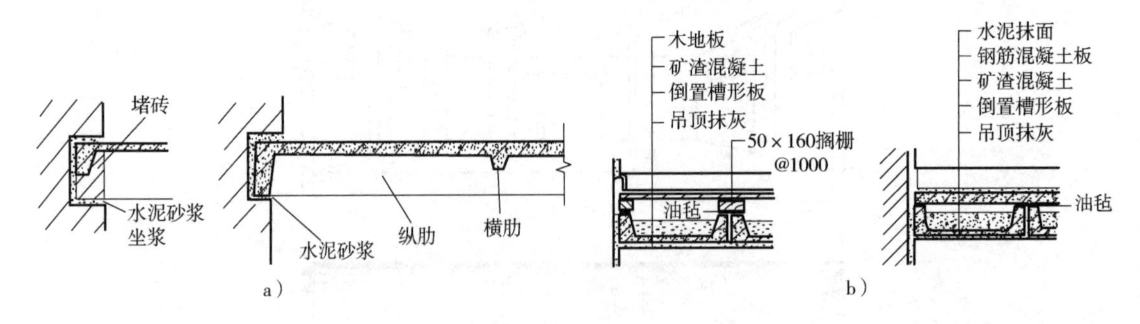

图 1-25　槽形板

a）正槽板板端支承在墙上　b）倒槽板的楼面及顶棚构造

③空心板。一种梁板结合的预制构件，根据板内孔形状的不同，分为方孔板、椭圆孔板

和圆孔板，方孔板比较经济，但脱模困难；圆孔板的刚度较好，制作也方便，节省材料，隔热较好，因此广泛采用。

（2）板的结构布置方式

应根据房间的平面尺寸及房间的使用要求进行结构布置，可采用墙承重系统和框架承重系统。当预制板直接搁置在墙上时称为板式结构布置，如图1-26所示；当预制板搁置在梁上时称为梁板式结构布置如图。前者多用于横墙较密的住宅、宿舍、办公楼等建筑中，而后者多用于教学楼、实验楼等开间和进深都较大的建筑中。

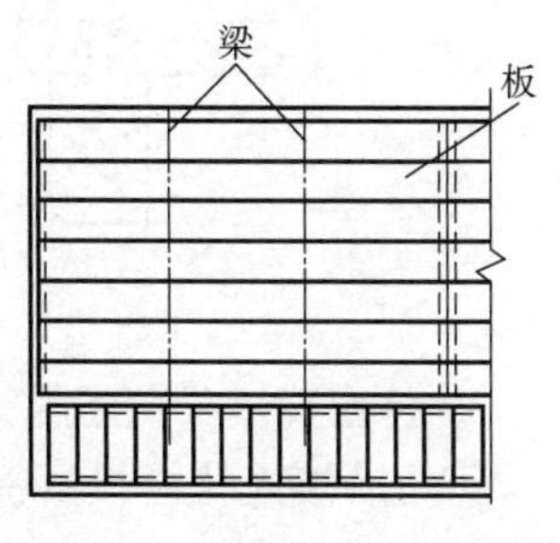

图1-26　梁板结构平面图

（3）板的搁置要求

当采用梁板式结构时，板在梁上的搁置方式一般有两种：一种是板直接搁置在梁顶上，如图1-27a所示；另一种是板搁置在花篮梁或十字梁上，这时板的顶面与梁顶面平齐。在梁高不变的情况下，梁底净高相应也增加了一个板厚，如图1-27b所示。

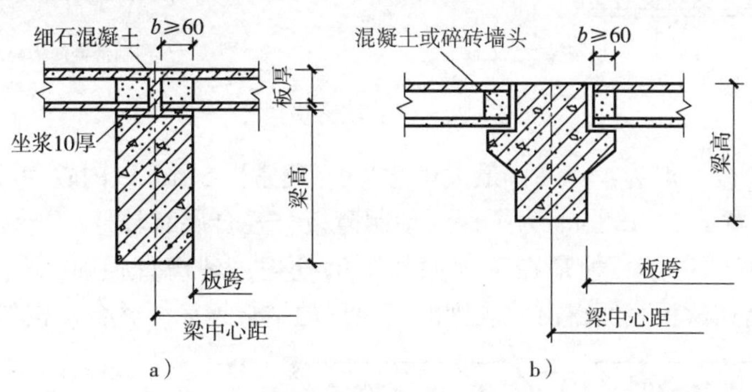

图1-27　楼板在梁上的搁置

a）板搁置在矩形梁上　b）板搁置在花篮梁上

（4）板缝处理

当缝隙小于60mm时，可调节板缝使其小于等于30mm，灌C20细石混凝土；当缝隙在60～120mm时，可在灌缝的混凝土中加配2ϕ6通长钢筋；当缝120～200mm时，设现浇钢筋混凝土板带，且将板带设在墙边或有穿管的部位；当缝隙大于200mm时，调整板的规格。板缝处理如图1-28所示。

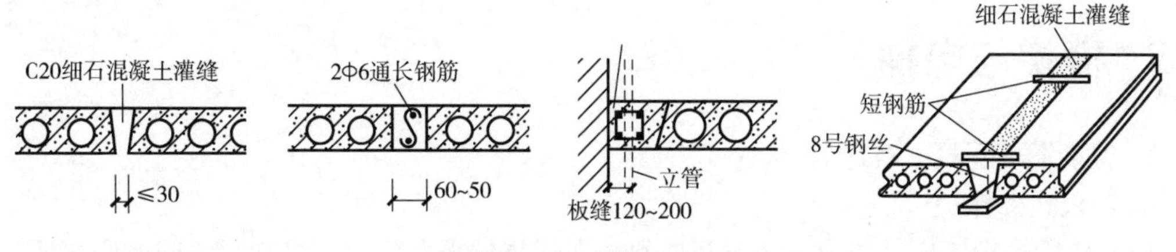

图1-28　板缝处理

（5）楼板与隔墙

当房间内设有重质块材隔墙和砌筑隔墙，且重量由楼板承受时，必须从结构上予以考虑。在确定隔墙位置时，不宜将隔墙直接搁置在楼板上，而应采取一些构造措施，如图1-29所示。

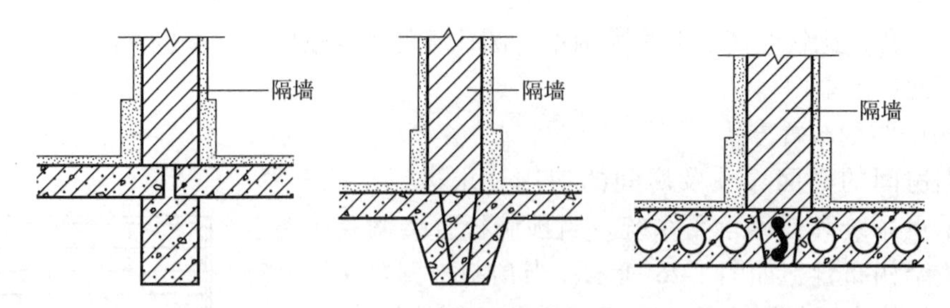

图 1-29　隔墙与楼板的关系

3. 装配整体式钢筋混凝土楼板

①密肋填充块楼板由密肋楼板和填充块叠合而成。密肋楼板有现浇密肋楼板、预制小梁现浇楼板、带骨架芯板填充块楼板等，如图 1-30 所示。

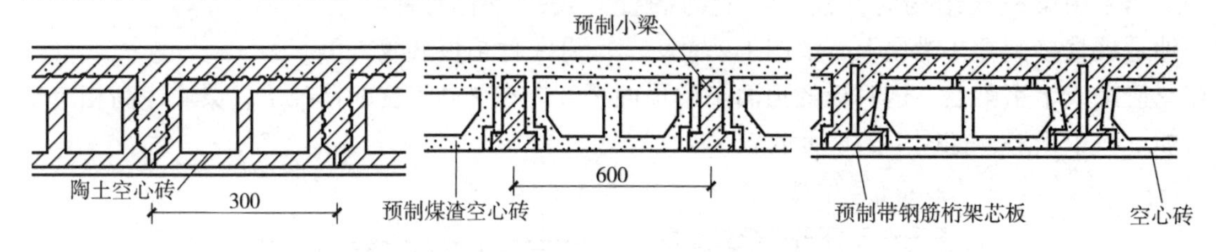

图 1-30　密肋填充块楼板

②叠合楼板跨度一般为4～6m，最大可达9m，通常以5.4m以内较为经济。预应力薄板厚50～70mm，板宽1.1～1.8m。为了保证预制薄板与叠合层有较好的连接，薄板上表面需做处理，常见的有两种：一种是在上表面作刻槽处理，刻槽直径50mm、深20mm、间距150mm；另一种是在薄板表面露出较规则的三角形的结合钢筋。叠合楼板如图 1-31 所示。

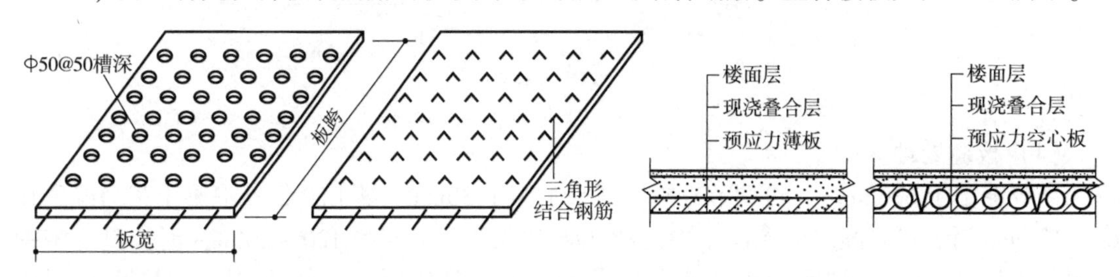

图 1-31　叠合楼板

1.5　楼梯与电梯

1. 现浇钢筋混凝土楼梯

（1）板式楼梯

板式梯段是指楼梯段作为一块整板，斜放在楼梯的平台梁上。平台梁之间的距离便是这块板的跨度，如图 1-32 所示。

（2）梁板式楼梯

当梯段较宽或楼梯负载较大时，采用板式楼梯往往不经济，增加梯段斜梁（简称梯梁）以承受板的荷载，并将荷载传给平台梁，这种楼梯称为梁板式楼梯，如图 1-33 所示。

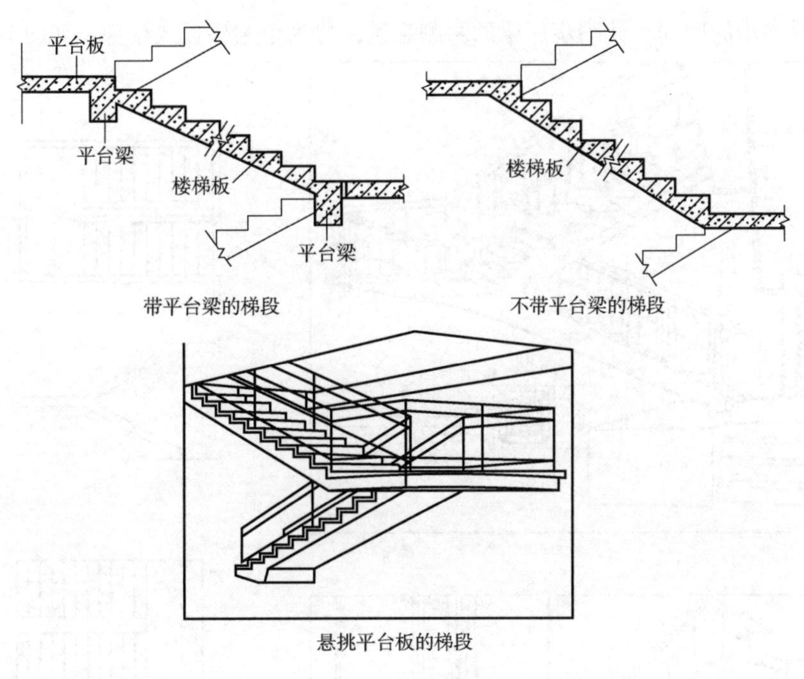

图1-32　现浇钢筋混凝土板式楼梯

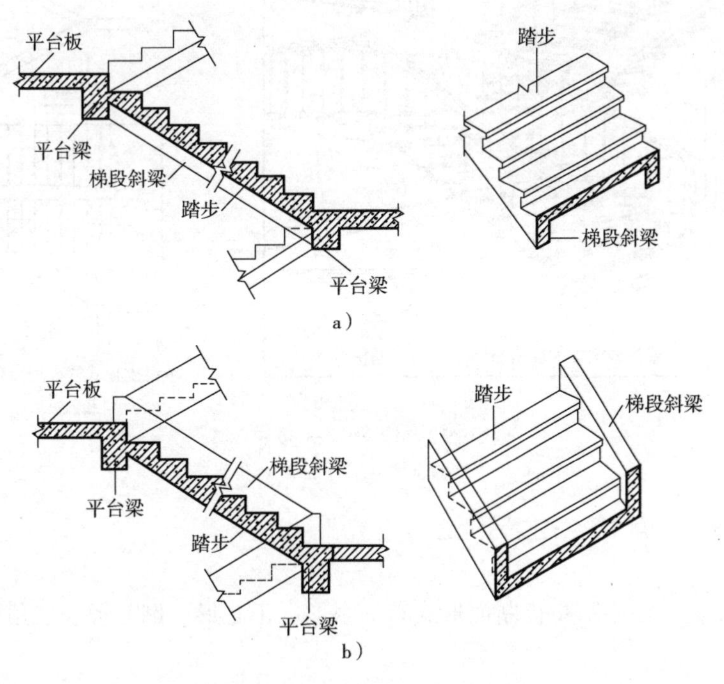

图1-33　现浇钢筋混凝土梁板式楼梯

a）正梁式梯段　b）反梁式梯段

在梁板式结构中，单梁式楼梯是近年来公共建筑中采用较多的一种结构形式。这种楼梯的每个梯段由一根梯梁支承踏步。梯梁布置有两种方式：一种是单梁悬臂式楼梯，是将梯段斜梁布置在踏步的一端，而将踏步的另一端向外悬臂挑出，如图1-34a所示；另一种是将梯段斜梁布置在梯段踏步的中间，让踏步从梁的两侧悬挑，称为单梁挑板式楼梯，如图1-34b所示。

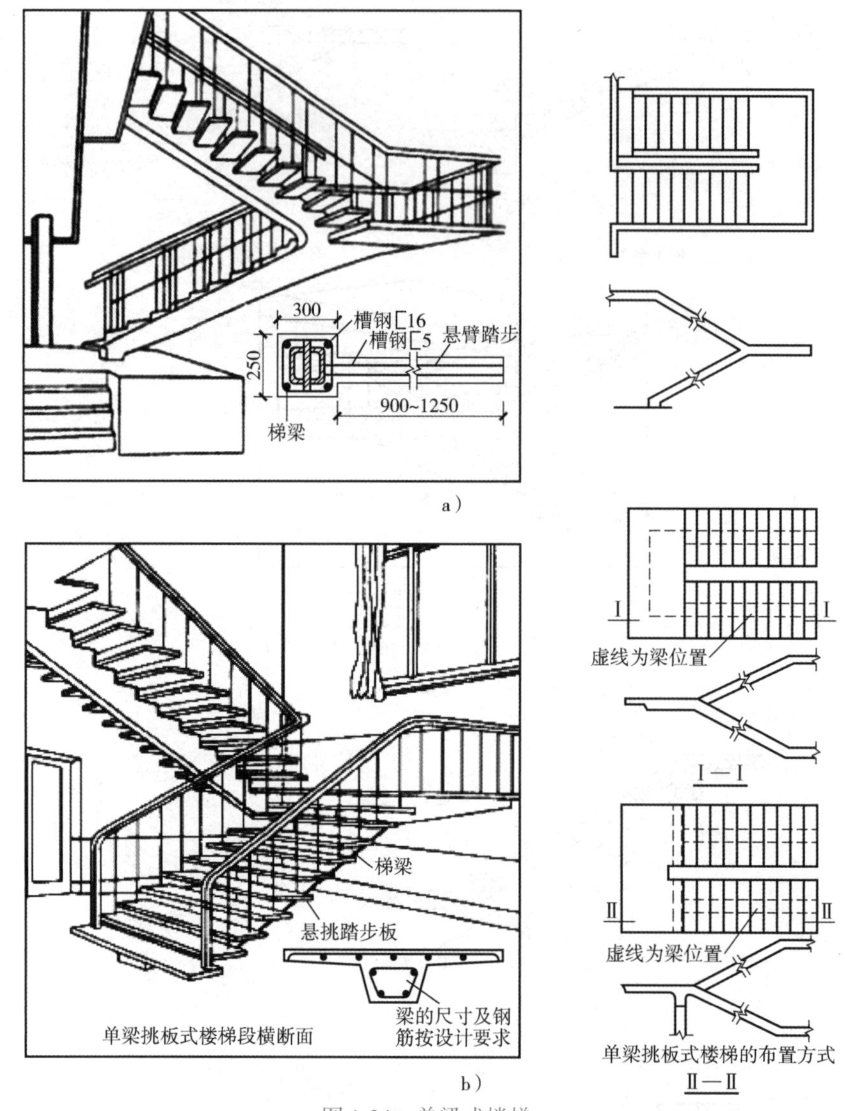

图1-34　单梁式楼梯

a）单梁悬臂式楼梯　b）单梁挑板式楼梯

2. 预制装配式钢筋混凝土楼梯构造

（1）梯段

①预制踏步板。预制踏步板断面形式有一字形、正L形、倒L形、三角形等，如图1-35所示。

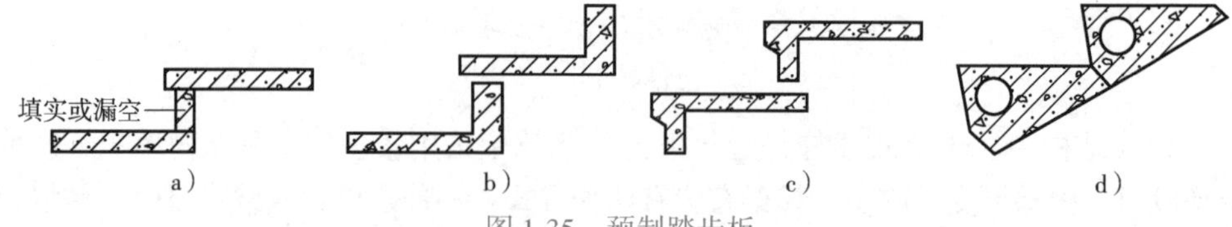

图1-35　预制踏步板

a）一字形踏步板　b）正L形踏步板　c）倒L形踏步板　d）三角形踏步板

②梯斜梁。一般有矩形截面和锯齿形截面梯斜梁两种，如图1-36所示。

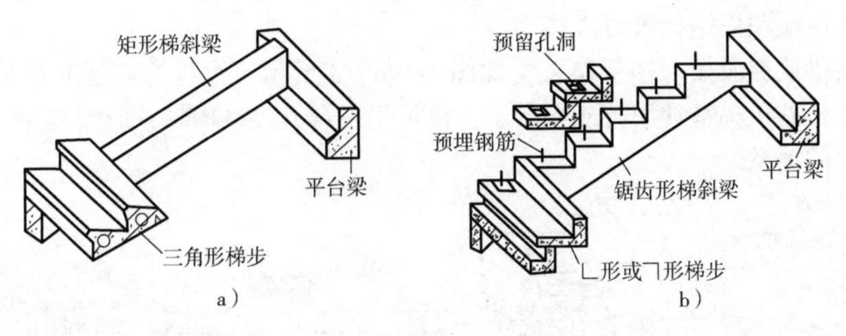

图1-36　预制梯段斜梁的形式

a）矩形梯斜梁　b）锯齿形梯斜梁

（2）平台梁

为了便于支承梯斜梁或梯段板，平衡梯段水平分力并减少平台梁所占结构空间，一般将平台梁做成L形断面，如图1-37所示。其构造高度按$L/(10\sim12)$估算（L为平台梁跨度）。

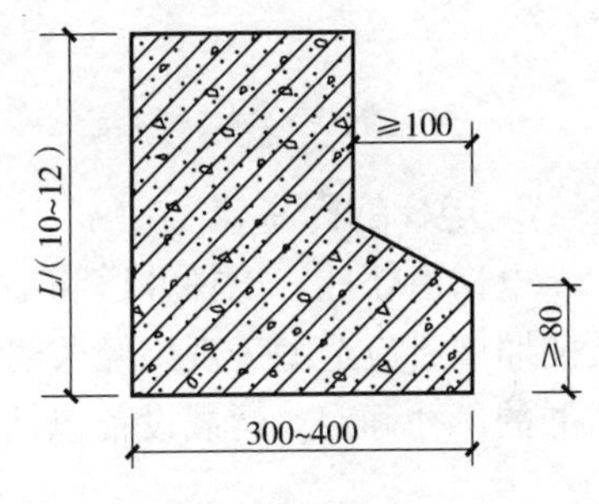

图1-37　平台梁断面尺寸

（3）平台板

平台板可根据需要采用钢筋混凝土空心板、槽板或平板。如图1-38所示为平台板布置方式。

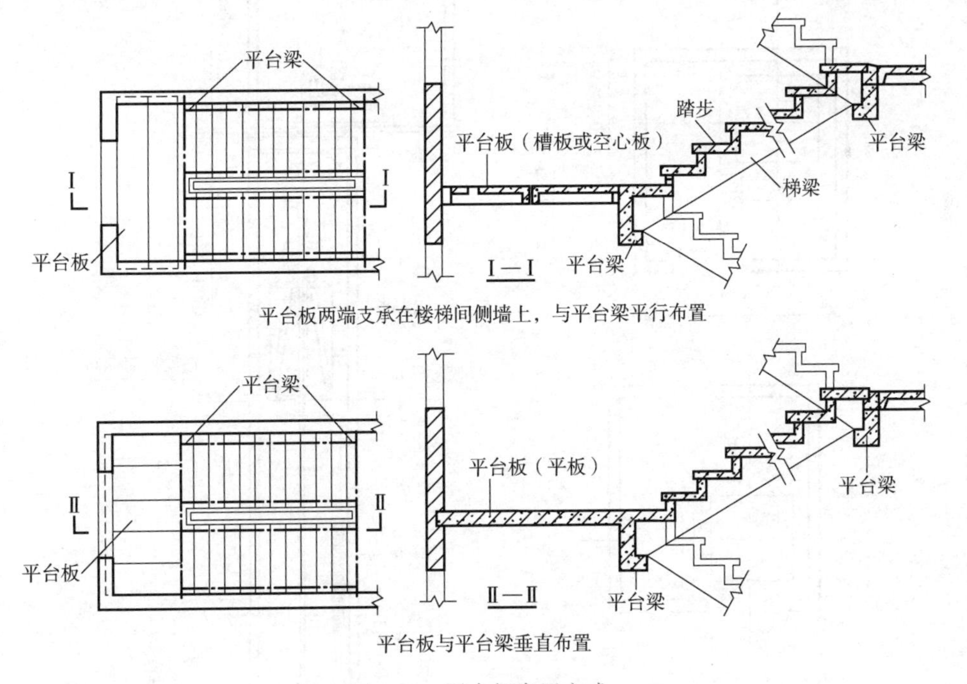

图1-38　平台板布置方式

（4）构件连接构造

①踏步板与楼梯斜梁连接，如图1-39a所示，一般在楼梯斜梁支承踏步板处用水泥砂浆坐浆连接。

②楼梯斜梁或梯段板与平台梁连接，如图 1-39b 所示，在支座处除了用水泥砂浆坐浆外，还应在连接端预埋钢板进行焊接。

③楼梯斜梁或梯段板与梯基连接，如图 1-39c、d 所示，在楼梯底层起步处，梯斜梁或梯段板下应作梯基，梯基常用砖或混凝土，也可用平台梁代替梯基，但需要注意该平台梁无梯段处与地坪的关系。

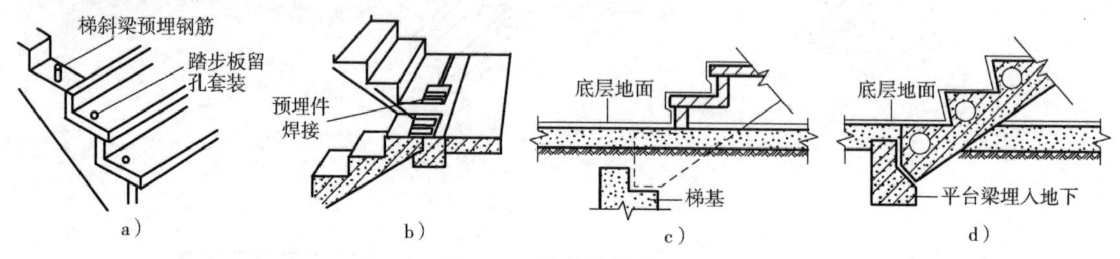

图 1-39 构件连接构造

a）踏步板与梯斜梁连接 b）梯段板与平台梁连接 c）梯段板与梯基连接 d）平台梁代替梯基

3. 电梯的构造

电梯由轿厢、电梯井道和运载设备三部分组成，如图 1-40 所示。轿厢是直接载人、运货的厢体，应造型美观、经久耐用。电梯井道涉及井道、地坑和机房三部分，井道的尺寸由轿厢的尺寸确定。运载设备包括动力、传动和控制系统。

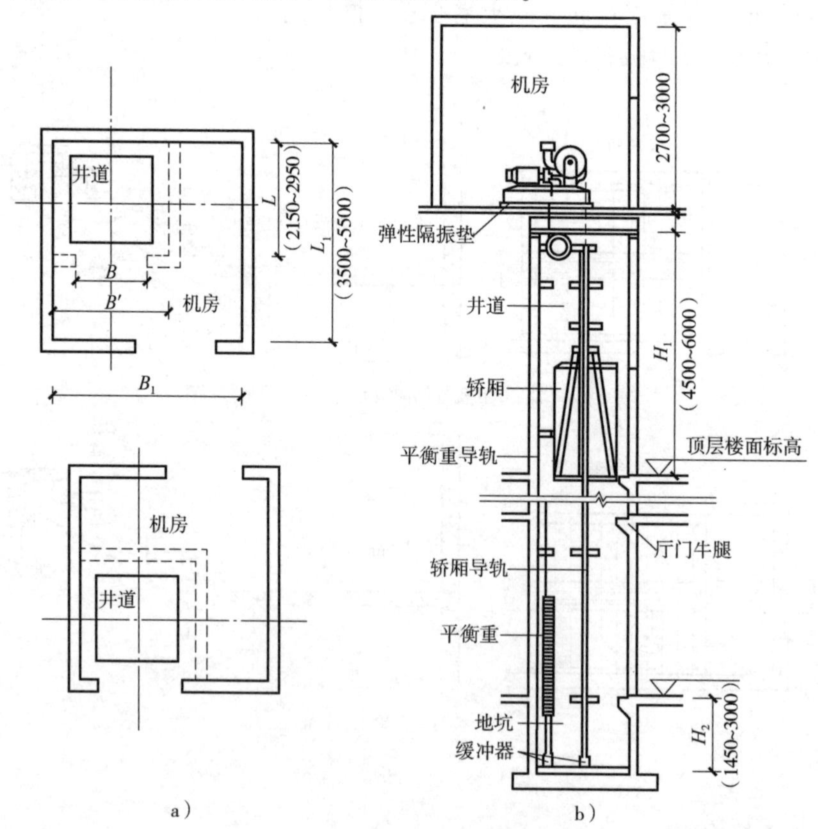

图 1-40 电梯构造示意图

a）井道平面 b）电梯井道

1.6　门与窗

1. 平开木门的构造

（1）门框

①门框的断面形式与门的类型有关，同时应利于门的安装，并应具有一定的密闭性，如图1-41所示。

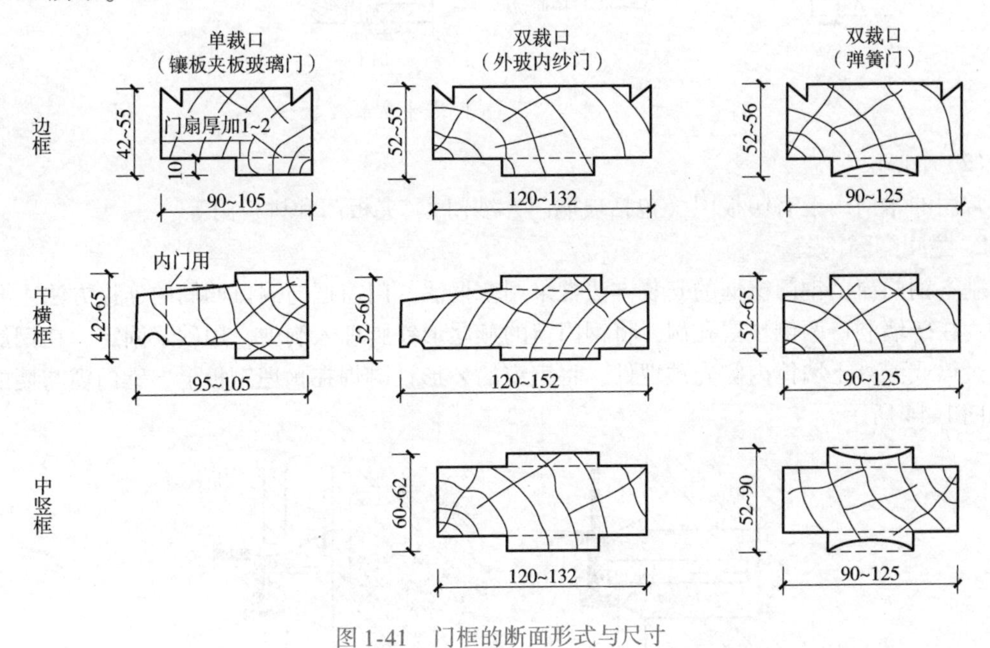

图1-41　门框的断面形式与尺寸

②门框的安装根据施工方式不同分后塞口和先立口两种，如图1-42所示。

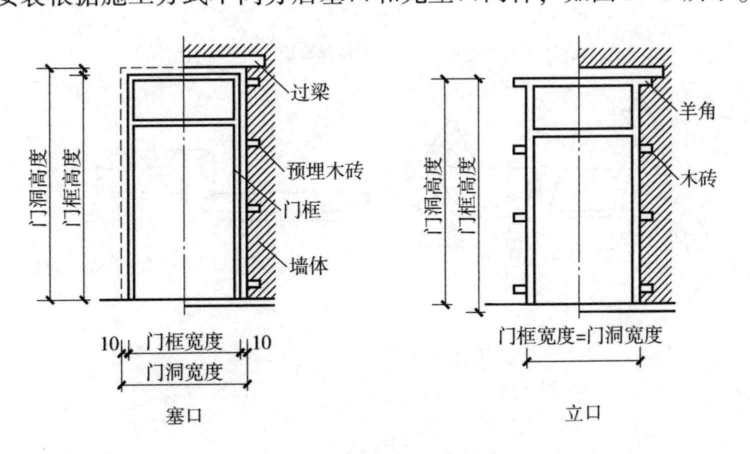

图1-42　门框的安装方式

③门框在墙中的位置，可在墙的中间或与墙的一边平齐。一般多与开启方向一侧平齐，尽可能使门扇开启时贴近墙面。门框位置、门贴脸板及筒子板，如图1-43所示。

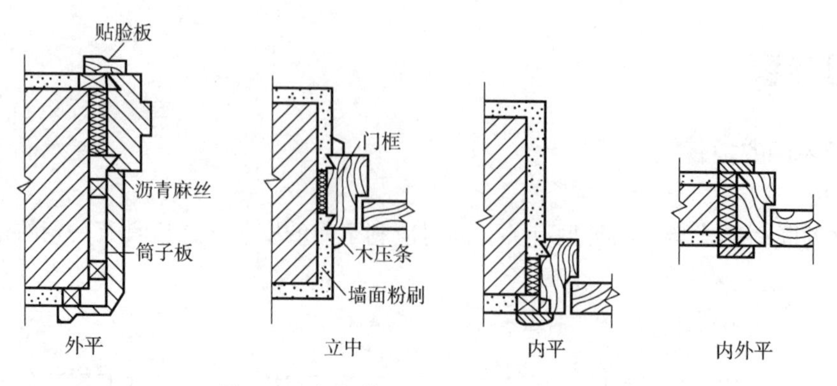

图 1-43　门框位置、门贴脸板及筒子板

（2）门扇

常用的木门门扇有镶板门（包括玻璃门、纱门）、夹板门和拼板门等。

2. 金属门窗构造

基本钢门窗：钢门窗框的安装方法常采用塞框法。门窗框与洞口四周的连接方法主要有两种：在砖墙洞口两侧预留孔洞，将钢门窗的燕尾形铁脚埋入洞中，用砂浆固定；在钢筋混凝土过梁或混凝土墙体内侧先预埋件，将钢窗的 Z 形铁脚焊在预埋钢板上。钢门窗与墙的连接如图 1-44 所示。

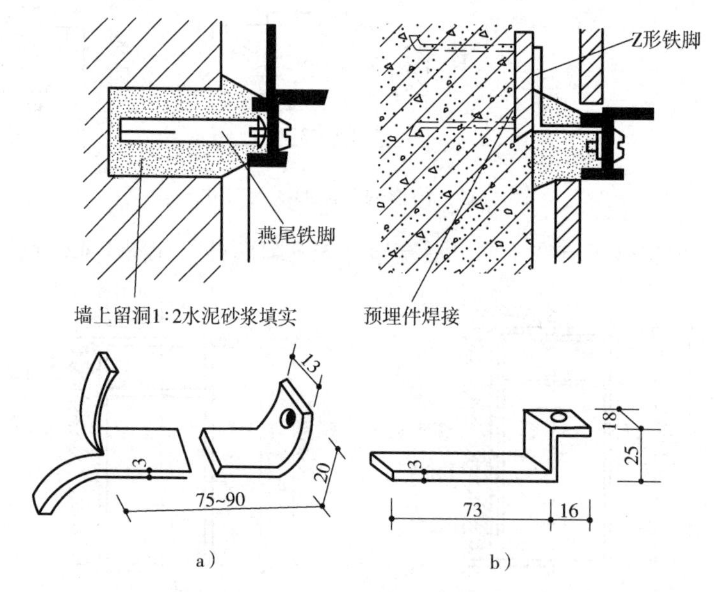

图 1-44　钢门窗与墙的连接

a）燕尾铁脚与砖墙连接　b）Z 形铁脚与混凝土连接

1.7　屋顶

1. 平屋顶构造

平屋顶按屋面防水层的不同，有卷材防水、刚性防水、涂膜防水等多种做法。

（1）卷材防水屋面的构造层次和做法

卷材防水屋面由多层材料叠合而成，其基本构造层次按构造要求主要由结构层、找坡层、找平层、结合层、防水层和保护层组成。卷材防水屋面的构造层次和做法如图 1-45 所示。

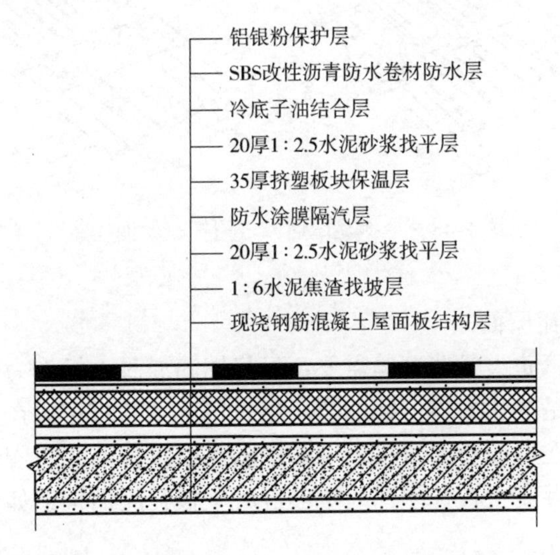

图 1-45　卷材防水屋面的构造层次和做法

（2）刚性防水屋面的构造层次和做法

刚性防水屋面的构造层次，如图 1-46 所示。

（3）涂膜防水屋面的构造层次和做法

涂膜防水屋面的构造层次由结构层、找坡层、找平层、结合层、防水层和保护层组成，如图 1-47 所示。

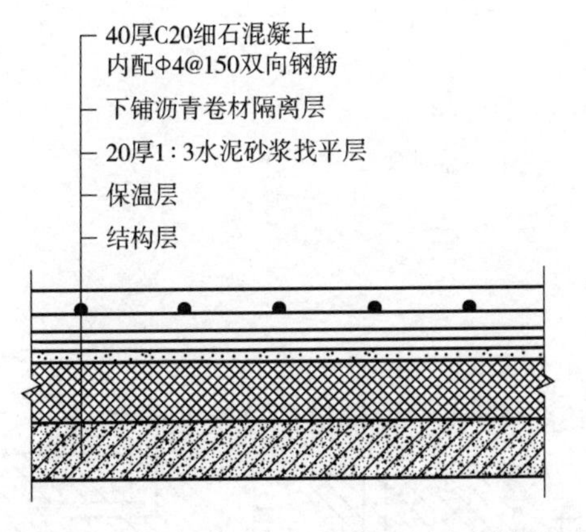

图 1-46　刚性防水屋面的构造层次和做法

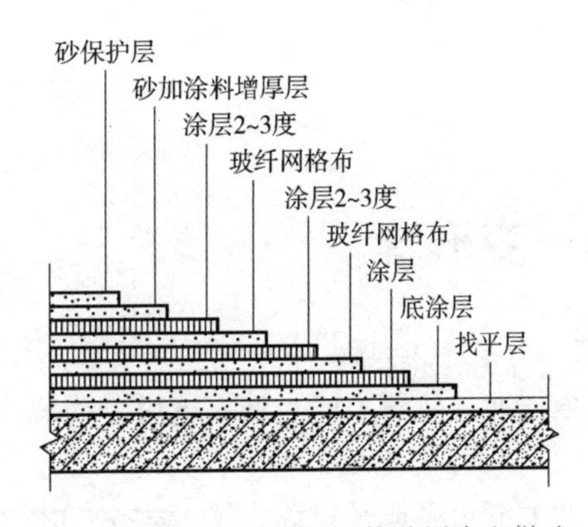

图 1-47　涂膜防水屋面的构造层次和做法

2. 坡屋顶构造

（1）冷摊瓦屋面

冷摊瓦屋面是在檩条上钉固椽条，然后在檩条上钉挂瓦条并直接挂瓦，如图 1-48a 所示。

（2）木望板瓦屋面

木望板瓦屋面是在檩条上铺钉15～20mm厚的木望板（也称屋面板），如图1-48b所示。

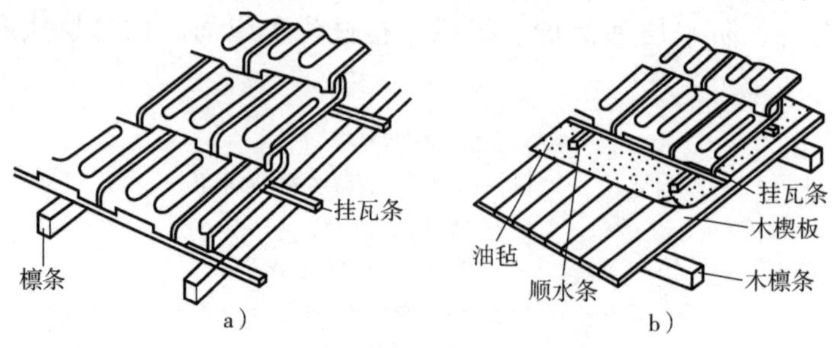

图1-48 冷摊瓦屋面、木望板瓦屋面构造

a）冷摊瓦屋面 b）木望板瓦屋面

（3）钢筋混凝土板瓦屋面

瓦屋面由于有保温、防火或造型等需要，可将钢筋混凝土板作为瓦屋面的基层盖瓦。盖瓦的方式有两种：一种是在找平层上铺油毡一层，用压毡条钉在嵌在板缝内的木楔上，再钉挂瓦条挂瓦；另一种是在屋面板上直接粉刷防水水泥砂浆并贴瓦、陶瓷面砖或平瓦。在仿古建筑中也常常采用钢筋混凝土板瓦屋面。钢筋混凝土板瓦屋面构造如图1-49所示。

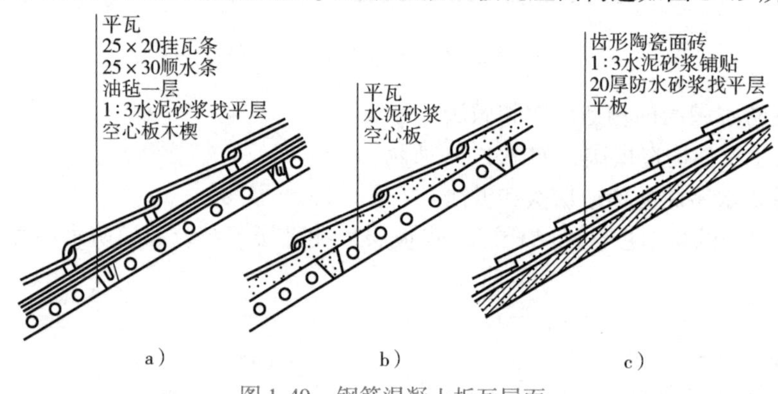

图1-49 钢筋混凝土板瓦屋面

a）木条挂瓦 b）砂浆贴瓦 c）砂浆贴面砖

1.8 变形缝

1. 伸缩缝的构造

根据所处位置不同，伸缩缝可分为墙体伸缩缝、楼地层伸缩缝以及屋顶伸缩缝。

（1）墙体伸缩缝

伸缩缝可砌成平口缝、错口缝、企口缝等截面形式。砖墙伸缩缝的截面形式如图1-50所示。外墙伸缩缝的构造如图1-51所示。内墙伸缩缝可采用木压条或金属盖缝条，一

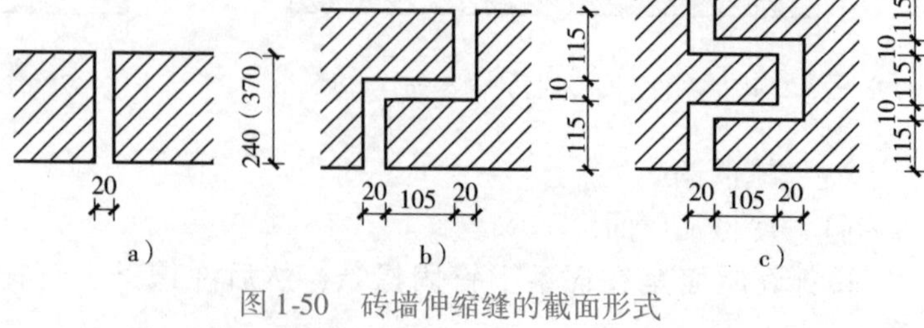

图1-50 砖墙伸缩缝的截面形式

a）平口缝 b）错口缝 c）企口缝

边固定在一面墙上，另一边允许左右移动，如图 1-52 所示。

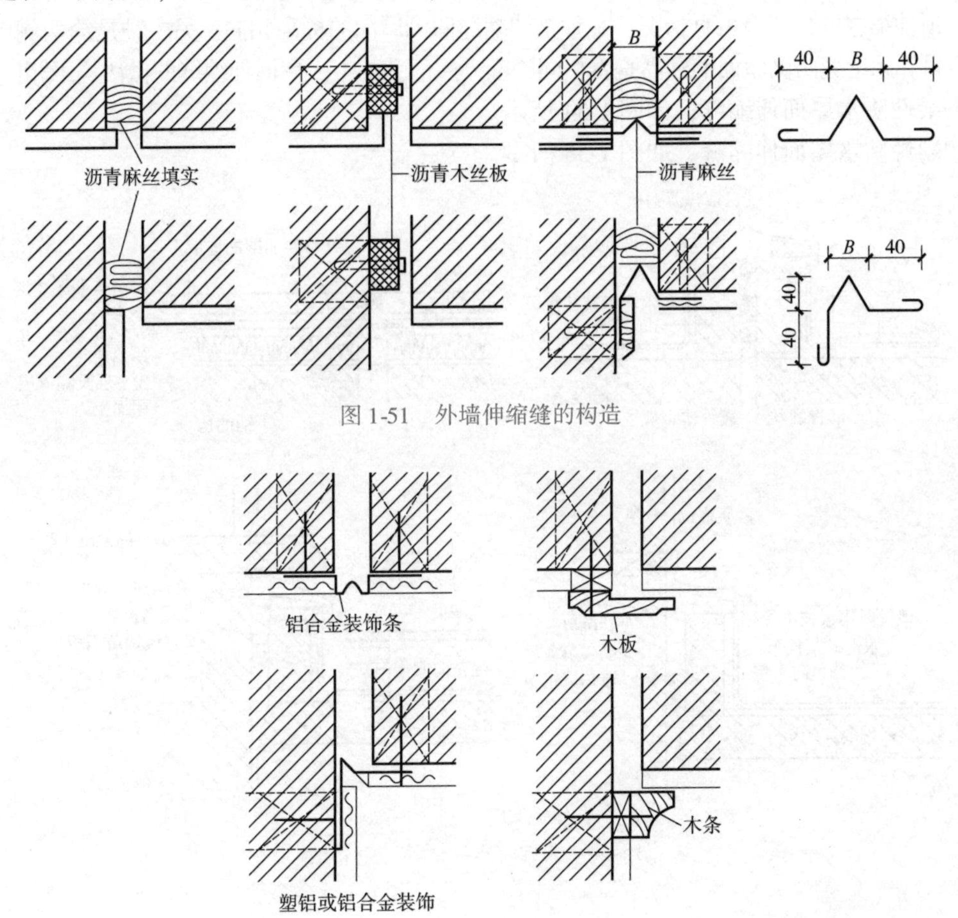

图 1-51　外墙伸缩缝的构造

图 1-52　内墙伸缩缝的构造

（2）楼地层伸缩缝

楼地层伸缩缝的位置和缝宽尺寸，应与墙体、屋顶伸缩缝相对应，缝内也要用弹性材料作封缝处理。在构造上应保证地面面层和顶棚美观，又应使缝两侧的构造能自由伸缩。楼地层伸缩缝的构造如图 1-53 所示。

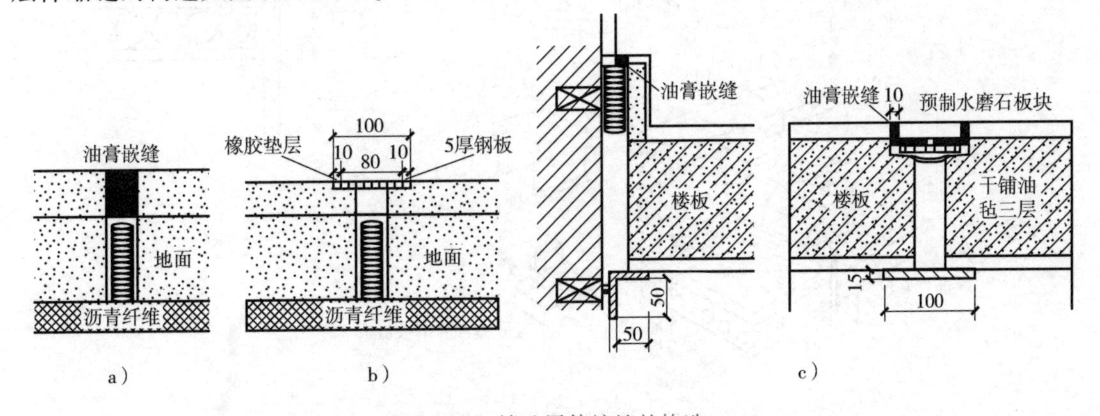

图 1-53　楼地层伸缩缝的构造

a）地面油膏嵌缝　b）地面钢板盖缝　c）楼板变形缝

（3）屋顶伸缩缝

屋顶伸缩缝的位置有两种情况：一种是伸缩缝两侧屋面的标高相同；另一种是缝两侧屋面的标高不同。无论缝两侧屋面的标高是否相同，上人屋面和不上人屋面伸缩缝的做法均不相同。

①柔性防水屋面伸缩缝，如图1-54所示。

②刚性防水屋面伸缩缝，如图1-55所示。

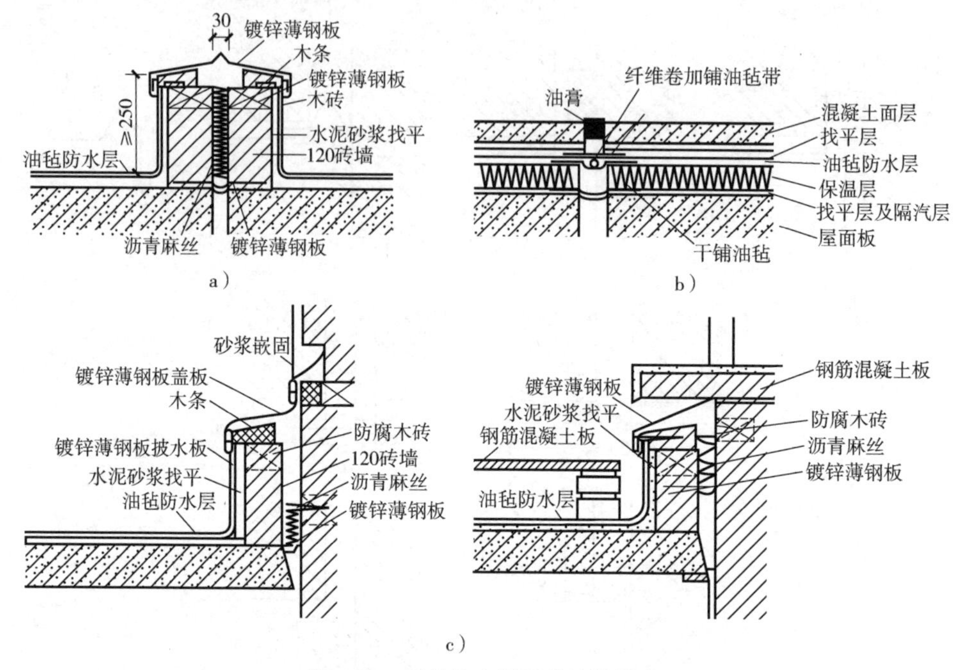

图1-54 柔性防水屋面伸缩缝构造

a）不上人屋面平接变形缝 b）上人屋面平接变形缝 c）高低缝处屋面变形缝

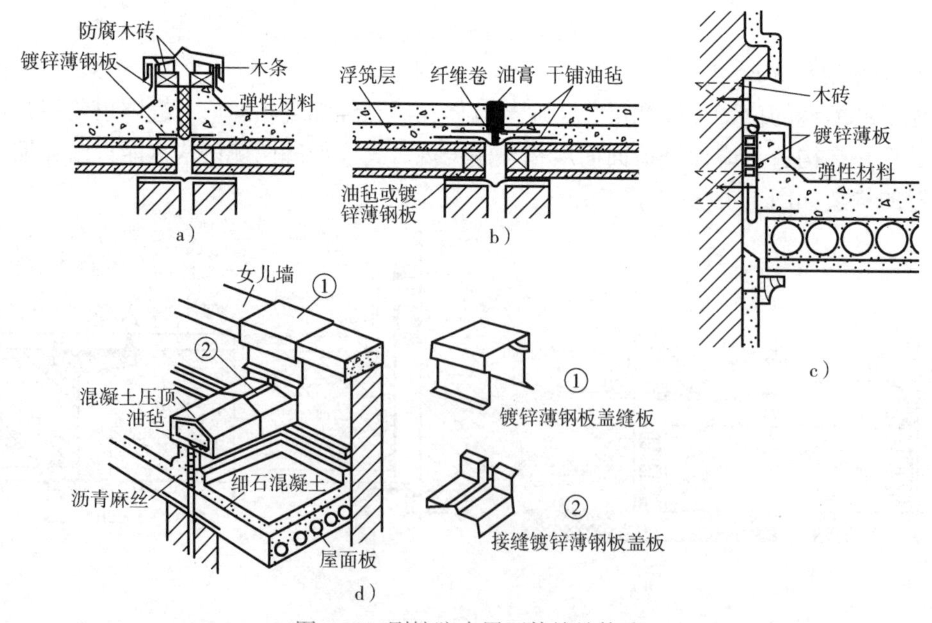

图1-55 刚性防水屋面伸缩缝构造

a）不上人屋面平接变形缝 b）上人屋面平接变形缝 c）高低缝处屋面变形缝 d）变形缝立体图

2. 沉降缝的构造

墙体沉降缝构造与屋顶沉降缝构造分别如图1-56和图1-57所示。

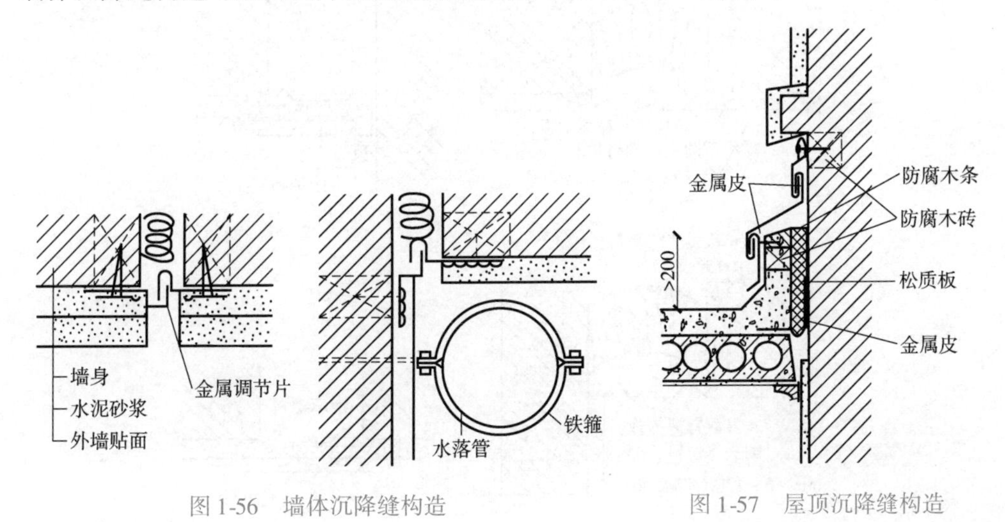

图1-56 墙体沉降缝构造　　图1-57 屋顶沉降缝构造

基础也必须设置沉降缝，以保证缝两侧能自由沉降。常见的基础沉降缝处理方案有双墙式、交叉式和悬挑式三种，如图1-58所示。

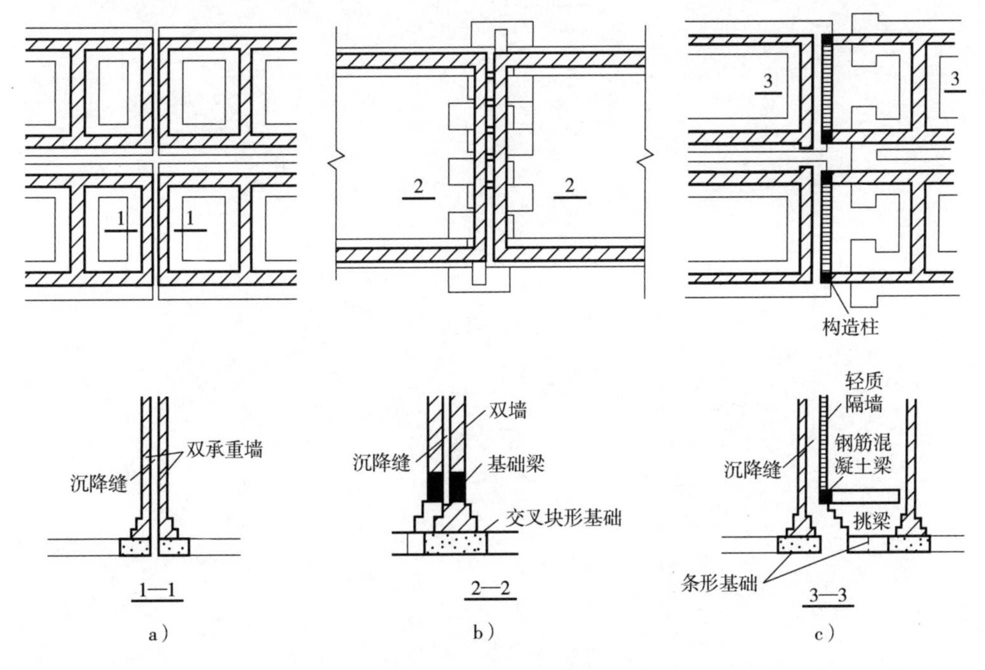

图1-58 基础沉降缝处理示意
a）双墙式 b）交叉式 c）悬挑式

3. 防震缝的构造

防震缝应同伸缩缝、沉降缝协调布置，相邻上部结构完全断开，并留有足够的缝隙，以保证在水平方向地震波的影响下，房屋相邻部分不会因碰撞而造成破坏。墙体防震缝的构造如图1-59所示。

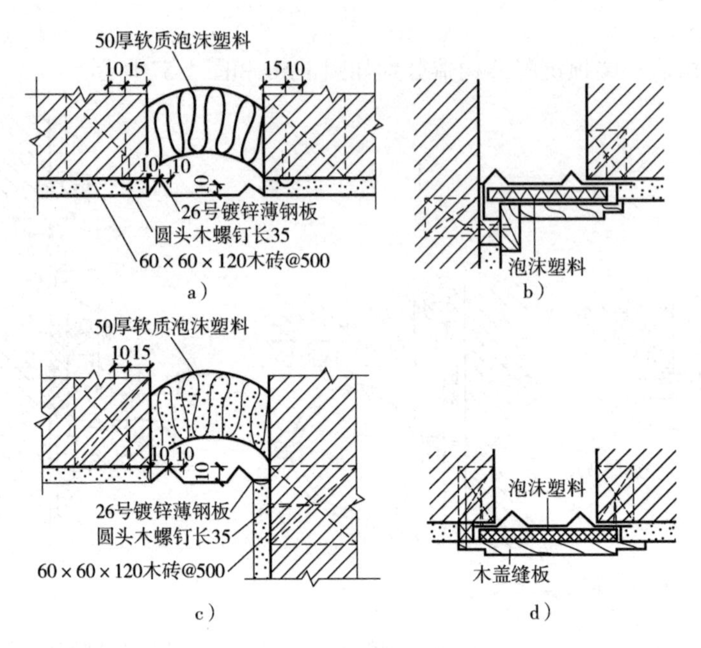

图 1-59　墙体防震缝的构造

a）外墙平缝处　b）外墙角处　c）内墙转角　d）内墙平缝

第2章　建筑材料

2.1　气硬性胶凝材料

常用的气硬性胶凝材料有石膏、石灰、水玻璃、菱苦土等。

2.1.1　石膏

建筑石膏与适量的水混合后，起初形成均匀的石膏浆体，但紧接着石膏浆体失去塑性，成为坚硬的固体。这主要是因为建筑石膏加水拌和后，与水发生水化反应。

随着水化的不断进行，直至浆体完全干燥，强度不再增加。此时，浆体已硬化成为人造石材。

2.1.2　石灰

石灰的性质主要体现在以下几点：

①保水性好。保水性是指固体材料与水混合时，能够保持水分不易泌出的能力。由于石灰膏中 $Ca(OH)_2$粒子极小，比表面积很大，颗粒表面能吸附一层较厚的水膜，所以石灰膏具有良好的可塑性和保水性。在水泥砂浆中掺入石灰膏，可提高砂浆的保水性。

②凝结硬化慢，强度低。石灰浆体的凝结硬化所需时间较长。体积比为 1∶3 的石灰砂浆，其 28d 抗压强度为 0.2～0.5MPa。

③硬化后体积收缩大。在石灰浆体的硬化过程中，大量水分蒸发使内部网状毛细管失水收缩，石灰产生较大的体积收缩，导致表面开裂。因此，纯石灰浆一般不单独使用，通常需要在石灰膏中加入砂、纸筋、麻刀或其他纤维材料，以防止或减少收缩裂缝。

④吸湿性强，耐水性差。生石灰在存放过程中，会吸收空气中的水分而熟化。如存放时间过长，还会发生碳化而使石灰的活性降低。硬化后的石灰如果长期处于潮湿环境或水中，$Ca(OH)_2$就会逐渐溶解而导致结构破坏。

⑤放热量大，腐蚀性强。生石灰的熟化是放热反应，熟化时会放出大量的热。熟石灰中的 $Ca(OH)_2$是一种中强碱，具有较强的腐蚀性。

2.1.3　水玻璃

水玻璃是一种气硬性胶凝材料，在建筑工程中常用来配制水玻璃胶泥和水玻璃砂浆、水玻璃混凝土，以及单独使用水玻璃为主要原料配制涂料。水玻璃在防酸工程和耐热工程中的应用十分广泛。水玻璃硬化后具有以下几个特性：

1. 黏结力强、强度较高

水玻璃硬化后具有较高的黏结强度、抗拉强度和抗压强度。水玻璃硬化后的强度与水玻璃模数、相对密度、固化剂用量及细度，以及填料、砂和石的用量及配合比等因素有关，同时还与配制、养护、酸化处理等施工质量有关。

2. 耐酸性与耐热性好

水玻璃硬化后的主要成分为二氧化硅，其可以抵抗除氢氟酸、过热磷酸以外的几乎所有的无机酸和有机酸。水玻璃类材料不耐碱性介质的侵蚀。硬化后形成的二氧化硅网状骨架在高温下强度下降不大，可用于配制水玻璃耐热混凝土、耐热砂浆、耐热胶泥。

3. 耐碱性和耐水性差

水玻璃在加入氟硅酸钠后仍不能完全硬化，仍然有一定量的水玻璃 $Na_2O \cdot nSiO_2$，由于 Si_2O 和 $Na_2O \cdot nSiO_2$ 均可溶于碱，且 $Na_2O \cdot nSiO_2$ 可溶于水，所以水玻璃硬化后不耐碱、不耐水。

2.1.4 菱苦土

菱苦土与水拌和后迅速水化并放出大量的热，但其凝结硬化很慢，强度很低。通常用氯化镁（$MgCl_2$）的水溶液（也称卤水）来拌和，氯化镁用量为55%～60%（以 $MgCl_2 \cdot 6H_2O$ 计）。氯化镁可大大加速菱苦土的硬化，且硬化后的强度很高。添加氯化镁后，其初凝时间为30～60min，1d时的强度可达最高强度的60%～80%，7d左右可达最高强度（抗压强度达40～70MPa）。硬化后的体积密度为1000～1100kg/m³，属于轻质高强材料。

2.2 水硬性胶凝材料

水硬性胶凝材料在空气和水中均能很好地硬化，并保持和发展其强度。水硬性胶凝材料的耐水性好，可用于潮湿环境或水中。常用的水硬性胶凝材料有各种水泥。

2.2.1 硅酸盐水泥

1. 硅酸盐水泥的分类

硅酸盐类水泥是以硅酸钙为主要成分的各种水泥的总称。这类水泥品种最多（图2-1）、生产量最大、应用最广。

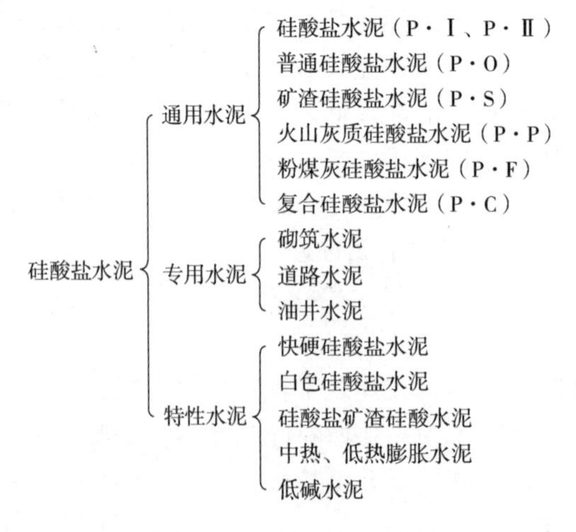

图2-1 硅酸盐水泥的分类

2. 硅酸盐水泥的性质与应用

（1）强度与水化热高

硅酸盐水泥中 C_3S 和 C_3A 含量高，早期放热量大，放热速度快，早期强度高，用于冬期施工常可避免冻害，尤其是其早期强度增长率大，特别适合早期强度要求高的工程、高强度混凝土结构和预应力混凝土工程。但高放热量对大体积混凝土工程不利，如无可靠的降温措施，不宜用于大体积混凝土工程。

（2）碱度高、抗碳化能力强

硅酸盐水泥碱性强且密实度高，抗碳化能力强，所以其特别适用于重要的钢筋混凝土结构和预应力混凝土工程。

（3）干缩小、耐磨性好

硅酸盐水泥在硬化过程中形成大量的水化硅酸钙凝胶体，使水泥石密实，游离水分少，不易产生干缩裂纹，可用于干燥环境的混凝土工程。而且硅酸盐水泥强度高，耐磨性好，可用于路面与地面工程。

（4）抗冻性好

硅酸盐水泥拌合物不易发生泌水，硬化后的水泥石密实度较大，所以其抗冻性优于其他通用水泥，适用于严寒地区受反复冻融作用的混凝土工程。

（5）耐腐蚀性与耐热性差

硅酸盐水泥中有大量的氢氧化钙和水化铝酸钙，容易引起软水、酸类和盐类的侵蚀，所以其不宜用于受流动水、压力水、酸类和硫酸盐侵蚀的工程。

硅酸盐水泥在温度为 250℃时，水化物开始脱水，水泥强度下降；当受热 700℃以上时，将遭破坏。因此，硅酸盐水泥不宜单独用于耐热混凝土工程。

（6）湿热养护效果差

硅酸盐水泥在常规养护条件下硬化快、强度高，但经过蒸汽养护后，再经自然养护至 28d 测得的抗压强度，往往低于未经蒸养的 28d 抗压强度。

2.2.2　掺混合材料的硅酸盐水泥

1. 普通硅酸盐水泥

普通硅酸盐水泥简称普通水泥，代号为 P·O。在水泥中掺入活性混合材料时，其掺量应大于 5% 且小于或等于 20%，其中允许用不超过水泥质量 5% 的窑灰或不超过水泥质量 8% 的非活性混合材料来代替。普通硅酸盐水泥的技术要求如下：

①细度。以比表面积表示，不小于 $300m^2/kg$。

②凝结时间。初凝不得早于 45min，终凝不得迟于 600min。

③安定性。用沸煮法检验必须合格。为了保证水泥长期安定性，水泥中氧化镁的含量不得超过 5.0%。如果水泥经压蒸安定性试验合格，则水泥中氧化镁的含量允许放宽到 6.0%；水泥中三氧化硫的含量不得超过 3.5%。

④强度。根据 3d 和 28d 龄期的抗折强度和抗压强度，将普通硅酸盐水泥划分为 42.5、42.5R、52.5、52.5R 四个强度等级。

2. 矿渣、火山灰质、粉煤灰硅酸盐水泥

①矿渣硅酸盐水泥。矿渣硅酸盐水泥简称矿渣水泥，代号为 P·S·A、P·S·B。其

中，P·S·A 型水泥中粒化高炉矿渣的掺加量按质量分数计应大于 20% 且小于或等于 50% ，P·S·B 型水泥中粒化高炉矿渣的掺加量按质量分数计应大于 50% 且小于或等于 70% 。

②火山灰质硅酸盐水泥。火山灰质硅酸盐水泥简称火山灰质水泥，代号为 P·P。火山灰质水泥中火山灰质混合材料掺加量按质量分数计应大于 20% 且小于或等于 40% 。

③粉煤灰硅酸盐水泥。粉煤灰硅酸盐水泥简称粉煤灰水泥，代号为 P·F。粉煤灰水泥中粉煤灰掺加量按质量分数计应大于 20% 且小于或等于 40% 。

3. 复合硅酸盐水泥

复合硅酸盐水泥简称复合水泥，代号为 P·C。复合水泥中混合材料总掺加量按质量分数计应大于 20% 且不超过 50% 。水泥中允许用不超过 8% 的窑灰代替部分混合材料；掺入矿渣时，混合材料掺加量不得与矿渣硅酸盐水泥重复。

2.3 混凝土

混凝土是由胶凝材料、水和粗、细集料按适当比例配合，拌制成拌合物，经一定时间硬化而成的人造石材。目前，工程上使用最多的是以水泥为胶凝材料，以砂、石为集料的普通水泥混凝土（简称普通混凝土）。

2.3.1 混凝土的分类

1. 按表观密度分类

（1）重混凝土

重混凝土的干表观密度大于 2800kg/m^3，是采用密度很大的集料（如重晶石、铁矿石、钢屑等）和重水泥（如钡水泥、锶水泥等）配制而成的。这类混凝土具有不透 X 射线和 γ 射线的性能，主要用于防辐射工程。

（2）普通混凝土

普通混凝土的干表观密度为 2000 ~ 2800kg/m^3，是以水泥为胶凝材料，天然砂、石为集料配制而成的。这类混凝土在工程中最常用，如房屋及桥梁等承重结构、道路路面、水工建筑物的堤坝等。

（3）轻质混凝土

轻质混凝土是表观密度小于 1950kg/m^3 的混凝土。它又可以分为以下三类：

①轻集料混凝土，其表观密度在 800 ~ 1950kg/m^3，轻集料包括浮石、火山渣、陶粒、膨胀珍珠岩、膨胀矿渣、矿渣等。

②多孔混凝土（泡沫混凝土、加气混凝土），其表观密度是 300 ~ 1000kg/m^3。泡沫混凝土是由水泥浆或水泥砂浆与稳定的泡沫制成的。加气混凝土是由水泥、水与发气剂制成的。

③大孔混凝土（普通大孔混凝土、轻骨料大孔混凝土），其组成中无细集料。普通大孔混凝土的表观密度为 1500 ~ 1900kg/m^3，是用碎石、软石、重矿渣作集料配制的。轻骨料大孔混凝土的表观密度为 500 ~ 1500kg/m^3，是用陶粒、浮石、碎砖、矿渣等作为集料配制的。

2. 按胶凝材料分类

①无机胶凝材料混凝土：如水泥混凝土、石膏混凝土、水玻璃混凝土等。

②有机胶凝材料混凝土：如沥青混凝土、聚合物混凝土等。

2.3.2　混凝土的基本组成材料

普通混凝土是将水泥，粗、细集料，水，外加剂和掺合剂按一定的比例配制而成的，普通混凝土也简称为混凝土。

1. 水泥

水泥是决定混凝土成本的主要材料，同时又起到黏结、填充等重要作用，因此水泥的选用格外重要。配制混凝土用的水泥应符合国家现行标准的有关规定。在配制时，应合理地选择水泥的品种和强度等级。

2. 细集料

粒径在 0.15～4.75mm 的集料为细集料（砂子），通称为砂。

配制混凝土用砂有天然砂和人工砂。砂的种类不同，同等条件下所配制的混凝土性质也不同。工程中常选用河砂配制混凝土。

3. 粗集料

粗集料是指粒径大于 4.75mm 的岩石颗粒，俗称石子。

普通混凝土常用的粗集料有碎石和卵石。碎石是由天然岩石、卵石或矿山废石经机械破碎、筛分制成的粒径大于 4.75mm 的岩石颗粒。其按产源可分为河卵石、海卵石、山卵石等。天然卵石表面光滑，棱角少，空隙率及表面积小，拌制的混凝土和易性好，但其与水泥的胶结能力较差；碎石表面粗糙，有棱角，与水泥浆黏结牢固，拌制的混凝土强度较高。使用时，应根据工程要求及就地取材的原则选用。

4. 混凝土拌和用水

混凝土拌和用水按水源可分为饮用水、地表水、地下水、海水。

5. 混凝土外加剂

混凝土外加剂是在混凝土拌和过程中掺入的材料，它能按要求改善混凝土性能，一般情况下掺量不超过水泥质量的 5%。随着建筑科学技术的迅速发展，土建工程对混凝土的性能不断提出新的要求。由于外加剂可改善混凝土的技术性能，它在工程中应用的比例越来越大。因此，外加剂已成为除水泥、砂、石和水以外第五种混凝土必不可少的成分。

6. 混凝土掺合料

矿物掺合料有粉煤灰、粒化高炉矿渣、硅灰、石灰石粉、钢渣粉、磷渣粉、沸石粉、复合矿物掺合料。

矿物掺合料是一种辅助胶凝材料，特别在近代高强、高性能混凝土中是一种有效的、不可或缺的主要组分材料。

2.4　建筑砂浆

建筑砂浆是由胶结料、细集料、掺加料和水按一定的比例配制成的建筑工程材料。建筑砂浆在建筑工程中是一种用量大、用处广泛的建筑材料，起黏结、衬垫和传递应力的作用。

2.4.1　砌筑砂浆

砌筑砂浆是将砖、石、砌块黏结成为砌体的砂浆，其主要有水泥砂浆、水泥混合砂浆两类。其组成材料主要有胶凝材料、细集料、掺合料、水和外加剂等。

1. 胶凝材料

建筑砂浆常用的胶凝材料有水泥、石灰、石膏等无机胶凝材料，在选用时应根据使用环境、用途等合理选择。在干燥条件下使用的砂浆既可选用气硬性胶凝材料（石灰、石膏），也可选用水硬性胶凝材料（水泥）；在潮湿环境或水中使用的砂浆，则必须选用水泥作为胶凝材料。

2. 细集料

砌筑砂浆常用的细集料是天然砂，应符合有关国家标准的技术要求。在一些人工砂、山砂、炉渣资源较多的地区，经试验能满足砂浆使用要求的也可适当利用。

3. 掺加料

为改善砂浆的和易性，节约水泥用量，可在砂浆中掺入石灰膏、黏土膏、电石膏、磨细生石灰、粉煤灰等无机掺加料。石灰膏、黏土膏和电石膏试配时的稠度应为（120 ± 5）mm。

4. 外加剂

砂浆外加剂是指在拌制砂浆过程中掺入的，用来改善砂浆某些性能的物质。与混凝土中掺加外加剂一样，常用的砂浆外加剂主要有减水剂、引气剂、早强剂、缓凝剂、防冻剂、膨胀剂等。另外，为了改善砂浆的和易性，还可以掺入一些塑化剂，如微沫剂、皂化松香、纸浆废液等有机塑化剂。微沫剂和皂化松香都是用松香和工业纯碱熬制而成的，掺入砂浆中搅拌时，会形成许多微小的气泡，使砂浆流动性增大、和易性变好，并且节省石灰。

5. 水

砂浆拌和用水的技术要求与普通混凝土拌和用水相同，且宜选用不含杂质的洁净水来拌制砂浆。

2.4.2 抹面砂浆

凡涂抹在建筑物和构件表面以及基底材料的表面，兼有保护基层和满足使用要求作用的砂浆，可统称为抹面砂浆，也称为抹灰砂浆。

1. 普通抹面砂浆

（1）普通抹面砂浆的种类

常用的普通抹面砂浆有水泥砂浆、石灰砂浆、水泥石灰混合砂浆、麻刀石灰砂浆（简称麻刀灰）、纸筋石灰砂浆（简称纸筋灰）等。

（2）普通抹面砂浆的性能

抹面砂浆应与基层牢固地黏结，因此要求砂浆应有良好的和易性及较高的黏结力。

2. 防水砂浆

防水砂浆是一种刚性防水材料，通过提高砂浆的密实性及改进抗裂性，以达到防水、抗渗的目的。防水砂浆适用于不受振动和具有一定刚度的混凝土或砖石砌体工程，应用于地下室、水塔、水池等防水工程。用作防水工程防水层的防水砂浆，有刚性多层抹面的水泥砂浆、掺防水剂的防水砂浆、聚合物水泥防水砂浆三种。对于变形较大或可能发生不均匀沉陷的建筑物，都不宜采用刚性防水层。

3. 装饰砂浆

涂抹在建筑物内、外墙表面且具有美观装饰效果的抹灰砂浆，统称为装饰砂浆。装饰砂浆在抹面的同时，经各种加工处理而获得特殊的饰面形式，可以满足审美的需要。

2.5　墙体材料

墙体材料是指用来砌筑、拼装或用其他方法构成承重墙、非承重墙的材料。它是建筑材料的一个重要组成部分，在房屋建筑的房屋总质量、施工量及建筑造价中，均占有相当高的比例，同时它又是一种量大面广的传统性地方材料。

墙体材料按其形状和使用功能，可分为砌墙砖和砌块。

2.5.1　砌墙砖

砌墙砖是指由黏土、工业废料或其他地方资源为主要原料，以不同工艺制成的在建筑工程中用于砌筑墙体的砖的统称。

砌墙砖按照生产工艺，分为烧结砖和非烧结砖。经焙烧制成的砖为烧结砖；经碳化或蒸汽（压）养护硬化而成的砖属于非烧结砖。按照孔洞率（砖上孔洞和槽的体积总和与按外廓尺寸算出的体积之比的百分率）的大小，砌墙砖分为实心砖、多孔砖和空心砖。

1. 烧结砖

（1）烧结普通砖

凡以黏土、页岩、煤矸石和粉煤灰等为主要原料，经成型、焙烧而成的实心或孔洞率不大于 15% 的砖，称为烧结普通砖。烧结普通砖分为烧结黏土砖、烧结页岩砖、烧结煤矸石砖、烧结粉煤灰砖等。通常尺寸为 240mm × 115mm × 53mm。

烧结普通砖既有一定的强度，又有较好的隔热、隔声性能，冬季室内墙面不会出现结露现象，而且价格低廉。虽然不断出现各种新的墙体材料，但烧结砖在今后一段时间内，仍会作为一种主要材料用于砌筑工程中。

（2）烧结多孔砖和烧结空心砖

烧结普通砖有自重大、体积小、生产能耗高、施工效率低等缺点，用烧结多孔砖和烧结空心砖代替烧结普通砖，可使建筑物自重减轻 30% 左右，节约黏土 20% ~30%，节省燃料 10% ~20%，墙体施工功效提高 40%，并可改善砖的隔热、隔声性能。

多孔砖的技术性能应满足国家规范《烧结多孔砖》（GB 13544—2000）的要求。根据其尺寸规格分为 190mm × 190mm × 90mm（M 型）和 240mm × 115mm × 90m。圆孔直径必须小于或等于 22mm，非圆孔内切圆直径小于或等于 15mm，手抓孔一般为（30 ~ 40）mm ×（75 ~ 85）mm。

烧结空心砖是指以页岩、煤矸石或粉煤灰为主要原料，经焙烧而成的具有竖向孔洞（孔洞率不小于 25%，孔的尺寸小而数量多）的砖。其外形尺寸，长度为 290mm、240mm、190mm，宽度为 240mm、190mm、180mm、175mm、140mm、115mm，高度为 90mm。烧结空心砖自重较轻，强度较低，多用于非承重墙，如多层建筑的内隔墙或框架结构的填充墙等。

空心砖规格尺寸较多，有 290mm × 190mm × 90mm 和 240mm × 180mm × 115mm 两种类

型，砖的壁厚应大于10mm，肋厚应大于7mm。

2. 非烧结砖

不经焙烧而制成的砖均为非烧结砖，如碳化砖、免烧免蒸砖、蒸养（压）砖等。目前，应用较广的是蒸养（压）砖。这类砖是以含钙材料（石灰、电石渣等）和含硅材料（砂质、煤粉灰、煤矸石灰渣、炉渣等）与水拌和，经压制成型，在自然条件下或人工水热合成条件（蒸养或蒸压）下，反应生成以水化硅酸钙、水化铝酸钙为主要胶结料的硅酸盐建筑制品。主要品种有蒸压灰砂砖、粉煤灰砖、炉渣砖等。

（1）蒸压灰砂砖

蒸压灰砂砖是以粉煤灰或其他矿渣或灰砂为原料，添加石灰、石膏以及骨料，经胚料制备、压制成型、高效蒸汽养护等工艺制成。砖的规格尺寸与普通实心黏土砖完全一致，为240mm×115mm×53mm，所以用蒸压砖可以直接代替实心黏土砖，是国家大力发展、应用的新型墙体材料。

蒸压灰砂砖的主要材料是砂（约占90%）和石灰（接近10%），以及一些配色原料，经过坯料制备、压制成型、蒸压养护三个阶段制成。砖体有实心和空心两种。

（2）蒸压（养）粉煤灰砖

蒸压（养）粉煤灰砖是指以粉煤灰、石灰或水泥为主要原料，掺加适量石膏和集料经混合料制备、压制成型、高压或常压养护或自然养护而成的粉煤灰砖。粉煤灰砖的尺寸与普通实心黏土砖完全一致，为240mm×115mm×53mm，所以可以直接代替实心黏土砖。

（3）炉渣砖

炉渣砖，是以煤燃烧后的炉渣（煤渣）为主要原料，加入适量的石灰或电石渣、石膏等材料混合、搅拌、成型、蒸汽养护等而制成的砖。其尺寸规格与普通砖相同，呈黑灰色，体积密度为1500～2000kg/m^3，吸水率为6%～19%。

根据尺寸偏差、外观质量、强度级别分为优等品（A）、一等品（B）、合格品（C）。优等品的强度等级应不低于15级，一等品的强度级别应不低于10级，合格品的强度级别应不低于7.5级。

2.5.2 砌块

1. 蒸压加气混凝土砌块

蒸压加气混凝土砌块是以粉煤灰、石灰、水泥、石膏、矿渣等为主要原料，加入适量发气剂、调节剂、气泡稳定剂，经配料搅拌、浇注、静停、切割和高压蒸养等工艺过程而制成的一种多孔混凝土制品。

（1）分级

①砌块按尺寸偏差与外观质量、干密度、抗压强度和抗冻性分为优等品（A）和合格品（B）两个等级。

②砌块按强度分为A1.0、A2.0、A2.5、A3.5、A5.0、A7.5、A10七个级别。

③砌块按干密度分为B03、B04、B05、B06、B07、B08六个级别。

（2）常用规格尺寸

长度：600mm。

宽度：100mm、120mm、125mm、150mm、180mm、200mm、240mm、250mm、300mm。

高度：200mm、240mm、250mm、300mm。

2. 粉煤灰混凝土砌块

粉煤灰混凝土砌块是以粉煤灰、石灰、石膏和骨料等为原料，加水搅拌，振动成型，蒸汽养护而成的密实砌块，有880mm×380mm×240mm和880mm×430mm×240mm两种。粉煤灰混凝土砌块适用于砌筑民用和工业建筑的墙体和基础。

砌块按其立方体试件的抗压强度分为10级和13级。砌块按外观质量、尺寸偏差和干缩性能分为一等品（B）和合格品（C），并按其产品名称、规格、强度等级、产品等级和标准编号顺序进行标记，如砌块的规格尺寸为880mm×380mm×240mm，强度等级为10级，产品等级为一等品（B）时，则标记为：FB880×380×240—10B—JC238。

3. 混凝土小型空心砌块

混凝土小型空心砌块（简称混凝土小砌块）是以水泥、砂、石等普通混凝土材料制成的。其空心率为25%~50%。混凝土小型空心砌块适用于建筑地震设计烈度为8度及8度以下地区的各种建筑墙体，包括高层与大跨度的建筑，也可以用于围墙、挡土墙、桥梁和花坛等市政设施，应用范围十分广泛。

混凝土小型空心砌块主规格尺寸为390mm×190mm×190mm，其他规格尺寸可由供需双方协商。

强度等级：按抗压强度分为MU3.5、MU5、MU7.5、MU10、MU15、MU20六个强度等级；按其尺寸偏差和外观质量分为优等品（A）、一等品（B）和合格品（C）三个质量等级。

2.6 建筑石材和涂料

2.6.1 建筑石材

建筑石材可分为天然石材和人造石材两大类。

1. 天然石材

（1）花岗岩

花岗岩属于深成岩浆岩，是岩浆岩中分布最广的岩石，其主要矿物组成为长石、石英和少量云母等。花岗岩为全晶质，有细粒、中粒、粗粒、斑状等多种构造，但以细粒构造性质为好。其通常有灰、白、黄、粉红、红、纯黑等多种颜色，具有很强的装饰性。

花岗岩主要用于基础、挡土墙、勒脚、踏步、地面、外墙饰面、雕塑等石砌体，属高档材料。破碎后可用于配制混凝土。此外，花岗岩还可用于耐酸工程。

（2）辉长岩、闪长岩、辉绿岩

它们由长石、辉石和角闪石等组成。三者的体积密度均较大，为2800~3000kg/m^3，抗压强度为100~280MPa，耐久性及磨光性好，常呈深灰、浅灰、黑灰、灰绿、黑绿色和斑纹。它们除用于基础等石砌体外，还可用作名贵的装饰材料。

（3）玄武岩

玄武岩为岩浆冲破覆盖岩层喷出地表冷凝而成的岩石，其由辉石和长石组成。体积密度为2900~3300kg/m^3，抗压强度为100~300MPa，脆性大，抗风化性较强。其主要用于基础、桥梁等石砌体，破碎后可作为高强度混凝土的集料。

（4）火山碎屑岩

火山碎屑岩为岩浆被喷到空气中，急速冷却而形成的岩石，又称为火山碎屑。因由喷到空气中急速冷却而成，故其内部含有大量的气孔并多呈玻璃质，有较高的化学活性。常用的火山碎屑岩有火山灰、火山渣、浮石等，其主要用作轻集料混凝土的集料、水泥的混合材料等。

2. 沉积岩

（1）砂岩

砂岩主要由石英等胶结而成。根据胶结物的不同砂岩分为以下几类：

①硅质砂岩。硅质砂岩由氧化硅胶结而成，呈白、淡灰、淡黄、淡红色，其强度可达300MPa，具有耐磨性、耐久性、耐酸性高的特点，性能接近于花岗岩。纯白色硅质砂岩又称为白玉石。硅质砂岩可用于各种装饰及浮雕、踏步、地面及耐酸工程。

②钙质砂岩。钙质砂岩由碳酸钙胶结而成，为砂岩中最常见和最常用的石材之一，呈白色、灰白色，其强度较大，但不耐酸，可用于大多数工程。

③铁质砂岩。铁质砂岩由氧化铁胶结而成，常呈褐色。其性能较差，密实者可用于一般工程。

④黏土质砂岩。黏土质砂岩由黏土胶结而成。其具有易风化、耐水性差等缺点，甚至会因水的作用而溃散，一般不用于建筑工程。

此外，还有长石砂岩、硬砂岩，两者的强度较高，可用于建筑工程。

由于砂岩的性能相差较大，使用时需加以区别。

（2）石灰岩

石灰岩俗称青石，为海水或淡水中的生物残骸沉积而成，主要由方解石组成，常含有一定数量的白云石、菱镁矿（碳酸镁晶体）、石英、黏土矿物等，分布极广。石灰岩分为密实、多孔和散粒三种构造。其中，密实构造的即普通石灰岩。其常呈灰、灰白、白、黄、浅红、黑、褐红等颜色。

石灰岩可用于大多数基础、墙体、挡土墙等石砌体，破碎后可用于混凝土，是生产石灰和水泥等的原料，但不得用于酸性水或二氧化碳含量多的水中，因方解石会被酸或碳酸溶蚀。

（3）变质岩

常用的变质岩主要有以下几种：

①石英岩。石英岩由硅质砂岩变质而成，结构致密均匀，坚硬，加工困难，耐酸性好，抗压强度为250～400MPa。其主要用于纪念性建筑等的饰面以及耐酸工程，使用寿命可达千年以上。

②大理石。大理石由石灰岩或白云岩变质而成，其主要矿物组成为方解石、白云石。

大理石具有等粒、不等粒、斑状结构，常呈白、浅红、浅绿、黑、灰等颜色（斑纹），抛光后具有优良的装饰性。白色大理石又称为汉白玉。

大理石主要用于室内的装修，如墙面、柱面及磨损较小的地面、踏步等。

③片麻岩。片麻岩由花岗岩变质而成。片麻岩呈片状构造，各向异性，在冰冻作用下易成层剥落。其体积密度为2600～2700kg/m^2，抗压强度为120～250MPa（垂直节理面方向）。

可用于一般建筑工程的基础、勒脚等石砌体，也作为混凝土集料。

3. 人造石材

人造石材具有色彩艳丽、光洁度高、颜色均匀一致、抗压耐磨、韧性好、结构致密、坚固耐用、比重轻、不吸水、耐侵蚀风化、色差小、不褪色、放射性低等优点。其具有资源综合利用的优势，在环保节能方面具有不可低估的作用，也是名副其实的建材绿色环保产品。目前，人造石已成为现代建筑首选的饰面材料。

常用的人造石材有水泥型人造石材、聚酯型人造石材、复合型人造石材、烧结型人造石材。

（1）水泥型人造石材

水泥型人造石材是以白色水泥、彩色水泥或硅酸盐水泥、铝酸盐水泥为胶结材料，以砂为细集料，碎大理石、花岗石或工业废渣等为粗集料，必要时加入适量的耐碱颜料，经配制、搅拌、加压蒸养、磨光和抛光后制成的人造石材。在配制过程中，混入色料，可制成彩色水泥石。水泥型石材的生产取材方便，价格低廉，但其装饰性较差。水磨石和各类花阶砖即属此类石材。

（2）聚酯型人造石材

聚酯型人造石材是以不饱和聚酯为胶结材料，加入石英砂、大理石渣、方解石粉等无机填料和颜料，经配料、混合搅拌、浇筑成型、固化、烘干、抛光等工序而制成的人造石材。

目前，国内外人造大理石、花岗石以聚酯型为最多，该类产品光泽好、颜色浅，可调配成各种鲜明的花色图案。不饱和聚酯由于黏度低，易于成型，且在常温下固化较快，便于制作各种形状的制品。与天然大理石相比，聚酯型人造石材具有强度高、密度小、厚度薄、耐酸碱腐蚀及美观等优点。但其耐老化性能不及天然花岗岩，故多用于室内装饰。

（3）复合型人造石材

复合型人造石材采用的胶黏剂中，既有无机材料，又有有机高分子材料。其制作工艺是：先用水泥、石粉等制成水泥砂浆的坯体，再将坯体浸于有机单体中，使其在一定条件下聚合而成。

（4）烧结型人造石材

烧结型人造石材的生产工艺与陶瓷相似，即将斜长石、石英、辉石石粉和赤铁矿以及高岭土等混合成矿粉，再配以 40% 左右的黏土混合制成泥浆，经制坯、成型和艺术加工后，经 10000℃左右的高温焙烧而成，如仿花岗石瓷砖、仿大理石陶瓷艺术板等。

2.6.2 涂料

涂于物质表面，经过物理变化和化学反应可形成完整的膜，且能与物质表面很好地结合，形成坚固完整的涂膜物料称为涂料或漆。

1. 外墙涂料

外墙涂料的主要功能是装饰和保护建筑物的外墙面，使建筑物外观整洁美观，与环境更加协调，从而达到美化城市的目的。同时能起到保护建筑物，提高建筑物使用的安全性，延长其使用寿命的作用。

2. 内墙涂料

内墙涂料的主要功能是装饰和保护室内墙面，使其美观整洁，让人们处于舒适的居住环境之中。

目前，常用的内墙装饰涂料主要包括水溶性涂料、合成树脂乳胶漆和溶剂型涂料三类。

3. 地面涂料

地面涂料主要是指应用于水泥基底材等非木质地面用的涂料。对于通常应用于木质地面的涂料一般不包括在建筑涂料范围内。

用于地面装饰的材料很多，涂料是品种比较丰富、档次比较齐全、功能多种多样的一类地面装饰材料。

按地面涂料的功能进行分类，地面涂料可分为装饰性地面涂料和功能性地面涂料两大类。装饰性地面涂料主要应用于木质底材，不属于建筑涂料的范围。目前，建筑功能性地面涂料有环氧耐磨地面涂料、聚氨酯弹性地面涂料、防滑地面涂料和防静电地面涂料。

2.7 木材

木材具有适宜的天然花纹、质感、色彩等，是良好的装饰材料。木材的加工性能良好，可锯、可刨，且易涂刷、喷涂、印制涂料等。

此外，木材的振动性能优良，常用来制作乐器或作乐器的共鸣板等。木材的主要化学成分之一是木素，对紫外线有较强的吸收作用。木材表面细微的凹凸，可以使光线漫反射，减少眼睛的疲劳和损伤。

2.8 功能材料

1. 防水材料

（1）防水卷材

防水卷材有聚合物改性沥青防水卷材和合成高分子防水卷材等系列。

①聚合物改性沥青防水卷材。聚合物改性沥青防水卷材是以合成高分子聚合物改性沥青为涂盖层，纤维织物或纤维毡为胎体，粉状、粒状、片状或薄膜材料为覆面材料制成的可卷曲片状防水材料。

常见的有 SBS 改性沥青防水卷材、APP 改性沥青防水卷材、PVC 改性焦油沥青防水卷材等。此类防水卷材一般单层铺设，也可复层使用，根据不同卷材可采用热熔法、冷粘法、自粘法施工。

②合成高分子防水卷材。合成高分子防水卷材是以合成橡胶、合成树脂或两者的共混体为基料，加入适量的化学助剂和填充料等，经混炼、压延或挤出等工序加工而制成的可卷曲的片状防水材料。常用的有再生胶防水卷材、三元乙丙橡胶防水卷材、三元丁橡胶防水卷材、聚氯乙烯防水卷材、氯化聚乙烯防水卷材、氯化聚乙烯—橡胶共混防水卷材等。一般单层铺设，可采用冷粘法或自粘法施工。

（2）防水涂料

防水涂料是一种流态或半流态物质，可用刷、喷等工艺涂布在基层表面，经溶剂或水分挥发或各组分间的化学反应，形成具有一定弹性和一定厚度的连续薄膜，使基层表面与水隔绝，起到防水、防潮作用。由于防水涂料固化成膜后的防水涂膜具有良好的防水性能，能形成无接缝的完整防水膜。因此，防水涂料广泛适用于工业与民用建筑的屋面防水工程、地下室防水工程和地面防潮、防渗等，特别适用于各种不规则部位的防水。防水涂料按成膜物质的主要成分可分为聚合物改性沥青防水涂料和合成高分子防水涂料两类。

2. 保温隔热材料

在建筑工程中，常把用于控制室内热量外流的材料称为保温材料，将防止室外热量进入室内的材料称为隔热材料，两者统称为绝热材料。绝热材料主要用于墙体及屋顶、热工设备及管道、冷藏库等工程或冬季施工的工程。

保温材料的保温功能性指标的好坏是由材料导热系数的大小决定的，导热系数越小，保温性能越好。影响材料导热系数的主要因素包括材料的化学成分、微观结构、孔结构、湿度、温度和热流方向等，其中孔结构和湿度对导热系数的影响最大。用于建筑物保温的材料一般要求密度小、导热系数小、吸水率低、尺寸稳定性好、保温性能可靠、施工方便、环境友好、造价合理。

（1）多孔状绝热材料

①膨胀蛭石。蛭石是一种复杂的含镁的水铝硅酸盐次生变质矿物，由云母类矿物经风化而成，具有层状结构。膨胀蛭石可松散铺设，也可与水泥、水玻璃等胶凝材料配合，浇注成板，用于墙、楼板和屋面板等构件的绝热。

②膨胀珍珠岩。膨胀珍珠岩是由天然珍珠岩煅烧而成，呈蜂窝泡沫状的白色或灰白色颗粒，是一种高效能的绝热材料。膨胀珍珠岩具有吸湿小、无毒、不燃、抗菌、耐腐、施工方便等特点。

以膨胀珍珠岩为主，配合适量胶凝材料，经搅拌成型养护后而制成的一定形状的板、块、管、壳等制品称为膨胀珍珠岩制品。

③玻化微珠。玻化微珠是一种酸性玻璃质熔岩矿物质（松脂岩矿砂），内部多孔、表面玻化封闭，呈球状体细颗粒。玻化微珠吸水率低，易分散，可提高砂浆流动性，还具有防火、吸声隔热等性能，是一种具有高性能的无机轻质绝热材料，广泛应用于外墙内外保温砂浆、装饰板、保温板的轻质骨料。用玻化微珠作为轻质骨料，可提高保温砂浆的易流动性和自抗强度，减少材料收缩率，提高保温砂浆综合性能，降低综合生产成本。

④泡沫玻璃。以碎玻璃、发泡剂在 800℃烧成，具有闭孔结构，气孔直径 0.1～5mm，表观密度 150～600kg/m^3，热导率 0.058～0.128W/(m·K)，抗压强度 0.8～15MPa，最高使用温度 500℃，是一种高级保温绝热材料，可用于砌筑墙体或冷库隔热。

（2）有机绝热材料

有机绝热材料是一种以天然植物材料或人工合成的有机材料为主要成分的绝热材料。常用品种有泡沫塑料、钙塑泡沫板、木丝板、纤维板和软木制品等。这类材料的特点是质轻、多孔、导热系数小，但吸湿性大、不耐久、不耐高温。

3. 吸声隔声材料

（1）吸声材料

在规定频率下平均吸声系数大于 0.2 的材料称为吸声材料。吸声材料是一种能在较大程度上吸收由空气传递的声波能量的工程材料，通常使用的吸声材料为多孔材料。材料的吸声性能除与材料的表观密度、厚度、孔隙特征有关外，还与声音的入射方向和频率有关。

（2）隔声材料

隔声材料是能减弱或隔断声波传递的材料。隔声材料必须选用密实、质量大的材料作为隔声材料，如黏土砖、钢板、混凝土和钢筋混凝土等。对固体声最有效的隔绝措施是隔断其声波的连续传递即采用不连续的结构处理，如在墙壁和梁之间、房屋的框架和隔墙及楼板之间加弹性垫，如毛毡、软木、橡胶等材料。

4. 防火材料

（1）物体的阻燃和防火

燃烧是一种同时伴有放热和发光效应的剧烈的氧化反应。放热、发光、生成新物质是燃烧现象的三个特征。可燃物、助燃物和火源通常被称为燃烧三要素。这三个要素必须同时存在且互相接触，燃烧才可能进行。根据燃烧理论可知，只要对燃烧三要素中的任何一种因素加以抑制，就可达到阻止燃烧进一步进行的目的。材料的阻燃和防火即是这一理论的具体实施。

（2）阻燃剂

目前已工业化生产的阻燃剂有多种类型，主要是针对高分子材料的阻燃设计。

按使用方法分类，阻燃剂可分为添加型阻燃剂和反应型阻燃剂两类。添加型又可分为有机阻燃剂和无机阻燃剂。添加型阻燃剂是通过机械混合方法加入聚合物中，使聚合物具有阻燃性；反应型阻燃剂则是作为一种单体参加聚合反应，因此使聚合物本身含有阻燃成分，其优点是对聚合物材料使用性能影响较小，阻燃性持久。

按所含元素分类，阻燃剂可分为磷系、卤素系（溴系、氯系）、氮系和无机系等几类。

（3）防火涂料

防火涂料是指涂覆于物体表面，能降低物体表面的可燃性，阻隔热量向物体的传播，从而防止物体快速升温，阻滞火势的蔓延，提高物体耐火极限的物质。

防火涂料主要由基料和防火助剂两部分组成。除了应具有普通涂料的装饰作用和对基材提供的物理保护作用外，还需要具有隔热、阻燃和耐火的功能，要求它们在一定的温度和一定时间内形成防火隔热层。因此，防火涂料是一种集装饰和防火为一体的特种涂料。

按防火涂料的使用目的来分，可分为饰面性防火涂料、钢结构防火涂料、电缆防火涂料、预应力混凝土楼板防火涂料、隧道防火涂料、船用防火涂料等多种类型。其中，钢结构防火涂料根据其使用场合分为室内用和室外用两类；根据其涂层厚度和耐火极限又可分为厚型、薄型和超薄型三类。

厚型（H）防火涂料一般为非膨胀型，厚度大于7mm且小于或等于45mm，耐火极限根据涂层厚度有较大差别；薄型（B）和超薄型（CB）防火涂料通常为膨胀型，前者的厚度大于3mm且小于或等于7mm，后者的厚度小于或等于3mm。薄型和超薄型防火涂料的耐火极限一般与涂层厚度无关，而与膨胀后的发泡层厚度有关。

（4）水性防火阻燃液

水性防火阻燃液又称水性防火剂、水性阻燃剂，现行行业标准《水基型阻燃处理剂》GA159中将其正式命名为水基型阻燃处理剂。根据该标准的定义，水性防火阻燃液（水基型阻燃处理剂）是指以水为分散介质，采用喷涂或浸渍等方法使木材、织物等获得规定的燃烧性能的阻燃剂。

根据水性防火阻燃液的使用对象，可分为木材用水基型阻燃处理剂、织物用水基型阻燃处理剂、木材及织物用水基型阻燃处理剂三类。木材阻燃处理用的防火阻燃液可处理各种木材、纤维板、刨花板、竹制品等，经处理后使这些制品由易燃性材料成为难燃性材料；织物阻燃处理用的水性防火阻燃液可处理各种纯棉织物、化纤织物、混纺织物及丝绸麻织物等，使之成为难燃性材料。经水性防火阻燃液处理后的材料一般具有难燃、离火自熄的特点。此外，用防火阻燃液处理材料后，不影响原有材料的外貌、色泽和手感，对木材、织物还兼具防蛀、防腐的作用。

（5）防火堵料

防火堵料是专门用于封堵建筑物中的各种贯穿物，如电缆、风管、油管、气管等穿过墙壁、楼板形成的各种开孔以及电缆桥架等，具有防火隔热功能且便于更换的材料。

根据防火封堵材料的组成、形状与性能特点可分为三类：以有机高分子材料为胶黏剂的有机防火堵料；以快干水泥为胶凝材料的无机防火堵料；将阻燃材料用织物包裹形成的防火包。这三类防火堵料各有特点，在建筑物的防火封堵中均有应用。

第3章　建筑施工技术

3.1　主体结构工程施工技术

3.1.1　砌体结构工程施工

1. 砌体结构施工基本规定

①砌筑顺序应符合下列规定：

a. 基底标高不同时，应从低处砌起，并应由高处向低处搭砌。当设计无要求时，搭接长度 L 不应小于基础底的高差 H，搭接长度范围内下层基础应扩大砌筑，如图 3-1 所示。

b. 砌体的转角处和交接处应同时砌筑，当不能同时砌筑时，应按规定留槎、接槎。

②砌筑墙体应设置皮数杆。

③在墙上留置临时施工洞口，其侧边距交接处墙面不应小于 500mm，洞口净宽度不应超过 1m。抗震设防烈度为 9 度地区建筑物的临时施工洞口位置，应会同设计单位确定。临时施工洞口应做好补砌。

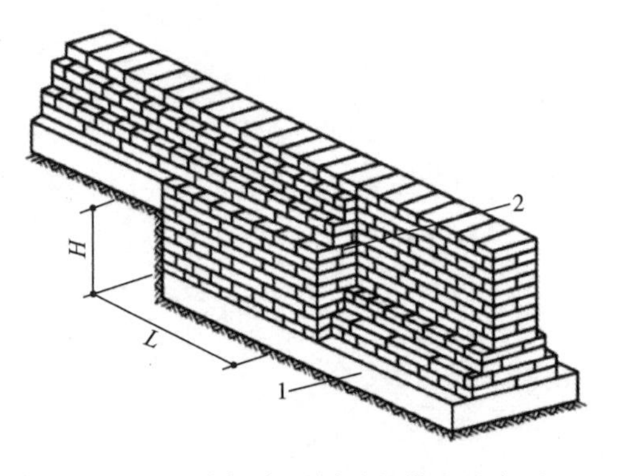

图 3-1　基底标高不同时的搭砌示意图（条形基础）
1—混凝土垫层　2—基础扩大部分

④不得在下列墙体或部位设置脚手眼：

a. 120mm 厚墙、清水墙、料石墙、独立柱和附墙柱。

b. 过梁上与过梁成 60°角的三角形范围及过梁净跨度 1/2 的高度范围内。

c. 宽度小于 1m 的窗间墙。

d. 门窗洞口两侧石砌体 300mm，其他砌体 200mm 范围内；转角处石砌体 600mm，其他砌体 450mm 范围内。

e. 梁或梁垫下及其左右 500mm 范围内。

f. 设计不允许设置脚手眼的部位。

g. 轻质墙体。

h. 夹心复合墙外叶墙。

⑤设计要求的洞口、沟槽、管道应于砌筑时正确留出或预埋，未经设计同意，不得打凿墙体和在墙体上开凿水平沟槽。宽度超过 300mm 的洞口上部，应设置钢筋混凝土过梁。不应在截面长边小于 500mm 的承重墙体、独立柱内埋设管线。

⑥砌体施工质量控制等级分为 A、B、C 三级，等级为 A 级的要求砌筑工人为中级工以上，其中高级工不少于 30%，B 级的要求为高级工、中级工不少于 70%，C 级的要求为初级工以上。

⑦正常施工条件下，砖砌体、小砌块砌体每日砌筑高度宜控制在 1.5m 或一步脚手架高度内；石砌体不宜超过 1.2m。

⑧砌体结构工程检验批的划分应同时符合下列规定：

a. 所用材料类型及同类型材料的强度等级相同。

b. 不超过 $250m^2$ 砌体。

c. 主体结构砌体一个楼层（基础砌体可按一个楼层计）；填充墙砌体量少时可多个楼层合并。

2. 砖砌体工程

砖砌体工程施工通常包括抄平、放线、摆砖样、立皮数杆、挂准线、铺灰、砌砖等工序。如果是清水墙，则还要进行勾缝。

①砌体砌筑时，混凝土多孔砖、混凝土实心砖、蒸压灰砂砖、蒸压粉煤灰砖等块体的产品龄期不应小于 28d。

②有冻胀环境和条件的地区，地面以下或防潮层以下的砌体，不应采用多孔砖。

③不同品种的砖不得在同一楼层混砌。

④采用铺浆法砌筑砌体，铺浆长度不得超过 750mm；当施工期间气温超过 30℃时，铺浆长度不得超过 500mm。

⑤多孔砖的孔洞应垂直于受压面砌筑。半盲孔多孔砖的封底面应朝上砌筑。

⑥砖墙灰缝宽度宜为 10mm，且不应小于 8mm，也不应大于 12mm。竖向灰缝不应出现瞎缝、透明缝和假缝。

⑦砖砌体的转角处和交接处应同时砌筑，严禁无可靠措施的内外墙分砌施工。在抗震设防烈度为 8 度及 8 度以上地区，对不能同时砌筑而又必须留置的临时间断处应砌成斜槎，普通砖砌体斜槎水平投影长度不应小于高度的 2/3，多孔砖砌体的斜槎水平投影长度不应小于高度的 1/2。斜槎高度不得超过一步脚手架的高度。

⑧非抗震设防及抗震设防烈度为 6 度、7 度地区的临时间断处，当不能留斜槎时，除转角处外，可留直槎，但直槎必须做成凸槎，且应加设拉结钢筋，拉结钢筋（图 3-2）应符合下列规定：

a. 每 120mm 墙厚放置 1 Φ6 拉结钢筋（240mm 厚墙应放置 2 Φ6 拉结钢筋）。

b. 间距沿墙高不应超过 500mm，且竖向间距偏差不应超过 100mm。

c. 埋入长度从留槎处算起每边均不应小于 500mm，对抗震设防烈度 6 度、7 度的地区，不应小于 1000mm。

d. 末端应有 90°弯钩。

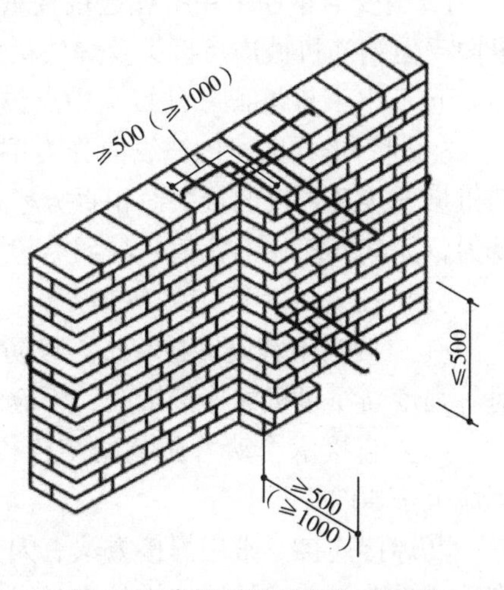

图 3-2 直槎处拉结钢筋示意图

3. 混凝土小型空心砌块砌体工程

砌块砌筑的主要工序：铺灰、砌块安装就位、校正、灌缝、镶砖。

①小砌块的产品龄期不应小于28d，承重墙体使用的小砌块应完整、无破损、无裂缝。

②底层室内地面以下或防潮层以下的砌体，应采用强度等级不低于C20（或Cb20）的混凝土灌实小砌块的孔洞。

③砌筑普通混凝土小型空心砌块砌体，不需对小砌块浇水湿润，如遇天气干燥炎热，宜在砌筑前对其喷水湿润；对轻骨料混凝土小砌块，应提前浇水湿润，块体的相对含水率宜为40%～50%。雨天及小砌块表面有浮水时，不得施工。

④小砌块墙体应孔对孔、肋对肋错缝搭砌。单排孔小砌块的搭接长度应为块体长度的1/2；多排孔小砌块的搭接长度可适当调整，但不宜小于小砌块长度的1/3，且不应小于90mm。墙体的个别部位不能满足上述要求时，应在灰缝中设置拉结钢筋或钢筋网片，但竖向通缝仍不得超过两皮小砌块。

⑤小砌块应将生产时的底面朝上反砌于墙上。

⑥砌体水平灰缝和竖向灰缝的砂浆饱满度，按净面积计算不得低于90%。

⑦墙体转角处和纵横交接处应同时砌筑。临时间断处应砌成斜槎，斜槎水平投影长度不应小于斜槎高度。施工洞口可预留直槎，但在洞口砌筑和补砌时，应在直槎上下搭砌的小砌块孔洞内用强度等级不低于C20（或Cb20）的混凝土灌实。砌体的水平灰缝厚度和竖向灰缝宽度宜为10mm，但不应小于8mm，也不应大于12mm。

3.1.2 混凝土结构工程施工

1. 钢筋工程

（1）钢筋连接

钢筋的连接方法有焊接连接、绑扎搭接连接和机械连接。

①钢筋连接的基本要求。

a. 钢筋的接头宜设置在受力较小处。同一纵向受力钢筋不宜设置两个或两个以上接头，接头末端至钢筋弯起点的距离不应小于钢筋直径的10倍。

b. 当受力钢筋采用机械连接接头或焊接接头时，设置在同一构件内的接头宜相互错开。纵向受力钢筋机械连接接头及焊接接头连接区段的长度为35d（d为纵向受力钢筋的较大直径）且不小于500mm，凡接头中点位于该连接区段长度内的接头均属于同一连接区段。

c. 同一连接区段内，纵向受力钢筋的接头面积百分率（同一连接区段内，纵向受力钢筋机械连接及焊接的接头面积百分率为该区段内有接头的纵向受力钢筋截面面积与全部纵向受力钢筋截面面积的比值）应符合设计要求；当设计无具体要求时，应符合下列规定：

（a）在受拉区不宜大于50%。

（b）接头不宜设置在有抗震设防要求的框架梁端、柱端的箍筋加密区；当无法避开时，对等强度高质量机械连接接头，不应大于50%。

（c）直接承受动力荷载的结构构件中，不宜采用焊接接头；当采用机械连接接头时，不应大于50%。

②焊接连接。常用焊接方法有闪光对焊、电弧焊、电阻点焊、电渣压力焊、气压焊等。直接承受动力荷载的结构构件中，纵向钢筋不宜采用焊接接头。

a. 闪光对焊。闪光对焊是利用对焊机使两段钢筋接触，通过低电压强电流，把电能转化为热能，待钢筋被加热到一定温度后，即施加轴向压力挤压（称为顶锻）便形成对焊接头。钢筋闪光对焊工艺通常有连续闪光焊、预热闪光焊和闪光—预热—闪光焊。闪光对焊广泛应用于钢筋纵向连接及预应力钢筋与螺丝端杆的焊接。

b. 电弧焊。电弧焊是利用弧焊机使焊条与焊件之间产生高温电弧，使焊条和高温电弧范围内的焊件金属熔化，焊化的金属凝固后便形成焊缝和焊接接头。电弧焊广泛应用于钢筋接头、钢筋骨架焊接、装配式结构接头的焊接、钢筋与钢板的焊接及各种钢结构的焊接。钢筋电弧焊的接头形式有搭接焊接头、帮条焊接头、剖口焊接头、熔槽帮条焊接头和窄间隙焊接头。

c. 电阻点焊。电阻点焊是指当钢筋交叉点焊时，接触点只有一个，且接触电阻较大，在接触的瞬间，电流产生的全部热量都集中在一点上，因而使金属受热而熔化，同时在电极加压下使焊点金属得到焊合。电阻点焊主要用于小直径钢筋的交叉连接，如用于焊接钢筋骨架、钢筋网中交叉钢筋。

d. 电渣压力焊。电渣压力焊是利用电流通过电渣池产生的电阻热将钢筋端部熔化，然后施加压力使钢筋焊接为一体。电渣压力焊适用于现浇钢筋混凝土结构中直径 14 ~ 40mm 的竖向或斜向钢筋的焊接接长。

e. 气压焊。钢筋气压焊是以一定比例氧气和乙炔混合的气体燃烧的高温火焰为热源，对需要焊接的两根钢筋端部接缝处进行加热烘烤，使其达到热塑状态，同时对每平方毫米钢筋施加 30 ~ 40N 的轴向压力，使钢筋顶锻在一起。气压焊不仅适用于竖向钢筋的连接，也适用于各种方位布置的钢筋连接。当不同直径钢筋焊接时，两钢筋直径差不得大于 7mm。

③绑扎搭接连接。

a. 同一构件中相邻纵向受力钢筋的绑扎搭接接头宜相互错开。绑扎搭接接头中钢筋的横向净距不应小于钢筋直径，且不应小于 25mm。

b. 钢筋绑扎搭接接头连接区段的长度为 $1.3l_1$（l_1 为搭接长度），凡搭接接头中点位于该连接区段长度内的搭接接头均属于同一连接区段。同一连接区段内，纵向钢筋搭接接头面积百分率为该区段内有搭接接头的纵向受力钢筋截面面积与全部纵向受力钢筋截面面积的比值，如图 3-3 所示。

④机械连接。钢筋机械连接包括钢筋套筒挤压连接和钢筋螺纹套管连接。

a. 钢筋套筒挤压连接。钢筋套筒挤压连接是指将需要连接的两根变形钢筋插入特制钢套筒内，利用液压驱动的挤压机沿径向或轴向压缩套筒，使钢套筒产生塑性变形，依靠变形后的钢套筒内壁紧紧咬住变形钢筋来实现钢筋的连接。这种方法适用于竖向、横向及其他方向的较大直径变形钢筋的连接。

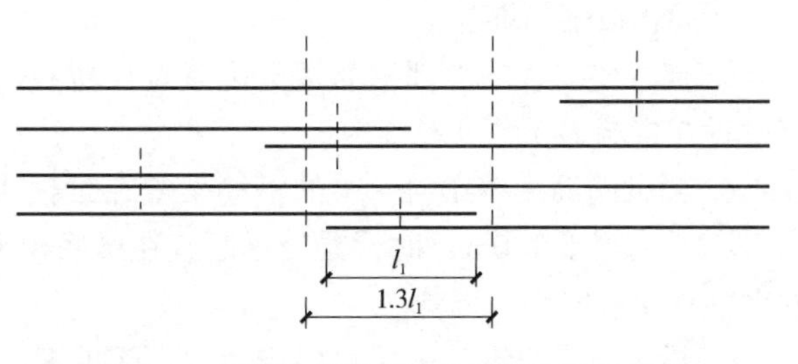

图 3-3　钢筋绑扎搭接接头连接区段及接头

b. 钢筋螺纹套管连接。钢筋螺纹套筒连接分为锥螺纹套管连接和直螺纹套管连接两种。锥螺纹套管连接是指将用于这种连接的钢套管内壁用专用机床加工有锥螺纹，钢筋的对接端头也在套螺纹机上加工有与套管匹配的锥螺纹。连接时，经检查螺纹无油污和损伤后，先用手旋入钢筋，然后用扭矩扳手紧固至规定的扭矩，即完成连接。钢筋螺纹套筒连接施工速度快，不受气候影响，自锁性能好，对中性好，能承受拉、压轴向力和水平力，可在施工现场连接同径或异径的竖向、水平或任何倾角的钢筋，已在我国广泛应用。

（2）钢筋安装

①准备工作。

a. 现场弹线，并剔凿、清理接头处表面混凝土浮浆、松动石子、混凝土块等，整理接头处插筋。

b. 核对需绑钢筋的规格、直径、形状、尺寸和数量等是否与料单、料牌和图纸相符。

c. 准备绑扎用的钢丝、工具和绑扎架等。

②柱钢筋绑扎。

a. 柱钢筋的绑扎应在柱模板安装前进行。

b. 每层柱第一个钢筋接头位置距楼地面高度不宜小于500mm、柱净高的1/6及柱截面长边（或直径）中的较大值。

c. 框架梁、牛腿及柱帽等钢筋，应放在柱子纵向钢筋内侧。

d. 柱中的竖向钢筋搭接时，角部钢筋的弯钩应与模板成45°（多边形柱为模板内角的平分角，圆形柱应与模板切线垂直），中间钢筋的弯钩应与模板成90°。

e. 箍筋的接头（弯钩叠合处）应交错布置在四角纵向钢筋上；箍筋转角与纵向钢筋交叉点均应扎牢（箍筋平直部分与纵向钢筋交叉点可间隔扎牢），绑扎箍筋时绑扣相互间应成八字形。

f. 如设计无特殊要求，当柱中纵向受力钢筋直径大于25mm时，应在搭接接头两个端面外100mm范围内各设置两个箍筋，其间距宜为50mm。

③墙钢筋绑扎。

a. 墙钢筋的绑扎，也应在模板安装前进行。

b. 墙（包括水塔壁、烟囱筒身、池壁等）的垂直钢筋每段长度不宜超过4m（钢筋直径不大于12mm）或6m（直径大于12mm）或层高加搭接长度，水平钢筋每段长度不宜超过8m，以利绑扎。钢筋的弯钩应朝向混凝土内。

c. 采用双层钢筋网时，在两层钢筋间应设置撑铁或绑扎架，以固定钢筋间距。

④梁、板钢筋绑扎。

a. 连续梁、板的上部钢筋接头位置宜设置在跨中1/3跨度范围内，下部钢筋接头位置宜设置在梁端1/3跨度范围内。

b. 当梁的高度较小时，梁的钢筋架空在梁模板顶上绑扎，然后再落位；当梁的高度较大（大于或等于1.0m）时，梁的钢筋宜在梁底模上绑扎，其两侧模板或一侧模板后装。板的钢筋在模板安装后绑扎。

c. 梁纵向受力钢筋采用双层排列时，两排钢筋之间应垫以直径不小于25mm的短钢筋，以保持其设计距离。箍筋的接头（弯钩叠合处）应交错布置在两根架立钢筋上，其余同柱。

d. 板的钢筋网绑扎，四周两行钢筋交叉点应每点扎牢，中间部分交叉点可相隔交错扎牢，但必须保证受力钢筋不位移。双向主筋的钢筋网，则须将全部钢筋相交点扎牢。采用双层钢筋网时，在上层钢筋网下面应设置钢筋撑脚，以保证钢筋位置正确。绑扎时应注意相邻绑扎点的钢丝扣要做成八字形，以免网片歪斜变形。

e. 应防止板上部的负筋被踩下；特别是雨篷、挑檐、阳台等悬臂板，要严格控制负筋位置，以免拆模后断裂。

f. 板、次梁与主梁交叉处，板的钢筋在上，次梁的钢筋居中，主梁的钢筋在下；当有圈梁或垫梁时，主梁的钢筋在上。

g. 框架节点处钢筋穿插十分稠密时，应特别注意梁顶面主筋间的净距要大于30mm，以利浇筑混凝土。

h. 梁板钢筋绑扎时，应防止水电管线影响钢筋位置。

2. 混凝土工程

混凝土工程是钢筋混凝土工程中的重要组成部分，混凝土工程的施工过程有混凝土的运输、浇筑和养护等。

(1) 混凝土的运输

混凝土的运输分为地面运输、垂直运输和楼地面运输三种情况。在运输过程中应保持混凝土的均质性，不发生离析现象；混凝土运至浇筑点开始浇筑时，应满足设计配合比所规定的坍落度；应保证在混凝土初凝之前有充分时间进行浇筑和振捣。

(2) 混凝土的浇筑

①混凝土浇筑的一般规定。

a. 混凝土运输、输送、浇筑过程中严禁加水；混凝土运输、输送、浇筑过程中散落的混凝土严禁用于结构浇筑；混凝土运输、浇筑及间歇的全部时间不应超过混凝土的初凝时间。同一施工段的混凝土应连续浇筑，并应在底层混凝土初凝之前将上一层混凝土浇筑完毕。当底层混凝土初凝后浇筑上一层混凝土时，应按施工技术方案中对施工缝的要求进行处理。

b. 浇筑混凝土前，应清除模板内或垫层上的杂物。表面干燥的地基、垫层、模板上还应洒水湿润；现场环境温度高于35℃时宜对金属模板进行洒水降温；洒水后不得留有积水。

c. 混凝土输送宜采用泵送方式。混凝土粗骨料最大粒径不大于25mm时，可采用内径不小于125mm的输送泵管；混凝土粗骨料最大粒径不大于40mm时，可采用内径不小于150mm的输送泵管。输送泵管接头安装应严密，输送泵管转向宜平缓。输送泵管应采用支架固定，支架应与结构牢固连接，输送泵管转向处支架应加密。

d. 在浇筑竖向结构混凝土前，应先在底部填以不大于30mm厚与混凝土砂浆配合比相同的水泥砂浆；浇筑过程中混凝土不得发生离析现象。

e. 在浇筑与柱和墙连成整体的梁和板时，应在柱和墙浇筑完毕后停歇1～1.5h后再继续浇筑。

f. 梁和板宜同时浇筑混凝土，有主、次梁的楼板宜顺着次梁方向浇筑，单向板宜沿着板的长边方向浇筑；拱和高度大于1m时的梁等结构，可单独浇筑混凝土。

②大体积混凝土结构浇筑。大体积混凝土结构是指混凝土结构物实体最小几何尺寸不小于1m的大体量混凝土，或预计会因混凝土中胶凝材料水化引起的温度变化和收缩而导致有害裂缝产生的混凝土。大体积混凝土结构由于承受的荷载大，整体性要求高，往往不允许留设施工缝，要求一次连续浇筑完毕。另外，大体积混凝土结构在浇筑后，水泥水化热量大而且聚积在内部不易散发，浇筑初期混凝土内部温度显著升高，而表面散热较快，这样形成较

大的内外温差，混凝土内部产生压应力，而表面产生拉应力，混凝土表面容易产生裂缝。在浇筑后期，当混凝土内部逐渐散热冷却而产生收缩时，由于受到基底或已浇筑的混凝土的约束，接触处将产生很大的拉应力，当拉应力超过混凝土当时龄期的极限抗拉强度时，便会产生裂缝。要防止大体积混凝土结构浇筑后产生裂缝，就要降低混凝土的温度应力，大体积混凝土施工温度控制应符合下列规定：

a. 混凝土入模温度不宜大于30℃，混凝土浇筑体最大温升不宜大于50℃。

b. 在覆盖养护或带模养护阶段，混凝土浇筑体表面以内40～100mm位置处的温度与混凝土浇筑体表面温度差值不宜大于25℃；结束覆盖养护或拆模后，混凝土浇筑体表面以内40～100mm位置处的温度与环境温度差值不应大于25℃。

c. 混凝土降温速率不宜大于2.0℃/d。为此应采取以下相应的措施：应优先选用水化热低的水泥；在满足设计强度要求的前提下，尽可能减少水泥用量；掺入适量的粉煤灰（粉煤灰的掺量一般以水泥用量的15%～25%为宜）；降低浇筑速度和减小浇筑层厚度；采取蓄水法或覆盖法进行人工降温措施；必要时经过计算和取得设计单位同意后可留后浇带或施工缝分层分段浇筑。

大体积混凝土结构的浇筑方案，一般分为全面分层法、分段分层法和斜面分层法三种。全面分层法要求的混凝土浇筑强度较大；斜面分层法要求的混凝土浇筑强度较小，施工中可根据结构物的具体尺寸、捣实方法和混凝土供应能力，认真选择浇筑方案。目前，应用较多的是斜面分层法。

③混凝土密实成型。

a. 混凝土振动密实成型。用于振动捣实混凝土拌合物的振动器按其工作方式可分为内部振动器、外部振动器、表面振动器和振动台四种。

（a）内部振动器又称插入式振动器（又称振动棒），其工作部分是一个棒状空心圆柱体，内部装有偏心振子，电动机高速转动而产生高频微幅的振动。内部振动器适用于基础、柱、梁、墙等深度或厚度较大的结构构件的混凝土捣实。

振动棒振捣混凝土应按分层浇筑厚度分别进行振捣，振动棒的前端应插入前一层混凝土中，插入深度不应小于50mm；振动棒应垂直于混凝土表面并快插慢拔均匀振捣；当混凝土表面无明显塌陷、有水泥浆出现、不再冒气泡时，可结束该部位振捣；振动棒与模板的距离不应大于振动棒作用半径的0.5倍；振捣插点间距不应大于振动棒作用半径的1.4倍。振动棒移动方式有行列式和交错式两种。

（b）外部振动器又称附着式振动器，是直接固定在模板上，利用带偏心块的振动器产生的振动通过模板传递给混凝土拌合物，达到振实的目的。适用于振捣断面较小或钢筋较密的柱、梁、墙等构件。使用外部振动器时，应考虑其有效作用范围为1～1.5m，作用深度约250mm。当构件尺寸较厚时，需在构件两侧安设振动器同时进行振动。当钢筋配置较密和构件断面较深较窄时，也可采取边浇筑边振动的方法。

（c）表面振动器又称平板振动器，是放在混凝土表面进行振捣，适用于振捣楼板、地面和薄壳等薄壁构件。当采用表面振动器时，要求振动器的平板与混凝土保持接触，其移动间距应保证振动器的平板能覆盖已振实部分的边缘，相互搭接30～50mm，以保证衔接处混凝土的密实。最好振捣两遍，两遍方向互相垂直。第一遍主要使混凝土密实，第二遍主要使混凝土表面平整。每一位置的延续时间一般为25～40s，以混凝土表面均匀出现浮浆为准。

（d）振动台是混凝土预制构件厂中的固定生产设备，用于振实预制构件。

b. 混凝土真空作业法。混凝土真空作业法是指借助于真空负压，将水从刚浇筑成型的混凝土拌合物中吸出，同时使混凝土拌合物密实的一种成型方法。按真空作业的方式，分为表面真空作业和内部真空作业两种。表面真空作业是在混凝土构件的上、下表面或侧面布置真空腔进行吸水。上表面真空作业适用于楼板、预制混凝土平板、道路、机场跑道等；下表面真空作业适用于薄壳、隧道顶板等；墙壁、水池、桥墩等则宜用侧面真空作业。有时还可将上述几种方法结合使用。

④施工缝留置及处理。混凝土结构多要求整体浇筑，但由于技术上或组织上的原因，浇筑不能连续进行时，且中间的间歇时间有可能超过混凝土的初凝时间，应事先确定在适当位置留置施工缝。施工缝的位置应在混凝土浇筑前按设计要求和施工技术方案确定。

由于施工缝是结构中的薄弱环节，因此施工缝宜留置在结构受剪力较小且便于施工的部位。柱子的施工缝宜留在基础顶面、梁或吊车梁牛腿的下面、吊车梁的上面、无梁楼盖柱帽的下面，同时又要照顾到施工的方便。与板连成整体的大断面梁应留在板底面以下20～30mm处，当板下有梁托时，留置在梁托下部。单向板应留在平行于板短边的任何位置。有主、次梁楼盖宜顺着次梁方向浇筑，应留在次梁跨度的中间1/3跨度范围内。楼梯应留在楼梯段跨度端部1/3长度范围内。墙可留在门洞口过梁跨中1/3范围内，也可留在纵横墙的交接处。双向受力的楼板、大体积混凝土结构、拱、薄壳、多层框架等及其他结构复杂的结构，应按设计要求留置施工缝。

（3）混凝土的养护

混凝土养护一般可分为标准养护、加热养护和自然养护。选择养护方式应考虑现场条件、环境温湿度、构件特点、技术要求、施工操作等因素。

①标准养护。混凝土在温度为20℃±2℃，相对湿度为95%以上的潮湿环境或水中进行的养护，称为标准养护。其用于对混凝土立方体试件进行养护。

②加热养护。为了加速混凝土的硬化过程，对混凝土拌合物进行加热处理，使其在较高的温度和湿度环境下迅速凝结、硬化的养护，称为加热养护。常用的加热养护方法是蒸汽养护。

③自然养护。在常温下（平均气温不低于5℃）采用适当的材料覆盖混凝土，并采取浇水润湿、防风防干、保温防冻等措施所进行的养护，称为自然养护。自然养护分洒水养护和喷涂薄膜养生液养护两种。洒水养护就是用草帘将混凝土覆盖，经常浇水使其保持湿润。喷涂薄膜养生液养护适用于不宜浇水养护的高耸构筑物和大面积混凝土结构。喷涂薄膜养生液养护是指混凝土表面覆盖薄膜后，能阻止混凝土内部水分过早过多蒸发，保证水泥充分水化。

混凝土的自然养护应符合下列规定：

a. 应在浇筑完毕后的12h以内对混凝土加以覆盖并保湿养护；干硬性混凝土应于浇筑完毕后立即进行养护。当最低温度低于5℃时，不应采用洒水养护。

b. 混凝土浇筑后应及时进行保湿养护，保湿养护可采用洒水、覆盖、喷涂养护剂等方式，混凝土洒水养护的时间：采用硅酸盐水泥、普通硅酸盐水泥或矿渣硅酸盐水泥配制的混凝土，不应少于7d；采用其他品种水泥时，养护时间应根据水泥性能确定；采用缓凝型外加剂、大掺量矿物掺和料配制的混凝土，养护时间不应少于14d；抗渗混凝土、强度等级

C60及以上的混凝土，养护时间不应少于14d；后浇带混凝土的养护时间不应少于14d；地下室底层和上部结构首层柱、墙混凝土带模养护时间，不宜少于3d。

c. 浇水次数应能保持混凝土处于湿润状态，混凝土养护用水应与拌制用水相同。

d. 采用塑料布覆盖养护的混凝土，其敞露的全部表面应覆盖严密，并应保持塑料布内有凝结水。

e. 混凝土强度达到1.2N/mm^{2}前，不得在其上踩踏、堆放荷载、安装模板及支架。

3.2 防水与保温工程施工技术

3.2.1 防水工程施工技术

屋面防水工程根据防水材料的不同又可分为卷材防水屋面（柔性防水屋面）、涂膜防水屋面、刚性防水屋面等。目前，应用最普遍的是卷材防水屋面。

（1）屋面防水的基本要求

①混凝土结构层宜采用结构找坡，坡度不应小于3%；当采用材料找坡时，宜采用重量轻、吸水率低和有一定强度的材料，坡度宜为2%。

②保温层上的找平层应在水泥初凝前压实抹平，并应留设分格缝，缝宽宜为5～20mm，纵横缝的间距不宜大于6m。水泥终凝前完成收水后应二次压光，并应及时取出分格条。养护时间不得少于7d。

③找平层设置的分格缝可兼做排汽道，排汽道的宽度宜为40mm；排汽道应纵横贯通，并应与大气连通的排汽孔相通，排汽孔可设在檐口下或纵横排汽道的交叉处；排汽道纵横间距宜为6m，屋面面积每36m^{2}宜设置一个排汽孔，排汽孔应做防水处理；在保温层下也可铺设带支点的塑料板。

④涂膜防水层的胎体增强材料宜采用无纺布或化纤无纺布；胎体增强材料长边搭接宽度不应小于50mm，短边搭接宽度不应小于70mm；上下层胎体增强材料的长边搭接缝应错开，且不得小于幅宽的1/3；上下层胎体增强材料不得相互垂直铺设。

（2）卷材防水屋面施工

卷材防水层应采用沥青防水卷材、高聚物改性沥青防水卷材和合成高分子防水卷材。

①铺贴方法。卷材防水屋面铺贴方法的选择应根据屋面基层的结构类型、干湿程度等实际情况来确定。卷材防水层一般用满粘法、点粘法、条粘法、空铺法和机械固定法等来进行铺贴。

当卷材防水层上有重物覆盖或基层变形较大时，应优先采用空铺法、点粘法、条粘法或机械固定法，但距屋面周边800mm内以及叠层铺贴的各层之间应满粘；当防水层采取满粘法施工时，找平层的分隔缝处宜空铺，空铺的宽度每边宜为100mm。立面或大坡面铺贴卷材时，应采用满粘法，并宜减少卷材短边搭接。

高聚物改性沥青防水卷材的施工方法一般有热熔法、冷粘法和自粘法等。合成高分子防水卷材的施工方法一般有冷粘法、自粘法、焊接法和机械固定法。

②铺贴顺序与卷材接缝。卷材防水层施工时，应先进行细部构造处理，然后由屋面最低

标高向上铺贴；檐沟、天沟卷材施工时，宜顺檐沟、天沟方向铺贴，搭接缝应顺流水方向；卷材宜平行屋脊铺贴，上下层卷材不得相互垂直铺贴。

铺贴卷材应采用搭接法，卷材搭接缝应符合下列规定：

a. 平行屋脊的搭接缝应顺流水方向，搭接缝宽度应符合国家标准《屋面工程质量验收规范》（GB 50207—2012）的规定。

b. 同一层相邻两幅卷材短边搭接缝错开不应小于 500mm。

c. 上下层卷材长边搭接缝应错开，且不应小于幅宽的 1/3。

d. 叠层铺贴的各层卷材，在天沟与屋面的交接处，应采用叉接法搭接，搭接缝应错开；搭接缝宜留在屋面与天沟侧面，不宜留在沟底。

③卷材防水层的施工环境温度。热熔法和焊接法不宜低于 -10℃；冷粘法和热粘法不宜低于 5℃；自粘法不宜低于 10℃。

④卷材防水屋面施工的注意事项。为了保证防水层的施工质量，所选用的基层处理剂、接缝胶黏剂、密封材料等配套材料应与铺贴的卷材性能相容。铺贴卷材前，应根据屋面特征及面积大小，合理划分施工流水段并在屋面基层上放出每幅卷材的铺贴位置，弹上标记。卷材在铺贴前应保持干燥。通常采用浇油法或刷油法在干燥的基层上涂满沥青玛琋脂，应随浇（涂）随铺卷材。铺贴时，卷材要展平压实，使之与下层紧密黏结，卷材的接缝应用沥青玛琋脂赶平压实。对容易渗漏的薄弱部位（如檐沟、檐口、天沟、变形缝、水落口、泛水、管道根部、天窗根部、女儿墙根部、烟囱根部等屋面阴阳角转角部位）用附加卷材或防水材料、密封材料做附加增强处理，然后才能铺贴防水层，防水层施工至末尾还应做收头处理。

（3）涂膜防水屋面施工

涂膜防水屋面是在屋面基层上涂刷防水涂料，经固化后形成一层有一定厚度和弹性的整体涂膜，从而达到防水的目的。

涂膜防水层施工的工艺流程为：清理、修理基层表面→喷涂基层处理剂（底涂料）→特殊部位附加增强处理→涂布防水涂料及铺贴胎体增强材料→清理与检查修整→保护层施工。

①涂膜防水层施工的一般要求。

a. 涂膜防水层的施工应按“先高后低、先远后近”的原则进行。遇高低跨屋面时，一般先涂高跨屋面，后涂低跨屋面；对相同高度屋面，要合理安排施工段，先涂布距离上料点远的部位，后涂布近处；对同一屋面上，先涂布排水较集中的水落口、天沟、檐沟、檐口等节点部位，再进行大面积涂布。

b. 涂膜应根据防水涂料的品种分层分遍涂布，待先涂的涂层干燥成膜后，方可涂后一遍涂料，且前后两遍涂料的涂布方向应相互垂直。涂膜施工应先做好细部处理，再进行大面积涂布；屋面转角及立面的涂膜应薄涂多遍，不得流淌和堆积。

c. 需铺设胎体增强材料时，屋面坡度小于 15% 时，可平行屋脊铺设，屋面坡度大于 15% 时应垂直于屋脊铺设。胎体长边搭接宽度不应小于 50mm，短边搭接宽度不应小于 70mm。采用两层胎体增强材料时，上下层不得相互垂直铺设，搭接缝应错开，其间距不应小于幅宽的 1/3。涂膜间夹铺胎体增强材料时，宜边涂布边铺胎体；胎体应铺贴平整，排除气泡，并应与涂料黏结牢固。在胎体上涂布涂料时，应使涂料浸透胎体，并应覆盖完全，不得有胎体外露现象。最上面的涂膜厚度不应小于1mm。

d. 涂膜防水层应沿找平层分隔缝增设带有胎体增强材料的空铺附加层，其空铺宽度宜为100mm。天沟、檐沟、檐口、泛水和立面涂膜防水层的收头，应用防水涂料多遍涂刷或用密封材料封严。涂膜防水层上应设置保护层，以提高防水层的使用年限。

②涂膜防水层施工方法。

a. 涂刷基层处理剂。基层处理剂有水乳型防水涂料、溶剂型防水涂料和高聚物改性沥青三种。水乳型防水涂料可用掺加0.2%～0.5%乳化剂的水溶液或软化水将涂料稀释；溶剂型防水涂料，由于其渗透能力较强，可直接薄涂一层涂料作为基层处理，如涂料较稠，可用相应的溶剂稀释后使用；高聚物改性沥青或沥青基防水涂料也可用沥青溶液（即冷底子油）作为基层处理剂。

基层处理剂应配比准确，充分搅拌；涂刷时应用刷子用力涂薄，使其尽量刷入基层表面的毛孔中，并涂刷均匀，覆盖完全；基层处理剂干燥后方可进行涂抹施工。

b. 涂布防水涂料。涂布防水涂料时，厚质涂料宜采用铁抹子或胶皮板涂刮施工；薄质涂料可采用棕刷、长柄刷、圆滚刷等进行人工涂布，也可采用机械喷涂，用刷子涂刷一般采用蘸刷法，也可边倒涂料边用刷子刷匀。

涂料涂布时应先涂立面，后涂平面，涂立面最好采用蘸刷法。屋面转角及立面的涂膜应薄涂多遍，不得有流淌和堆积现象。平面涂布应分条或按顺序进行，分条进行时，每条宽度应与胎体增强材料宽度相一致。

涂膜层致密是保证防水的关键。涂布涂料时应按规定的涂层厚度（控制涂料的单方用量）分遍涂刷。每层涂刷的厚薄应均匀、不漏底、无气泡、表面平整，然后待其干燥。涂布后遍涂料前应检查前遍涂层是否有缺陷，如有缺陷应先进行修补。各道涂层之间的涂刷方向应相互垂直，以提高防水层的整体性和均匀性。涂层之间的接槎，在每遍涂刷时应退槎50～100mm，接槎时应超过50～100mm，避免在搭接处发生渗漏。

c. 铺设胎体增强材料。在第二遍涂料涂刷时或第三遍涂料涂刷前，即可加铺胎体增强材料。胎体增强材料可采用干铺法或湿铺法铺贴。湿铺法施工时，先在已干燥的涂层上，用刷子或刮板将涂料仔细涂布均匀，然后将成卷的胎体增强材料平放在屋面上，逐步推滚铺贴并用滚刷滚压一遍，使全部布眼浸满涂料，以保证上下两层涂料能良好结合。干铺法施工是在上道涂层干燥后，边干铺胎体增强材料，边在已展平的表面上用刮板均匀满刮一道涂料，应使涂料浸透胎体到已固化的涂膜上并覆盖完全，不得有胎体外露现象。

胎体增强材料铺设后，应严格检查其质量，胎体应铺贴平整，排除气泡，并与涂料粘贴牢固。最上面的涂层厚度：高聚物改性沥青涂料不应小于1.0mm，合成高分子涂料不应小于0.5mm。

d. 收头处理。为了防止收头部位出现翘边现象，所有收头处应用密封材料压边，压边宽度不小于10mm。收头处的胎体增强材料应剪裁整齐，如有凹槽时应压入凹槽内，不得出现翘边、皱褶、露白现象。

e. 涂膜保护层施工。涂膜防水层施工完毕经质量检查合格后，应进行保护层的施工。采用细砂、云母或蛭石等撒布材料做保护层时，应边涂布边撒布均匀，不得露底，然后进行辊压粘牢，待干燥后将多余的撒布材料清除。当采用浅色反射涂料做保护层时，应在涂膜固化后进行。当采用预置块体材料、水泥砂浆、细石混凝土做保护层时，其施工方法与卷材防水保护层相同。

3.2.2　楼层、厕浴间、厨房间防水施工

住宅和公共建筑中穿过楼地面或墙体的上下水管道，供热、燃气管道一般都集中明敷在厕浴间和厨房间，其应用柔性涂膜防水层和刚性防水砂浆防水层，或两者复合的防水层防水。防水涂料涂布于复杂的细部构造部位，能形成没有接缝的、完整的涂膜防水层。由于防水涂膜的延伸性较好，基本能适应基层变形的需要。防水砂浆则以补偿收缩水泥砂浆较为理想，其微膨胀的特性，能防止或减少砂浆收缩开裂，使砂浆致密化，提高其抗裂性和抗渗性。

1. 涂膜防水

涂膜防水的材料，可以用合成的高分子防水涂料和高聚物改性沥青防水涂料。该防水层必须在管道安装完毕，管孔四周堵填密实后，做地面工程之前，先做一道柔性防水层。防水层必须翻至墙面并做到离地面 150mm 处，施工中应按规定要求操作，这样才能起到良好的楼层间防渗漏作用。

2. 刚性防水

其理想材料是具有微膨胀性能的补偿收缩混凝土和补偿收缩水泥砂浆。厕浴间、厨房间中的穿楼板管道、地漏口、蹲便器下水管等节点是重点的防水部位。

3.2.3　墙体保温工程施工技术

1. 外墙外保温

外墙外保温系统是由保温层、保护层和胶黏剂、锚固件等固定材料构成并适用于安装在外墙外表面的非承重的保温墙体。常见的外墙外保温系统有聚苯板薄抹灰外墙外保温系统、胶粉聚苯颗粒保温复合型外墙外保温系统、聚苯板钢丝网架现浇混凝土外墙外保温系统、聚苯板现浇混凝土外墙外保温系统等。

（1）聚苯板薄抹灰外墙外保温系统

聚苯板薄抹灰外墙外保温系统是以阻燃型聚苯乙烯泡沫塑料板为保温材料，用聚苯板胶黏剂（必要时加设机械锚固件）安装于外墙外表面，用耐碱玻璃纤维网格布或者镀锌钢丝网增强的聚合物砂浆作为防护层，用涂料、饰面砂浆或饰面砖等进行表面装饰，具有保温功能和装饰效果的构造总称。聚苯乙烯泡沫塑料板包括模塑聚苯板（EPS 板）和挤塑聚苯板（XPS 板）。采取防火构造措施后，聚苯板薄抹灰外墙外保温系统适用于各类气候区域按设计需要保温、隔热的新建、扩建、改建的高度在 100m 以下的住宅建筑和 24m 以下的非幕墙建筑。为了确保聚苯板与外墙基层黏结牢固，高度在 20m 以上的建筑物，宜使用锚栓辅助固定。基层墙体可以是混凝土或砌体结构。

施工流程：施工准备基层处理→测量、放线挂基准线→配胶黏剂（XPS 板背面涂界面）→贴翻包网布→粘贴聚苯板（按设计要求安装锚固件，做装饰条）→打磨、修理、隐检→抹聚合物砂浆底层→压入翻包网布和增强网布→贴压增强网布→抹聚合物砂浆面层→修整、验收→外饰面→检测验收。粘贴聚苯板时，基面平整度小于或等于 5mm 时宜采用条粘法，基面平整度大于 5mm 时宜采用点框法；当设计饰面为涂料时，黏结面积率不小于 40%；设计饰面为面砖时黏结面积率不小于 50%；聚苯板应错缝粘贴，板缝拼严。对于 XPS 板宜采

用配套界面剂涂刷后使用。锚固件数量应符合有关规定，当采用涂料饰面时，墙体高度在20～50m时，不宜少于4个/m^2，50m以上时不宜少于6个/m^2；当采用面砖饰面时不宜少于6个/m^2。锚固件安装应在聚苯板粘贴24h后进行，涂料饰面外保温系统安装时锚固件盘片压住聚苯板，面砖饰面盘片压住抹面层的增强网。增强网应符合有关规定，涂料饰面时应采用耐碱玻纤网，面砖饰面时宜采用后热镀锌钢丝网；施工时增强网应绷紧绷平，搭接长度玻纤网不少于80mm，钢丝网不少于50mm且保证两个完整网格的搭接。

（2）胶粉聚苯颗粒保温复合型外墙外保温系统

胶粉聚苯颗粒保温复合型外墙外保温系统是设置在外墙外侧，由胶粉聚苯颗粒保温浆料复合基层墙体或复合其他保温材料构成的具有保温隔热、防护和装饰作用的构造系统。其较典型的做法有胶粉聚苯颗粒外墙外保温系统（简称保温浆料系统）和胶粉聚苯颗粒贴砌聚苯板外墙外保温系统（简称贴砌聚苯板系统）。采取防火构造措施后，胶粉聚苯颗粒复合型外墙外保温系统可适用于建筑高度在100m以下的住宅建筑和50m以下的非幕墙建筑，基层墙体可以是混凝土或砌体结构。而单一胶粉聚苯颗粒外墙外保温系统不适用于严寒和寒冷地区。

施工流程：基层处理→喷刷基层界面砂浆→吊垂直线、弹控制线→抹胶粉聚苯颗粒保温浆料（或贴砌聚苯板→喷刷聚苯板界面砂→抹胶粉聚苯颗粒找平浆料→抹抗裂砂浆复合增强网布）→外饰面→检测验收。采用保温浆料系统时，应先按厚度控制线做标准厚度灰饼、冲筋；当保温层厚度大于20mm时应分层施工，抹灰不应少于两遍，每遍施工间隔应在24h以上，最后一遍宜为10mm。采用贴砌聚苯板系统时，梯形槽EPS板应在工厂预制好横向梯形槽并且槽面涂刷好界面砂浆；XPS板应预先用专用机械钻孔，贴砌面涂刷XPS板界面剂；贴砌聚苯板时，胶粉聚苯颗粒粘结层厚度约15mm，聚苯板间留约10mm的板缝用浆料砌筑，灰缝不饱满处及聚苯板开孔处用浆料填平；贴砌24h后再满涂聚苯板界面砂浆，涂刷界面砂浆再经24h后用胶粉聚苯颗粒粘结找平砂浆罩面找平。涂料饰面时抗裂砂浆满铺复合耐碱玻纤网布。

（3）聚苯板钢丝网架现浇混凝土外墙外保温系统

聚苯板钢丝网架现浇混凝土外墙外保温系统是采用外表面有梯形凹槽和带斜插丝的单面钢丝网架聚苯板，在聚苯板内外表面及钢丝网架上喷涂界面剂，将带网架的聚苯板安装于墙体钢筋之外，在聚苯板上插入经防锈处理的L形Φ6钢筋或尼龙锚栓，并与墙体钢筋绑扎，安装内外大模板，浇筑混凝土墙体并拆模后，有网聚苯板与混凝土墙体联结成一体，在有网聚苯板表面厚抹掺有抗裂剂的水泥砂浆，再做饰面层。

施工流程：钢丝网架聚苯板分块→钢丝网架聚苯板安装→模板安装→混凝土浇筑模板拆除→抹专用抗裂砂浆→外饰面。安装聚苯板时，保温板内外表面及钢丝网均应涂刷界面砂浆，施工时外墙钢筋外侧需绑扎水泥砂浆垫块（不得采用塑料垫卡），安装保温板就位后，应将塑料锚栓穿过保温板，锚入混凝土长度不得小于50mm，螺钉应拧入套管，保温板和钢丝网宜按楼层层高断开，中间放入泡沫塑料棒，外表用嵌缝膏嵌缝。

（4）聚苯板现浇混凝土外墙外保温系统

采用内表面带有齿槽的聚苯板作为现浇混凝土外墙的外保温材料，聚苯板内外表面喷涂界面剂，安装于墙体钢筋之外，用尼龙锚栓将聚苯板与墙体钢筋绑扎，安装内外大模板，浇筑混凝土墙体并拆模后，聚苯板与混凝土墙体联结成一体，在聚苯板表面薄抹抹面抗裂砂浆，同时铺设玻纤网格布，再做涂料饰面层。

施工流程：聚苯板分块→聚苯板安装→模板安装→混凝土浇筑→模板拆除→涂刮抹面层砂浆→压入玻纤网布→饰面→检测验收。聚苯板安装时，当采用 XPS 保温板时，内外表面及钢丝网均应涂刷界面砂浆，采用 EPS 保温板时，外表面应涂刷界面砂浆。施工时先安装阴阳角保温构件，再安装角板之间的保温板。安装前先在保温板高低槽口均匀涂刷聚苯胶，将保温板竖缝两侧相互粘结在一起。在保温板上弹线标出锚栓的位置，再安装尼龙锚栓，其锚入混凝土长度不得小于 50mm。

2. 外墙内保温

外墙内保温系统主要由保温层和防护层组成，是用于外墙内表面起保温作用的系统。常见的外墙内保温系统有保温板外墙内保温系统、保温砂浆外墙内保温系统、喷涂硬泡聚氨酯外墙内保温系统等。

(1) 保温板外墙内保温系统

保温层与面板粘合构成复合板。保温层品种有 EPS 板、XPS 板、PU 板、纸蜂窝填充憎水型膨胀珍珠岩保温板等；面板品种有纸面石膏板、无石棉纤维水泥平板、无石棉硅酸钙板。保温层与面板按照设计要求组合的品种和规格，在工厂预制，现场安装铺贴黏结。铺贴前，宜先在基层墙体上做界面处理，采用以粘为主，粘、锚结合方式铺贴。铺贴完成后再进行饰面层施工。

(2) 保温砂浆外墙内保温系统

保温砂浆外墙内保温系统的基本施工流程：基层墙体→抹界面砂浆→抹保温砂浆→防护层抹面层施工（抹面胶浆＋耐碱纤维网布）→饰面层施工（腻子＋涂料或墙纸、墙布或面砖）。

(3) 喷涂硬泡聚氨酯外墙内保温系统

喷涂硬泡聚氨酯外墙内保温系统的基本施工流程：基层墙体→水泥砂浆聚氨酯防潮底漆→喷涂保温层（硬泡聚氨酯）→抹界面砂浆或界面剂→做保温砂浆或聚合物水泥砂浆找平层→防护层施工（抹面胶浆＋玻纤网布）→饰面层施工。

3.2.4 屋面保温工程施工技术

常用屋面保温材料有聚苯板、硬质聚氨酯泡沫塑料等有机材料，保温层厚度为 25～80mm；水泥膨胀珍珠岩板、水泥膨胀蛭石板、加气混凝土等无机材料，保温层厚度为 80～260mm。

1. 保温层施工

保温层施工工序和要求如下。

(1) 施工准备

①审查图纸，编制施工方案，对施工人员进行安全技术交底。

②进场的保温材料应检验下列项目：板状保温材料检查表观密度或干密度、压缩强度或抗压强度、导热系数、燃烧性能；纤维保温材料应检验表观密度、导热系数、燃烧性能。

③保温材料的储运、保管应采取防雨、防潮、防火的措施，并分类存放。

④清理基层，保持基层平整、干燥、干净。

⑤现场设置防火措施。

(2) 施工操作要点

①施工工艺流程一般分为基层处理、弹线、保温层铺设、质量验收。

②当设计有隔汽层时，先施工隔汽层，再施工保温层。隔汽层四周应向上沿墙面连续铺设，并高出保温层表面不得小于150mm。

③块状材料保温层施工时，相邻板块应错缝拼接，分层铺设的板块上下层接缝应相互错开，板间缝隙应采用同类材料嵌填密实。铺贴方法有干铺法、粘贴法和机械固定法。

④纤维材料保温层施工时，应避免重压，并应采取防潮措施；屋面坡度较大时，宜采用机械固定法施工。

⑤喷涂硬泡聚氨酯保温层施工时，喷嘴与基层的距离宜为800～1200mm；一个作业面应分遍喷涂完成，每遍喷涂厚度不宜大于15mm；当日施工作业面应连续施工完成；喷涂后20min严禁上人；作业时应采取防止污染的遮挡措施。

⑥现浇泡沫混凝土保温层施工时，浇筑出口距基层的高度不宜超过1m，泵送时应采取低压泵送；泡沫混凝土应分层浇筑，一次浇筑厚度不宜超过200mm，保湿养护时间不得少于7d。

⑦保温层施工环境温度要求：干铺的保温材料可在负温度下施工；用水泥砂浆粘贴的块状保温材料不宜低于5℃；喷涂硬泡聚氨酯温度宜为15～35℃，空气相对湿度宜小于85%，风速不宜大于三级；现浇泡沫混凝土宜为5～35℃；雨天、雪天、五级风以上的天气停止施工。

2. 倒置式屋面保温层要求

①倒置式屋面基本构造自下而上宜为结构层、找坡层、找平层、防水层、保温层及保护层。

②倒置式屋面坡度不宜小于3%。当大于3%时，应在结构层采取防止防水层、保温层及保护层下滑的措施。坡度大于10%时，应在结构层上沿垂直于坡度方向设置防滑条。

③当采用两道防水设防时，宜选用防水涂料作为其中一道防水层；硬泡聚氨酯防水保温复合板可作为次防水层。

④倒置式屋面保温层的厚度应根据国家标准《民用建筑热工设计规范》（GB 50176—2016）进行计算；其设计厚度应按照计算厚度增加25%取值，且最小厚度不得小于25mm。

⑤低女儿墙和山墙的保温层应铺到压顶下；高女儿墙和山墙内侧的保温层应铺到顶部；保温层应覆盖变形缝挡墙的两侧；屋面设施基座与结构层相连时，保温层应包裹基座的上部。

⑥保温层板材施工，坡度不大于3%的不上人屋面可采用干铺法，上人屋面宜采用黏结法；坡度大于3%的屋面应采用黏结法，并应采用固定防滑措施。

3. 种植屋面保温层要求

种植屋面又分为覆土类种植屋面和无土种植屋面两种。覆土类种植屋面的土壤厚度一般为200mm。

①种植屋面不宜设计为倒置式屋面。屋面坡度大于50%时，不宜做种植屋面。

②种植屋面防水层应采用不少于两道防水设防，上道应为耐根穿刺防水材料；两道防水层应相邻铺设且防水层的材料应相容。

③当屋面坡度大于20%时，绝热层、防水层、排（蓄）水层、种植土层均应采取防滑措施。

④种植屋面绝热材料可采用喷涂硬泡聚氨酯板、硬泡聚氨酯板、挤塑聚苯乙烯泡沫塑料

保温板、硬质聚异氰脲酸酯泡沫保温板、酚醛硬泡保温板等轻质绝热材料，不得采用散状绝热材料。种植屋面保温隔热材料的密度不宜大于100kg/m³，压缩强度不得低于100kPa。100kPa压缩强度下，压缩比不得大于10%。

⑤耐根穿刺防水材料的厚度要求：改性沥青防水卷材的厚度不应小于4mm；聚氯乙烯防水卷材、热塑性聚烯烃防水卷材、高密度聚乙烯土工膜、三元乙丙橡胶防水卷材等厚度均不应小于1.2mm；聚乙烯丙纶防水卷材厚度不应小于0.6mm；喷涂聚脲防水涂料的厚度不应小于2mm。

⑥种植平屋面的基本构造层次包括（从下而上）：基层、绝热层、找（坡）平层、普通防水层、耐根穿刺防水层、保护层、排（蓄）水层、过滤层、种植土层和植被层等。可根据各地区气候特点、屋面形式、植物种类等情况，增减构造层。

⑦种植平屋面排水坡度不宜小于2%；天沟、檐沟的排水坡度不宜小于1%。

⑧种植坡屋面的绝热层应采用黏结法和机械固定法施工。

3.3 装饰装修工程施工技术

1. 抹灰工程

抹灰用的水泥宜为硅酸盐水泥、普通硅酸盐水泥，其强度等级不应小于32.5。不同品种不同强度等级的水泥不得混合使用。抹灰用砂子宜选用中砂，砂子使用前应过筛，不得含有杂物。抹灰用石灰膏的熟化期不应少于15d，罩面用磨细石灰粉的熟化期不应少于3d。

不同材料基体交接处表面的抹灰应采取防止开裂的加强措施。室内墙面、柱面和门洞口的阳角做法应符合设计要求，设计无要求时，应采用1∶2水泥砂浆做暗护角，其高度不应低于2m，每侧宽度不应小于50mm。水泥砂浆抹灰层应在抹灰24h后进行养护。

基层处理应符合下列规定：砖砌体，应清除表面杂物、尘土，抹灰前应洒水湿润；混凝土，表面应凿毛或在表面洒水润湿后涂刷1∶1水泥砂浆（加适量胶黏剂）；加气混凝土，应在湿润后，边刷界面剂边抹强度不小于M5的水泥混合砂浆。

大面积抹灰前应设置标筋。抹灰应分层进行，每遍厚度宜为5～7mm。抹石灰砂浆和水泥混合砂浆每遍厚度宜为7～9mm。当抹灰总厚度超出35mm时，应采取加强措施。用水泥砂浆和水泥混合砂浆抹灰时，应待前一抹灰层凝结后方可抹后一层；用石灰砂浆抹灰时，应待前一抹灰层七八成干后方可抹后一层。

2. 吊顶工程

后置埋件、金属吊杆、龙骨应进行防腐处理。木吊杆、木龙骨、造型木板和木饰面板应进行防腐、防火、防蛀处理。

重型灯具、电扇及其他重型设备严禁安装在吊顶龙骨上。

（1）龙骨安装

龙骨安装应符合下列规定：

①应根据吊顶的设计标高在四周墙上弹线。弹线应清晰，位置应准确。

②主龙骨吊点间距、起拱高度应符合设计要求。当设计无要求时，吊点间距应小于1.2m，应按房间短向跨度适当起拱。主龙骨安装后应及时校正其位置标高。

③吊杆应通直，距主龙骨端部距离不得超过300mm。当吊杆与设备相遇时，应调整吊

点构造或增设吊杆。

④次龙骨应紧贴主龙骨安装。固定板材的次龙骨间距不得大于600mm，在潮湿地区和场所，间距宜为300~400mm。用沉头自攻钉安装饰面板时，接缝处次龙骨宽度不得小于40mm。

⑤暗龙骨系列横撑龙骨应用连接件将其两端连接在通长次龙骨上。明龙骨系列的横撑龙骨与通长龙骨搭接处的间距不得大于1mm。

（2）纸面石膏板和纤维水泥加压板

纸面石膏板和纤维水泥加压板安装应符合下列规定：

①板材应在自由状态下进行安装，固定时应从板的中间向板的四周固定。

②纸面石膏板螺钉与板边距离：纸包边宜为10~15mm，切割边宜为15~20mm；水泥加压板螺钉与板边距离宜为8~15mm。

③板周边钉距宜为150~170mm，板中钉距不得大于200mm。

④安装双层石膏板时，上下层板的接缝应错开，不得在同一根龙骨上接缝。

⑤螺钉头宜略埋入板面，并不得使纸面破损。钉眼应做防锈处理并用腻子抹平。

⑥石膏板接缝应按设计要求进行板缝处理。

（3）石膏板接缝

石膏板、钙塑板的安装应符合下列规定：

①当采用钉固法安装时，螺钉与板边距离不得小于15mm，螺钉间距宜为150~170mm，均匀布置，并应与板面垂直，钉帽应进行防锈处理，并应用与板面颜色相同涂料涂饰或用石膏腻子抹平。

②当采用粘接法安装时，胶黏剂应涂抹均匀，不得漏涂。

3. 轻质隔墙工程

（1）轻钢龙骨安装

轻钢龙骨安装应符合下列规定：

①应按弹线位置固定沿地龙骨、沿顶龙骨及边框龙骨，龙骨的边线应与弹线重合。龙骨的端部应安装牢固，龙骨与基体的固定点间距应不大于1m。

②安装竖向龙骨应垂直，龙骨间距应符合设计要求。潮湿房间和钢板网抹灰墙，龙骨间距不宜大于400mm。

③安装支撑龙骨时，应先将支撑卡安装在竖向龙骨的开口方向，卡距宜为400~600mm，距龙骨两端的距离宜为20~25mm。

④安装贯通系列龙骨时，低于3m的隔墙安装一道，3~5m隔墙安装两道。

⑤饰面板横向接缝处不在沿地龙骨、沿顶龙骨上时，应加横撑龙骨固定。

（2）木龙骨安装

木龙骨的安装应符合下列规定：

①木龙骨的横截面面积及纵、横向间距应符合设计要求。

②骨架横、竖龙骨宜采用开半榫、加胶、加钉连接。

③安装饰面板前应对龙骨进行防火处理。

（3）纸面石膏板安装

纸面石膏板的安装应符合以下规定：

①石膏板宜竖向铺设，长边接缝应安装在竖龙骨上。

②龙骨两侧的石膏板及龙骨一侧的双层板的接缝应错开，不得在同一根龙骨上接缝。

③轻钢龙骨应用自攻螺钉固定，木龙骨应用木螺钉固定。沿石膏板周边钉间距不得大于200mm，板中钉间距不得大于300mm，螺钉与板边距离应为10～15mm。

④安装石膏板时应从板的中部向板的四边固定。钉头略埋入板内，但不得损坏纸面，钉眼应进行防锈处理。

⑤石膏板的接缝应按设计要求进行板缝处理。石膏板与周围墙或柱应留有3mm的槽口，以便进行防开裂处理。

(4) 胶合板安装

胶合板安装应符合下列规定：

①胶合板安装前应对板背面进行防火处理。

②轻钢龙骨应采用自攻螺钉固定。木龙骨采用圆钉固定时，钉距宜为80～150mm，钉帽应砸扁；采用钉枪固定时，钉距宜为80～100mm。

③阳角处宜做护角。

④胶合板用木压条固定时，固定点间距不应大于200mm。

(5) 玻璃砖墙安装

玻璃砖墙安装应符合下列规定：

①玻璃砖墙宜以1.5m高为一个施工段，待下部施工段胶结材料达到设计强度后再进行上部施工。

②当玻璃砖墙面积过大时应增加支撑。玻璃砖墙的骨架应与结构连接牢固。

③玻璃砖应排列均匀整齐，表面平整，嵌缝的油灰或密封膏应饱满密实。

4. 墙面铺装工程

湿作业施工现场环境温度宜在5℃以上；裱糊时空气相对湿度不得大于85%，应防止湿度及温度剧烈变化。

(1) 墙面砖铺贴

墙面砖铺贴应符合下列规定：

①墙面砖铺贴前应进行挑选，并应浸水2h以上，晾干表面水分。

②铺贴前应进行放线定位和排砖，非整砖应排放在次要部位或阴角处。每面墙不宜有两列非整砖，非整砖宽度不宜小于整砖的1/3。

③铺贴前应确定水平及竖向标记，垫好底尺，挂线铺贴。墙面砖表面应平整，接缝应平直，缝宽应均匀一致。阴角砖压向应正确，阳角线宜做成45°角对接，在墙面凸出物处，应整砖套割吻合，不得用非整砖拼凑铺贴。

④结合砂浆宜采用1∶2水泥砂浆，砂浆厚度宜为6～10mm。水泥砂浆应满铺在墙砖背面，一面墙不宜一次铺贴到顶，以防塌落。

(2) 墙面石材铺装

墙面石材铺装应符合下列规定：

①墙面石材铺贴前应进行挑选，并应按设计要求进行预拼。

②强度较低或较薄的石材应在背面粘贴玻璃纤维网布。

③当采用湿作业法施工时，固定石材的钢筋网应与预埋件连接牢固。每块石材与钢筋网

拉接点不得少于4个。拉接用金属丝应具有防锈性能。灌注砂浆前应将石材背面及基层湿润，并应用填缝材料临时封闭石材板缝，避免漏浆。灌注砂浆宜用1:2.5水泥砂浆，灌注时应分层进行，每层灌注高度宜为150～200mm，且不超过板高的1/3，插捣应密实。待其初凝后方可灌注上层水泥砂浆。

④当采用粘贴法施工时，基层处理应平整，但不应压光。胶黏剂的配合比应符合产品说明书的要求。胶液应均匀、饱满地刷抹在基层和石材背面，石材就位时应准确，并应立即挤紧、找平、找正，进行顶、卡固定。溢出胶液应随时清除。

5. 地面工程

(1) 石材、地面砖铺贴

石材、地面砖铺贴应符合下列规定：

①石材、地面砖铺贴前应浸水湿润。天然石材铺贴前应进行对色、拼花并试拼、编号。

②结合层砂浆宜采用体积比为1:3的干硬性水泥砂浆，厚度宜高出实铺厚度2～3mm。铺贴前应在水泥砂浆上刷一道水灰比为1:2的素水泥浆或干铺水泥1～2mm后洒水。

③铺贴后应及时清理表面，24h后应用1:1水泥浆灌缝，选择与地面颜色一致的颜料与白水泥拌和均匀后嵌缝。

(2) 竹、实木地板铺装

竹、实木地板铺装应符合下列规定：

①基层平整度误差不得大于5mm。

②铺装前应对基层进行防潮处理，防潮层宜涂刷防水涂料或铺设塑料薄膜。

③铺装前应对地板进行选配，宜将纹理、颜色接近的地板集中使用于一个房间或部位。

④木龙骨应与基层连接牢固，固定点间距不得大于600mm。

⑤毛地板应与龙骨成30°或45°角铺钉，板缝应为2～3mm，相邻板的接缝应错开。

⑥在龙骨上直接铺装地板时，主次龙骨的间距应根据地板的长宽模数计算确定，地板接缝应在龙骨的中线上。

⑦毛地板及地板与墙之间应留有8～10mm的缝隙。

造价基础知识篇

第 4 章　工程量计算规则依据

4.1　《建筑面积计算规范》(GB/T 50353—2013)

1. 建筑面积的概念

建筑面积是建筑物各层面积的总和。它包括使用面积、辅助面积和结构面积三部分。其中，使用面积与辅助面积之和称为有效面积。建筑面积计算公式为

建筑面积 = 有效面积 + 结构面积 = 使用面积 + 辅助面积 + 结构面积

(1) 使用面积

使用面积是指建筑物各层平面中直接为生产或生活使用的净面积之和。例如，住宅建筑中的居室、客厅、书房面积等。

(2) 辅助面积

辅助面积是指建筑物各层平面中为辅助生产或辅助生活所占净面积之和。例如，住宅建筑中的楼梯、走道、卫生间、厨房面积等。

(3) 结构面积

结构面积是指建筑各层平面中的墙、柱等结构所占面积之和。

2. 《建筑面积计算规范》(GB/T 50353—2013) 的作用

建筑面积的计算是工程计量计价的基础性工作，在工程建设中起着非常重要的尺度作用。首先，在工程建设的众多技术经济指标中，大多数以建筑面积为基数，它是核定估算、概算、预算工程造价的一个重要基础数据，是计算和确定工程造价并分析工程造价和工程设计合理性的一个基础指标；其次，建筑面积是国家进行建设工程数据统计、固定资产宏观调控的重要指标；再次，建筑面积还是房地产交易、工程承发包交易、建筑工程有关运营费用核定的一个关键指标。因此，建筑面积的计算不仅是工程计价的需要，也在加强建设工程科学管理、促进社会和谐等方面起着非常重要的作用。

3. 《建筑面积计算规范》(GB/T 50353—2013) 的主要内容

《建筑面积计算规范》(GB/T 50353—2013) 内容包括总则、术语、计算建筑面积的规定、规范用词说明和条文说明五部分。其中，计算建筑面积的规定主要包括以三个方面的内容：

①计算全部建筑面积。

②计算一半建筑面积的范围和规定。

③不计算建筑面积的范围和规定。

4. 《建筑面积计算规范》(GB/T 50353—2013) 制定的基本原则

建筑面积计算规范主要基于以下几个方面的考虑：

尽可能准确地反映建筑物各组成部分的价值量。例如，有围护设施的室外走廊（挑廊），应按其结构底板水平投影面积计算 1/2 面积；有围护结构的走廊（增加了围护结构的工料消耗，使用功能增加了）则计算全部建筑面积。又如，形成建筑空间的坡屋顶和场馆看台下的建筑空间，结构净高在 2.10m 及以上的部位应计算全面积；结构净高在 1.20m 及以上至 2.10m 以下的部位应计算 1/2 面积；结构净高在 1.20m 以下的部位不应计算面积。

通过建筑面积计算的规定，简化了建筑面积计算过程。例如，计算全面积、计算一半面积和附墙柱、垛等不应计算面积等简约规定，没有了 1/4 和 3/4 的面积规定。

4.2 《建设工程工程量清单计价规范》(GB 50500—2013)

《建设工程工程量清单计价规范》（GB 50500—2013）（以下简称《计价规范》）是遵照国家宏观调控、市场竞争形成价格的原则，参照国际惯例，结合我国当前的实际情况制定的。它是统一工程量清单编制，规范工程量清单计价的国家标准，是调整建设工程工程量清单计价活动中发包人与承包人各种关系的规范性文件。《计价规范》包括正文和附录两大部分，两者具有同等的效力。

1.《计价规范》“四统一”原则

①项目编码要统一。编码是为全国共享工程造价信息而设置的，要求全国统一。这是《计价规范》要求“四统一”的第一个统一。项目编码共设 12 位数字，规范统一到前 9 位，后三位由编制人确定。

②项目名称要统一。项目设置的原则之一是不能重复，完全相同的项，只能汇总后列一个项目，只有一个对应的综合单价。项目名称统一是《计价规范》要求的第二个统一。

③计量单位要统一。附录按照国际惯例，工程量的计量单位均采用基本单位计量，它与定额的计量单位不一样，编制清单或报价时一定要以《计价规范》附录规定的计量单位计算，这也是《计价规范》要求的第三个统一。

④工程量计算规则要统一。附录每一个清单项目都有一个相应的工程量计算规则，这个规则全国统一，与全国各省市现行定额中的计算规则不完全一样。即要求全国各省市的工程量清单，均要按《计价规范》附录的计算规则计算工程量。

2. 工程量清单的编制主体和编制内容

（1）编制主体

工程量清单是招标投标活动中，对招标人和投标人都具有约束力的重要文件，是招标投标活动的依据，专业性强，内容复杂，对编制人的业务技术水平要求高，能否编制出完整、严谨的工程量清单，直接影响招标的质量，也是影响招标成败的关键。因此，《计价规范》规定了工程量清单应由具有编制招标文件能力的招标人或具有相应资质的中介机构进行编制，并承担相应的风险。“相应资质的中介机构”是指具有工程造价咨询机构资质并按规定的业务范围承担工程造价咨询业务的中介机构等。

（2）编制内容

工程量清单应反映拟建工程的全部工程内容及为实现这些工程内容而进行的其他工作。借鉴国外实行工程量清单计价的做法，结合我国当前的实际情况，我国的工程量清单由分部分项工程量清单、措施项目清单和其他项目清单组成。分部分项工程量清单应表明拟建工程的全部分项实体工程名称和相应数量，编制时应避免错项、漏项；措施项目清单应清晰明确，为完成分项实体工程而必须采取的一些措施性工作，编制时力求全面；其他项目清单主要体现了招标人提出的一些与拟建工程有关的特殊要求，这些特殊要求所需的费用金额计入报价中。

3.《计价规范》适用范围和适用活动

（1）适用范围

《计价规范》规定，全部使用国有资金投资或国有资金投资为主的大中型建设工程应执行本规范。这是一条强制性规定。

它从资金来源方面，规定了强制实行工程量清单计价的范围。“国有资金”是指国家财政性的预算内或预算外资金，国家机关、国有企事业单位和社会团体的自有资金及借贷资金，国家通过对内发行政府债券或向外国政府及国际金融机构举借所筹集的资金也应视为国有资金。“国有资金投资为主”的工程是指国有资金占总投资额50%以上或虽不足50%，但国有资产投资者实际上拥有控股权的工程。“大、中型建设工程”的界定按国家有关部门的规定执行。

至于“国有资金”以外的资金，如私人资金、社会资金及外国资金及外国资金投资的建设工程，是否采用《计价规范》，尊重投资主体的自愿选择。这也体现了尊重市场主体的自由原则，是规范的一大进步。

（2）适用活动

《计价规范》规定，本规范适用于建设工程工程量清单计价活动。

广义称《计价规范》适用于建设工程工程量清单计价活动，不是仅限于招标投标阶段，而是贯穿于从招标投标阶段起至工程竣工结算的全过程。但就工程承发包方式而言，主要适用于建设工程招标投标的工程量清单计价活动。工程量清单计价是与现行定额计价方式共存于招标投标计价活动中的另一种计价方式。《计价规范》所称建设工程是指建筑工程、装饰装修工程、安装工程、市政工程和园林绿化工程。凡是建设工程招标投标实行工程量清单计价，不论招标主体是政府机构、国有企事业单位、集体企业、私人企业和外商投资企业，还是资金来源为国有资金、外国政府贷款及援助资金、私有资金等都应遵守《计价规范》。

4.3 《房屋建筑与装饰工程工程量计算规范》（GB 50854—2013）

为规范房屋建筑与装饰工程造价计量行为，统一房屋建筑与装饰工程工程量计算规则、工程量清单的编制方法，制定了《房屋建筑与装饰工程工程量计算规范》（GB 50854—2013）。该规范适用于工业与民用的房屋建筑与装饰工程发承包及实施阶段计价活动中的工程计量和工程量清单编制。房屋建筑与装饰工程计价，必须按规范规定的工程量计算规则进行工程计量。

《房屋建筑与装饰工程工程量计算规范》（GB 50854—2013）包括正文、附录和条文说明三部分。正文部分包括总则、术语、工程计量、工程量清单编制。附录对分部分项工程和可计量的措施项目的项目编码、项目名称、项目特征描述的内容、计量单位、工程量计算规则及工作内容做出了规定；对于不能计量的措施项目则规定了项目编码、项目名称和工作内容及包含范围。

1. 项目编码

项目编码是指分部分项工程和措施项目清单名称的阿拉伯数字标识。工程量清单项目编码采用十二位阿拉伯数字表示，一至九位应按《房屋建筑与装饰工程工程量计算规范》（GB 50854—2013）附录规定设置，十至十二位应根据拟建工程的工程量清单项目名称设置，同一招标工程的项目编码不得有重码。当同一标段（或合同段）的一份工程量清单中含有多个单位工程且工程量清单是以单位工程为编制对象时，在编制工程量清单时应特别注意对项目编码十至十二位的设置不得有重码的规定。例如，一个标段（或合同段）的工程量清单中含有三个单位工程，每一单位工程中都有项目特征相同的实心砖墙砌体，在工程量清单中又需反映三个不同单位工程的实心砖墙砌体工程量时，则第一个单位工程的实心砖墙的项目编码应为 010401003001，第二个单位工程的实心砖墙的项目编码应为 010401003002，第三个单位工程的实心砖墙的项目编码应为 010401003003，并分别列出各单位工程实心砖墙的工程量。

项目编码的十二位数字的含义分别是：一、二位为专业工程代码，如 01——房屋建筑与装饰工程；02——仿古建筑工程；03——通用安装工程；04——市政工程；05——园林绿化工程；06——矿山工程；07——构筑物工程；08——城市轨道交通工程；09——爆破工程。以后进入国标的专业工程代码以此类推。三、四位为附录分类顺序码，如房屋建筑与装饰工程中的“土石方工程”为 0101。五、六位为分部工程顺序码，如房屋建筑与装饰工程中的“土方工程”为 010101。七至九位为分项工程项目名称顺序码，如房屋建筑与装饰工程中的“挖一般土方”为 010101002。十至十二位为清单项目名称顺序码。

2. 项目名称

工程量清单的分部分项工程和措施项目的项目名称应按《房屋建筑与装饰工程工程量计算规范》（GB 50854—2013）附录中的项目名称结合拟建工程的实际确定。《房屋建筑与装饰工程工程量计算规范》（GB 50854—2013）中的项目名称是具体工作中对清单项目命名的基础，应在此基础上结合拟建工程的实际，对项目名称具体化，特别是归并或综合性较大的项目应区分项目名称，分别编码列项。如《房屋建筑与装饰工程工程量计算规范》（GB 50854—2013）附录中的“010804007 特种门”项目，其项目名称为“特种门”，在具体编制工程量清单时，应结合拟建工程实际将其名称具体化为“冷藏门”“冷冻间门”“保温门”“变电室门”“隔声门”“防射线门”“人防门”“金库门”等。

3. 项目特征

项目特征是表征构成分部分项工程项目、措施项目自身价值的本质特征，是对体现分部分项工程量清单、措施项目清单价值的特有属性和本质特征的描述。从本质上讲，项目特征体现的是对清单项目的质量要求，是确定一个清单项目综合单价不可缺少的重要依据，在编制工程量清单时，必须对项目特征进行准确和全面的描述。工程量清单项目特征描述的重要意义：项目特征是区分具体清单项目的依据、确定综合单价的前提、履行合同义务的基础。

项目特征应按《房屋建筑与装饰工程工程量计算规范》（GB 50854—2013）附录中规定的项目特征，结合拟建工程项目的实际子目以描述，能够体现项目本质区别的特征和对报价有实质影响的内容都必须描述。如 010502003 异型柱，需要描述的项目特征有柱形状、混凝土类别、混凝土强度等级，其中混凝土类别可以是清水混凝土、彩色混凝土等，或是预拌（商品）混凝土、现场搅拌混凝土等。为达到规范、简捷、准确、全面描述项目特征的要求，在描述工程量清单项目特征时，应按以下几个原则进行：

①项目特征描述的内容应按《房屋建筑与装饰工程工程量计算规范》（GB 50854—2013）附录中的规定，结合拟建工程的实际，能满足确定综合单价的需要。

②若采用标准图集或施工图能够全部或部分满足项目特征描述的要求，项目特征描述可直接采用详见××图集或××图号的方式。对不能满足项目特征描述要求的部分，仍应用文字描述。

4. 计量单位

清单项目的计量单位应按《房屋建筑与装饰工程工程量计算规范》（GB 50854—2013）附录中规定的计量单位确定，规范中的计量单位均为基本单位。如质量以“t”或“kg”为单位，长度以“m”为单位，面积以“m^2”单位，体积以“m^3”为单位，自然计量以“个、件、根、组、系统”为单位。

《房屋建筑与装饰工程工程量计算规范》（GB 50854—2013）附录中有两个或两个以上计量单位的，应结合拟建工程项目的实际情况，选择其中一个确定，在同一个建设项目（或标段、合同段）中，有多个单位工程的相同项目计量单位必须保持一致。如010506001直线形楼梯，其工程量计量单位可以是“m^3”也可以是“m^2”，可以根据实际情况进行选择，但一旦选定必须保持一致。

不同的计量单位汇总后的有效位数也不相同，根据《房屋建筑与装饰工程工程量计算规范》（GB 50854—2013）规定，工程计量时每一个项目汇总的有效位数应遵守下列规定：

①以“t”为单位，应保留小数点后三位数字，第四位小数四舍五入。

②以“m、m^2、m^3、kg”为单位，应保留小数点后两位数字，第三位小数四舍五入。

③以“个、件、根、组、系统”为单位，应取整数。

5. 工程量计算规则

《房屋建筑与装饰工程工程量计算规范》（GB 50854—2013）统一规定了工程量清单项目的工程量计算规则。其原则是按施工图图示尺寸（数量）计算清单项目工程数量的净值，一般不需要考虑具体的施工方法、施工工艺和施工现场的实际情况而发生的施工余量。如“010515001 现浇构件钢筋”其计算规则为“按设计图示钢筋长度乘单位理论质量计算”，其中“设计图示钢筋长度”即为钢筋的净量，包括设计含规范规定标明的搭接、锚固长度，其他如施工搭接或施工余量不计算工程量，在综合单价中综合考虑。

6. 清单项目的补充

随着工程建设中新材料、新技术、新工艺等的不断涌现，《房屋建筑与装饰工程工程量计算规范》（GB 50854—2013）附录所列的工程量清单项目不可能包含所有项目。在编制工程量清单时，当出现规范附录中未包括的清单项目时，编制人应做补充，并报省级或行业工程造价管理机构备案，省级或行业工程造价管理机构应汇总报住房和城乡建设部标准定额研究所。

工程量清单项目的补充应包括项目编码、项目名称、项目特征、计量单位、工程量计算规则以及包含的工作内容，按《房屋建筑与装饰工程工程量计算规范》（GB 50854—2013）附录中相同的列表方式表述。不能计量的措施项目，需附有补充项目的名称、工作内容及包含范围。

补充项目的编码由专业工程代码（工程量计算规范代码）与B和三位阿拉伯数字组成，

并应从 × × B001 起顺序编制，同一招标工程的项目不得重码。

4.4 《河南省房屋建筑与装饰工程预算定额》(HA01—31—2016)

《河南省房屋建筑与装饰工程预算定额》(HA01—31—2016) 适用于河南省行政区域内工业与民用建筑的新建、扩建和改建房屋建筑与装饰工程。预算定额是计算工程造价和计算工程中劳动、机械台班、材料消耗量使用的一种计价性的定额。预算定额是国家相关部门根据社会平均生产力发展水平和生产效率水平编制的一种社会标准，属于社会性定额。从编制程序看，预算定额是编制概算定额的依据。预算定额，是指在合理的施工组织设计、正常施工条件下，生产一个规定计量单位合格产品所需的人工、材料和机械台班的社会平均消耗量标准，是在施工定额的基础上进行综合扩大编制而成的。

预算定额中的人工、材料和施工机械台班的消耗水平根据施工定额综合取定，定额子目的综合程度大于施工定额，而可以简化施工图预算的编制工作。预算定额项目中人工、材料和施工机械台班消耗量指标，应根据编制预算定额的原则、依据，采用理论与实际相结合、图纸计算与施工现场测算相结合、编制定额人员与现场工作人员相结合等方法进行计算。

1. 《河南省房屋建筑与装饰工程预算定额》(HA01—31—2016) 的简要说明

①本定额是编审投资估算指标、设计概算、施工图预算、招标控制价的依据；是建设工程实行工程量清单招标的工程造价计价基础；是编制企业定额、考核工程成本、进行投标报价、选择经济合理的设计与施工方案的参考。

②本定额工程造价计价程序表中规定的费用项目包括分部分项工程费、措施项目费、其他项目费、规费、增值税。本定额基价各项费用按照增值税原理编制，适用一般计税方法，各项费用均不含可抵扣增值税进项税额。

③本定额基价由人工费、材料费、机械使用费、其他措施费、安全费、管理费、利润、规费组成，工程造价计价时可按需分析统计、核算。其他措施费不发生或部分发生可作调整。

④本定额中定额子目编号含有“Ha”字母的定额子目，为我省扩充标记。

⑤本定额基价中的材料费是根据消耗量定额与本定额基价的材料单价计算的基期材料费，在工程造价的不同阶段（招标、投标、结算），材料价格可按约定调整。

⑥本定额基价中的材料单价是结合市场、信息价综合取定的基期价。该材料价格为材料送达工地仓库（或现场堆放地点）的工地出库价格，包含运输损耗、运杂费和采购保管费。

⑦本定额基价中的机械使用费是根据消耗量定额与相关规则计算的基期机械使用费，是按自有机械进行编制的。机械使用费可选下列一种方法调整：一是按本定额机械台班中的组成人工费、燃料动力费进行动态调整；二是按造价管理机构发布的租赁信息价直接与本定额基价中的台班单价调差。

2. 《河南省房屋建筑与装饰工程预算定额》(A01—31—2016) 的内容

预算定额基价主要由总说明、建筑面积计算规则、分部说明、定额项目表和附录、附件 5 个部分组成。现就主要内容介绍如下。

(1) 总说明

总说明主要阐述了定额的编制原则、指导思想、编制依据、适用范围及定额的作用。同时说明了编制定额时已经考虑和没有考虑的因素、使用方法及有关规定等。因此，使用定额前应首先了解和掌握总说明。

（2）建筑面积计算规则

建筑面积计算规则规定了计算建筑面积的范围和计算方法，同时也规定了不能计算建筑面积的范围。

（3）分部说明

分部说明主要介绍了分部工程所包括的主要项目及工作内容，编制中有关问题的说明，执行中的一些规定，特殊情况的处理，各分项工程量计算规则等。它是定额基价的重要部分，是执行定额和进行工程量计算的基准，必须全面掌握。

（4）定额项目表

定额项目表是预算定额的主要构成部分，一般由工程内容（分节说明）、定额单位、项目表和附注组成。在项目表中，人工表现形式是按工日数或合计工日数表示的，材料栏内只列主要材料消耗量，零星材料以“其他材料费”表示，凡需机械的分部分项工程列出施工机械台班数量，即分项工程人工、材料、机械台班的定额指标。在定额项目表中还列有根据上述3项指标和取定的人工工资标准、材料预算价格和机械台班费等，分别计算出的人工费、材料费和机械费及其汇总的基价（总价）。

其计算方法为

$$\text{预算定额价值} = \text{人工费} + \text{材料费} + \text{机械费} \tag{4-1}$$

其中：

$$\text{人工费} = \text{合计工日} \times \text{每工单价} \tag{4-2}$$

$$\text{材料费} = \sum(\text{材料用量} \times \text{相应材料预算价格}) + \text{其他材料费} \tag{4-3}$$

$$\text{机械费} = \sum(\text{机械台班用量} \times \text{相应机械台班费价格}) \tag{4-4}$$

“附注”列在项目表下部，是对定额表中某些问题的进一步说明和补充。

（5）附件（略）

4.5 平法标准图集

1. 平法施工图的基本概念

所谓平法即混凝土结构施工图平面整体表示方法，是把结构构件的尺寸和配筋等按照平面整体表示方法制图规则，整体直接表达在各类构件的结构平面布置图上，再与标准构造详图相配合，即构成一套新型完整的结构设计图集。其改变了传统的将构件从结构平面布置图中索引出来，在逐个绘制配筋详图、画出配筋表的做法。实施平法的优点主要表现在以下两方面：

①减少图纸数量。平法把结构设计中的重复性内容做成标准化的节点构造，把结构设计中创造性内容使用标准化的方法来表示，这样按平法设计的结构施工图就可以简化为两部分：一是各类结构构件的平法施工图，二是图集中的标准构造详图。所以，大大减少了图纸数量。识图时，施工图要结合平法标准图集进行。

②实现平面表示，整体标注，即把大量的结构尺寸和钢筋数据标注在结构平面图上，并且在一个结构平面图上，同时进行梁、柱、墙、板等各种构件尺寸和钢筋数据的标注。整体标注很好地体现了整个建筑结构是一个整体，梁和柱、板和梁都存在不可分割的有机联系。

2. 平法标准图集简介

平法标准图集即 G101 系列平法图集，是混凝土结构施工图采用建筑结构施工图平面整体设计方法的国家建筑标准设计图集。平法标准图集包括两个主要部分：一是平法制图规则，二是标准构造详图。

现行的平法标准图集为 16G101 系列图集，包括 16G101—1《混凝土结构施工图平面整体表示方法制图规则和构造详图（现浇混凝土框架、剪力墙、梁、板)》、16G101—2《混凝土结构施工图平面整体表示方法制图规则和构造详图（现浇混凝土板式楼梯)》、16G101—3《混凝土结构施工图平面整体表示方法制图规则和构造详图（独立基础、条形基础、筏形基础、桩基础)》，适用于抗震设防烈度为 6 ~ 9 度地区的现浇混凝土结构施工图的设计，不适用于非抗震结构和砌体结构。

第5章　建筑与装饰工程手工算量

5.1　建筑面积

5.1.1　应计算建筑面积的范围

应计算建筑面积的范围如下：

①建筑物的建筑面积应按自然层外墙结构外围水平面积之和计算。结构层高在2.20m及以上，应计算全面积。结构层高在2.20m以下，应计算1/2面积。

②建筑物内设有局部楼层时，对于局部楼层的二层及以上楼层（有围护按围护，无围护按底板），结构层高在2.20m及以上，应计算全面积。结构层高在2.20m以下，应计算1/2面积。

③形成建筑空间的坡屋顶，结构净高在2.1m及以上的部位应计算全面积。结构净高在1.20m及以上至2.10m以下的部位应计算1/2面积。

④对于场馆看台下的建筑空间，结构净高在2.10m及以上的部位应计算全面积。结构净高在1.20m及以上至2.10m以下的部位应计算1/2面积；室内单独设置的有围护设施的悬挑看台，应按看台结构底板水平投影计算建筑面积。有顶盖无围护结构的场馆看台应按其顶盖水平投影面积的1/2计算建筑面积。

⑤地下室、半地下室应按其结构外围水平面积计算。结构层高在2.20m及以上的，应计算全面积。结构层高在2.20m以下的，应计算1/2面积。

⑥建筑物架空层及坡地建筑物吊脚架空层，应按其顶板水平投影计算建筑面积。结构层高在2.20m及以上的，应计算全面积。

⑦建筑物的门厅，大厅按一层计算建筑面积。门厅、大厅内设置的走廊应按走廊结构底板水平投影计算建筑面积，结构层高在2.20m及以上的，应计算全面积。结构层高在2.20m以下的，应计算1/2面积。

⑧对于建筑物间的架空走廊，有顶盖和围护结构的，应按其围护结构外围水平面积计算全面积。无围护结构，有围护设施的，应按其结构底板水平投影面积计算1/2面积。

⑨对于立体书库、立体仓库、立体车库，有围护结构的，应按其围护结构外围水平面积计算建筑面积；无围护结构，有围护设施的，按其结构底板水平投影面积计算建筑面积。无结构层的应按一层计算，有结构层的按其结构层面积分别计算。结构层高在2.20m及以上的，应计算全面积。结构层高在2.20m以下的，应计算1/2面积。

⑩有围护结构的舞台灯光控制室，应按其围护结构外围水平面积计算。结构层高在2.20m及以上的，应计算全面积。结构层高在2.20m以下的，应计算1/2面积。

⑪附属在建筑物外墙的落地橱窗，应按其围护结构外围水平面积计算。结构层高在 2. 20m 及以上的，应计算全面积。结构层高在 2. 20m 以下的，应计算 1/2 面积。

⑫门斗按其围护结构外围水平面积计算，且结构层高在 2. 20m 及以上的，计算全面积。结构层高在 2. 20m 以下的，应计算 1/2 面积。

⑬设在建筑物顶部的有围护结构的楼梯间、水箱间、电梯机房等，结构层高在 2. 20m 及以上的，应计算全面积。结构净高在 1. 20m 及以上至 2. 10m 以下的部位，应计算 1/2 面积。

⑭建筑物的室内楼梯、电梯井、提物井、管道井、通风排气竖井、烟道应并入建筑物的自然层计算建筑面积。有顶盖的采光井应按层计算建筑面积，且结构净高在 2. 10m 以上的，应计算全面积。

⑮在主体结构内的阳台，应按其结构外围水平面积计算全面积。在主体结构外的阳台，应按其结构底板水平投影面积计算 1/2 面积。

⑯以幕墙作为围护结构的建筑物，应按幕墙外边线计算建筑面积。

⑰建筑物的外墙外保温层，应按其保温材料的水平截面面积计算，并计入自然层建筑面积。

⑱与室内相通的变形缝，应按其自然层合并在建筑物面积内计算；对于高低联跨的建筑物，当高低跨内部连通时，其变形缝应计算在低跨面积内。

⑲有顶盖无围护结构的车棚、货棚、站台、加油站、收费站等，应按其顶盖水平投影面积的 1/2 计算建筑面积。

5. 1. 2　不计算建筑面积的范围

不计算建筑面积的范围如下：

①形成建筑空间的坡屋顶，结构净高在 1. 20m 以下的部位。

②场馆看台下的建筑空间，结构净高在 1. 20m 以下的部位。

③围护结构不垂直于水平面的楼层，结构净高在 1. 20m 以下的部位。

④与建筑物内不相连通的建筑部件。

⑤骑楼、过街楼底层的开放公共空间和建筑物通道。

⑥舞台及后台悬挂幕布和布景的天桥、挑台等。

⑦露台、露天游泳池、花架、屋顶的水箱及装饰性结构构件。

⑧建筑物内的操作平台、上料平台、安装箱和罐体的平台。

⑨勒脚、附墙柱、垛、台阶、墙面抹灰、装饰面、镶贴块料面层、装饰性幕墙，主体结构外的空调室外机搁板（箱）、构件、配件，挑出宽度在 2. 10m 以下的无柱雨篷和顶盖高度达到或超过两个楼层的无柱雨篷。

⑩窗台与室内地面高差在 0. 45m 以下且结构净高在 2. 10m 以下的凸（飘）窗，窗台与室内地面高差在 0. 45m 及以上的凸（飘）窗。

⑪室外爬梯、室外专用消防钢楼梯。

⑫无围护结构的观光电梯。

⑬建筑物以外的地下人防通道，独立的烟囱、烟道、地沟、油（水）罐、气柜、水塔、贮油（水）池、贮仓、栈桥等构筑物。

5.2 土石方工程

1. 基础土方

(1) 挖一般土方、挖地坑土方

$$V=挖土底面积\times挖土厚度 \tag{5-1}$$

清单计算规则：按设计图示基础（含垫层）尺寸，另加工作面宽度和土方放坡宽度，乘以开挖深度，以体积计算。

定额计算规则：按设计图示基础（含垫层）尺寸，另加工作面宽度、土方放坡宽度或石方允许超挖量乘以开挖深度，以体积计算。机械施工坡道的土石方工程量，并入相应工程量内计算。底宽大于7m，或底面积大于150m^2，则为大开挖土方。底长小于或等于3倍底宽且底面积小于或等于150m^{2}为挖基坑土方。

(2) 挖沟槽

$$外墙沟槽：V_{挖}=S_{断}L_{外中} \tag{5-2}$$

$$内墙沟槽：V_{挖}=S_{断}L_{基底净长} \tag{5-3}$$

$$管道沟槽：V_{挖}=S_{断}L_{中} \tag{5-4}$$

清单计算规则：按设计图示沟槽长度乘以沟槽断面面积（包括工作面宽度和土方放坡宽度），以体积计算。

定额计算规则：按设计图示沟槽长度乘以沟槽断面面积，以体积计算。

挖沟槽是指图示底宽小于或等于7m且底长大于3倍底宽。

(3) 土方场内运输

清单计算规则：按挖方体积（减去回填方体积），以天然密实体积计算。

定额计算规则：土方运输，以天然密实体积计算。挖土总体积减去回填土（折合天然密实体积），总体积为正，则为余土外运；总体积为负，则为取土内运。

挖一般石方、挖地坑石方、挖沟槽石方、挖桩孔石方、石方场内运输计算规则与基础土方计算规则一致。

2. 回填工程量

平整场地、竣工清理的工程量计算规则无论是采用清单还是定额，规则都是一样的。但是回填方的计算规则略有差别。

(1) 场地回填

$$V=回填面积\times回填土厚度 \tag{5-5}$$

(2) 室内（房心回填）

$$V=室内净面积\times(设计室内地坪标高-设计室外地坪标高-地面面层厚度-地面垫层厚度)=室内净面积\times回填土厚度 \tag{5-6}$$

(3) 基础回填

$$V=挖土面积-(设计室外地坪以下垫层+基础+管沟外形体积) \tag{5-7}$$

(4) 清单及定额计算规则的说明

回填方清单计算规则：按设计图示尺寸，以体积计算。

回填方定额计算规则：按下列规定，以体积计算。

沟槽、基坑回填，按挖方体积减去设计室外地坪以下建筑物、基础（含垫层）的体积计算。管道沟槽回填，按挖方体积减去管道基础和下表管道折合回填体积计算。基坑回填，按挖方体积减去设计室外地坪以下建筑物（构筑物）、基础（含垫层）的体积计算。管道沟槽回填，按挖方体积减去管道基础和管道折合回填体积计算。房心回填，按主墙间净面积（扣除连续底面积 $2m^2$ 以上的设备基础等面积）乘以回填厚度计算。场地回填，按回填面积乘以回填平均厚度计算。

5.3 桩基工程

1. 预制桩工程量

（1）预制钢筋混凝土方桩工程量

$$V = A \times B \times L \times N \tag{5-8}$$

式中 A——预制方桩的截面宽度（m）；

B——预制方桩的截面高度（m）；

L——预制方桩的设计长度（包括桩尖，不扣除桩尖虚体积）（m）；

N——预制方桩的根数。

清单工程量计算规则：以米计量时，按设计图示尺寸以桩长（包括桩尖）计算。以立方米计量时，按设计图示截面面积乘以桩长（包括桩尖）以实体积计算。以根计量时，按设计图示数量计算。

定额工程量计算规则：按设计桩长（包括桩尖）乘以桩截面面积，以体积计算。

（2）预制钢筋混凝土管桩工程量

$$V = \pi (R^2 - r^2) \times L \times N \tag{5-9}$$

式中 R——预制管桩的桩外半径（m）；

r——预制管桩的桩内半径（m）；

L——预制管桩的设计长度（包括桩尖，不扣除桩尖虚体积）（m）；

N——预制管桩的根数。

清单工程量计算规则：工程量计算规则同预制钢筋混凝土方桩的清单工程量计算规则。

定额工程量计算规则：打、压预应力钢筋混凝土管桩按设计桩长（不包括桩尖），以长度计算。预应力钢筋混凝土管桩钢桩尖按设计图示尺寸，以质量计算。预应力钢筋混凝土管桩，如设计要求加注填充材料时，填充部分另按钢管桩填芯相应项目执行。

（3）送桩工程量

$$\begin{aligned} V &= \text{送桩深} \times \text{桩截面面积} \times \text{桩根数} \\ &= (\text{桩顶面标高} - 0.5 - \text{自然地坪标高}) \times \text{桩截面面积} \times \text{桩根数} \end{aligned} \tag{5-10}$$

工程量计算规则及说明：

按各类预制桩截面面积乘以送桩长度（即打桩架底至桩顶面高度或自桩顶面至自然地坪面另加0.5m），以立方米计算。送桩后孔洞如需回填时，按土石方工程相应项目计算。

2. 灌注桩工程量

（1）现浇混凝土灌注桩工程量

$$V = \frac{1}{4}\pi D^2 \times L = \pi r^2 \times L \tag{5-11}$$

式中 D——桩外直径（m）；

r——桩外半径（m）；

L——桩长度（含桩尖在内）（m）。

（2）套管成孔灌注桩工程量

$$V = \frac{1}{4}\pi D^2 \times L \times N \tag{5-12}$$

式中 D——按设计或套管箍外径（m）；

L——桩长度（采用预制钢筋混凝土桩尖时，桩长不包括桩尖长度，当采用活瓣桩尖时，桩长应包括桩尖长度）（m）；

N——桩的根数。

（3）螺旋钻孔灌注桩工程量

$$V_{钻} = \frac{1}{4}\pi D^2 \times L \times N \tag{5-13}$$

$$V_{混凝土} = \frac{1}{4}\pi D^2 \times (L + 0.25) \times N \tag{5-14}$$

式中 D——按设计或套管箍外径（m）；

L——桩长度（m）；

N——桩的根数。

（4）沉管灌注桩工程量

$$\begin{aligned} V &= \text{单桩体积} \times (\text{复打次数} + 1) \\ &= 3.14R^2h \times (\text{复打次数} + 1) \end{aligned} \tag{5-15}$$

式中 R——柱外半径（m）；

h——设计桩长度（m）。

清单计算规则：按设计不同截面面积乘以其设计桩长以体积计算。

定额计算规则：沉管桩灌注混凝土工程量钢管外径截面面积乘以设计桩长（不包括预制桩尖）另加加灌长度，以体积计算。加灌长度设计有规定者，按设计要求计算，无规定者，按0.5m计算。

5.4 砌筑工程

1. 砖墙体工程量

$$\text{外墙毛面积} = \text{墙长}(L_{中}) \times \text{墙高}(H) \tag{5-16}$$

$$\text{外墙净面积} = \text{外墙毛面积} - \text{门窗洞口面积} - 0.3m^2\text{以上其他洞口面积} \tag{5-17}$$

式中 墙长（$L_{中}$）——外墙中心线的长度（m）；

墙高（H）——按定额计算规则规定计算（m）

扣除墙体内部：柱体积（来自钢筋混凝土柱的体积工程量）、圈梁体积（来自混凝土圈梁的体积工程量）、过梁体积（来自钢筋混凝土过梁的体积工程量）。

增加体积：女儿墙、垃圾道、砖垛、三皮以上砖挑檐、腰线体积。即

$$V = \text{外墙净面积} \times \text{墙厚} - \text{扣除墙体内部的体积} + \text{需增加的体积} \tag{5-18}$$

工程量计算规则及说明如下：

扣除门窗、洞口、嵌入墙内的钢筋混凝土柱、梁、圈梁、挑梁、过梁及凹进墙内的壁龛、管槽、暖气槽、消火栓箱所占体积，不扣除梁头、板头、檩头、垫木、木楞头、沿缘木、木砖、门窗走头、砖墙内加固钢筋、木筋、铁件、钢管及单个面积≤0.3m²的孔洞所占的体积。凸出墙面的腰线、挑檐、压顶、窗台线、虎头砖、门窗套的体积也不增加。凸出墙面的砖垛并入墙体体积内计算。

墙长度：外墙按中心线、内墙按净长线计算。

墙高度：

①外墙：斜（坡）屋面无檐口天棚者算至屋面板底；有屋架且室内外均有天棚者算至屋架下弦底另加200mm；无天棚者算至屋架下弦底另加300mm，出檐宽度超过600mm时按实砌高度计算；与钢筋混凝土楼板隔层者算至板顶。平屋顶算至钢筋混凝土板底。

②内墙：位于屋架下弦者，算至屋架下弦底；无屋架者算至天棚底另加100mm；有钢筋混凝土楼板隔层者算至楼板顶；有框架梁时算至梁底。

③女儿墙：从屋面板上表面算至女儿墙顶面（如有混凝土压顶时算至压顶下表面）。

④内、外山墙：按其平均高度计算。

墙厚度：标准砖以240mm×115mm×53mm为准，砌体计算厚度。

框架间墙：不分内外墙按墙体净尺寸以体积计算。

围墙：高度算至压顶上表面（如有混凝土压顶时算至压顶下表面），围墙柱并入围墙体积内。

2. 条形砖基础工程量

$$V_{砖基} = （基础高 \times 基础墙厚 + 大放脚增加断面面积） \times 墙长 \qquad (5\text{-}19)$$

$$折算高度 = 大放脚断面面积/墙厚 \qquad (5\text{-}20)$$

砖基础的大放脚形式有等高式和不等高式，如图5-1a、b所示。其工程量合并到砖基础计算。

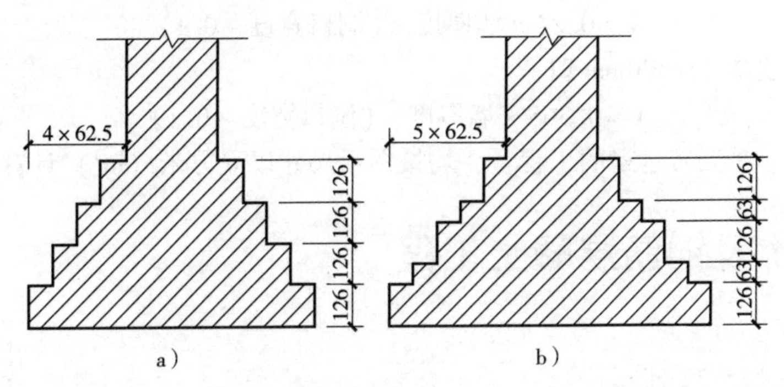

图5-1　砖基础大放脚形式

a）等高式　b）不等高式

（1）等高式

$$S_{增} = 0.007875n \times （n+1） \qquad (5\text{-}21)$$

（2）不等高式（底层为126mm）

当n为奇数时：

$$S_{增}=0.001969\times(n+1)\times(3n+1) \tag{5-22}$$

当 n 为偶数时：

$$S_{增}=0.001969\times n\times(3n+4) \tag{5-23}$$

式中　$S_{增}$——砖基础大放脚折算的截面增加面积（mm^2）；

n——砖基础大放脚的层数。

（3）清单工程量计算规则

按设计图示尺寸以体积计算。

包括附墙垛基础宽出部分体积，扣除地梁（圈梁）、构造柱所占体积，不扣除基础大放脚T形接头处的重叠部分及嵌入基础内的钢筋、铁件、管道、基础砂浆防潮层和单个面积≤0.3m^2的孔洞所占体积，靠墙暖气沟的挑檐不增加。

基础长度：外墙按外墙中心线，内墙按内墙净长线计算。

（4）定额工程量计算规则

砌筑弧形砖墙、砖基础按相应项目每10m^3砌体增加人工1.43工日。

基础与墙身的划分以设计室内地坪为界，设计室内地坪以下为基础，以上为墙身。基础与墙身使用不同材料时，位于设计室内地坪±300mm以内时，以不同材料为分界线；超过地坪±300mm时，以设计室内地坪为分界线。砖、石围墙，以设计室外地坪为分界线，以下为基础，以上为墙身。

3. 钢筋砖过梁工程量

$$V=0.44\times 墙厚度\times(洞口宽度+0.5) \tag{5-24}$$

钢筋砖过梁体积 V 按图示尺寸（设计长度和设计高度）以立方米计算，如设计无规定时按门窗洞口宽度两端共加500mm，高度按440mm计算。上述公式是在设计无规定尺寸时的参考公式，若设计有规定则按设计尺寸计算工程量。

4. 砖平碹工程量

（1）当洞口宽小于或等于1500mm时

$$V=0.24\times 墙厚度\times(洞口宽度+0.1) \tag{5-25}$$

（2）当洞口宽大于1500mm时

$$V=0.365\times 墙厚度\times(洞口宽度+0.1) \tag{5-26}$$

砌筑砖平碹、平砌砖过梁的工程量，均按图示尺寸以立方米（m^3）计算。

5.5 混凝土及钢筋混凝土工程

5.5.1 现浇混凝土基础

1. 现浇钢筋混凝土带形基础（有梁）

$$\begin{aligned}V&=基础断面积\times基础长度\\&=[B\times h_1+(B+b)\times h_2/2+b\times h_3]\times L_{1槽}\end{aligned} \tag{5-27}$$

式中　h_1、h_2、h_3——如图5-2所示，为不同部位的高。

B——基础底宽度（m）；

b——基础梁宽度（m）；

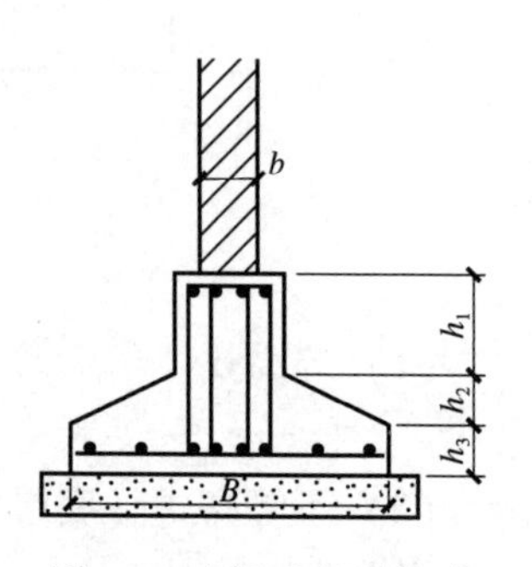

图5-2　有梁式条形基础

$L_{1槽}$——断面基础的槽长（m）；

$B \times h_1$——基础矩形截面面积；

$(B+b) \times h_2/2$——基础梯形截面面积；

$b \times h_3$——基础梁断面面积。

（1）清单工程量计算规则

按设计图示尺寸以体积计算。不扣除伸入承台基础的桩头所占体积。基础长度：外墙基础按中心线，内墙基础按净长线计算。带形基础分有肋带形基础与无肋带形基础，应分别编码（列项）。肋高大于 5 倍肋厚时，肋应按墙计算。

（2）定额工程量计算规则

带形基础不分有梁式与无梁式，分别按毛石混凝土、混凝土、钢筋混凝土基础计算。凡有梁式带形基础，其梁高（指基础扩大顶面至梁顶面的高）超过 1.2m 时，其基础底板按带形基础计算，扩大顶面以上部分按混凝土墙项目计算。

2. 现浇钢筋混凝土独立基础

混凝土独立基础与柱在基础上表面分界。

（1）矩形基础

$$V = 长 \times 宽 \times 高 \tag{5-28}$$

（2）阶梯形基础

$$V = \sum 各阶（长 \times 宽 \times 高） \tag{5-29}$$

清单计算规则：按设计图示尺寸以体积计算，不扣除伸入承台基础的桩头所占体积。

定额计算规则：应分别按毛石混凝土和混凝土独立基础，以设计图示尺寸的实体积计算，其高度从垫层上表面算至柱基础上表面。

3. 现浇混凝土满堂基础

（1）有梁式满堂基础

$$V = a \times b \times h + V_{基础梁} \tag{5-30}$$

式中　a——满堂基础的长（m）；

b——满堂基础的宽（m）；

h——满堂基础的高（m）；

$V_{基础梁}$——基础梁的体积（m^3）。

（2）无梁式满堂基础

$$V = a \times b \times h \tag{5-31}$$

清单计算规则：按设计图示尺寸以体积计算，不扣除伸入承台基础的桩头所占体积。

定额计算规则：

①有梁式满堂基础：按图示尺寸梁板体积之和，以“m^3”计算。

②无梁式满堂基础：按图示尺寸，以“m^3”计算。边肋体积并入基础工程量内计算。

4. 现浇钢筋混凝土杯形基础

$$V = V_1 - V_2 \tag{5-32}$$

式中　V_1——不扣除杯口的杯形基础的体积（m^3）；

V_2——杯口的体积（m^3），推荐经验公式为

$$V_2 \approx h_b (a_d + 0.025)(b_d + 0.025) \tag{5-33}$$

式中 h_b——杯口高（m）；

a_d——杯口底长（m）；

b_d——杯口底宽（m）。

清单计算规则：按设计图示尺寸以体积计算，不扣除伸入承台基础的桩头所占体积。

定额计算规则：杯形基础连接预制柱的杯口底面至基础扩大顶面（H）高度在0.50m以下的按杯形基础项目计算；在0.50m以上部分按现浇柱项目计算，其余部分套用杯形基础项目。

5.5.2 现浇混凝土柱、墙

1. 现浇混凝土柱

（1）矩形

$$V = S \times H \tag{5-34}$$

式中 S——柱的断面面积（m^2）；

H——柱高（m）。

（2）圆形

$$V = \pi r^2 \times H \tag{5-35}$$

式中 πr^2——柱的断面面积（m^2）；

H——柱高（m）；

r——柱的半径（m）。

（3）工程量计算规则

清单计算规则：按设计图示尺寸以体积计算。

柱高：

①有梁板的柱高，应自柱基础上表面（或楼板上表面）至上一层楼板上表面之间的高度计算。

②无梁板的柱高，应自柱基础上表面（或楼板上表面）至柱帽下表面之间的高度计算。

③框架柱的柱高：应自柱基础上表面至柱顶高度计算。

④构造柱按全高计算，嵌接墙体部分（马牙槎）并入柱身体积。

⑤依附柱上的牛腿和升板的柱帽，并入柱身体积计算。

定额计算规则：定额计算规则同清单计算规则。

2. 现浇混凝土墙

现浇钢筋混凝土墙（间壁墙、电梯井壁、挡土墙，地下室墙）计算公式如下：

$$V = L \times H \times d + \text{墙垛及凸出部分体积} - \text{门窗洞口及0.3}m^2\text{以外孔洞体积} \tag{5-36}$$

式中 V——现浇钢筋混凝土墙体积（m^3）；

L——墙的长度（m）；

H——墙高（m）；

d——墙厚（m）。

（1）清单计算规则

按设计图示尺寸以体积计算。扣除门窗洞口及单个面积大于0.3m^2的孔洞所占体积，墙垛及凸出墙面部分并入墙体体积。

（2）定额计算规则

按设计图示尺寸以体积计算，扣除门窗洞口及面积0.3m^2以上孔洞所占体积。墙垛及凸出部分并入墙体积内计算。直形墙中门窗洞口上的梁并入墙体积；短肢剪力墙结构砌体内门窗洞口上的梁并入梁体积。墙与柱连接时墙算至柱边；墙与梁连接时墙算至梁底；墙与板连接时板算至墙侧；未凸出墙面的暗梁、暗柱并入墙体积。

5.5.3 现浇混凝土梁

（1）基础梁

$$V=\sum(S\times L) \tag{5-37}$$

式中 S——基础梁的断面面积（m^2）；

L——基础梁的长度（m）。

（2）连续梁

$$V=B\times H\times L \tag{5-38}$$

式中 B——梁的宽度（m）；

H——梁的高度（m）；

L——梁的长度（m）。

清单计算规则：按设计图示尺寸以体积计算。伸入墙内的梁头、梁垫并入梁体积内。梁长：梁与柱连接时，梁长算至柱侧面；主梁与次梁连接时，次梁长算至主梁侧面。

定额计算规则：按设计图示尺寸以体积计算，伸入砖墙内的梁头、梁垫并入梁体积内。梁与柱连接时，梁长算至柱侧面；主梁与次梁连接时，次梁长算至主梁侧面；混凝土圈梁与过梁连接时，套用圈梁、过梁定额，其过梁长度按门窗外围宽度两端共加50cm计算。

5.5.4 现浇混凝土板

（1）有梁板（肋形板、密肋板、井式楼板）

$$V=V_{主梁}+V_{次梁}+V_{板} \tag{5-39}$$

式中 V——梁、板体积总和（m^3）；

$V_{主梁}$——主梁体积（m^3）；

$V_{次梁}$——次梁体积（m^3）；

$V_{板}$——楼盖板的体积（m^3）。

（2）无梁板（直接用柱支撑的板）

$$V=V_{板}+V_{柱帽} \tag{5-40}$$

式中 V——无梁板体积总和（m^3）；

$V_{板}$——楼盖板的体积（m^3）；

$V_{柱帽}$——板下柱帽体积（m^3）。

（3）平板（直接用墙支撑的板）

$$V=V_{板}=板全长\times板宽\times板厚 \tag{5-41}$$

（4）清单计算规则

①按设计图示尺寸以体积计算，不扣除单个面积小于或等于0.3m^2的柱、垛以及孔洞所

占体积。

②压型钢板混凝土楼板扣除构件内压型钢板所占体积。

③有梁板（包括主、次梁与板）按梁、板体积之和计算，无梁板按板和柱帽体积之和计算，各类板伸入墙内的板头并入板体积内，薄壳板的肋、基梁并入薄壳体积内计算。

（5）定额计算规则

按设计图示尺寸以体积计算，不扣除单个面积0.3m^2以内的柱、垛及孔洞所占体积。有梁板包括梁与板，按梁、板体积之和计算。无梁板按板和柱帽体积之和计算。各类板伸入砖墙内的板头并入板体积内计算，薄壳板的肋、基梁并入薄壳体积内计算。空心板按设计图示尺寸以体积（扣除空心部分）计算。

5.5.5 现浇混凝土其他构件

1. 现浇钢筋混凝土楼梯

（1）整体楼梯

$$S_{楼梯} = \sum(a \times b) \tag{5-42}$$

式中 a——楼梯间净宽度（m）；

b——外墙里边线至楼梯梁的外边缘的长度（m）。

（2）踏步式整体旋转楼梯

$$V = \sum \pi r^2 \tag{5-43}$$

式中 V——旋转楼梯工程量（m^3）；

r——旋转楼梯水平投影的半径（m）。

（3）工程量计算规则

清单计算规则：以平方米计量，按设计图示尺寸以水平投影面积计算。不扣除宽度小于或等于500mm的楼梯井，伸入墙内部分不计算。以立方米计量，按设计图示尺寸以体积计算。

定额计算规则：楼梯（包括休息平台，平台梁、斜梁及楼梯的连接梁）按设计图示尺寸以水平投影面积计算，不扣除宽度小于500mm楼梯井，伸入墙内部分不计算。当整体楼梯与现浇楼板无梯梁连接时，以楼梯的最后一个踏步边缘加300mm为界。

2. 现浇钢筋混凝土阳台

（1）现浇钢筋混凝土阳台（直线形）工程量

$$S = L \times b \tag{5-44}$$

式中 L——阳台长度（m）；

b——阳台宽度（m）。

（2）现浇钢筋混凝土阳台（弧形）工程量

$$V = A \times B \times H + S_{弧} \times H \tag{5-45}$$

式中 A——阳台的长度（m）；

B——阳台的宽度（m）；

H——阳台的厚度（m）；

$S_{弧}$——弧形部分阳台的面积（根据实际尺寸计算）。

（3）工程量计算规则

凸阳台（凸出外墙外侧用悬挑梁悬挑的阳台）按阳台项目计算；凹进墙内的阳台，按梁、板分别计算，阳台栏板、压顶分别按栏板、压顶项目计算。

3. 现浇钢筋混凝土雨篷

现浇钢筋混凝土雨篷（直线形）工程量：

$$V = A \times B \times H \tag{5-46}$$

式中　A——雨篷的长度（m）；

B——雨篷的宽度（m）；

H——雨篷的厚度（m）。

工程量计算规则及说明：雨篷梁、板工程量合并，按雨篷以体积计算，高度小于或等于400mm 的栏板并入雨篷体积内计算，栏板高度大于 400mm 时，其超过部分，按栏板计算。

4. 现浇钢筋混凝土挑檐

$$V = (B + H) \times h \times L \tag{5-47}$$

式中　B——挑檐的宽度（m）；

H——挑檐的高度（m）；

h——挑檐的厚度（m）；

L——挑檐的长度（m）。

工程量计算规则及说明：挑檐、天沟按设计图示尺寸以墙外部分体积计算。挑檐、天沟板与板（包括屋面板）连接时，以外墙外边线为分界线；与梁（包括圈梁等）连接时，以梁外边线为分界线；外墙外边线以外为挑檐、天沟。

5. 现浇钢筋混凝土板缝（后浇带）

$$V = B \times H \times L \tag{5-48}$$

式中　B——后浇带的宽度（m）；

H——后浇带的高度（m）；

L——后浇带的长度（m）。

清单计算规则：按设计图示尺寸以体积计算。

定额计算规则：混凝土后浇带按图示尺寸以实体积计算。

5.5.6　钢筋工程

1. 钢筋理论质量

$$\begin{aligned}\text{钢筋理论质量} &= \text{钢筋长度} \times \text{钢筋断面积} \times \text{钢筋密度} \\ &= \text{钢筋长度} \times \text{钢筋每米质量}\end{aligned} \tag{5-49}$$

其中：

$$\text{钢筋每米质量} = \frac{\pi}{4} \times d^2 \times 7850 \times 10 - 6d^2\ (\text{kg/m}) \tag{5-50}$$

式中　d——钢筋直径（mm）。

2. 钢筋长度的计算

（1）直筋长度（图 5-3）

$$\text{钢筋净长} = L - 2b + 12.5D \tag{5-51}$$

式中 L——如图 5-3 所示尺寸；

b——保护层厚度（cm）；

D——钢筋直径（mm）。

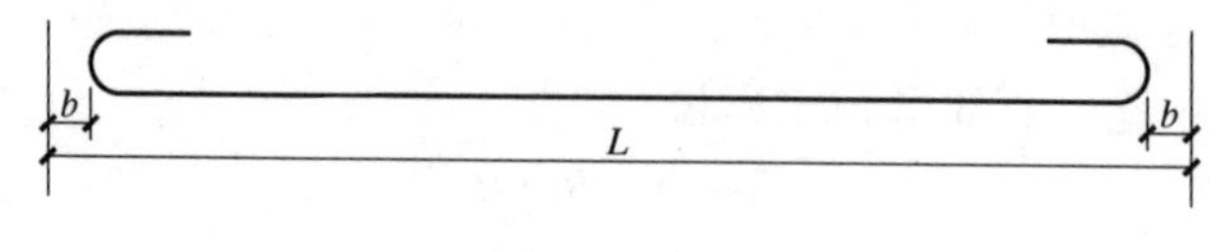

图 5-3 直筋

（2）弯筋斜长度

如图 5-4 所示，D 为钢筋的直径，H' 为弯筋需要弯起的高度，A 为局部钢筋的斜长度，B 为 A 向水平面的垂直投影长度。

假使以起弯点 P 为圆心，以 A 长为半径作圆弧向 B 的延长线投影，则 $A=B+A'$，A' 就是 A 与 B 的长度差。θ 为弯筋在垂直平面中要求弯起的水平面所形成的角度（夹角）；在工程上一般以 30°、45°和 60°为最普遍，45°尤为常见。

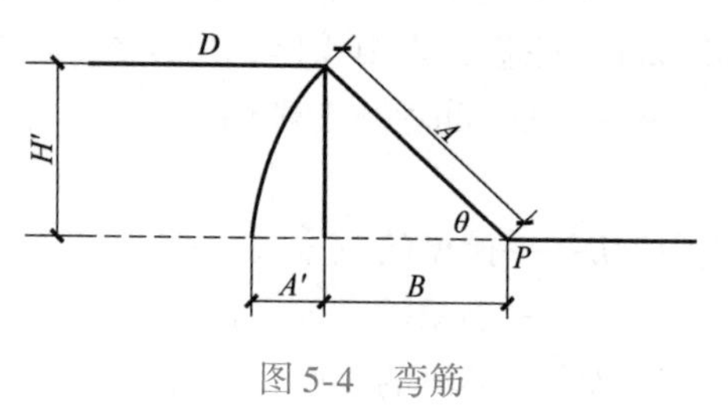

图 5-4 弯筋

（3）弯钩增加长度

根据相关规范要求，绑扎骨架中的受力钢筋，应在末端做弯钩。HPB300 级钢筋末端做 180°弯钩，其圆弧弯曲直径不应小于钢筋直径的 2.5 倍，平直部分长度不宜小于钢筋直径的 3 倍；HRB335 级、HRB400 级钢筋末端需作 90°或 135°弯折时，HRB335 级钢筋的弯曲直径不宜小于钢筋直径的 4 倍，HRB400 级钢筋不宜小于钢筋直径的 5 倍，如图 5-5 所示。钢筋弯钩增加长度按如图 5-5 所示计算（弯曲直径为 $2.5d$，平直部分为 $3d$），其计算值如下：

$$半圆弯钩=(2.5d+1d)\times\pi\times\frac{180}{360}-2.5d/2-1d+(平直)3d=6.25d \tag{5-52}$$

$$直弯钩=(2.5d+1d)\times\pi\times\frac{180-90}{360}-2.5d/2-1d+(平直)3d=3.5d \tag{5-53}$$

$$斜弯钩=(2.5d+1d)\times\pi\times\frac{180-45}{360}-2.5d/2-1d+(平直)3d=4.9d \tag{5-54}$$

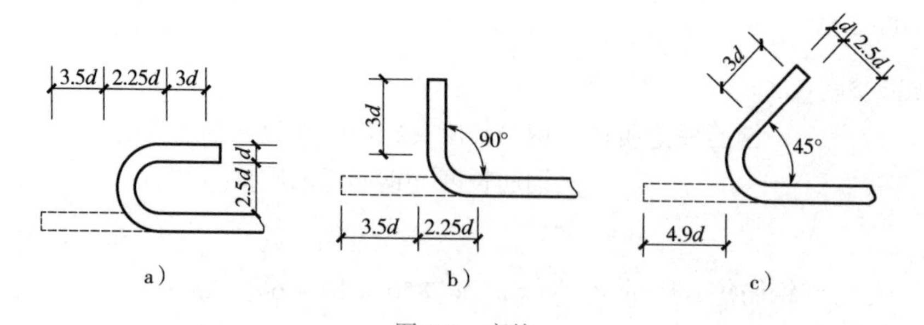

图 5-5 弯钩

a）半圆弯钩 b）直弯钩 c）斜弯钩

（4）箍筋长度

$$包围箍的长度=2(A+B)+弯钩增加长度 \tag{5-55}$$

$$开口箍的长度=2A+B+弯钩增加长度 \tag{5-56}$$

箍筋分为包围箍和开口箍，如图5-6所示。

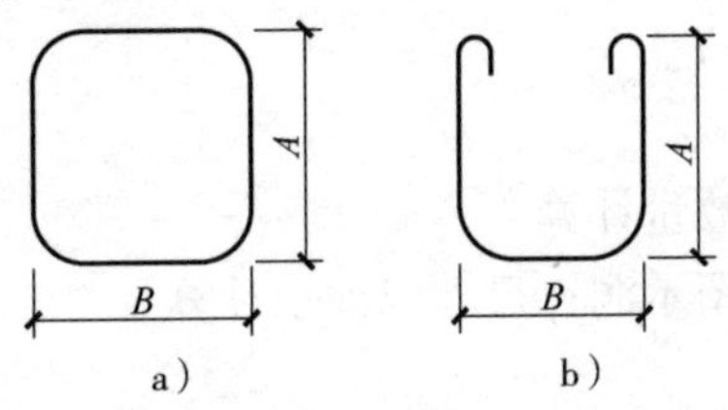

图5-6　箍筋

a）包围箍　b）开口箍

5.6　门窗工程

1. 普通木门窗工程量计算

（1）普通木窗计算公式

$$木窗制安工程量=窗洞口宽度\times洞口高度\times总樘数 \tag{5-57}$$

（2）普通木门计算公式

$$木门安装及框、亮制作的工程量=门洞口宽度\times洞口宽度\times总樘数 \tag{5-58}$$

（3）清单计算规则

以樘计量，按设计图示数量计算；以平方米计量，按设计图示洞口尺寸以面积计算。

（4）定额计算规则

成品木门框安装按设计图示框的中心线长度计算；成品木门扇安装按设计图示扇面积计算；成品套装木门安装按设计图示数量计算；木质防火门安装按设计图示洞口面积计算。

2. 金属门窗工程量计算

（1）金属门

金属（塑钢）门、彩板门、钢质防火门、防盗门、金属卷帘（闸）门、防火卷帘（闸）门、电子感应自动门，以上金属门的工程量，除特别规定外，按设计图示洞口尺寸以面积计算。

铁栅门制作安装工程，按设计图示的钢材质量，以吨计算。成品手动旋转门，成品电动伸缩门，按设计图示的数量，以樘计算。无框玻璃门制作安装，按设计开启门扇部分的外围面积，以m^2计算。

（2）金属窗

金属（塑钢、断桥）窗，金属防火窗，金属百叶窗，金属纱窗，金属格栅窗，彩板窗，复合材料窗，以上金属窗的工程量，除特别规定外，按设计图示洞口尺寸以面积计算。

金属（塑钢、断桥）橱窗，金属（塑钢、断桥）飘凸窗，以上金属窗的工程量，除特别规定外按设计图示尺寸以框外围展开面积

3. 半圆窗工程量计算

$$A=\frac{1}{2}\pi R^2=1.5708R^2=0.393\times B^2 \tag{5-59}$$

式中 R——半圆窗的半径（m）；

A——窗框外围面积（m^2）；

B——窗框外围宽度（m）。

（1）清单计算规则

①以樘计量，按设计图示数量计算。

②以平方米计量，按设计图示洞口尺寸以面积计算。

（2）定额计算规则

成品木门扇安装按设计图示扇面积计算。

4. 门扇、窗扇工程量计算

$$\text{外围面积} = \sum(\text{扇长度} \times \text{扇宽度}) \tag{5-60}$$

$$\text{扇料断面面积} = (\text{料高度} + 0.5) \times (\text{料宽度} + 0.5) \tag{5-61}$$

按设计图示扇边框外边线尺寸以扇面积计算。常用的门扇有镶板门（包括玻璃门、纱门）和夹板门。门窗扇安装项目中未包括装配单、双弹簧合页或地弹簧、暗插销、大型拉手、金属踢、推板等五金的用工。计算工程量时应另列项目，按门窗扇五金安装相应项目计算。

5.7 屋面及防水工程

5.7.1 瓦、型材及其他屋面工程量

1. 瓦屋面

$$S = \text{屋面水平投影面积} \times \text{屋面延尺系数} \tag{5-62}$$

（1）清单计算规则

按设计图示尺寸以斜面积计算，不扣除房上烟囱、风帽底座、风道、小气窗、斜沟等所占面积。小气窗的出檐部分不增加面积。

（2）定额计算规则

按图示尺寸的水平投影面积乘以屋面延尺系数，以平方米计算。不扣除房上烟囱、风帽底座、风道、屋面小气窗和斜沟等所占面积。而屋面小气窗出檐与屋面重叠部分的面积也不增加。但天窗出檐部分重叠的面积应并入相应屋面工程量内计算。琉璃瓦檐口线及瓦脊以延长米计算。

2. 卷材屋面

$$S = S_{投} \times C + \sum[0.25(L_1 + L_2) + 0.5L_3] \tag{5-63}$$

式中 $S_{投}$——屋面水平投影面积（m^2）；

C——屋面延尺系数；

L_1——伸缩缝弯起部分长度（m）；

L_2——女儿墙弯起部分长度（m）；

L_3——天窗弯起部分长度（m）。

C 的计算式如下：

$$C = \frac{A}{\cos\theta} \tag{5-64}$$

当 $A=1$ 时，

$$C = \frac{1}{\cos\theta} \tag{5-65}$$

D 为隅延尺系数，D 的计算式如下：

$$D = \sqrt{A^2 + C^2} \tag{5-66}$$

当 $A=1$ 时，

$$D = \sqrt{1 + C^2} \tag{5-67}$$

（1）清单计算规则

按设计图示尺寸以面积计算：斜屋顶（不包括平屋顶找坡）按斜面积计算，平屋顶按水平投影面积计算；不扣除房上烟囱、风帽底座、风道、屋面小气窗和斜沟所占面积；屋面的女儿墙、伸缩缝和天窗等处的弯起部分，并入屋面工程量内。

（2）定额计算规则

按图示尺寸的水平投影面积乘以屋面延尺系数，以平方米计算。不扣除房上烟囱、风帽底座、风道、斜沟等所占面积。平屋面的女儿墙、天沟和天窗等处弯起部分和天窗出檐部分重叠的面积应按图示尺寸，并入相应屋面工程量内计算。如图纸无规定时，伸缩缝、女儿墙的弯起部分可按 25cm 计算，天窗弯起部分可按 50cm 计算，但各部分的附加层已包括在项目内，不再另计。

3. 平屋面

$$S = S_{投} \times C \tag{5-68}$$

式中　$S_{投}$——图示尺寸的水平投影面积（m^2）；

C——屋面延尺系数。

按图示尺寸的水平投影面积乘以屋面延尺系数，以平方米（m^2）计算，不扣除房上烟囱、风帽底座、风道斜沟等所占面积。

4. 坡屋面

两坡水屋面的实际面积 = 屋面水平投影面积 × 两坡水屋面延尺系数　　(5-69)

四坡水屋面的实际面积 = 1/2 水平投影宽度 × 四坡水屋面延尺系数　　(5-70)

按图示尺寸的水平投影面积乘以屋面延尺系数，以平方米计算。不扣除房上烟囱、风帽底座、风道、屋面小气窗和斜沟等所占面积，而屋面小气窗出檐与屋面重叠部分的面积也不增加，但天窗出檐部分重叠的面积应并入相应屋面工程量内计算。琉璃瓦檐口线及瓦脊以延长米计算。

5.7.2　建筑结构防水工程量

1. 屋面保温层

$$V = S \times H \tag{5-71}$$

式中　S——所铺保温层的屋面面积（m^2）；

H——所铺保温层的厚度（m）。

（1）清单计算规则

按设计图示尺寸以面积计算。扣除面积大于 0.3m^2 孔洞及占位面积。

（2）定额计算规则

保温隔热层应区别不同保温隔热材料，均按设计实铺厚度以立方米计算，另有规定者除外。

2. 屋面找平层

挑檐面积： $L_{外}\times$檐宽度$+4\times$檐宽度^2 (5-72)

栏板立面面积： $(L_{外}+8\times$檐宽度$)\times$栏板高 (5-73)

$S=$屋顶建筑面积（不含挑檐面积）$+$挑檐面积$+$栏板立面面积（m^2） (5-74)

式中 $L_{外}$——外墙外边线长。

（1）清单计算规则

按设计图示尺寸以面积计算。扣除凸出地面构筑物、设备基础、室内铁道、地沟等所占面积，不扣除间壁墙及小于或等于0.3m^2柱、垛、附墙烟囱及孔洞所占面积。门洞、空圈、暖气包槽、壁龛的开口部分不增加面积。

（2）定额计算规则

楼地面找平层按设计图示尺寸以面积计算。扣除凸出地面构筑物、设备基础、室内铁道、地沟等所占面积，不扣除间壁墙及小于或等于0.3m^2柱、垛、附墙烟囱及孔洞所占面积。门洞、空圈、暖气包槽、壁龛的开口部分不增加面积。

3. 屋面找坡层

$V=$屋顶建筑面积$\times$找平层平均厚度

$=$屋顶建筑面积$\times$［最薄处厚度$+\frac{1}{2}$（找坡长度$\times$坡度系数）］ (5-75)

式中 最薄处厚度——按施工图规定；

找坡长度——两面找坡时即为铺宽的一半；

坡度系数——按施工图规定。

（1）清单计算规则

按设计图示尺寸以面积计算。扣除面积大于0.3m^2孔洞及占位面积。

（2）定额计算规则

找坡层应区别不同保温隔热材料，均按设计实铺厚度以立方米计算，另有规定者除外。

4. 屋面排水水落管

$S=[0.4\times(H+H_{差}-0.2)+0.85]\times$道数 (5-76)

式中 H——房屋檐高度（m）；

$H_{差}$——室内外高度差（m）；

0.2——出水口到室外地坪距离及水斗高度（m）；

0.85——规定水斗和下水口的展开面积（m^2）。

5.8 保温、隔热、防腐工程

5.8.1 保温、隔热工程量

1. 保温、隔热屋面

$S_{屋面保温层}=$保温层长度$\times$宽度$-$孔洞及占位面积 (5-77)

工程量计算规则：按设计图示尺寸以面积计算，扣除面积大于0.3m^2孔洞及占位面积。

2. 保温、隔热天棚

（1）计算公式

$$S_{天棚保温层}=保温层长度\times宽度-柱、垛、孔洞面积+天棚连接梁面积 \tag{5-78}$$

（2）工程量计算规则

按设计图示尺寸以面积计算，扣除面积大于0.3m^2柱、垛、孔洞所占面积，与天棚相连的梁按展开面积，计算并入天棚工程量。

3. 保温、隔热墙面

（1）计算公式

$$S_{墙面保温层}=保温层长度\times高度-门窗洞口及孔洞面积+门窗洞口侧壁增加面积 \tag{5-79}$$

（2）工程量计算规则

按设计图示尺寸以面积计算，扣除门窗洞口以及面积大于0.3m^2梁、孔洞所占面积；门窗洞口侧壁以及与墙相连的柱，并入保温墙体工程量内。

4. 保温柱、梁

（1）计算公式

$$S_{柱保温层}=保温层长度\times高度-梁面积 \tag{5-80}$$

$$S_{梁保温层}=保温层长度\times高度 \tag{5-81}$$

（2）工程量计算规则

按设计图示尺寸以面积计算。

①柱工程量按设计图示柱断面保温层中心线展开长度乘保温层高度以面积计算，扣除面积大于0.3m^2梁所占面积。

②梁工程量按设计图示梁断面保温层中心线展开长度乘保温层长度以面积计算。

5. 保温、隔热楼地面

$$S_{楼地面保温层}=保温层长度\times宽度-柱、垛、孔洞面积 \tag{5-82}$$

保温、隔热楼地面工程量按设计图示尺寸以面积计算。扣除面积大于0.3m^2柱、垛、孔洞所占面积。门洞、空圈、暖气包槽、壁龛的开口部分不增加面积。

5.8.2　防腐工程量

1. 防腐面层工程量

$$S_{防腐面层工程量}=图示净空面积-凸出地面物所占面积+踏脚板实铺面积 \tag{5-83}$$

工程量计算规则及说明：

防腐面层工程量按设计图示尺寸以面积计算。

①平面防腐：扣除凸出地面的构筑物、设备基础等以及面积大于0.3m^2孔洞、柱、垛所占面积。

②立面防腐：扣除门、窗、洞口以及面积大于0.3m^2孔洞、梁所占面积，门、窗、洞口侧壁、垛凸出部分按展开面积并入墙面积内。

2. 砌筑沥青浸渍砖

$$V=长度\times高度\times厚度 \tag{5-84}$$

工程量计算规则：砌筑沥青浸渍砖工程量按设计图示尺寸以体积计算。

5.9 楼地面工程

1. 整体面层及找平层工程量计算

$$S_{楼} = \sum(L_{室内净长} \times W_{室内净宽}) - S_{需扣除的部分} + S_{需并入的部分} \quad (5\text{-}85)$$

式中 $L_{室内净长}$、$W_{室内净宽}$——从图纸中查得；

$S_{需扣除的部分}$——按清单和定额的计算规则规定的需要扣除的部分；

$S_{需并入的部分}$——按清单和定额的计算规则规定的需要并入的部分。

（1）清单计算规则

①水泥砂浆楼地面、细石混凝土楼地面、自流坪楼地面、耐磨楼地面、平面砂浆找平层、混凝土找平层、自流坪找平层按设计图示尺寸以面积计算。扣除凸出地面构筑物、设备基础、室内铁道、地沟等所占面积，不扣除间壁墙及小于或等于0.3m^2柱、垛、附墙烟囱及孔洞所占面积。门洞、空圈、暖气包槽、壁龛的开口部分不增加面积。

②塑胶地面按设计图示尺寸以面积计算。门洞、空圈、暖气包槽、壁龛的开口部分并入相应的工程量内。

（2）定额计算规则

楼地面找平层及整体面层按设计图示尺寸以面积计算。扣除凸出地面构筑物、设备基础、室内铁道、地沟等所占面积，不扣除间壁墙及小于或等于0.3m^2柱、垛、附墙烟囱及孔洞所占面积。门洞、空圈、暖气包槽、壁龛的开口部分不增加面积。

2. 楼地面防水（防潮）层工程量计算

按实铺面积计算：

$$S_{卷} = S_{净} + S_{反边} - S_{需扣除的部分} \quad (5\text{-}86)$$

式中 $S_{净}$——主墙间净面积（m^2）；

$S_{反边}$——当反边高度小于或等于300mm时的面积（m^2）；

$S_{需扣除的部分}$——需扣除的部分指的是凸出地面的构筑物、设备基础等（m^2）。

（1）清单计算规则

按设计图示尺寸以面积计算。

①楼（地）面防水：按主墙间净空面积计算，扣除凸出地面的构筑物、设备基础等所占面积，不扣除间壁墙及单个面积小于或等于0.3m^2柱、垛、烟囱和孔洞所占面积。

②楼（地）面防水反边高度小于或等于300mm算为地面防水，反边高度大于300mm按墙面防水计算。

（2）定额计算规则

楼地面防水（防潮）层按设计图示尺寸以主墙间净面积计算，扣除凸出地面的构筑物、设备基础等所占面积，不扣除间壁墙及单个面积小于或等于0.3m^2柱、垛、烟囱和孔洞所占面积。平面与立面交接处，上翻高度小于或等于300mm时，按展开面积并入平面工程量内计算，高度大于300mm时，按立面防水层计算。

3. 保温层工程量计算

$$S_{保温层} = L_{保温} \times W_{保温} - S_{需扣除的部分} \quad (5\text{-}87)$$

式中　$L_{保温}$——所铺保温层的楼地面长度（m）；

$W_{保温}$——所铺保温层的楼地面长度（m）；

$S_{需扣除的部分}$——需要扣除的部分是指面积大于 $0.3m^2$ 柱、垛、孔洞等所占面积。

（1）清单计算规则

保温、隔热楼地面按设计图示尺寸以面积计算。扣除面积大于 $0.3m^2$ 柱、垛、孔洞等所占面积。门洞、空圈、暖气包槽、壁龛的开口部分不增加面积。

（2）定额计算规则

地面保温、隔热层工程量按设计图示尺寸以面积计算。扣除柱、垛及单个大于 $0.3m^2$ 孔洞所占面积。

4. 踢脚线、楼梯面层、散水、伸缩缝、台阶工程量计算

（1）踢脚线

$$S = L \times H \tag{5-88}$$

式中　H——踢脚线的高度（m）；

L——踢脚线的长度（m）。

清单计算规则：水泥砂浆踢脚线按设计图示尺寸以延长米计算。不扣除门洞口的长度，洞口侧壁也不增加。石材踢脚线、金属踢脚线按设计图示尺寸以面积计算。块料踢脚线、塑料板踢脚线、木质踢脚线、防静电踢脚线按设计图示尺寸以延长米计算。

定额计算规则：踢脚线按设计图示长度乘以高度面积计算。楼梯靠墙踢脚线（含锯齿形部分）贴块料按设计图示面积计算。

（2）楼梯面层

$$S_{楼梯} = [L_{投影} + (300)] \times W_{投影} - S_{需扣除的部分} \tag{5-89}$$

式中　$L_{投影}$——楼梯水平投影的长度（与楼地面相连时，算至梯口梁内侧边沿）；

$W_{投影}$——楼梯水平投影的宽度（包括踏步、休息平台及宽度小于或等于 500mm 的楼梯井）；

$S_{需扣除的部分}$——需扣除的部分是指宽度大于 500mm 的楼梯井的面积；

300——无梯口梁时增加的长度，有梯口梁则不计算。

清单计算规则：楼梯面层按设计图示尺寸以楼梯（包括踏步、休息平台及宽度小于或等于 500mm 的楼梯井）水平投影面积计算。楼梯与楼地面相连时，算至梯口梁内侧边沿；无梯口梁者，算至最上一层踏步边沿加 300mm。

定额计算规则：楼梯面层定额计算规则同清单工程量计算规则。

（3）散水

$$S_{散} = [(L_{外} + W_{散}) + (W_{外} + W_{散})] \times 2 \times W_{散} \tag{5-90}$$

式中　$L_{外}$——外墙外边线长度；

$W_{外}$——外墙外边线宽度；

$W_{散}$——散水的宽度。

清单计算规则：砖砌体按设计图示尺寸以面积计算。混凝土散水按设计图示尺寸以水平投影面积计算。不扣除单个小于或等于 $0.3m^2$ 的孔洞所占面积。

定额计算规则：砖散水按设计图示尺寸以面积计算。现浇混凝土散水按设计图示尺寸，以水平投影面积计算。

（4）台阶

$$S_{台阶} = L_{投影} \times W_{投影} \tag{5-91}$$

式中　$L_{投影}$——台阶的水平投影长度（m）；

$W_{投影}$——台阶的水平投影宽度（m）。

清单计算规则：台阶面层按设计图示尺寸以台阶（包括最上层踏步边沿加300mm）水平投影面积计算。

定额计算规则：台阶面层定额计算规则同清单工程量计算规则。

造价实操篇

第 6 章　工程 BIM 造价实操案例一

6.1　开闭所工程造价实操

6.1.1　图纸目录

1. 图纸目录概述

图纸目录是了解整个建筑设计整体情况的目录，从中可以明了图纸数量及出图大小和工程号，以及建筑单位及整个建筑物的主要功能，如果图纸目录与实际图纸有出入，必须与建筑核对情况。一套完整的施工图纸目录包括有建筑施工图和结构施工图。目录包括每张图纸的名称、内容、图纸编号等，表明该工程图纸由哪几个专业的图纸及哪些图纸所组成，便于检索和查找。其图纸目录如图 6-1 所示，从图中可以了解以下内容：

序号	图别	图号	图纸名称	图纸规格	备注
1	建施	01	建筑设计说明　图纸目录　装修及构造做法表	A2	
2	建施	02	一层平面　屋顶平面　1—1剖面　2—2剖面	A2	
3	建施	03	轴立面　门窗详图　墙身详图	A2	

图 6-1　图纸目录

本套建筑图纸共有 3 张，图纸目录中主要能够反映出本套图纸的图别、图号和图纸名称，方便在识图过程中有针对性、及时准确地找到想要查看的图纸。看图前首先要检查各施工图的数量、图纸内容等与图纸目录是否一致，防止缺页、缺项、不齐全等。

2. 标准图集目录

标准图集目录如图 6-2 所示，从图中可以了解以下内容：

1	12YJ 建筑专业合订本（一）	河南省12系列工程建设标准设计图集	河南省通用图
2	12YJ 建筑专业合订本（二）	河南省12系列工程建设标准设计图集	河南省通用图
3	12YJ 建筑专业合订本（三）	河南省12系列工程建设标准设计图集	河南省通用图
4	12YJ 建筑专业合订本（四）	河南省12系列工程建设标准设计图集	河南省通用图

图 6-2　标准图集目录

可以看出具体用的是哪本图集，使用的是那个省份的。

3. 装修及构造做法表

装修及构造做法表如图 6-3 所示，从图中可以了解以下内容：

可以看出装修的项目名称、做法名称以及构造做法。

项目	做法名称	构造做法	适用部位	备注
地面	地面	12YJ1　地210		
内墙面	内墙面	12YJ1　内墙3C　浆2		
踢脚				
顶棚	顶棚	12YJ1　顶5　浆2		
外墙	外墙1	12YJ1　外墙6C		
油漆	金属面调和漆	灰色调和漆　12YJ1涂203		
屋面	屋1	12YJ1屋103　B2—50—1F1		

图 6-3　装修及构造做法

4. 门窗表

门窗表做法如图 6-4 所示，从图中可以了解以下内容：

门窗名称	洞口尺寸/mm		型号	标准图集	备注
	宽度	高度			
M-1	2000	2700	参MFM03—2127	12YJ4—2	甲级防火门
M-2	1500	2100	PM1—1521	12YJ4—1	平开夹板门
GC-1	1800	900	固定窗	详建施03	中空玻璃

图 6-4　门窗表做法

可以看出门窗名称、洞口尺寸、型号、标准图集以及备注。

6.1.2　建筑设计说明

1. 设计依据

①郑州市城市规划管理局批准的建设用地规划许可证。

②现行的有关建筑设计规范：《建筑设计防火规范》（GB 50016—2006）、《民用建筑设计通则》（GB 50352—2005）。

2. 项目概况

①本工程总建筑面积：90. 48m^2。

②建筑层数、高度：地上一层，建筑高 5. 10m。

③建筑结构形式为框架结构，建筑结构类别为二类，设计使用年限 50 年，抗震设防烈度为 7 度。

④防火设计的建筑分类为二类，耐火等级为二级。

3. 设计标高

①本工程 ±0. 000m 标高相当于绝对标高 168. 500m，建筑现场平面定位详见一层平面图。室内外高差 500mm。

②各层标注标高为完成面标高（建筑面标高），屋面标高为结构面标高。

③本图所注尺寸单位标高以米计，其余尺寸以毫米计。

4. 墙体工程

①墙体的基础部分及钢筋混凝土墙柱、构造柱详见结施。

②墙体材料及砌筑要求详见结施说明。

5. 屋面工程

①本工程屋面工程防水等级Ⅰ级，屋面防水做法详见构造做法表。

②屋面做法节点索引及排水组织引注详见屋顶平面图。内排水雨水管见水施图，外排雨水管选用 ϕ75mm 的 UPVC 管，做法引注详见屋顶平面图。

6. 门窗工程

①门窗为 85（推拉）铝合金窗料，（外）5 +9A +5（内）净白中空玻璃。

②塑钢窗料及玻璃的性能指标均达到国家标准《门、窗用未增塑聚氯乙烯（PVC-U）型材》（GB/T 8814—2004）。窗户的性能指标达到（属中性能窗）：

a. 风压强度性能大于或等于 2.50kPa。

b. 空气净透性能 q_1≤2.5m/(m^3·h)。

c. 雨水渗透性能大于或等于 150Pa。

d. 空气声计权隔声量大于或等于 35dB。

e. 保温性能小于或等于 2.8W/m^2。

f. 外窗气密性等级Ⅲ级。

③面积大于 1.5m^2 的窗玻璃或玻璃底边距最终完成装饰面层的楼地面的距离小于 500mm 的落地门窗，必须使用钢化玻璃。

7. 外装修工程

①外墙装修设计和做法索引见立面图。

②外墙滴水线见 12YJ3—1—J6。

③外墙装修设计选用的各种材料其材质、规格、颜色等，由施工单位提供样板，经建设和设计单位确认后进行放样，并据此验收。

8. 内装修工程

①内装修工程执行《建筑内部装修设计防火规范》（GB 50222），楼地面部分执行《建筑地面设计规范》（GB 50037）。

②所有阳角均做 2m 高的护角。

9. 油漆、涂料工程

①室内装修所采用的油漆涂料见构造及装修做法表。

②所有金属管件均应先做防锈处理，外露管件选用 12YJ1 涂 203。

6.1.3 建筑施工图

下面以开闭所施工图识图为例说明施工图的识读方法。

1. 平面图

(1) 一层平面图

下面以开闭所的一层平面图为例，进行一层平面图的识读。

如图 6-5 所示为一层平面图，从图中可以了解以下内容：

①图名和比例。一层平面图；绘制比例为 1∶100。

②横向轴线为 2 根，用阿拉伯数字表示；纵向轴线有 3 根，用大写字母表示。

③墙厚为 100mm，剖切符号有 2 个：1—1、2—2，索引符号有 1 个。

④门有两个，两种型号：M—1、M—2，3 个窗一种型号：GC—1。

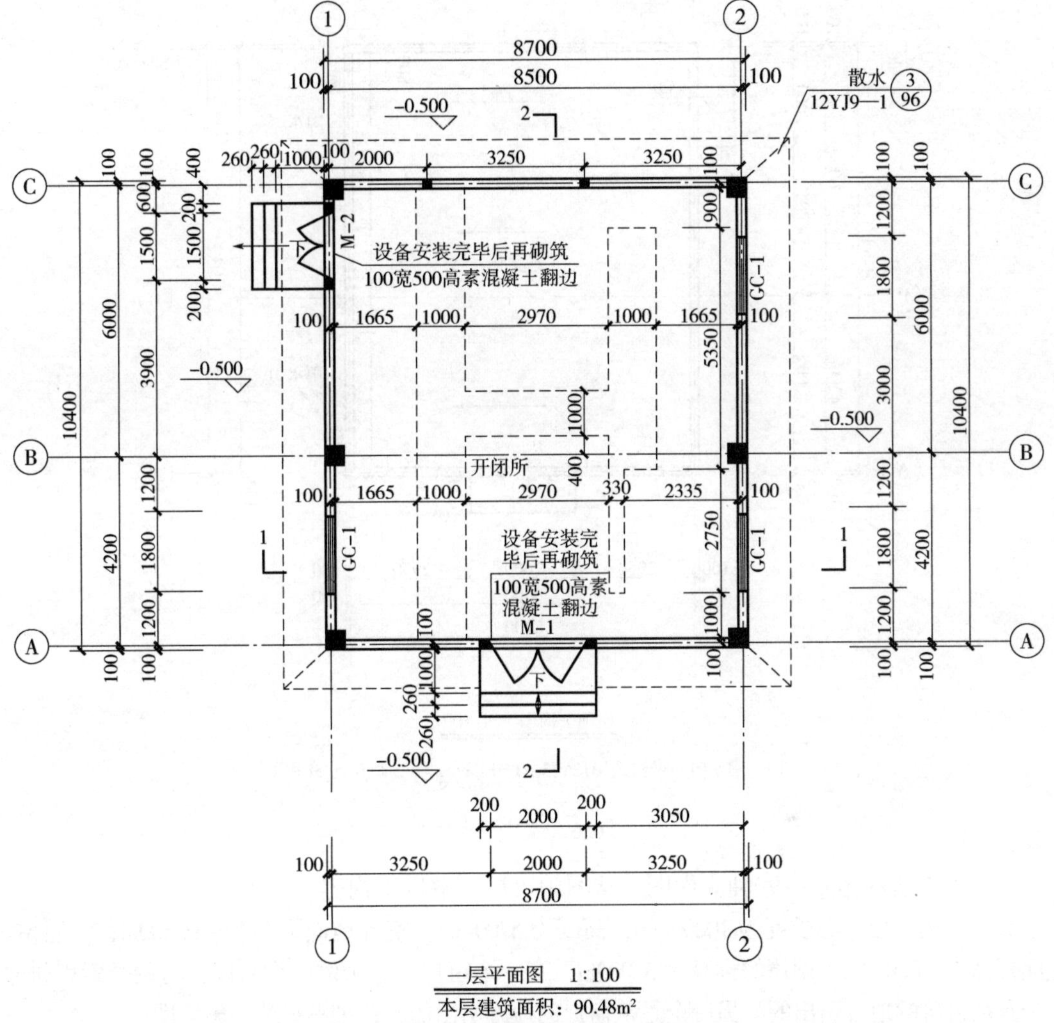

图 6-5　一层平面图

（2）屋顶平面图

下面以开闭所的屋顶平面图为例，进行屋顶平面图的识读。

如图 6-6 所示为屋顶平面图，从图中可以了解以下内容：

①图名和比例。屋顶平面图；绘制比例为 1∶100。

②横向轴线为 2 根，用阿拉伯数字表示；纵向轴线有 3 根，用大写字母表示。

③雨水口有 2 个，屋面坡度为 2% 。

2. 立面图

（1）Ⓒ—Ⓐ轴立面图

下面以开闭所的Ⓒ—Ⓐ轴立面图为例，进行Ⓒ—Ⓐ轴立面图的识读。

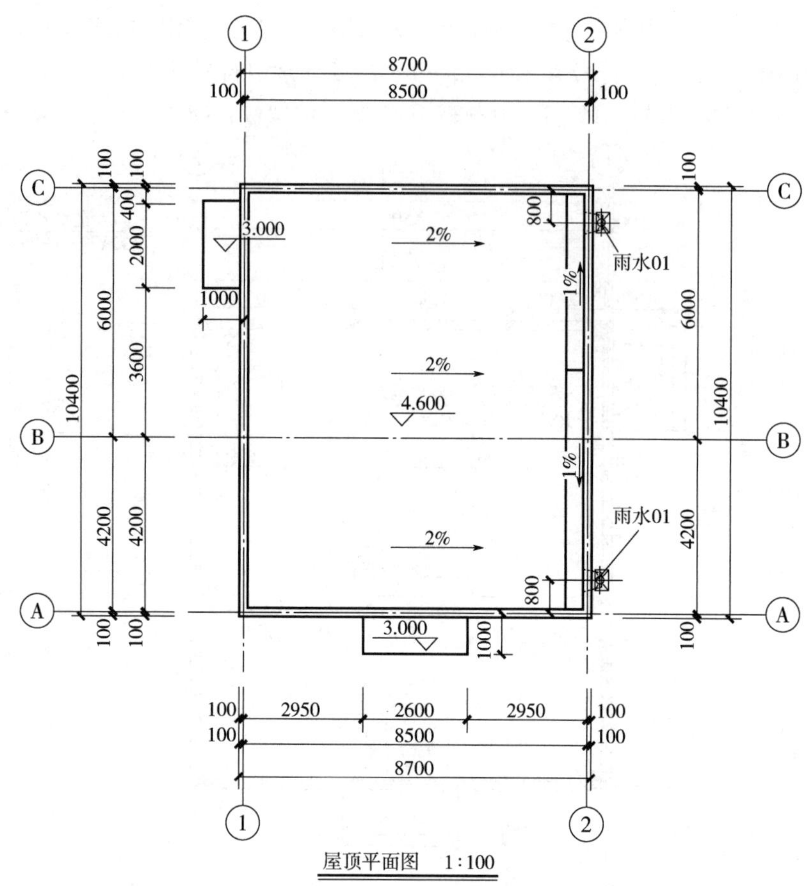

注：雨水01 做法选用12YJ5—1—$\frac{D}{E3}$ $\frac{5}{E2}$，选用ϕ75UPVC管。

图 6-6 屋顶平面图

如图 6-7 所示为Ⓒ—Ⓐ轴立面图，从图中可以了解以下内容：

该住宅为一层，总长度为 10200mm，高度为 5700mm，室外地面标高为 -0. 500m，一层室内地面标高为 ±0. 000m，雨篷的标高为 3. 000m，有一个窗户、一个侧门和台阶，有两个索引符号：一个是从台阶的地方引出的，另一个是从窗户的地方引出的，详细参见建筑施工图。

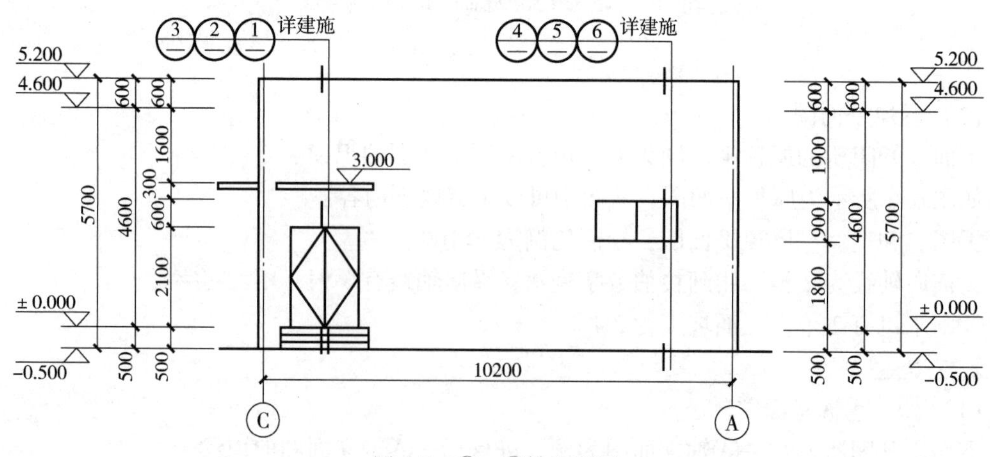

图 6-7 Ⓒ—Ⓐ轴立面图

（2）Ⓐ—Ⓒ轴立面图

下面以开闭所的Ⓐ—Ⓒ轴立面图为例，进行Ⓐ—Ⓒ轴立面图的识读。

如图 6-8 所示为Ⓐ—Ⓒ轴立面图，从图中可以了解以下内容：

该住宅为一层，总长度为 10200mm，高度为 5700mm，室外地面标高为 -0.500m，一层室内地面标高为 ±0.000m，有两个窗户，一个索引符号，是从窗户的地方引出的，详细参见建筑施工图。

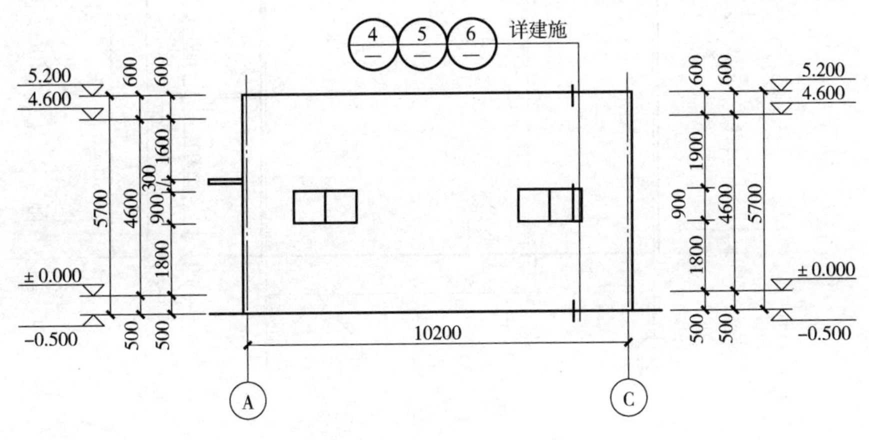

图 6-8　Ⓐ—Ⓒ轴立面图

（3）①—②轴立面图

下面以开闭所的① - ②轴立面图为例，进行①—②轴立面图的识读。

如图 6-9 所示为①—②轴立面图，从图中可以了解以下内容：

该住宅为一层，总长度为 8500mm，高度为 5700mm，室外地面标高为 -0.500m，一层室内地面标高为 ±0.000m，雨篷的标高为 3.000m，有一个台阶、门和雨篷，有一个索引符号，是从台阶、门和雨篷地方引出的，详细参见建筑施工图。

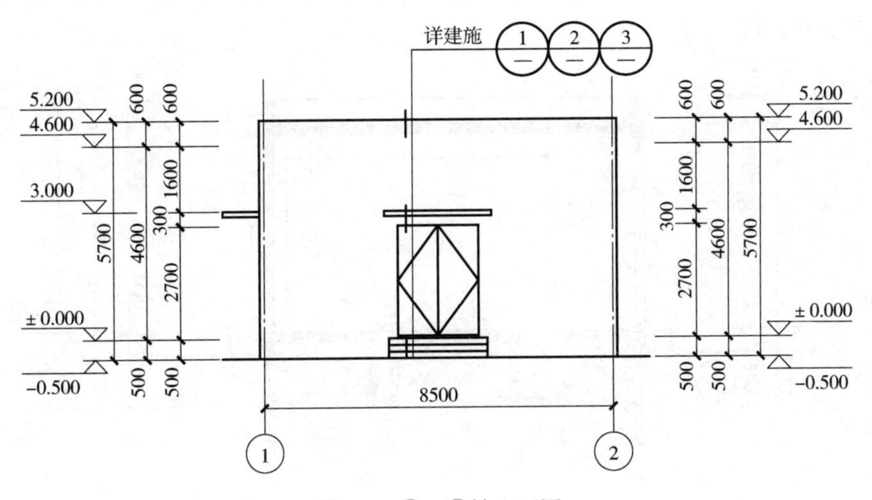

图 6-9　①—②轴立面图

（4）②—①轴立面图

下面以开闭所的②—①轴立面图为例，进行②—①轴立面图的识读。

如图 6-10 所示为②—①轴立面图，从图中可以了解以下内容：

该住宅为一层，总长度为 8500mm，高度为 5700mm，室外地面标高为 -0.500m，一层室内地面标高为 ±0.000m，有一个索引符号，是从室内地面标高地方引出的，详细参见建筑施工图。

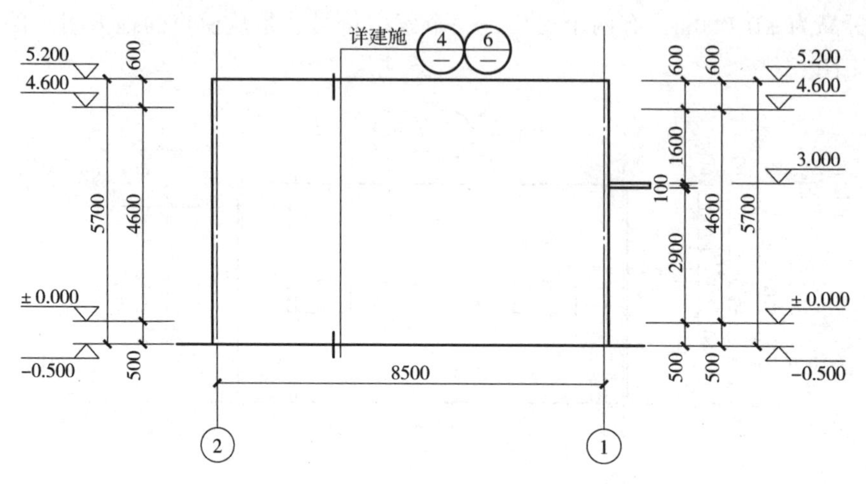

图 6-10　②—①轴立面图

3. 剖面图

(1) 1—1 剖面图

下面以开闭所的 1—1 剖面图为例，进行 1—1 剖面图的识读。

如图 6-11 所示为 1—1 剖面图，从图中可以了解以下内容：

①图名和比例。1—1 剖面图；绘制比例为 1∶100。

②总长度为 8500mm，高度为 5700mm，室外地面标高为 -0.500m，一层室内地面标高为 ±0.000m，基础标高为 -1.700m，有 6 处索引符号，分别从梁、板、柱、窗户的地方引出，详细参见建筑施工图。

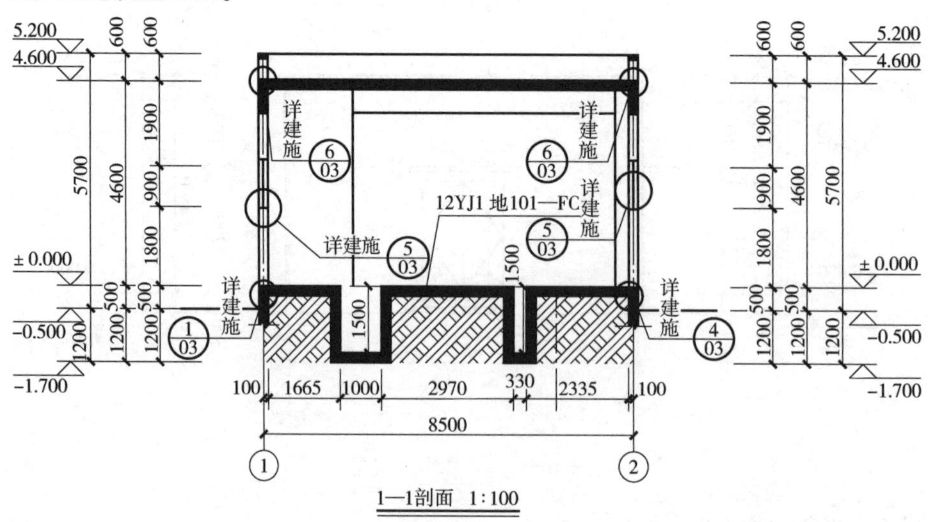

图 6-11　1—1 剖面图

（2）2—2 剖面图

下面以开闭所的 2—2 剖面图为例，进行 2—2 剖面图的识读。

如图 6-12 所示为 2—2 剖面图，从图中可以了解以下内容：

①图名和比例。2—2 剖面图；绘制比例为 1∶100。

②总长度为 10200mm，高度为 5700mm，室外地面标高为 -0.500m，一层室内地面标高为 ±0.000m，基础标高为 -1.700m，有 5 处索引符号，分别从梁、板、柱、雨篷的地方引出，详细参见建筑施工图。

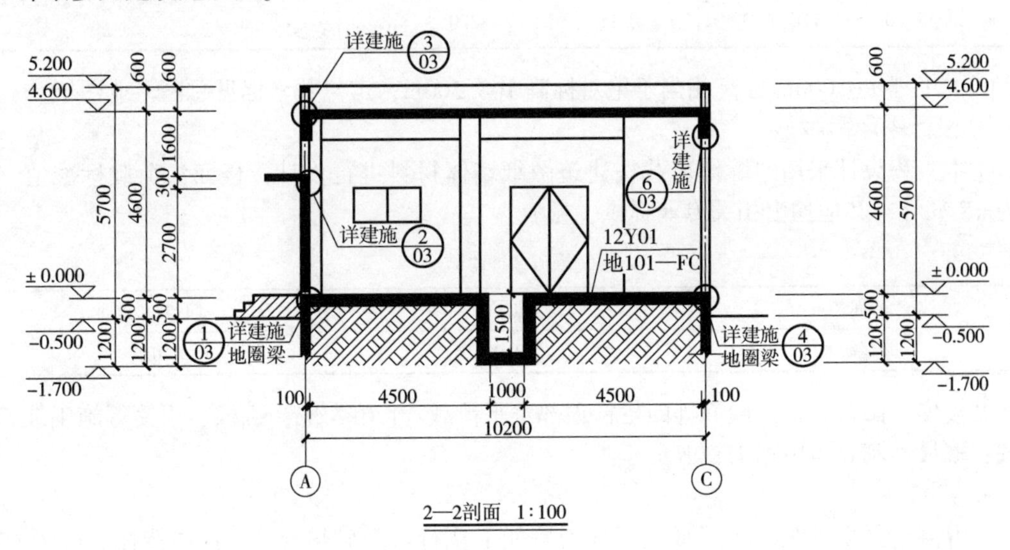

图 6-12　2—2 剖面图

6.1.4　结构设计总说明

1. 工程概况

①本项目单体地上 1 层，建筑层高为 4.60m，内外高差 0.50m，主要檐口标高 4.600m；框架结构，基础形式为“天然地基 + 独立基地”。

②本工程建筑结构的安全等级为二级；地基基础和主体结构的设计使用年限为 50 年。

③本工程抗震设防类别为丙类，所在场地区域抗震设防烈度为 7 度，设计基本地震加速度为 0.15g，设计地震分组为第二组，工程所在场地区域的场地类别为Ⅱ类。

④本工程结构抗震等级：框架抗震等级三级。抗震构造措施二级。砌体施工质量控制等级为 B 级。

⑤本工程的地基基础设计等级为两级；建筑耐火等级二级；地下部分防水等级一级。

⑥本工程所在地基本风压 $W_0 = 0.45\text{kN/m}^2$（$n = 50$），地面粗糙度为 B 类；基本雪压 $S_0 = 0.40\text{kN/m}^2$（$n = 50$）。

⑦混凝土结构的环境类别。基础及地梁等与无侵蚀性的水或土壤直接接触的环境及女儿墙、雨篷、飘架等露天环境为二 b 类；卫生间等室内潮湿环境为二 a 类；其他室内正常环境均为一类。各部分混凝土耐久性应满足表 6-1 要求内容。

表 6-1　混凝土环境等级

环境等级	最大水胶比	最低强度等级	最大氯离子含量（%）	最大碱含量（kg/m³）	备注
一	0.60	C20	0.30	不限制	1. 预应力构件混凝土中的最大氯离子含量为0.05%；最低混凝土强度等级应按表中的规定提高两个等级 2. 处于严寒和寒冷地区二b、三a类环境中的混凝土应使用引气剂，并可采用括号中的有关参数
二a	0.55	C25	0.20	3.0	
二b	0.50（0.55）	C30（C25）	0.15	3.0	
三a	0.45（0.55）	C35（C30）	0.15	3.0	

⑧本工程±0.000m标高相当于绝对标高168.500m；定位及坐标见总图专业图纸。

2. 设计采用荷载

①本工程设计采用的墙体荷载按建筑图纸墙体材料进行设计；楼面活荷载标准值（单位为kN/m²），其他均由相关专业提供，见表6-2。

表 6-2　荷载

名称	开闭所	不上人屋面
荷载	2.0	0.5

②楼梯、阳台。上人屋面等的栏杆顶部水平荷载：1.0kN/m；挑檐、雨篷等施工或检修荷载：取最不利处集中加1.0kN。

3. 材料

①混凝土强度等级。除图纸注明外均按如下执行：基础垫层C15；构造柱、过梁C25；其他C30。

②钢筋。应采用质量信誉好，通过ISO质量体系认证的企业所生产的有可靠质量保证的合格产品，其强度应满足：HPB300级钢（A）：设计值$f_y=270\text{N/mm}^2$；HRB335级钢（B）：设计值$f_y=300\text{N/mm}^2$；HRB400级钢、HRB400E级钢（C）：设计值$f_y=360\text{N/mm}^2$。抗震设防区应采用HRB400E级钢（C）。

③钢筋的强度标准值应具有不小于95%的保证率。抗震等级为一级、二级、三级的框架结构和斜撑构件（含梯段），其纵向受力钢筋采用普通钢筋时，钢筋的抗拉强度实测值与屈服强度实测值的比值不应小于1.25；钢筋的屈服强度实测值与强度标准值的比值不大于1.3；且钢筋在最大拉力下的总伸长率实测值不应小于9%。所有使用的钢筋各项性能指标应符合现行的行业标准。

④砌体及填充墙：除结构图纸注明者外，砌体类型及墙厚见建筑图纸，且满足下列要求：

a. ±0.000m以下与土直接接触的维护墙基础、隔墙等采用MU10蒸压灰砂砖（砌体容量小于或等于19kN/m³），Ms10干混预拌砂浆砌筑。

b. 其他室内填充墙均采用加气混凝土砌块，砌体容量小于或等于7kN/m³，采用Ma5.0砂浆砌筑。

c. 墙厚小于或等于100mm的轻质墙板双面抹灰后容量不得大于1.0kN/m³。

4. 钢筋混凝土结构构造

①纵向受力钢筋混凝土保护层厚度除挡土墙、基础迎水面50mm外，其他均按

11G101—1～3相关部位要求规定执行。

②钢筋接头与锚固。

a. 基础、梁类构件纵向受力钢筋直径 $d \geqslant 25$mm时采用等强机械连接（Ⅱ级）；$d \leqslant 22$mm时采用焊接。

b. 现浇板钢筋可焊接或搭接。

c. 构造柱及填充墙上设置的水平系梁等纵向钢筋优先采用焊接，也可搭接。

d. 受拉钢筋的锚固长度 l_a，抗震锚固长度 l_{aE}，钢筋绑扎搭接长度详见11G101—1第55页；封闭箍筋及拉筋弯钩构造、梁并筋等效直径等要求见11G101—1第56页。

③现浇板类构件。

a. 未注明楼板支座负筋长度标注尺寸界线时，负筋下方的标注数值为自梁（混凝土墙、柱）近边起算的直段净长；对于板底钢筋短跨钢筋在下排，长跨钢筋在上排。当楼板底与梁底齐平时，应将板的下部钢筋置于梁内钢筋之上。

b. 板在端部支座的锚固构造见11G101—1第92页，端部支座为梁时按充分利用钢筋强度时执行。板钢筋接头：上部钢筋在跨中，下部钢筋在支座处。

c. 当板面高差大于30mm时，钢筋应在支座处断开并各自锚固；当板面高差小于或等于30mm时，钢筋可在支座范围内弯折连通。

d. 楼面（屋面）板开洞时，当洞口边长（直径）小于或等于300mm时板内钢筋可以自行绕过，洞边加强构造见11G101—1第101页；当洞口边长（直径）为300～1000mm时，洞边加强构造见11G101—1第102页；板加腋、局部升降板构造见11G101—1第99页和第100页。

e. 悬挑板阳角、阴角构造见11G101—1第103页和第104页；除注明外，附加钢筋直径取两方向受力钢筋的最大值，附加数量应保证最宽处附加钢筋间距小于或等于两方向受力钢筋较小间距的2倍。

f. 设备管道（除风井外）在每层楼层处预留钢筋，待设备及管线安装完毕后，再浇筑与楼板同强度等级混凝土。

g. 除注明外，现浇板受力钢筋的分布钢筋均按表6-3选用；单向板的分布筋并满足：单位长度上分布钢筋截面面积大于或等于单位宽度上受力钢筋面积的15%且大于或等于该方向板截面面积的0.15%。

表6-3　受力钢筋直径

	受力钢筋直径	$d8 \sim d10$	$d12$	$d14 \sim d16$	$\geqslant d18$
楼面板	分布钢筋直筋、间距	Φ6@250	Φ8@250	Φ10@250	Φ12@250
屋面板	分布钢筋直筋、间距	Φ8@200	Φ8@200	Φ10@250	Φ12@250

④现浇梁类构件。

a. 梁纵向接头位置：梁上部钢筋在跨中，梁下部钢筋在支座（基础梁注明除外）。

b. 主次梁相交处均应在主梁上（次梁两侧）设置附加筋，附加箍筋的形状及肢数与主梁内箍筋相同，除注明外每边各3根，间距50mm，吊筋详见单项设计；高度相同的次梁相交时，短路方向钢筋在下部，附加箍筋双向设置。

c. 梁的抗扭腰筋按各楼层的梁平法施工图中的标注施工。

d. 除注明外，结构图中编号为L的梁，当一端与剪力墙（柱）连接，一端与梁连接时，与墙柱连接的一端应按框架梁的要求满足节点锚固，并设置梁端箍筋加密区，加密区直径与该梁直径相同，间距不大于100、$h/4$、$8d$ 中的小值。如图6-13和图6-14所示。

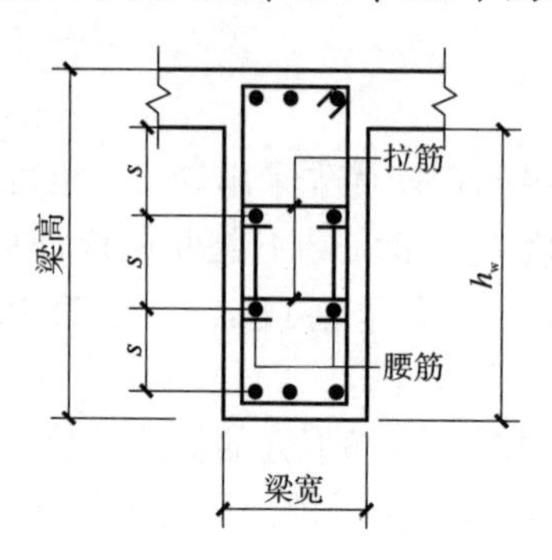

梁宽	构造腰筋直径
≤200	$\phi 8$
250	$\phi 10$
300	$\phi 10$
350	$\phi 10$
400	$\phi 12$
450	$\phi 12$

图6-13　构造腰筋设置示意图

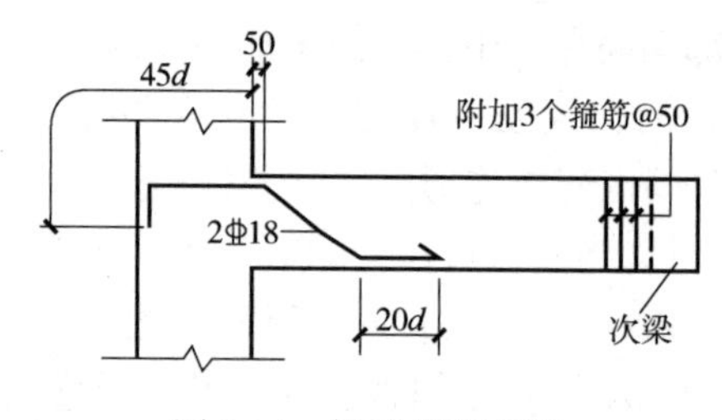

图6-14　挑梁根部弯筋

5. 砌体构造

钢筋混凝土结构中的后砌填充墙，除图纸标注外，按以下原则设置构造柱并满足下列要求：

①构造柱截面注明外均为墙厚×墙厚，配筋：4Φ10纵筋，Φ6@200箍筋（女儿墙构造柱纵筋加大为4Φ14）。

②构造柱其柱顶、柱底应在各层梁或板上预埋插筋；应先砌墙后浇混凝土构造柱。

6.1.5　结构施工图

1. 基础平面图

下面以开闭所的基础平面布置图为例，进行基础平面布置图的识读。

如图6-15所示为基础平面布置图，从图中可以了解以下内容：

①图名和比例。基础平面布置图。

②定位轴线和轴线间尺寸。基础平面图中的定位轴线和轴线间尺寸应与建筑平面图中的相一致。

③图中共有6个独立基础，编号为DJP01，板 X、Y 轴的钢筋均为Φ12@180，基础底标高为－1.800m。

2. 柱平法施工图

（1）柱表

下面以开闭所的柱表为例，进行柱表的识读。

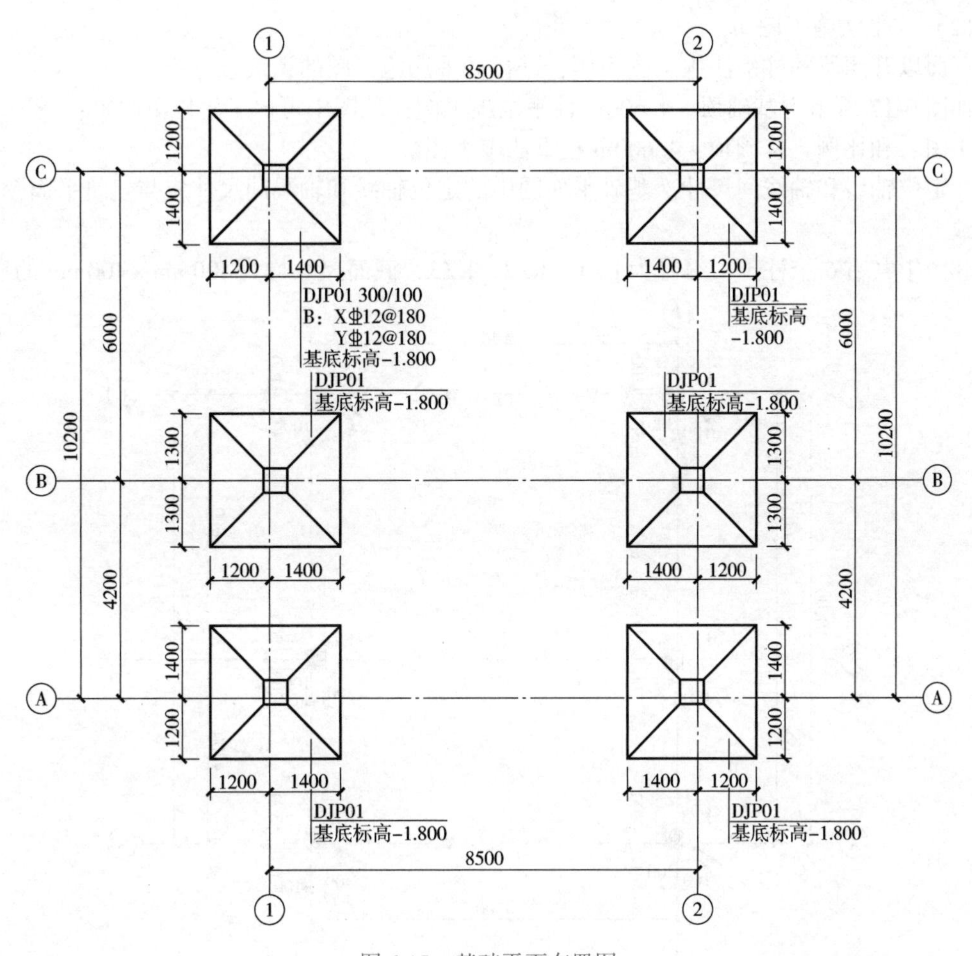

图 6-15　基础平面布置图

如图 6-16 所示为柱表，从图中可以了解以下内容：

图中共有 3 种编号的柱子，分别为 KZ1、KZ2、KZ3。其中，KZ1 的标高为基础顶～4.600m，纵筋为 4 Φ 22 的角筋 + 8 Φ 18 的中筋，箍筋为 Φ8@100；KZ2 的标高为基础顶～4.600m，纵筋为 12 Φ 18，箍筋为 Φ8@100/200；KZ3 的标高为基础顶～4.600m，纵筋为 4 Φ 25的角筋 +8 Φ 20 的中筋，箍筋为 Φ8@100。

截面	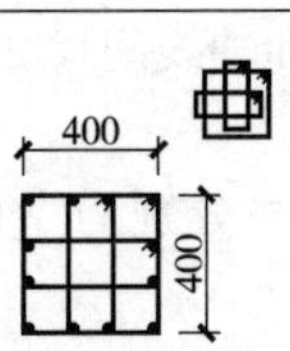 400×400	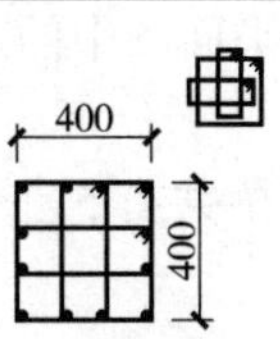 400×400	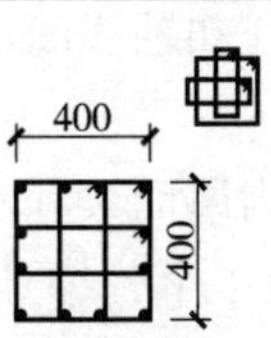 400×400
编号	KZ1	KZ2	KZ3
标高	基础顶~4.600	基础顶~4.600	基础顶~4.600
纵筋	4Φ22（角筋）+8Φ18	12Φ18	4Φ25（角筋）+8Φ20
箍筋	Φ8@100	Φ8@100/200	Φ8@100

图 6-16　柱表

（2）柱平法施工图

下面以开闭所的柱平法施工图为例，进行柱平法施工图的识读。

如图 6-17 所示为基础顶 ~4. 600m 柱平法施工图，从图中可以了解以下内容：

①图名和比例。基础顶 ~4. 600m 柱平法施工图。

②定位轴线和轴线间尺寸。基础平面图中的定位轴线和轴线间尺寸应与建筑平面图中的相一致。

③图中共有 6 个柱子，编号为 KZ1、KZ2、KZ3，截面尺寸均为 400mm×400mm 的柱子。

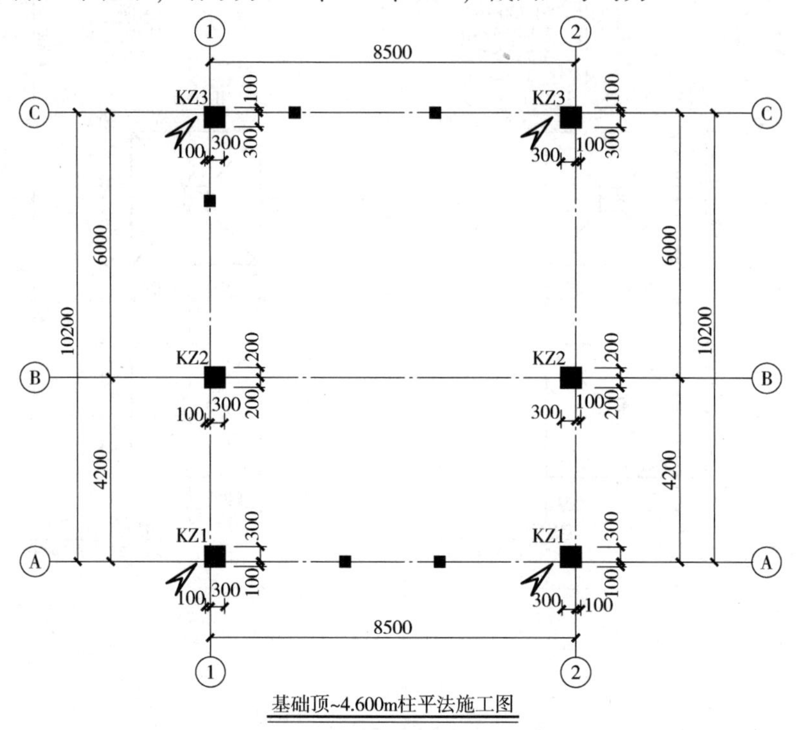

图 6-17　基础顶 ~4. 600m 柱平法施工图

3. 梁平法施工图

下面以开闭所的梁平法施工图为例，进行梁平法施工图的识读。

如图 6-18 所示为 4. 600m 梁平法施工图，从图中可以了解以下内容：

①图名和比例。4. 600m 梁平法施工图。

②定位轴线和轴线间尺寸。基础平面图中的定位轴线和轴线间尺寸应与建筑平面图中的相一致。

③该梁分为屋面梁和次梁。屋面梁共有 5 个，主梁编号分别为 WKL1、WKL2、WKL3、WKL4，次梁有 1 个，编号为 L1。

④识读 WKL1。WKL1 有 2 处，在①处进行了详细的标注，②处只写了编号。从集中标注中可以看出，该屋面梁有 2 跨，截面尺寸为 250mm×450mm。箍筋直径为 8mm 的三级钢，加密区间距为 100mm，非加密区间距为 200mm，均为两肢箍。上部通长筋为 2 根直径 14mm 的三级钢筋。WKL2、WKL3、WKL4 配筋识读方法同 WKL1。

⑤识读 L1。从集中标注中可以看出，该梁有 1 跨，截面尺寸为 200mm×450mm。箍筋直径为 6mm 的三级钢，间距为 200mm，均为两肢箍。上部通长筋为 2 根直径 16mm 的三级

钢筋，下部通长筋为 6 根直径 18mm 的三级钢筋，有 2 排，一排有 4 根。

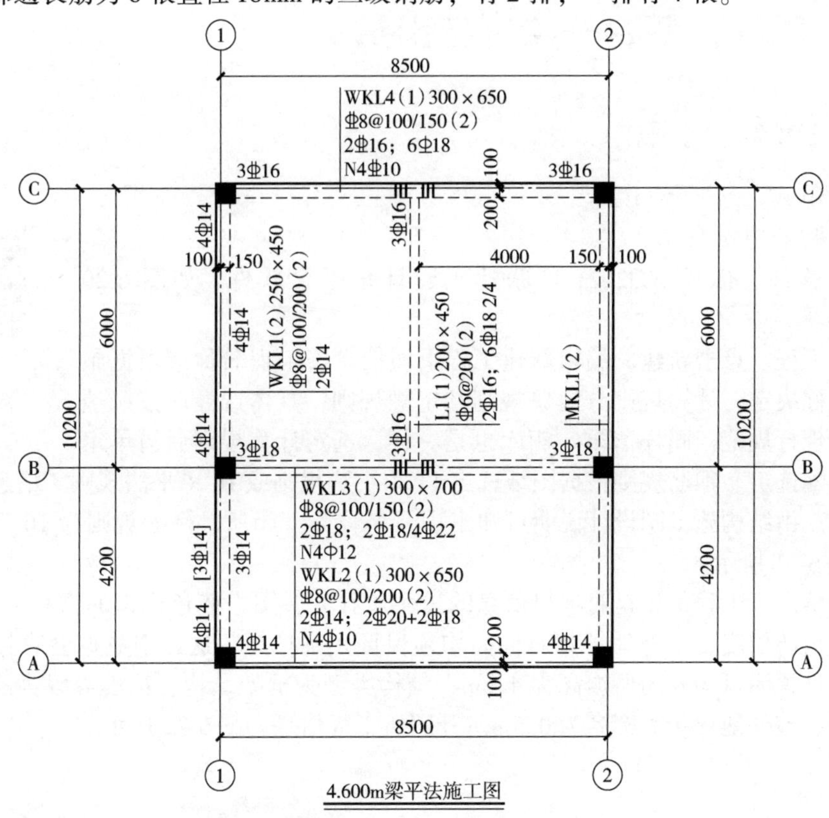

图 6-18　4. 600m 梁平法施工图

4. 板平法施工图

下面以开闭所的板平法施工图为例，进行板平法施工图的识读。

如图 6-19 所示为板平法施工图，从图中可以了解以下内容：

①图名和比例。4. 600m 板平法施工图。

②定位轴线和轴线间尺寸。基础平面图中的定位轴线和轴线间尺寸应与建筑平面图中的相一致。

③在该块板中，未标注板的厚度为 120mm，双层双向布满为 Φ10@ 200 的钢筋。两边的长度均为 1000mm。

④图中的附加钢筋与通长钢筋叠加交错布置。

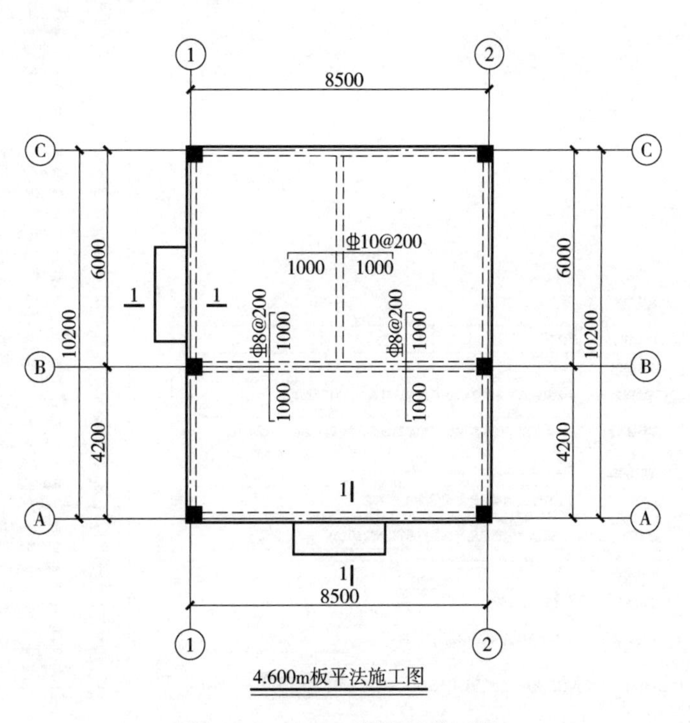

图 6-19　4. 600m 板平法施工图

6.2 GTJ2021 量筋合一绘制与出量

6.2.1 算量软件的应用

1. 工程的建立与轴网的绘制

（1）工程的建立

①打开软件。打开 GTJ2021 广联达土建计量平台软件，如图 6-20 所示。

图 6-20 GTJ2021 软件

②新建工程。点击新建，编辑新建工程页面信息，工程名称应根据施工图项目名称决定，计算规则分清单规则和定额规则，具体选择应按照项目所在省份现行规范，同样清单定额库也是一样，选定计算规则后清单定额库自动匹配选定。钢筋规则根据图纸选定 11 系平法规则或 16 系平法规则。信息填完后点击创建工程。由结构施工图设计说明可知本项目名称为开闭所，平法规则为 16 系。新建工程内容如图 6-21 所示。

③工程信息。工程信息是对项目信息的进一步补充，图中蓝色标识的檐高、结构类型、抗震等级、设防烈度、室外地坪相对标高均须保证正确填写，这几项数据会直接影响工程量。根据设计说明可知开闭所檐高为 4. 6m、结构类型为框架结构、抗震等级为三级、设防烈度为 7 度、室外地坪相对标高为 0. 5m。开闭所工程信息如图 6-22 所示。

新建工程

工程名称：开闭所

计算规则
清单规则：房屋建筑与装饰工程计量规范计算规则(2013-河南)(R1.0.31.6)
定额规则：河南省房屋建筑与装饰工程预算定额计算规则(2016)(R1.0.31.6)

清单定额库
清单库：工程量清单项目计量规范(2013-河南)
定额库：河南省房屋建筑与装饰工程预算定额(2016)

钢筋规则
平法规则：16系平法规则
汇总方式：按照钢筋图示尺寸-即外皮汇总

《钢筋汇总方式详细说明》《计算规则选择注意事项》 创建工程 取消

图 6-21 新建工程

工程信息

工程信息 计算规则 编制信息 自定义

	属性名称	属性值
1	工程概况:	
2	工程名称:	开闭所
3	项目所在地:	
4	详细地址:	
5	建筑类型:	居住建筑
6	建筑用途:	住宅
7	地上层数(层):	
8	地下层数(层):	
9	裙房层数:	
10	建筑面积(m^2):	(0)
11	地上面积(m^2):	(0)
12	地下面积(m^2):	(0)
13	人防工程:	无人防
14	檐高(m):	4.6
15	结构类型:	框架结构
16	基础形式:	筏形基础
17	建筑结构等级参数:	
18	抗震设防类别:	
19	抗震等级:	三级抗震
20	地震参数:	
21	设防烈度:	7
22	基本地震加速度（g）:	
23	设计地震分组:	
24	环境类别:	
25	施工信息:	
26	钢筋接头形式:	
27	室外地坪相对±0.000标高(m):	0.5
28	基础埋深(m):	
29	标准层高(m):	
30	地下水位线相对±0.000标高(m):	-2
31	实施阶段:	招投标
32	开工日期:	
33	竣工日期:	

图 6-22 开闭所工程信息

（2）楼层设置

①楼层列表。点击楼层设置，可以插入新楼层，通过编辑图中层高和首层底标高数值来调整楼层高度。由建筑图纸信息可知，开闭所的建筑层数为地上一层。层高由建筑施工图中立面图得出。开闭所楼层设置如图 6-23 所示。

楼层设置

单项工程列表：⊞ 添加　删除　开闭所

楼层列表（基础层和标准层不能设置为首层。设置首层后，楼层编码自动变化，正数为地上层，负数为地下层，基础层编码固定为 0）

插入楼层　删除楼层　上移　下移

首层	编码	楼层名称	层高(m)	底标高(m)	相同层数	板厚(mm)	建筑面积(m2)
☐	2	女儿墙	0.6	4.55	1	120	(0)
☑	1	首层	4.6	-0.05	1	120	(0)
☐	0	基础层	1.75	-1.8	1	500	(0)

图 6-23　开闭所楼层设置

②楼层混凝土强度。根据结构设计说明混凝土强度等级要求，点击混凝土强度等级选择构件进行修改，如图 6-24 所示。

楼层混凝土强度和锚固搭接设置（开闭所　女儿墙, 4.55 ~ 5.15 m）

	抗震等级	混凝土强度等级	混凝土类型	砂浆标号	砂浆类型	锚固			
						HPB235(A) ...	HRB335(B) ...	HRB400(C) ...	HRB500(E) ...
垫层	(非抗震)	C15	现浇碎石混...	M2.5	混合砂浆	(39)	(38/42)	(40/44)	(48/53)
基础	(非抗震)	C30	现浇碎石混...	M2.5	混合砂浆	(30)	(29/32)	(35/39)	(43/47)
基础梁 / 承台梁	(三级抗震)	C30	现浇碎石混...			(32)	(30/34)	(37/41)	(45/49)
柱	(三级抗震)	C30	现浇碎石混...	M2.5	混合砂浆	(32)	(30/34)	(37/41)	(45/49)
剪力墙	(三级抗震)	C30	现浇碎石混...			(32)	(30/34)	(37/41)	(45/49)
人防门框墙	(三级抗震)	C30	现浇碎石混...			(32)	(30/34)	(37/41)	(45/49)
暗柱	(三级抗震)	C30	现浇碎石混...			(32)	(30/34)	(37/41)	(45/49)
端柱	(三级抗震)	C30	现浇碎石混...			(32)	(30/34)	(37/41)	(45/49)
墙梁	(三级抗震)	C30	现浇碎石混...			(32)	(30/34)	(37/41)	(45/49)
框架梁	(三级抗震)	C30	现浇碎石混...			(32)	(30/34)	(37/41)	(45/49)
非框架梁	(非抗震)	C30	现浇碎石混...			(30)	(29/32)	(35/39)	(43/47)
现浇板	(非抗震)	C30	现浇碎石混...			(30)	(29/32)	(35/39)	(43/47)
楼梯	(非抗震)	C30	现浇碎石混...			(30)	(29/32)	(35/39)	(43/47)
构造柱	(三级抗震)	C25	现浇碎石混...			(36)	(35/38)	(42/46)	(50/56)
圈梁 / 过梁	(三级抗震)	C25	现浇碎石混...			(36)	(35/38)	(42/46)	(50/56)
砌体墙柱	(非抗震)	C30	现浇碎石混...	M2.5	混合砂浆	(30)	(29/32)	(35/39)	(43/47)
其它	(非抗震)	C30	现浇碎石混...	M2.5	混合砂浆	(30)	(29/32)	(35/39)	(43/47)
叠合板(预制底板)	(非抗震)	C30	预制碎石混...			(30)	(29/32)	(35/39)	(43/47)

图 6-24　开闭所楼层混凝土强度

（3）轴网的绘制

点击新建，软件新建轴网类型分为新建正交轴网、新建斜交轴网、新建圆弧轴网。如图 6-25 所示，新建完成后进入轴网编辑页面（图 6-26），输入轴网开间进深数据，轴网编辑完成后，点击关闭，在弹出的页面填写轴网偏移角度，由图纸信息可知开闭所轴网为正交轴网，轴

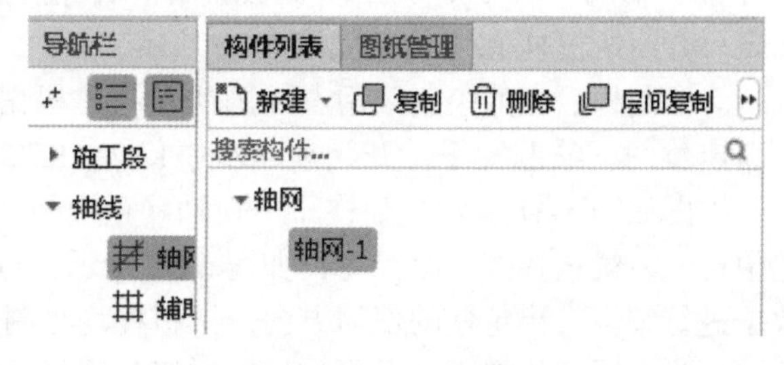

图 6-25　新建轴网

网开间为8700mm、进深为10400mm，轴网不偏移，即偏移角度为0°。开闭所轴网如图6-27所示。

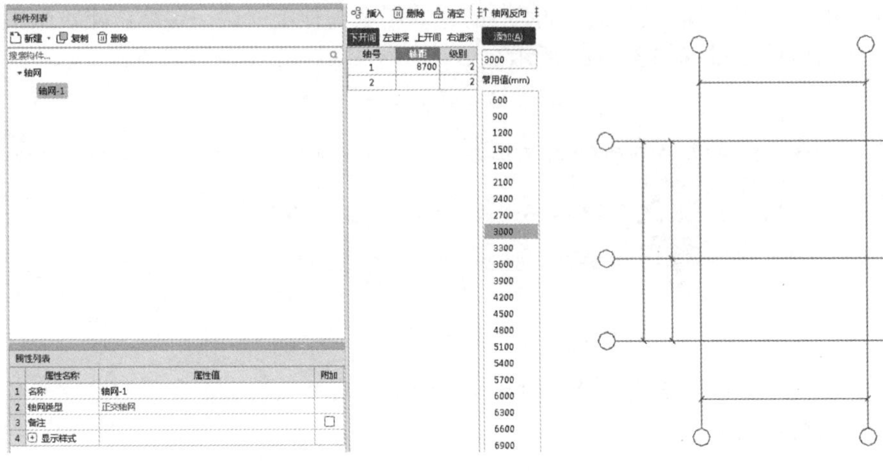

图6-26　开间进深的输入　　　　图6-27　轴网的绘制

2. 主要构件的绘制

（1）框架柱的绘制

①新建柱。点击新建，软件新建柱类型分为新建矩形柱、新建圆形柱、新建异形柱、新建参数化柱，如图6-28所示。编辑柱名称、结构类型（包括框架柱、转换柱、暗柱、端柱）截面尺寸、钢筋等柱信息。以矩形柱KZ1为例。

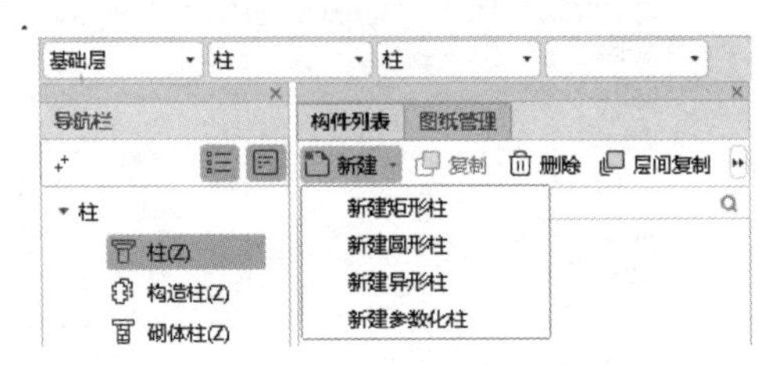

图6-28　新建柱类型

②新建矩形柱。点击新建，软件新建柱类型为矩形柱，然后编辑柱名称、结构类型（包括框架柱、转换柱、暗柱、端柱）、截面尺寸、钢筋等柱信息。KZ1柱表如图6-29所示，根据大样图进行属性编辑，柱名称KZ1，结构类型框架柱，截面高度和宽度为400mm，纵筋4 ⌀ 22（角筋）+8 ⌀ 18中筋，箍筋⌀8@100，顶标高为层顶标高，底标高为层底标高。开闭所框柱KZ1信息如图6-30所示。

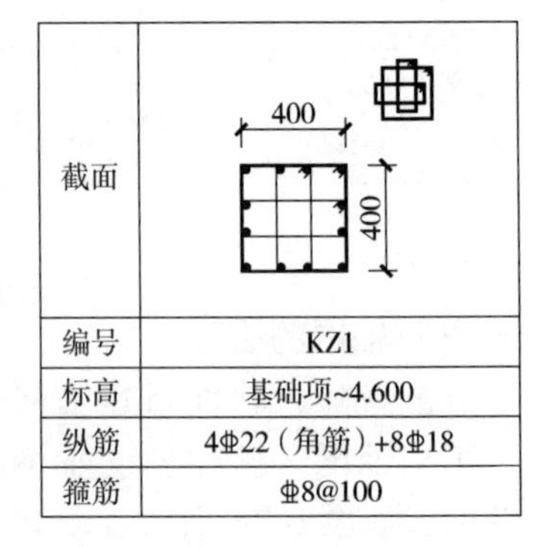

截面	400 × 400
编号	KZ1
标高	基础项~4.600
纵筋	4⌀22（角筋）+8⌀18
箍筋	⌀8@100

图6-29　KZ1柱表

③绘制柱。柱的绘制采用点的画法进行，根据图纸柱的平面定位图，绘制柱子。开闭所KZ1、KZ2、KZ3绘制，柱的三维图如图6-31所示。如柱子不在轴网正中间，可以通过选中柱，右键选择查、改标注，如图6-32所示，点击柱周边数据进行编辑，决定柱的偏移方向。梁板柱均绘制完成后，回到柱界面，进行自动判断边角柱，因为柱子的位置不同会影响柱的钢筋工程量，判断边角柱如图6-33所示。

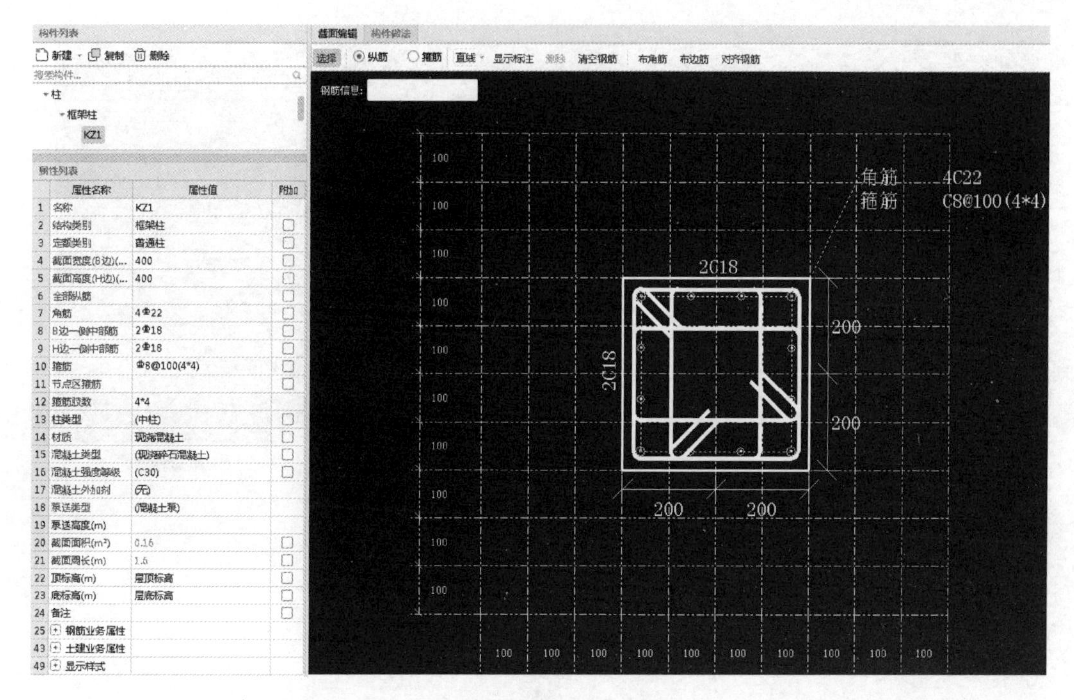

图 6-30 开闭所框柱 KZ1 的绘制

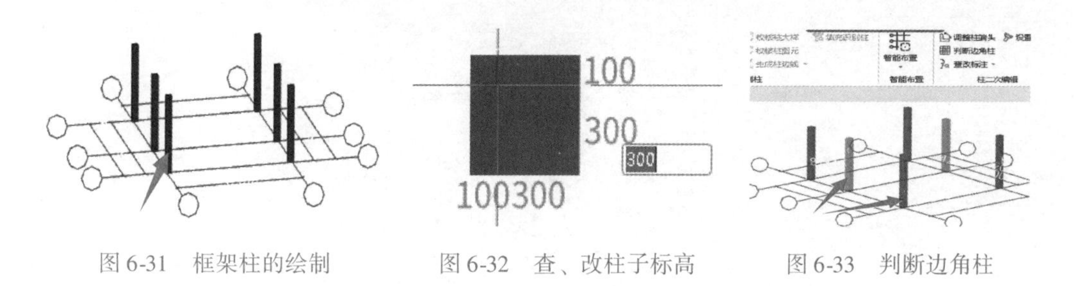

图 6-31 框架柱的绘制　　图 6-32 查、改柱子标高　　图 6-33 判断边角柱

（2）独立基础的绘制

①新建坡形独立基础。点击新建，软件新建基础类型分为独立基础、自定义独立基础、矩形独立基础单元、参数化独立基础单元、异形独立基础单元。如图 6-34 所示，因为这个独立基础是坡形，所以要选择参数化独立基础，选择四棱锥台形独立基础，再根据图纸信息进行修改，如图 6-35 和图 6-36 所示，然后编辑独立基础名称、结构类型、截面尺寸、钢筋等独立基础信息。独立基础 DJP-1 信息如图 6-37 所示。

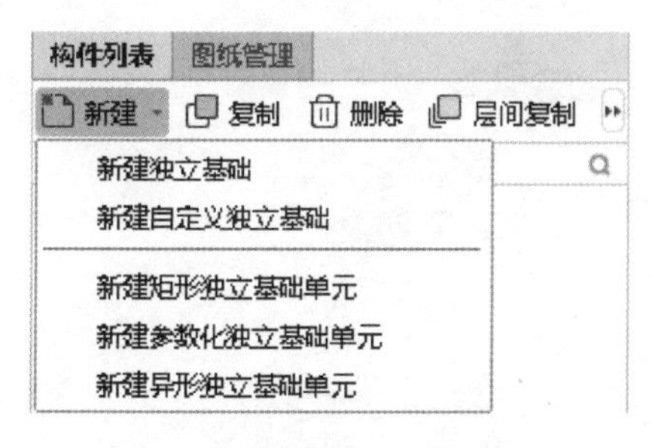

图 6-34 新建独立基础

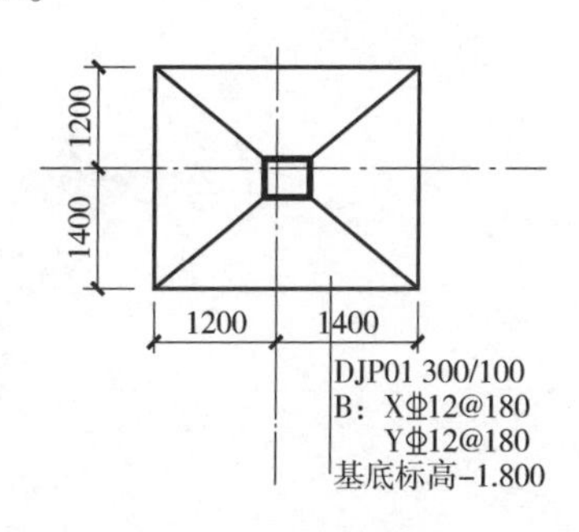

图 6-35 独立基础信息

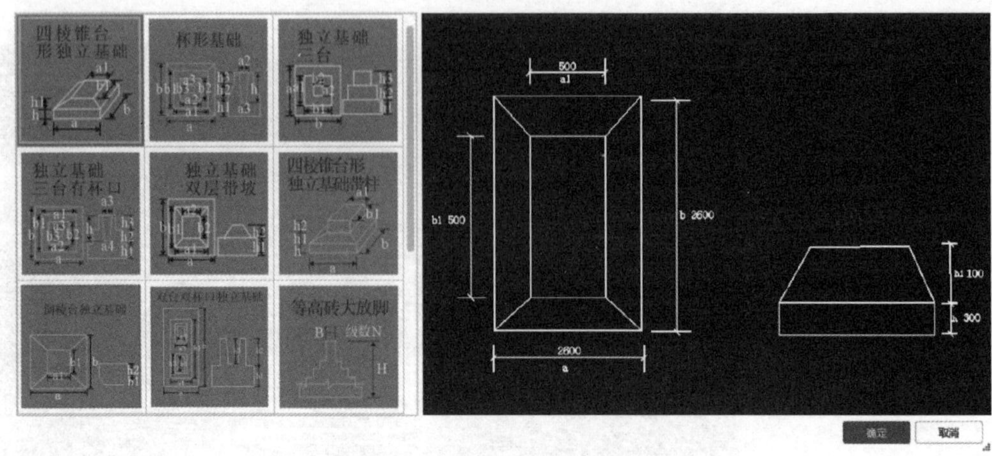

图 6-36　参数化修改

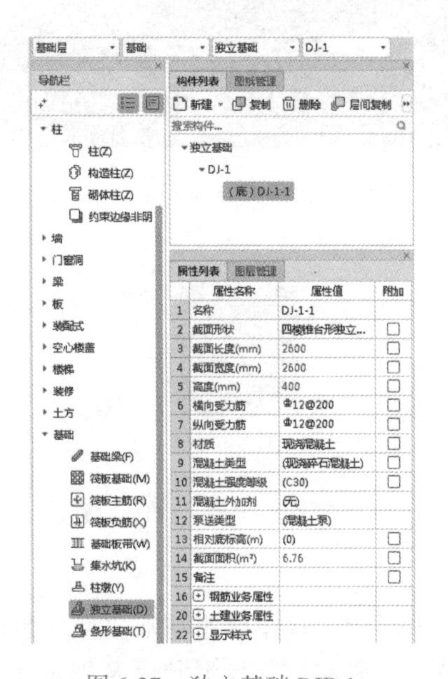

图 6-37　独立基础 DJP-1

②绘制独立基础。独立基础的绘制采用点的画法进行，根据图纸独立基础的平面布置图，绘制独立基础。开闭所 DJP-1 的三维图如图 6-38 所示。

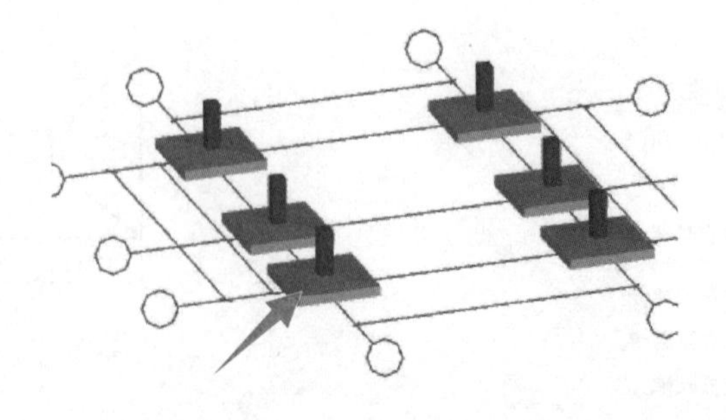

图 6-38　独立基础的绘制

(3) 梁的绘制

①新建梁。新建屋面梁有新建矩形梁、异形梁、参数化梁，如图 6-39 所示。以 WKL1（2）为例，梁平法标注如图 6-40 所示，选择新建矩形梁，编辑梁名称为 WKL1（2），梁结构类型为楼层框架梁，然后按照平法标注信息编辑其余属性信息，如界面宽度、截面高度、箍筋、通长筋等信息。开闭所 WKL1（2）属性信息如图 6-41 所示。

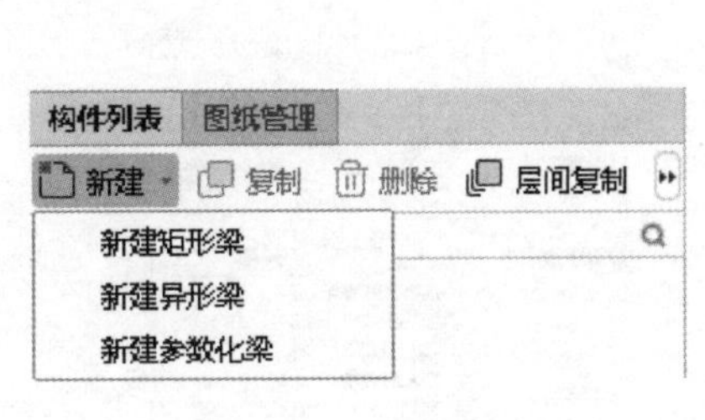

图 6-39　新建梁

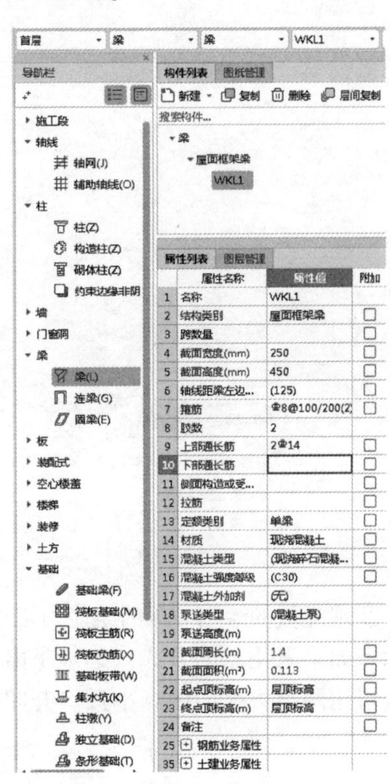

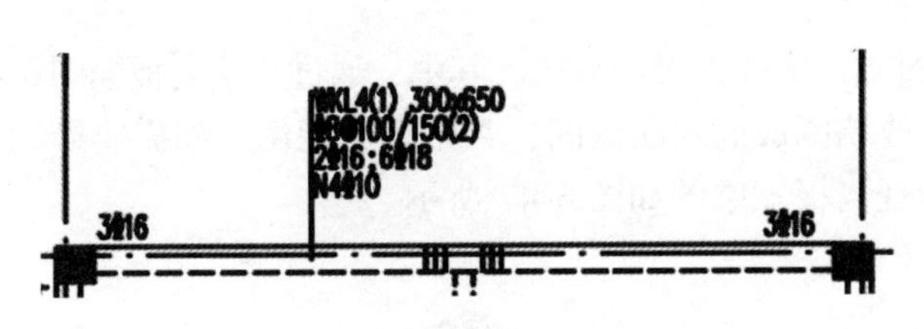

图 6-40　WKL1（2）梁平法施工图

图 6-41　WKL1（2）属性信息

②梁的绘制。梁的绘制是采用直线绘制方式，根据图纸找到梁的起点和终点，先选中起点，再点选终点，梁就绘制完成了。如果梁的起点或者终点不在轴线交点、柱中心点这些方便捕捉的点上面，可通过 shift 键 + 左键的方式输入偏移值来选取点。绘制完梁，如需要对梁边和柱边进行对齐，可采用软件单对齐的功能键进行操作。开闭所梁的三维图如图 6-42 所示。

③梁的原位标注。梁绘制完成后软件中显示为粉红色，需要对梁进行原位标注后才会显示为绿色。原位标注是对梁平法施工图中的原位标注钢筋进行软件输入。开闭所梁的原位标注三维图如图 6-43 所示。

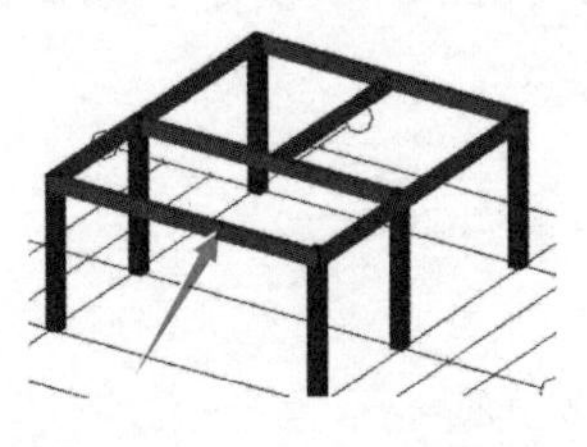

图 6-42　梁的绘制

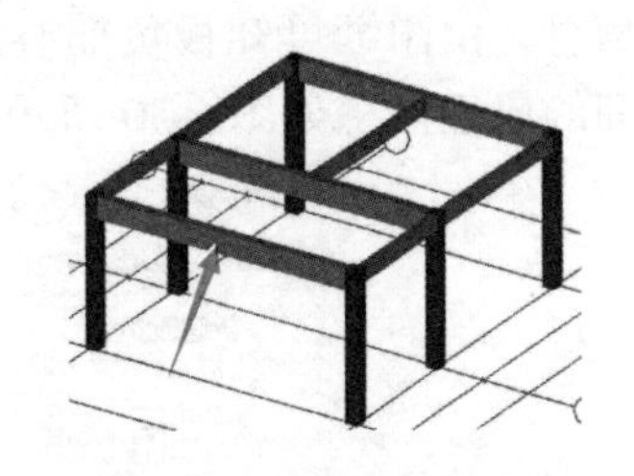

图 6-43　梁的原位标注

（4）板的绘制

①新建板：在导航栏板的界面，点击新建现浇板，如图 6-44 所示。然后编辑板名称、厚度等信息，由图纸可知未注明板厚为 120mm，双层双向满布 ⏀10@200 钢筋。开闭所板的属性信息如图 6-45 所示。

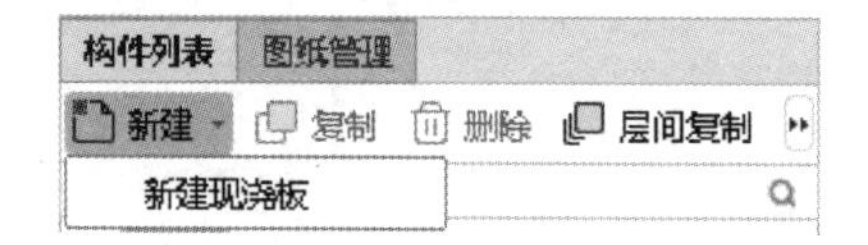

图 6-44　新建板

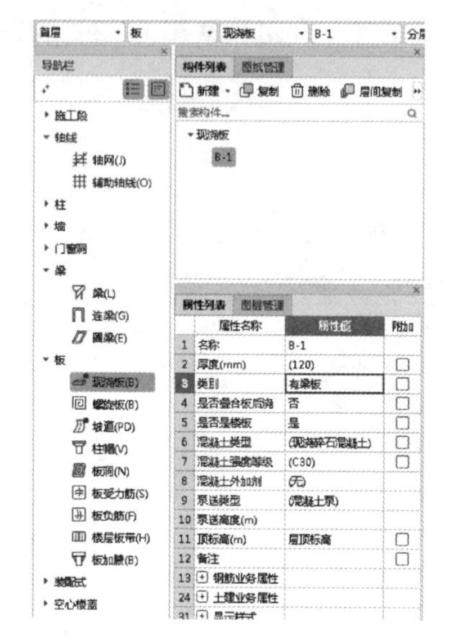

图 6-45　板的属性信息

②现浇板的绘制。板的绘制可以通过点、直线矩形等方式。其中，通过点绘制板如图 6-46 所示。如果采用点的方式，必须是由梁或墙围成的封闭区间，否则就不能用。如需要绘制弧形板可用两点大弧或两点小弧。开闭所现浇板三维图如图 6-47 所示。

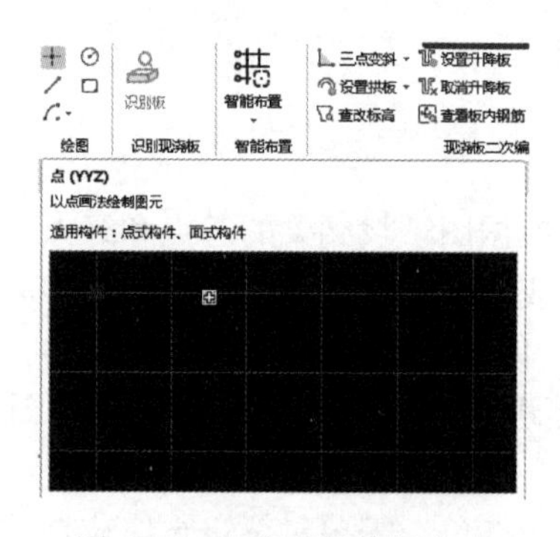

图 6-46　现浇板的绘制方式

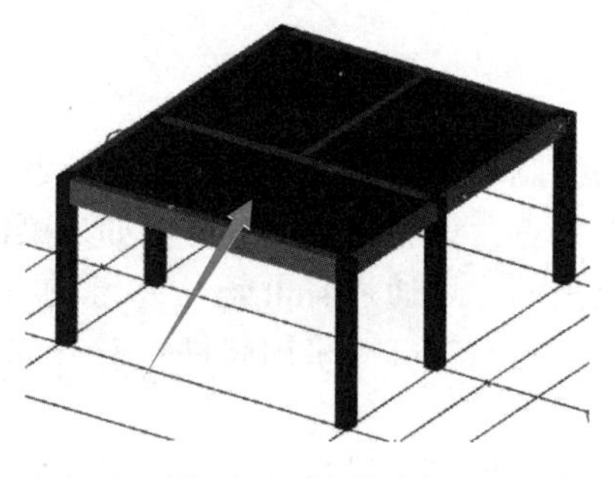

图 6-47　板的绘制

③新建板负筋。在导航栏板的界面，点击新建板负筋，如图 6-48 所示。然后编辑板负筋名称、厚度等信息，由图纸可知板负筋有两种，如图 6-49 所示，编辑板名称、厚度等信息。开闭所板负筋的属性信息如图 6-50 所示。

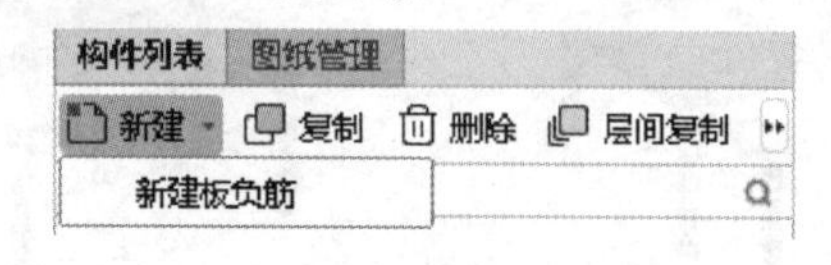

图 6-48　新建板负筋

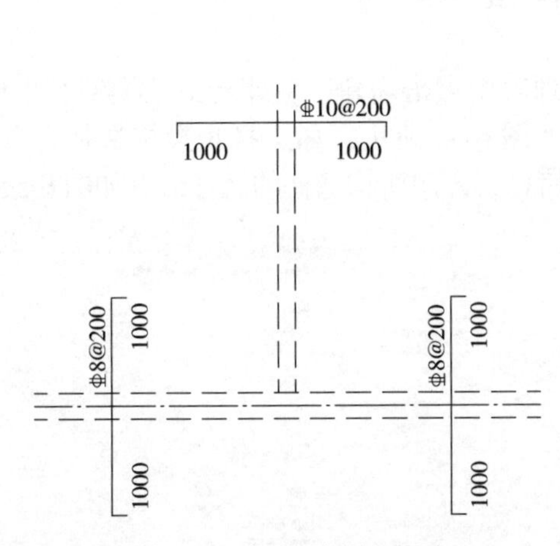

图 6-49　板的平法施工图

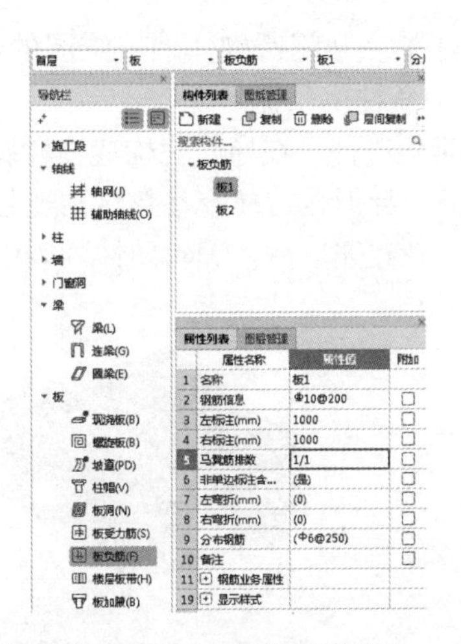
图 6-50　板负筋的属性信息

④板负筋的绘制。板负筋新建完成后，选择工具栏中的布置板负筋，在界面中选择布置方式，比如按梁布置、按圈梁布置、按墙布置、按板布置等方式，如图 6-51 所示。选择之后，直接通过鼠标即可布置板负筋。开闭所板负筋三维图的绘制如图 6-52 所示。

（5）砌体墙的绘制

①新建砌体墙。在导航栏砌体墙栏构件列表中，点击新建，新建墙体类型有新建内墙、外墙、虚墙、异形墙、参数化墙、轻质隔墙，如图 6-53 所示。内墙和外墙均为常规矩形截面墙体，虚墙在软件中只起分割作用，不算工程量。由结施图可知砌体墙的信息，开闭所砌体墙的属性信息如图 6-54 所示。

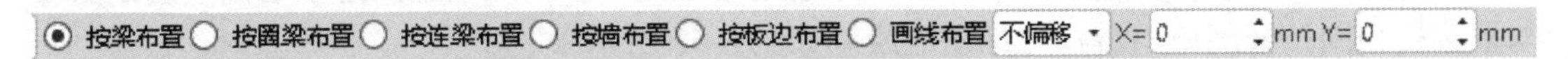

图 6-51　板负筋的绘制方式

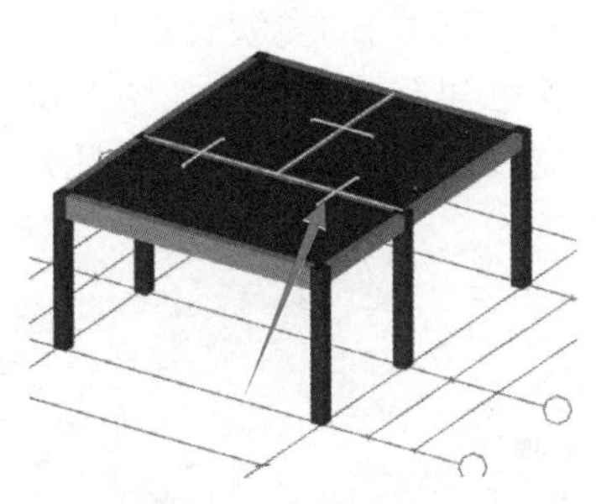
图 6-52　板负筋的绘制

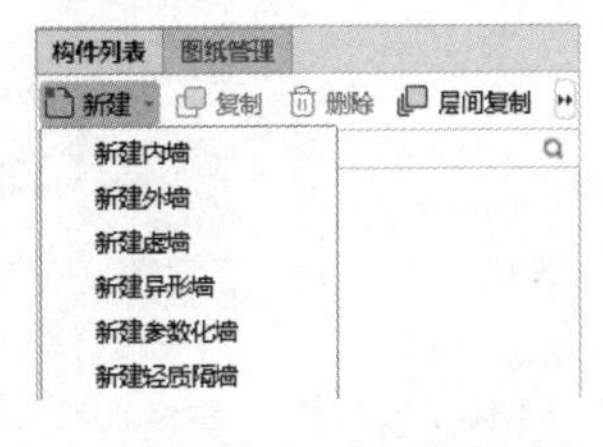

图 6-53　新建砌体墙

图 6-54　砌体墙的属性信息

②砌体墙的绘制。砌体墙绘制可以直接采取直线方式，先选中起点，再选中终点，砌体

墙就绘制好了。开闭所砌体墙三维图的绘制如图 6-55 所示。

（6）构造柱的绘制

①新建构造柱。在导航栏构造柱栏属性列表中点击新建，新建构造柱类型有矩形构造柱、圆形构造柱、异形构造柱、参数化构造柱，如图 6-56 所示。如选择矩形构造柱，点击新建矩形构造柱，新建完成后，编辑属性列表中的信息。开闭所构造柱的属性信息如图 6-57 所示。

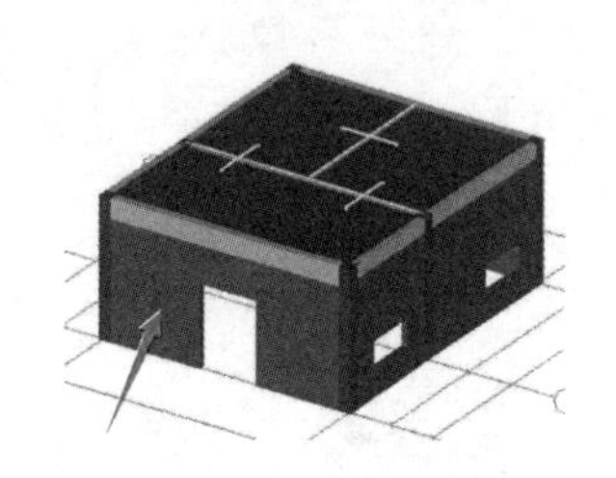

图 6-55　砌体墙的绘制

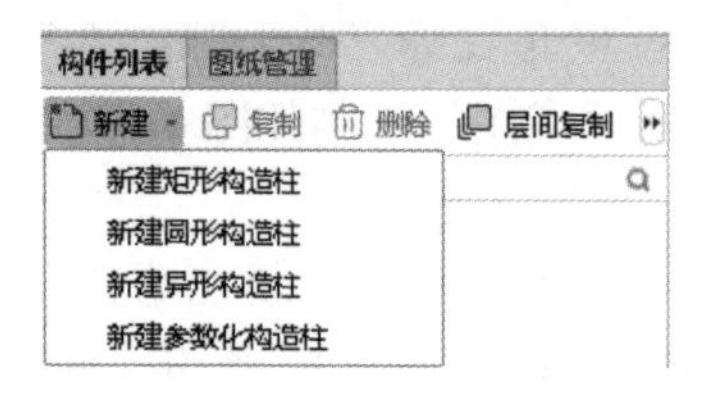

图 6-56　新建构造柱

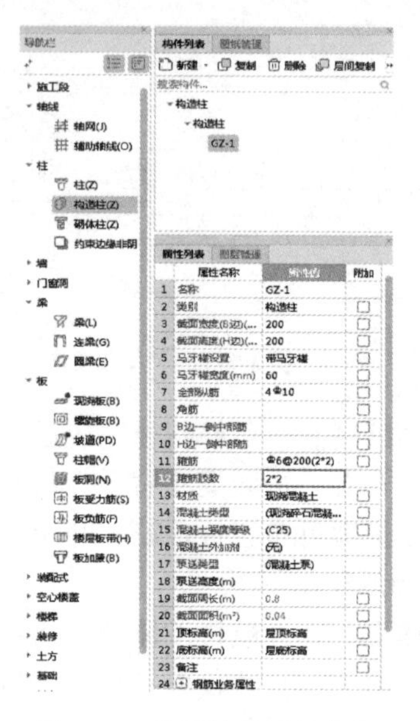

图 6-57　构造柱的属性信息

②构造柱的绘制。新建完成后，可以通过绘图工具栏中的点的方式逐个绘制，绘制方法与框架柱相同。开闭所构造柱三维图的绘制如图 6-58 所示。

（7）门的绘制

①新建门。在导航栏门的构件列表中点击新建，新建门的类型有矩形门、异形门、参数化门、标准门，如图 6-59 所示。由建施图的门窗表可知有两种门，如图 6-60 所示，然后在属性列表中编辑门的信息，比如门的名称、洞口宽度、洞口高度等。开闭所 M-1 门的属性信息如图 6-61 所示。

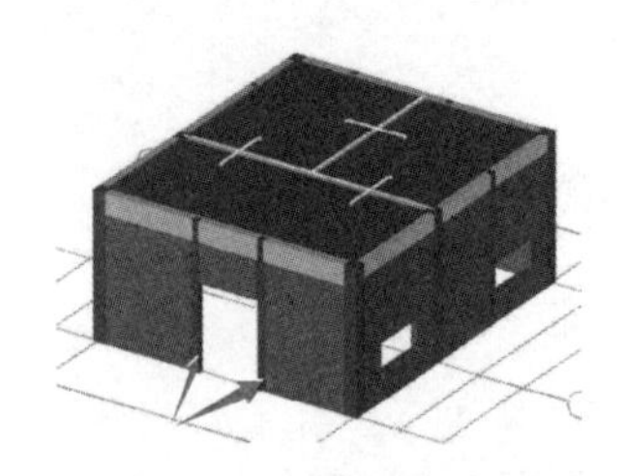

图 6-58　构造柱的绘制

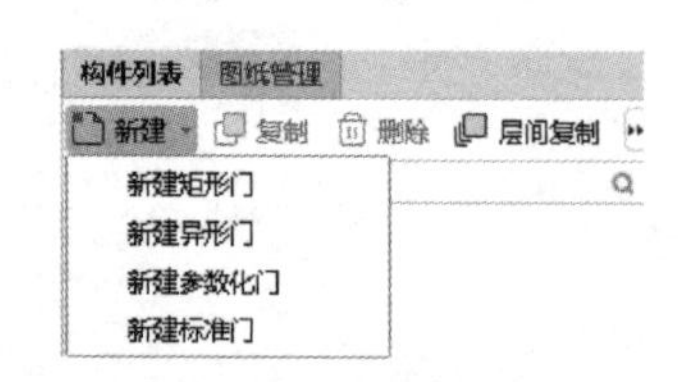

图 6-59　门的新建

门窗名称	洞口尺寸		型号	标准图集	备注
	宽度	高度			
M-1	2000	2700	参MFM03—2127	12YJ4—2	甲级防火门
M-2	1500	2100	PM1—1521	12YJ4—1	平开夹板门
GC-1	1800	900	固定窗	详建施03	中空玻璃

图 6-60　门窗表

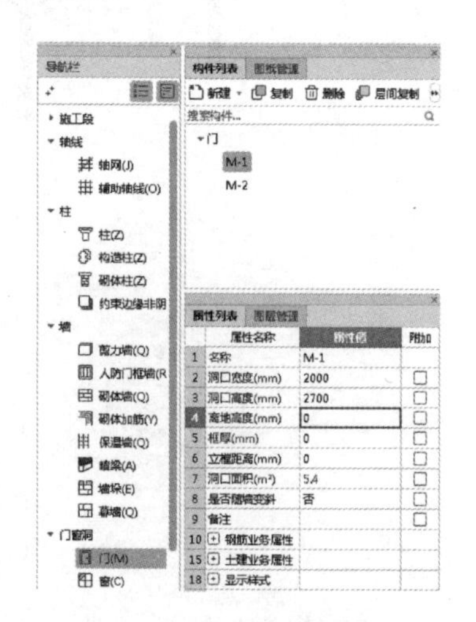

图 6-61　M-1 门的属性信息

②门的绘制。构件新建完成后，通过绘图区域的点的方式绘制门，并可通过鼠标方框输入数字调整门的位置。开闭所门三维图的绘制如图 6-62 所示。

（8）窗的绘制

①新建窗。在导航栏构件列表中点击新建，新建窗类型有矩形窗、异形窗、参数化窗、标准窗，如图 6-63 所示。窗的信息如图 6-60 所示。新建完成后，在属性列表中输入窗信息，如名称、类别、洞口尺寸等。开闭所 GC-1 窗的属性信息如图 6-64 所示。

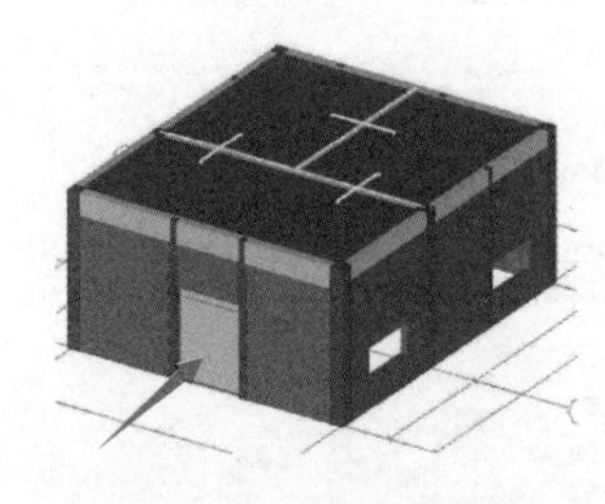

图 6-62　门的绘制

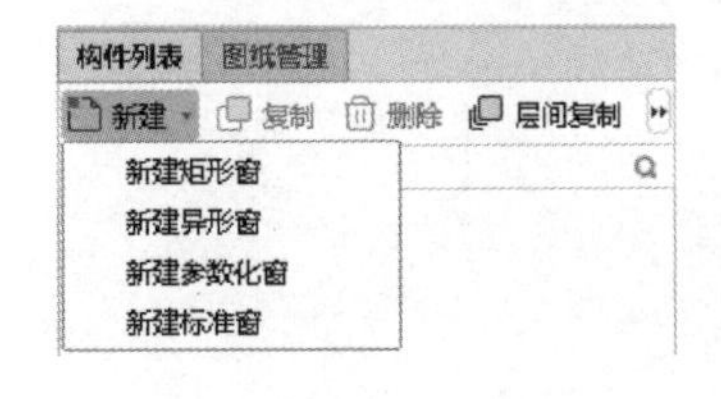

图 6-63　新建窗

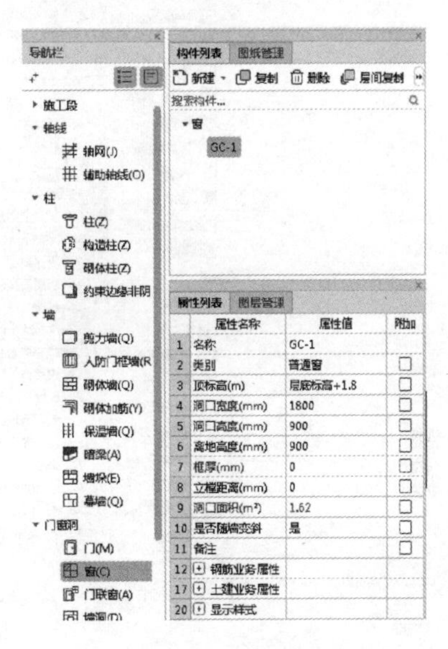

图 6-64　GC-1 窗的属性信息

②窗的绘制。构件新建完成后，可通过绘图工具栏的点来进行绘制。当窗位置在中点、交点等能软件捕捉的点时，可直接布置；否则，需要手动在光标方框中输入偏移数据。开闭所 GC-1 窗三维图的绘制如图 6-65 所示。

（9）过梁的绘制

①新建过梁。在导航栏门窗洞中选择过梁，在构件列表中点击新建，新建过梁类型有矩形过梁、异形过梁、标准过梁，如图 6-66 所示。由结施图可知过梁的信息，新建后对过梁进行属性编辑，如过梁名称、截面尺寸、钢筋信息等。开闭所过梁的属性信息如图 6-67 所示。

②过梁的绘制。构件新建完成后，通过绘图栏的绘制工具的点方式绘制，也可以通过智能布置的方式绘制，如图 6-68 所示。过梁是位于门窗洞口上方的构件，开闭所过梁三维图的绘制如图 6-69 所示。

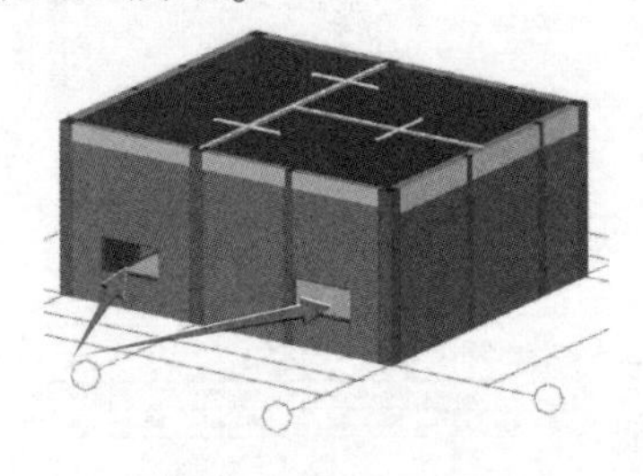

图 6-65　窗的绘制

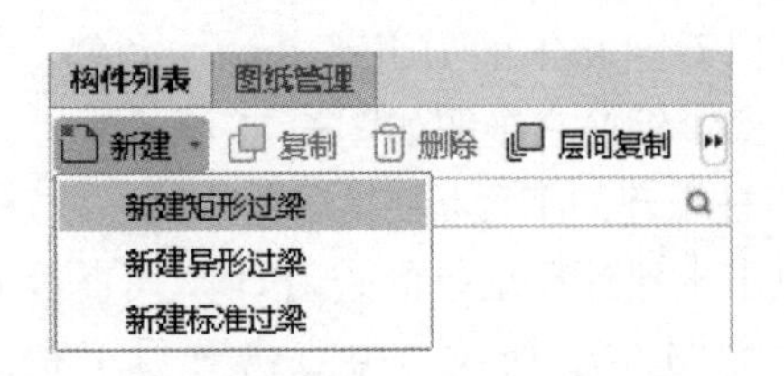

图 6-66　新建过梁

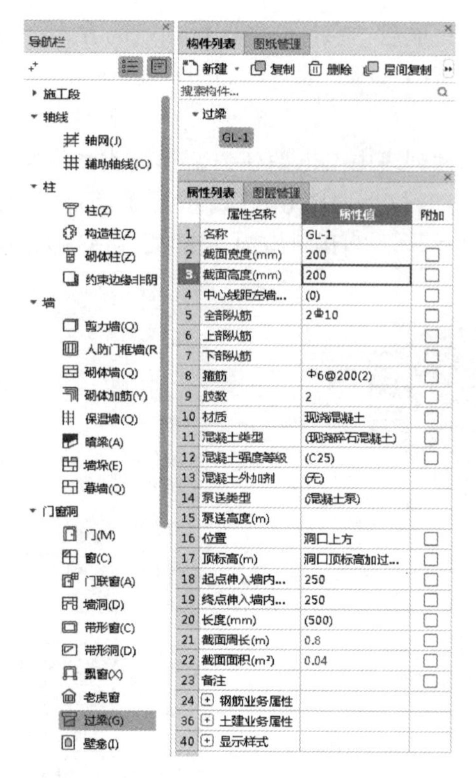

图 6-67 过梁的属性信息

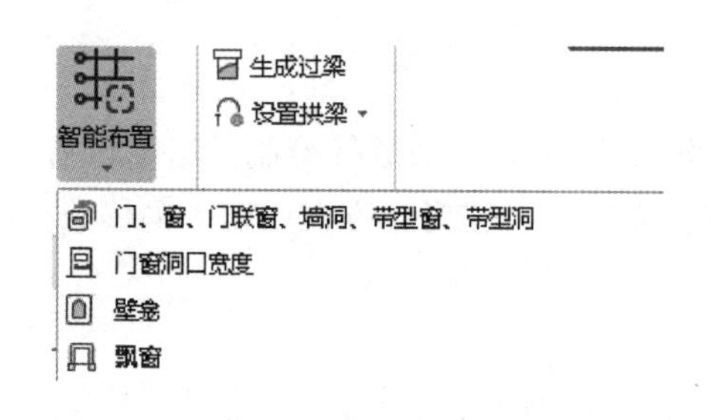

图 6-68 智能布置梁

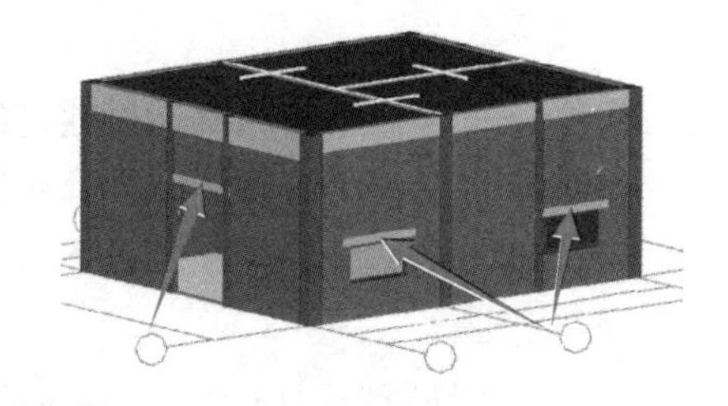

图 6-69 过梁的绘制

3. 工程量的查看

（1）柱钢筋的工程量

先点击钢筋计算结果的查看工程量查看 KZ1 的钢筋量，如图 6-70 所示。再点击编辑钢筋查看 KZ1 的编辑钢筋量，如图 6-71 所示。然后再点击钢筋三维图就可以看到 KZ1 的 H 边、B 边、角筋、箍筋等钢筋了，KZ1 钢筋三维图如图 6-72 所示。

（2）柱土建的工程量

先点击土建计算结果的查看计算式查看 KZ1 的计算式，如图 6-73 所示。再点击查看工程量查看 KZ1 的工程量，如图 6-74 所示。

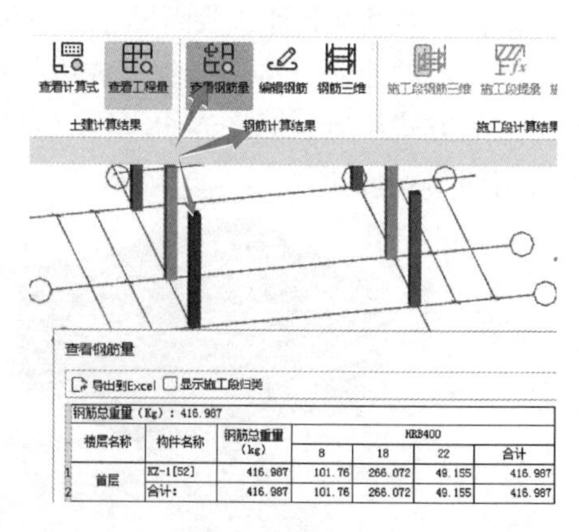

	楼层名称	构件名称	钢筋总重量(kg)	HRB400			
				8	18	22	合计
1	首层	KZ-1[52]	416.987	101.76	266.072	49.155	416.987
2		合计:	416.987	101.76	266.072	49.155	416.987

图 6-70 KZ1 钢筋量

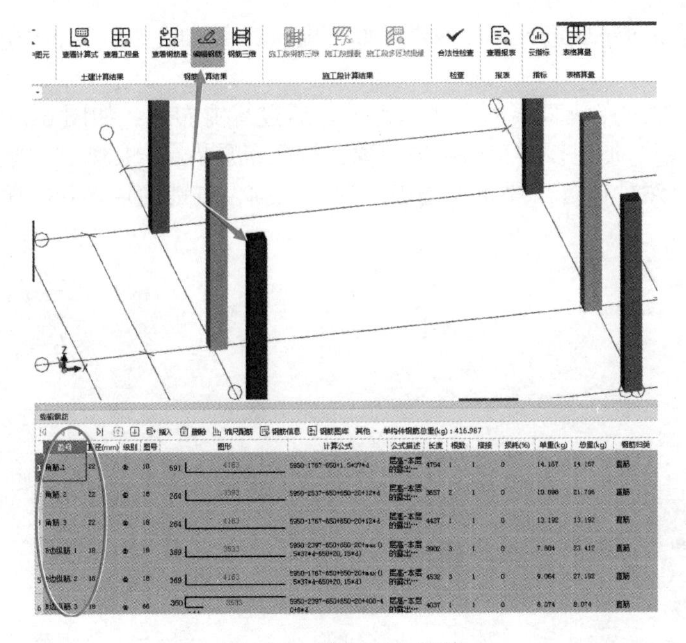

图 6-71　编辑 KZ1 钢筋

图 6-72　KZ1 钢筋三维图

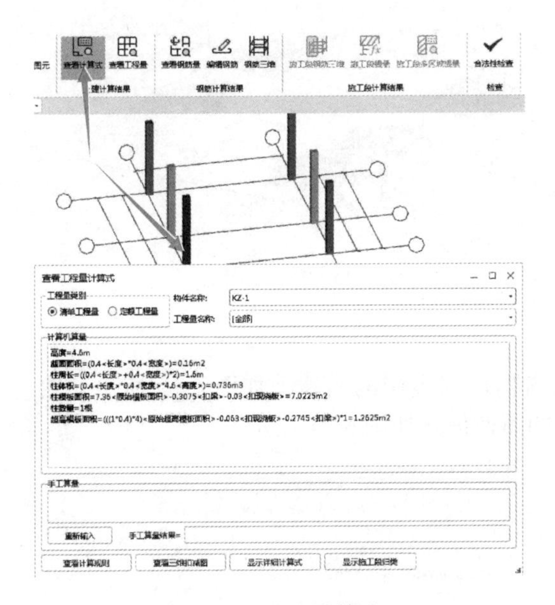

图 6-73　KZ1 计算式

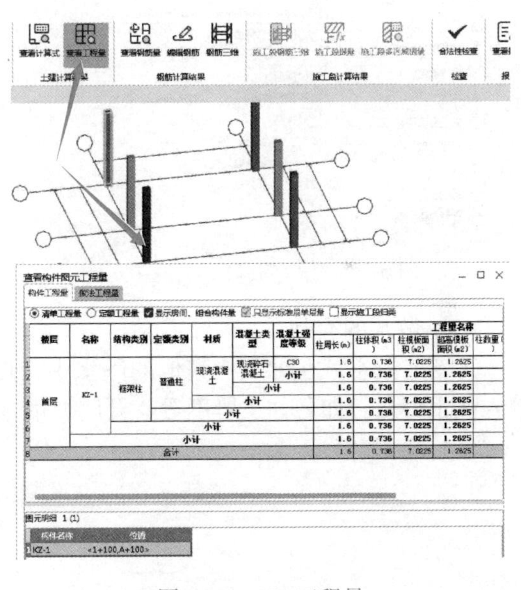

图 6-74　KZ1 工程量

4. 其他构件的绘制

（1）垫层的绘制

①新建垫层。在导航栏基础层中垫层的构件列表中点击新建，新建垫层类型有新建点式矩形垫层、新建线式矩形垫层、新建面式垫层等，如图 6-75 所示。点式矩形垫层主要用于独立基础，线式矩形垫层主要用于条形基础，面式垫层主要用于筏板基础。

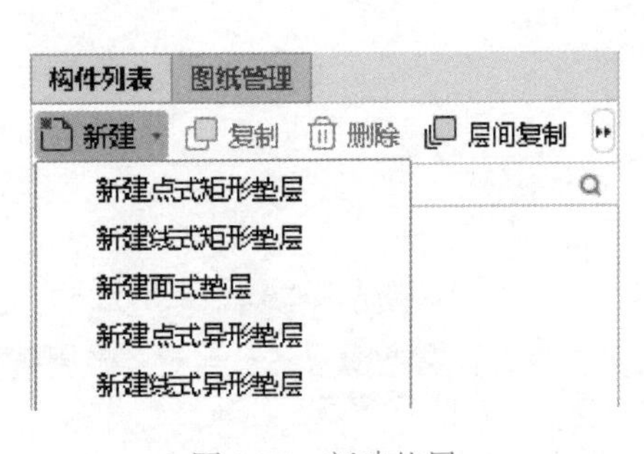

图 6-75　新建垫层

由结施图可知垫层的信息，新建后对垫层进行属性编辑，如长度、宽度、厚度等。开闭所垫层的属性信息如图6-76所示。

②垫层的绘制。垫层绘制可通过点或直线的方式，也可以通过智能布置，如图6-77所示。智能布置以选定的构件为基点，通过设置垫层出边距离，智能布置垫层。比如选定独基进行智能布置，如图6-78所示，然后框选需要布置垫层的独立基础，右键确定。开闭所垫层的绘制如图6-79所示。

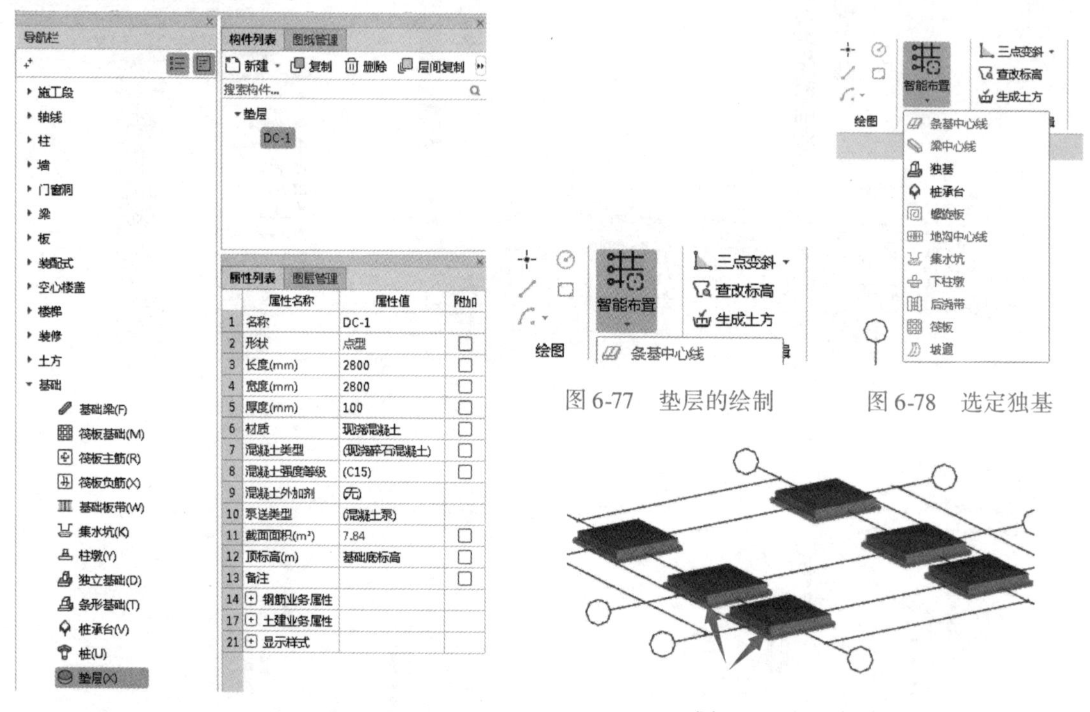

图6-76 垫层的属性信息

图6-77 垫层的绘制

图6-78 选定独基

图6-79 垫层的绘制

（2）散水的绘制

①新建散水。在导航栏其他的散水中，点击构件列表中的新建，如图6-80所示。然后输入散水信息，如名称、厚度等。开闭所散水的属性信息如图6-81所示。

图6-80 新建散水

图6-81 散水的属性信息

②散水的绘制。散水绘制一般用直线方式或者智能布置，如图 6-82 所示。如用智能布置，是以外墙外边线为基础，点击智能布置，选择外墙外边线，然后框选需要布置散水的图形，右键确定，在弹出的界面中输入散水宽度后确定，如图 6-83 所示，这样散水就布置完成了。开闭所散水的绘制如图 6-84 所示。

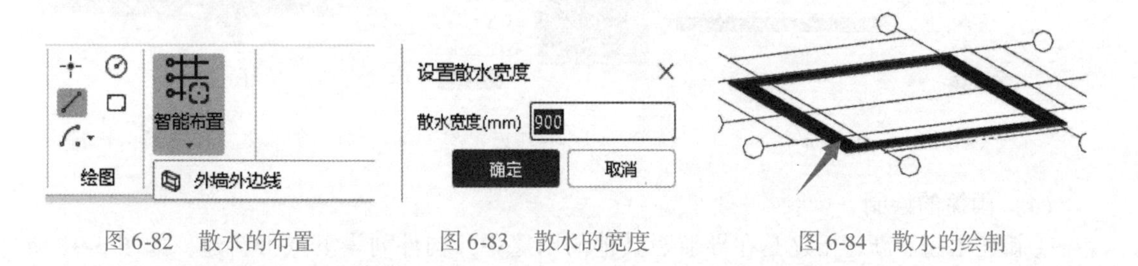

图 6-82　散水的布置　　图 6-83　散水的宽度　　图 6-84　散水的绘制

(3) 台阶的绘制

①新建台阶。新建台阶是在导航栏其他的台阶中，构件列表下点击新建，如图 6-85 所示。由建施图（图 6-86）可得信息，输入台阶高度。开闭所台阶的属性信息如图 6-87 所示。

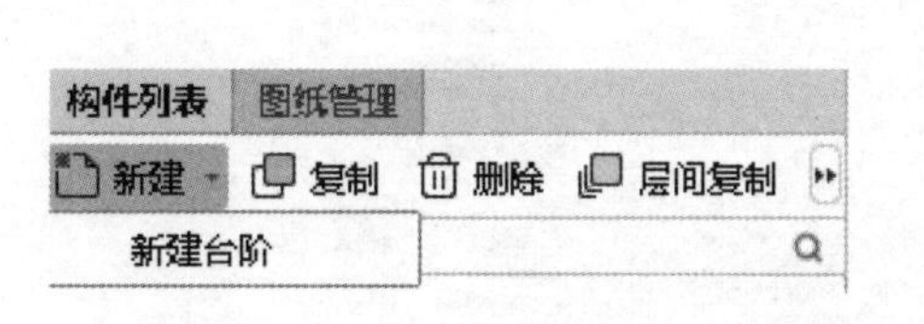

图 6-85　新建台阶

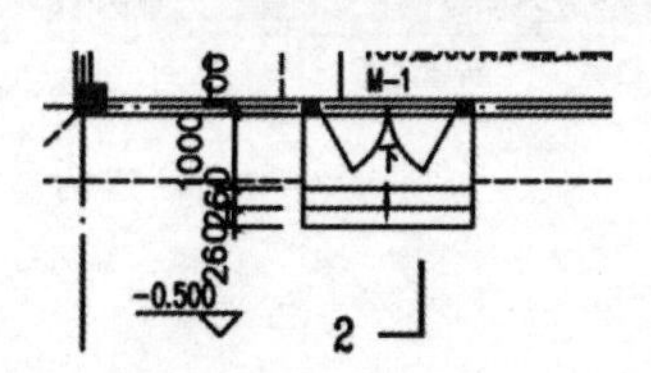

图 6-86　台阶的施工图

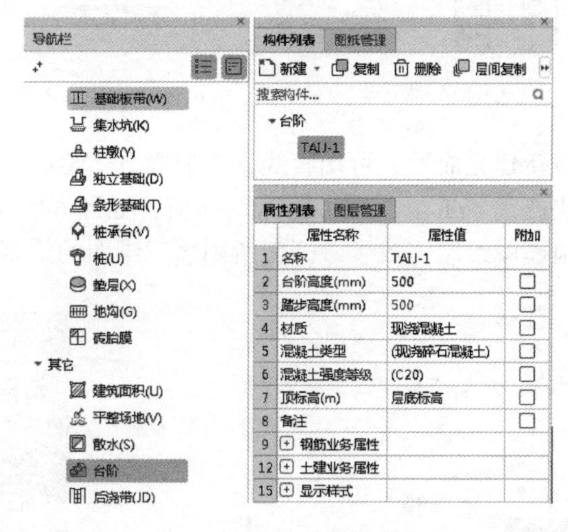

图 6-87　台阶的属性信息

②台阶的绘制。台阶新建完成后，可用直线、矩形等方式绘制，如以矩形绘制，点击矩形，选择起点后，使用快捷键 shift + 左键，输入偏移值，如图 6-88 所示，然后点击确定。台阶外形绘制完成后，开始设置台阶踏步边，选中需要设置踏步边的台阶边线，点击设置踏步边，在弹出的界面输入踏步数和踏步宽度，如图 6-89 所示，然后点击确定，台阶就绘制完成了。开闭所台阶三维图的绘制如图 6-90 所示。

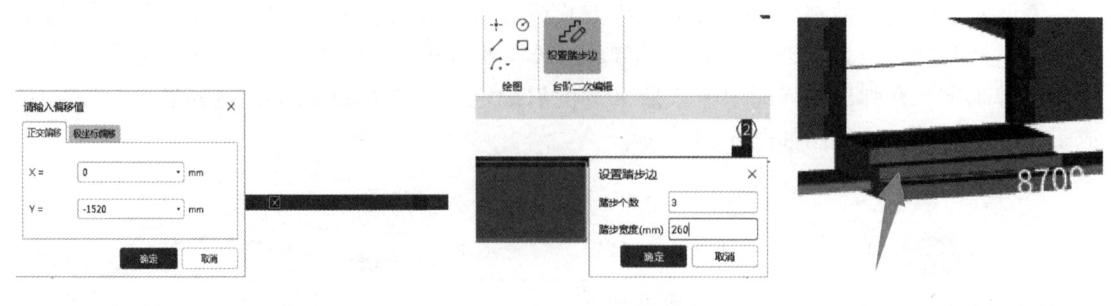

图 6-88　设置台阶　　图 6-89　设置踏步边　　图 6-90　台阶的绘制

（4）雨篷的绘制

①新建雨篷。新建雨篷是在导航栏其他的雨篷中，构件列表下点击新建，如图 6-91 所示。由建施图（图 6-92）可知信息，输入台阶高度。开闭所雨篷的属性信息如图 6-93 所示。

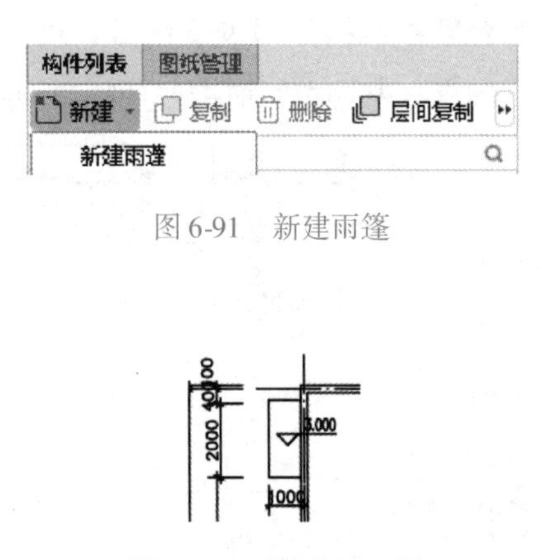

图 6-91　新建雨篷

图 6-92　雨篷的施工图

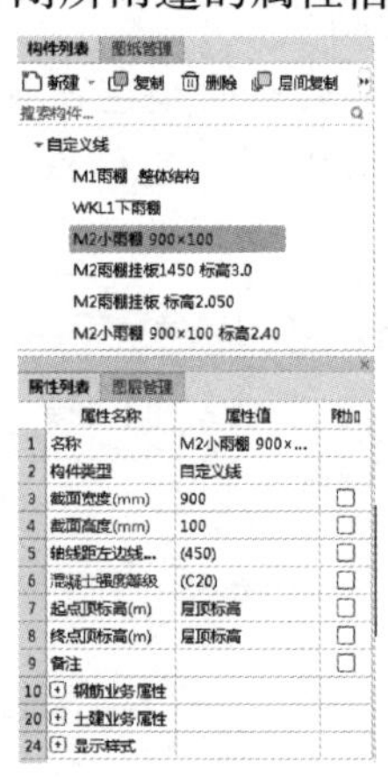

图 6-93　雨篷的属性信息

②雨篷的绘制。雨篷新建完成后，可用直线、矩形等方式绘制，如以矩形绘制，点击矩形，选择起点后，使用快捷键 shift + 左键，输入偏移值，如图 6-94 所示，然后再输入另外几个数值，点击确定，雨篷就绘制完成了。开闭所雨篷三维图的绘制如图 6-95 所示。

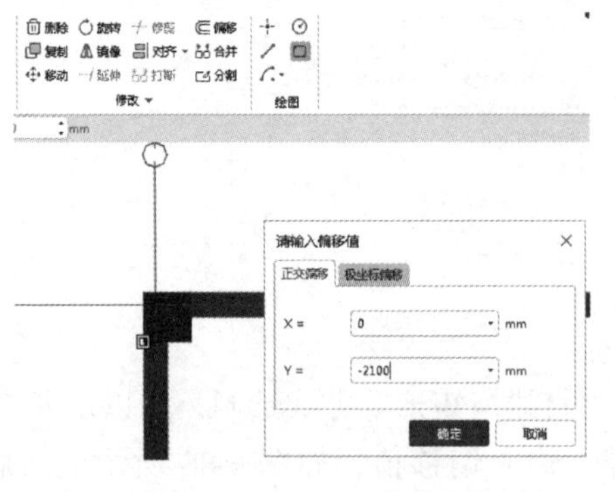

图 6-94　设置偏移值

图 6-95　雨篷的绘制

（5）女儿墙的绘制

①新建女儿墙。本项目女儿墙是砌体墙，因此在导航栏砌体墙中新建，如图 6-96 所示。

然后在属性列表中输入信息，如名称、标高等，如图 6-97 所示。

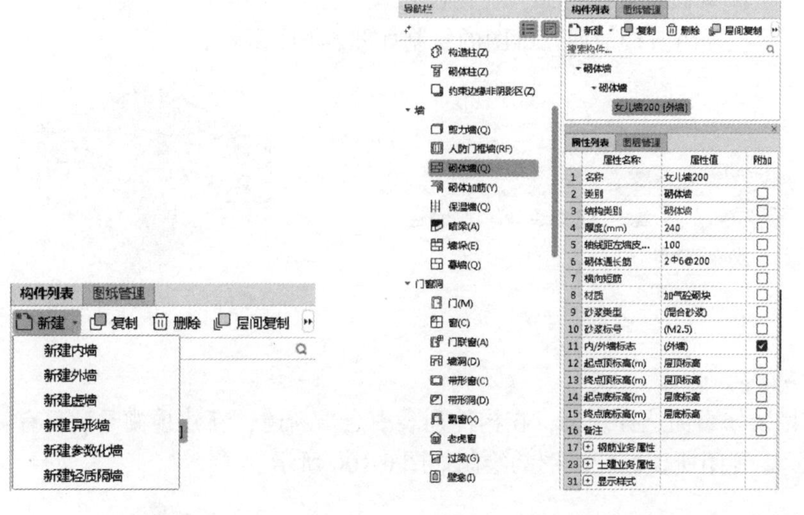

图 6-96　新建女儿墙　　　图 6-97　女儿墙的属性信息

②女儿墙的绘制方式与墙体绘制方式相同，一般用直线进行绘制，如图 6-98 所示。女儿墙三维图的绘制如图 6-99 所示。

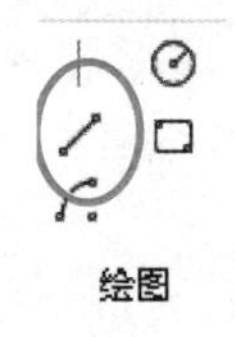

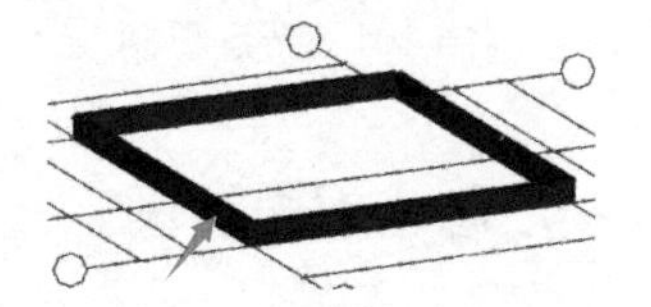

图 6-98　女儿墙的绘制方式　　　图 6-99　女儿墙的绘制

5. 装饰装修的绘制

（1）墙面的绘制

在导航栏装修页面选择墙面，在构件列表中点击新建，新建墙面类型有新建外墙面、新建内墙面，如图 6-100 所示。开闭所墙面三维图的绘制如图 6-101 和图 6-102 所示。

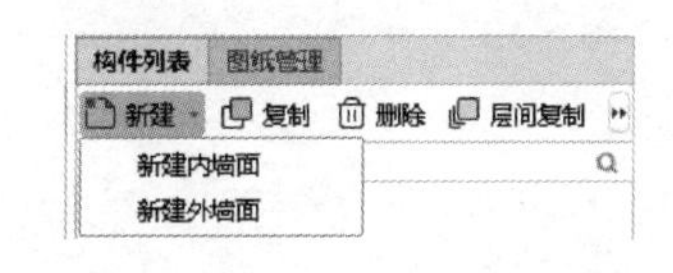

图 6-100　新建墙面

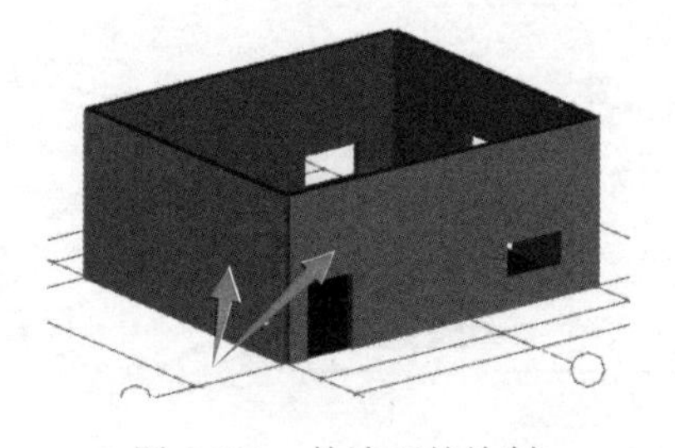

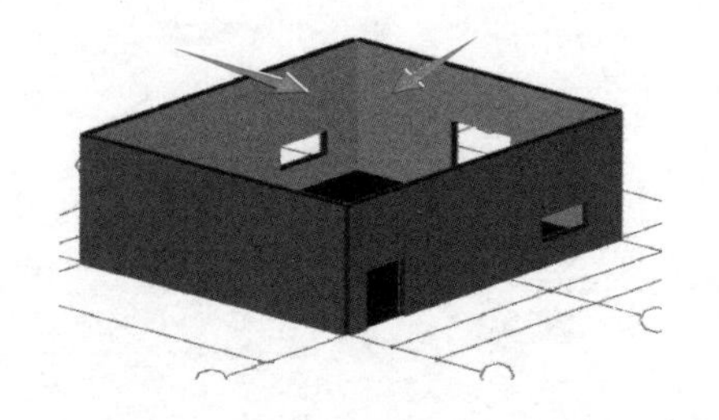

图 6-101　外墙面的绘制　　　图 6-102　内墙面的绘制

(2) 楼地面的绘制

在导航栏装修页面选择楼地面，在构件列表中点击新建，新建墙面类型只有新建楼地，如图 6-103 所示。开闭所楼地面三维图的绘制如图 6-104 所示。

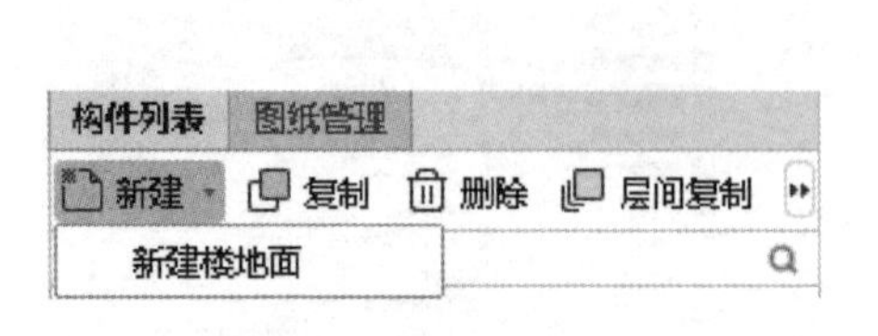

图 6-103 新建楼地面

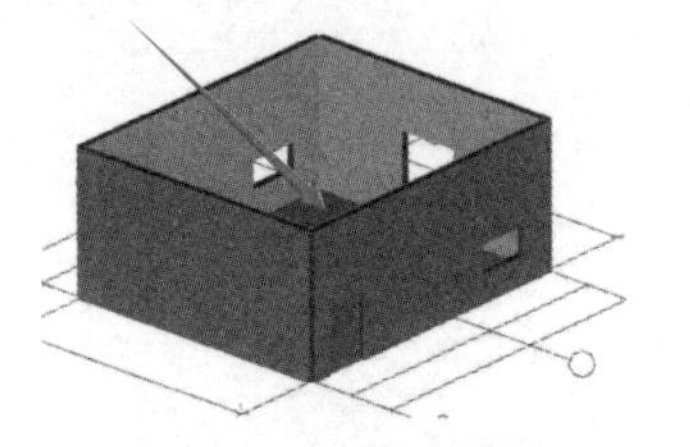

图 6-104 楼地面的绘制

(3) 顶棚的绘制

在导航栏装修页面选择顶棚，在构件列表中点击新建，新建顶棚类型只有新建顶棚，如图 6-105 所示。开闭所顶棚三维图的绘制如图 6-106 所示。

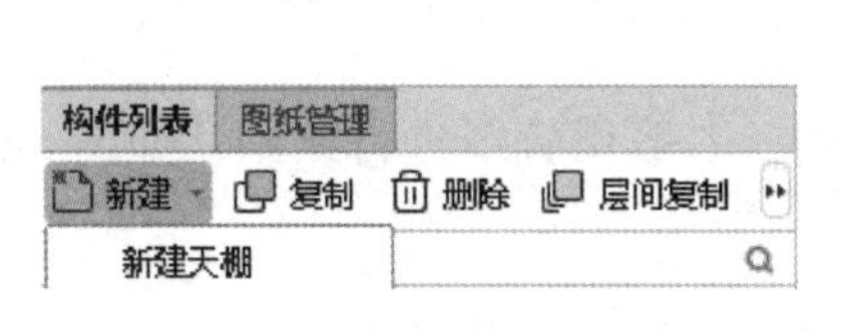

图 6-105 新建顶棚

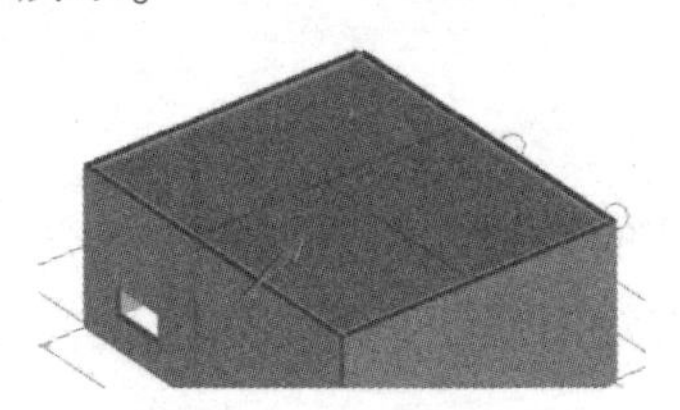

图 6-106 顶棚的绘制

6.2.2 土建算量汇总和报表展示

1. 土建算量汇总计算

首先把所有的构件进行汇总计算，点击图标，如图 6-107 所示。点击全楼汇总，再点击确定，如图 6-108 所示。这样工程量就计算完成了，如图 6-109 所示。再点击查看报表的图标进行工程量的查看，如图 6-110 所示。

图 6-107 汇总计算的图标

图 6-108 汇总计算

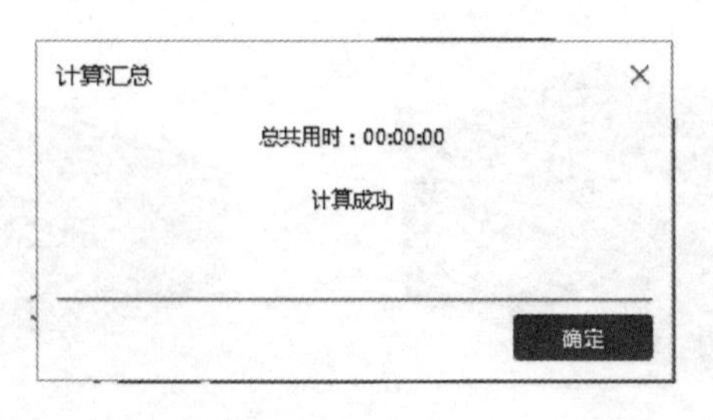

图 6-109 计算汇总

图 6-110 查看报表

2. 做法汇总分析

以基础层的土建算量为例介绍做法汇总分析。

①柱的做法分析，如图 6-111 所示。

编码	项目名称	单位	工程量	表达式说明
KZ1				
010502001001	矩形柱 1.混凝土种类：商品混凝土 2.混凝土强度等级：C30	m^3	0.368	TJ<柱体积>
5-11	现浇混凝土 矩形柱	$10m^3$	0.0368	TJ<柱体积>
011702002001	矩形柱	m^2	3.68	MBMJ<柱模板面积>
5-220	现浇混凝土模板 矩形柱 复合模板 钢支撑	$100m^2$	0.0368	MBMJ<柱模板面积>
KZ2				
010502001001	矩形柱 1.混凝土种类：商品混凝土 2.混凝土强度等级：C30	m^3	0.368	TJ<柱体积>
5-11	现浇混凝土 矩形柱	$10m^3$	0.0368	TJ<柱体积>
011702002001	矩形柱	m^2	3.68	MBMJ<柱模板面积>
5-220	现浇混凝土模板 矩形柱 复合模板 钢支撑	$100m^2$	0.0368	MBMJ<柱模板面积>
KZ3				
010502001001	矩形柱 1.混凝土种类：商品混凝土 2.混凝土强度等级：C30	m^3	0.368	TJ<柱体积>
5-11	现浇混凝土 矩形柱	$10m^3$	0.0368	TJ<柱体积>
011702002001	矩形柱	m^2	3.68	MBMJ<柱模板面积>
5-220	现浇混凝土模板 矩形柱 复合模板 钢支撑	$100m^2$	0.0368	MBMJ<柱模板面积>

图 6-111　柱的做法分析

②圈梁的做法分析，如图 6-112 所示。

编码	项目名称	单位	工程量	表达式说明
DQL 240×240				
010503004001	圈梁 1.混凝土种类：预拌 2.混凝土强度等级：C30 3.部位：地圈梁	m^3	1.9986	TJ<圈梁体积>
5-19	现浇混凝土 圈梁	$10m^3$	0.19986	TJ<圈梁体积>
011702008001	圈梁 1.地圈梁模板	m^2	17.1168	MBMJ<圈梁模板面积>
5-235	现浇混凝土模板 圈梁 直形 复合模板 钢支撑	$100m^2$	0.171168	MBMJ<圈梁模板面积>

图 6-112　圈梁的做法分析

③基坑土方的做法分析，如图 6-113 所示。

编码	项目名称	单位	工程量	表达式说明
010101003001	挖沟槽土方 1.土壤类别：一、二类土 2.挖土深度：2m内 3.弃土运距：自行考虑	m^3	404.928	TFTJ<基坑土方体积>
1-52	挖掘机挖装槽坑土方 一、二类土	$10m^3$	40.4928	TFTJ<基坑土方体积>
010103003001	回填方	m^3	286.8872	STHTTJ<素土回填体积>
1-133	夯填土 机械 槽坑	$10m^3$	40.4928	TFTJ<基坑土方体积>

图 6-113　基坑土方的做法分析

④独立基础的做法分析，如图 6-114 所示。

编码	项目名称	单位	工程量	表达式说明
010501003001	独立基础 1.混凝土种类：预拌 2.混凝土强度等级：C30	m^3	13.83	TJ<独基体积>
5-5	现浇混凝土 独立基础 混凝土	10m^3	1.383	TJ<独基体积>

图 6-114　独立基础的做法分析

⑤垫层的做法分析，如图 6-115 所示。

编码	项目名称	单位	工程量	表达式说明
010404001001	垫层 1.垫层材料种类、配合比、厚度：现浇混凝土C15 2.垫层厚度：100mm 3.部位：独基垫层	m^3	4.704	TJ<垫层体积>
5-1	现浇混凝土 垫层	10m^3	0.4704	TJ<垫层体积>

图 6-115　垫层的做法分析

3. 构件汇总分析

以基础层的土建算量为例介绍构件汇总分析。

①柱的土建工程量，如图 6-116 所示。

基础层-柱-KZ1		
1	<2-100，A+100>	**柱：KZ1** 柱周长=〔〔0.4<长度>+0.4<宽度>〕×2〕=1.6m 柱体积=〔0.4<长度>×0.4<宽度>×1.75<高度>〕-0.064<扣混凝土独基>-0.032<扣混凝土垫层>=0.184m^3 柱模板面积=2.8<原始模板面积>-0.64<扣混凝土独基>-0.32<扣混凝土垫层>=1.84m^2 柱数量=1=1根 高度=1.75<原始高度>=1.75m 截面面积=〔0.4<长度>×0.4<宽度>〕=0.16m^2
2	<1+100，A+100>	**柱：KZ1** 柱周长=〔〔0.4<长度>+0.4<宽度>〕×2〕=1.6m 柱体积=〔0.4<长度>×0.4<宽度>×1.75<高度>〕-0.064<扣混凝土独基>-0.032<扣混凝土垫层>=0.184m^3 柱模板面积=2.8<原始模板面积>-0.64<扣混凝土独基>-0.32<扣混凝土垫层>=1.84m^2 柱数量=1=1根 高度=1.75<原始高度>=1.75m 截面面积=〔0.4<长度>×0.4<宽度>〕=0.16m^2
基础层-柱-KZ2		
1	<2-100，B>	**柱：KZ2** 柱周长=〔〔0.4<长度>+0.4<宽度>〕×2〕=1.6m 柱体积=〔0.4<长度>×0.4<宽度>×1.75<高度>〕-0.064<扣混凝土独基>-0.032<扣混凝土垫层>=0.184m^3 柱模板面积=2.8<原始模板面积>-0.64<扣混凝土独基>-0.32<扣混凝土垫层>=1.84m^2 柱数量=1=1根 高度=1.75<原始高度>=1.75m 截面面积=〔0.4<长度>×0.4<宽度>〕=0.16m^2
2	<1+100，B>	**柱：KZ2** 柱周长=〔〔0.4<长度>+0.4<宽度>〕×2〕=1.6m 柱体积=〔0.4<长度>×0.4<宽度>×1.75<高度>〕-0.064<扣混凝土独基>-0.032<扣混凝土垫层>=0.184m^3 柱模板面积=2.8<原始模板面积>-0.64<扣混凝土独基>-0.32<扣混凝土垫层>=1.84m^2 柱数量=1=1根 高度=1.75<原始高度>=1.75m 截面面积=〔0.4<长度>×0.4<宽度>〕=0.16m^2

图 6-116　柱的工程量

基础层-柱-KZ3		
1	<2-100，C-100>	**柱：KZ3** 柱周长=〔〔0.4<长度>+0.4<宽度>〕×2〕=1.6m 柱体积=〔0.4<长度>×0.4<宽度>×1.75<高度>〕-0.064<扣混凝土独基>-0.032<扣混凝土垫层>=0.184m³ 柱模板面积=2.8<原始模板面积>-0.64<扣混凝土独基>-0.32<扣混凝土垫层>=1.84m² 柱数量=1=1根 高度=1.75<原始高度>=1.75m 截面面积=〔0.4<长度>×0.4<宽度>〕=0.16m²
2	<1+100，C-100>	**柱：KZ3** 柱周长=〔〔0.4<长度>+0.4<宽度>〕×2〕=1.6m 柱体积=〔0.4<长度>×0.4<宽度>×1.75<高度>〕-0.064<扣混凝土独基>-0.032<扣混凝土垫层>=0.184m³ 柱模板面积=2.8<原始模板面积>-0.64<扣混凝土独基>-0.32<扣混凝土垫层>=1.84m² 柱数量=1=1根 高度=1.75<原始高度>=1.75m 截面面积=〔0.4<长度>×0.4<宽度>〕=0.16m²

图 6-116　柱的工程量（续）

②圈梁的土建工程量，如图 6-117 所示。

1	<1+20，C+163><1+20，A-163>	**圈梁：DQL 240×240** 圈梁体积=〔0.24<宽度>×0.24<高度>×10.525<中心线长度>〕-0.0691<扣混凝土柱>=0.5371m³ 圈梁模板面积=2.526<梁左侧原始支模面积>+2.526<梁右侧原始支模面积>+0.1152<梁端头模板面积>-0.576<扣柱>=4.5912m² 圈梁截面周长=〔〔0.24<宽度>+0.24<高度>〕×2〕=0.96m 圈梁净长=10.525<梁原始长度>-1.2<扣混凝土柱>=9.325m 圈梁轴线长度=10.525<原始轴线长度>=10.525m 截面面积=〔0.24<宽度>×0.24<高度>〕=0.0576m²
2	<1-163，A+20><2+162，A+20>	**圈梁：DQL 240×240** 圈梁体积=〔0.24<宽度>×0.24<高度>×8.825<中心线长度>〕-0.0461<扣混凝土柱>=0.4622m³ 圈梁模板面积=2.118<梁左侧原始支模面积>+2.118<梁右侧原始支模面积>+0.1152<梁端头模板面积>-0.384<扣柱>=3.9672m² 圈梁截面周长=〔〔0.24<宽度>+0.24<高度>〕×2〕=0.96m 圈梁净长=8.825<梁原始长度>-0.8<扣混凝土柱>=8.025m 圈梁轴线长度=8.825<原始轴线长度>=8.825m 截面面积=〔0.24<宽度>×0.24<高度>〕=0.0576m²
3	<2-20，A-163><2-20，C+163>	**圈梁：DQL 240×240** 圈梁体积=〔0.24<宽度>×0.24<高度>×10.525<中心线长度>〕-0.0691<扣混凝土柱>=0.5371m³ 圈梁模板面积=2.526<梁左侧原始支模面积>+2.526<梁右侧原始支模面积>+0.1152<梁端头模板面积>-0.576<扣柱>=4.5912m² 圈梁截面周长=〔〔0.24<宽度>+0.24<高度>〕×2〕=0.96m 圈梁净长=10.525<梁原始长度>-1.2<扣混凝土柱>=9.325m 圈梁轴线长度=10.525<原始轴线长度>=10.525m 截面面积=〔0.24<宽度>×0.24<高度>〕=0.0576m²
4	<2+163，C-20><1-162，C-20>	**圈梁：DQL 240×240** 圈梁体积=〔0.24<宽度>×0.24<高度>×8.825<中心线长度>〕-0.0461<扣混凝土柱>=0.4622m³ 圈梁模板面积=2.118<梁左侧原始支模面积>+2.118<梁右侧原始支模面积>+0.1152<梁端头模板面积>-0.384<扣柱>=3.9672m² 圈梁截面周长=〔〔0.24<宽度>+0.24<高度>〕×2〕=0.96m 圈梁净长=8.825<梁原始长度>-0.8<扣混凝土柱>=8.025m 圈梁轴线长度=8.825<原始轴线长度>=8.825m 截面面积=〔0.24<宽度>×0.24<高度>〕=0.0576m²

图 6-117　圈梁的工程量

③基坑的土建工程量，如图 6-118 所示。

1	<2-100，C-100>	**基坑土方：基坑土方** 基坑土方体积=〔〔〔3.4<长度>×3.4<宽度>〕<底面积>+〔7<长度>×7<宽度>〕<顶面积>+〔5.2<长度>×5.2<宽度>〕<中截面面积>×4〕×2.4<挖土深度>/6〕=67.488m^3 基坑土方侧面面积=62.4<原始基坑土方侧面面积>-5.9125<扣基坑>-10.1542<扣基槽>=46.3333m^2 基坑土方底面面积=〔3.4<长度>×3.4<宽度>〕=11.56m^2 素土回填体积=67.488<基坑土方体积>-〔0.7466<扣砌体墙>+0.3617<扣圈梁>+0.2697<扣柱>+3.8766<扣房心回填>+0.9746<扣条形基础>+2.241<扣独立基础>+1.4397<扣垫层>+0.3956<扣保温层>〕-5.9526<扣房间>=51.2298m^3
2	<1+100，C-100>	**基坑土方：基坑土方** 基坑土方体积=〔〔〔3.4<长度>×3.4<宽度>〕<底面积>+〔7<长度>×7<宽度>〕<顶面积>+〔5.2<长度>×5.2<宽度>〕<中截面面积>×4〕×2.4<挖土深度>/6〕=67.488m^3 基坑土方侧面面积=62.4<原始基坑土方侧面面积>-5.9125<扣基坑>-10.1542<扣基槽>=46.3333m^2 基坑土方底面面积=〔3.4<长度>×3.4<宽度>〕=11.56m^2 素土回填体积=67.488<基坑土方体积>-〔0.7466<扣砌体墙>+0.3617<扣圈梁>+0.2697<扣柱>+3.8766<扣房心回填>+0.9746<扣条形基础>+2.241<扣独立基础>+1.4397<扣垫层>+1.098<扣台阶>+0.3416<扣保温层>〕-5.9526<扣房间>=50.1858m^3
3	<2-100，B>	**基坑土方：基坑土方** 基坑土方体积=〔〔〔3.4<长度>×3.4<宽度>〕<底面积>+〔7<长度>×7<宽度>〕<顶面积>+〔5.2<长度>×5.2<宽度>〕<中截面面积>×4〕×2.4<挖土深度>/6〕=67.488m^3 基坑土方侧面面积=62.4<原始基坑土方侧面面积>-20.3333<扣基坑>-3.5083<扣基槽>=38.5583m^2 基坑土方底面面积=〔3.4<长度>×3.4<宽度>〕=11.56m^2 素土回填体积=67.488<基坑土方体积>-〔0.7246<扣砌体墙>+0.3453<扣圈梁>+0.301<扣柱>+7.6964<扣房心回填>+0.9474<扣条形基础>+2.241<扣独立基础>+1.42<扣垫层>+0.3914<扣保温层>〕-11.9053<扣房间>=41.5156m^3
4	<1+100，B>	**基坑土方：基坑土方** 基坑土方体积=〔〔〔3.4<长度>×3.4<宽度>〕<底面积>+〔7<长度>×7<宽度>〕<顶面积>+〔5.2<长度>×5.2<宽度>〕<中截面面积>×4〕×2.4<挖土深度>/6〕=67.488m^3 基坑土方侧面面积=62.4<原始基坑土方侧面面积>-20.3333<扣基坑>-3.5083<扣基槽>=38.5583m^2 基坑土方底面面积=〔3.4<长度>×3.4<宽度>〕=11.56m^2 素土回填体积=67.488<基坑土方体积>-〔0.7246<扣砌体墙>+0.3453<扣圈梁>+0.301<扣柱>+7.6964<扣房心回填>+0.9474<扣条形基础>+2.241<扣独立基础>+1.42<扣垫层>+0.3914<扣保温层>〕-11.9053<扣房间>=41.5156m^3
5	<2-100，A+100>	**基坑土方：基坑土方** 基坑土方体积=〔〔〔3.4<长度>×3.4<宽度>〕<底面积>+〔7<长度>×7<宽度>〕<顶面积>+〔5.2<长度>×5.2<宽度>〕<中截面面积>×4〕×2.4<挖土深度>/6〕=67.488m^3 基坑土方侧面面积=62.4<原始基坑土方侧面面积>-20.4208<扣基坑>-0.1042<扣基槽>=41.875m^2 基坑土方底面面积=〔3.4<长度>×3.4<宽度>〕=11.56m^2 素土回填体积=67.488<基坑土方体积>-〔0.7466<扣砌体墙>+0.3617<扣圈梁>+0.2697<扣柱>+3.8766<扣房心回填>+0.9746<扣条形基础>+2.241<扣独立基础>+1.4397<扣垫层>+0.0104<扣台阶>+0.3948<扣保温层>〕-5.9526<扣房间>=51.2202m^3
6	<1+100，A+100>	**基坑土方：基坑土方** 基坑土方体积=〔〔〔3.4<长度>×3.4<宽度>〕<底面积>+〔7<长度>×7<宽度>〕<顶面积>+〔5.2<长度>×5.2<宽度>〕<中截面面积>×4〕×2.4<挖土深度>/6〕=67.488m^3 基坑土方侧面面积=62.4<原始基坑土方侧面面积>-20.4208<扣基坑>-0.1042<扣基槽>=41.875m^2 基坑土方底面面积=〔3.4<长度>×3.4<宽度>〕=11.56m^2 素土回填体积=67.488<基坑土方体积>-〔0.7466<扣砌体墙>+0.3617<扣圈梁>+0.2697<扣柱>+3.8766<扣房心回填>+0.9746<扣条形基础>+2.241<扣独立基础>+1.4397<扣垫层>+0.0104<扣台阶>+0.3948<扣保温层>〕-5.9526<扣房间>=51.2202m^3

图 6-118　基坑的工程量

④独立基础的土建工程量，如图 6-119 所示。

1	<2-100，C-100>	独立基础数量=1=1个
		独基单元：DJp01-1 独基体积=2.305<原始体积>=2.305m^3 独基模板面积=3.12<原始模板面积>=3.12m^2 模板体积=2.305<独基体积>=2.305m^3 底面面积=6.76<原始底面面积>=6.76m^2 侧面面积=9.6595<原始侧面面积>-1.4133<扣垫层>=8.2462m^2 顶面面积=0.25<原始顶面积>-0.2491<扣垫层>=0.0009m^2
2	<1+100，C-100>	**独立基础：DJp01** 独立基础数量=1=1个
		独基单元：DJp01-1 独基体积=2.305<原始体积>=2.305m^3 独基模板面积=3.12<原始模板面积>=3.12m^2 模板体积=2.305<独基体积>=2.305m^3 底面面积=6.76<原始底面面积>=6.76m^2 侧面面积=9.6595<原始侧面面积>-1.4133<扣垫层>=8.2462m^2 顶面面积=0.25<原始顶面积>-0.2491<扣垫层>=0.0009m^2
3	<2-100，B>	**独立基础：DJp01** 独立基础数量=1=1个
		独基单元：DJp01-1 独基体积=2.305<原始体积>=2.305m^3 独基模板面积=3.12<原始模板面积>=3.12m^2 模板体积=2.305<独基体积>=2.305m^3 底面面积=6.76<原始底面面积>=6.76m^2 侧面面积=9.6595<原始侧面面积>-1.331<扣垫层>=8.3285m^2 顶面面积=0.25<原始顶面积>-0.235<扣垫层>=0.015m^2
4	<1+100，B>	**独立基础：DJp01** 独立基础数量=1=1个
		独基单元：DJp01-1 独基体积=2.305<原始体积>=2.305m^3 独基模板面积=3.12<原始模板面积>=3.12m^2 模板体积=2.305<独基体积>=2.305m^3 底面面积=6.76<原始底面面积>=6.76m^2 侧面面积=9.6595<原始侧面面积>-1.331<扣垫层>=8.3285m^2 顶面面积=0.25<原始顶面积>-0.235<扣垫层>=0.015m^2
5	<2-100，A+100>	**独立基础：DJp01** 独立基础数量=1=1个
		独基单元：DJp01-1 独基体积=2.305<原始体积>=2.305m^3 独基模板面积=3.12<原始模板面积>=3.12m^2 模板体积=2.305<独基体积>=2.305m^3 底面面积=6.76<原始底面面积>=6.76m^2 侧面面积=9.6595<原始侧面面积>-1.4133<扣垫层>=8.2462m^2 顶面面积=0.25<原始顶面积>-0.2491<扣垫层>=0.0009m^2
6	<1+100，A+100>	**独立基础：DJp01** 独立基础数量=1=1个
		独基单元：DJp01-1 独基体积=2.305<原始体积>=2.305m^3 独基模板面积=3.12<原始模板面积>=3.12m^2 模板体积=2.305<独基体积>=2.305m^3 底面面积=6.76<原始底面面积>=6.76m^2 侧面面积=9.6595<原始侧面面积>-1.4133<扣垫层>=8.2462m^2 顶面面积=0.25<原始顶面积>-0.2491<扣垫层>=0.0009m^2

图 6-119　独立基础的工程量

⑤独基垫层的土建工程量，如图 6-120 所示。

1	<2-100，C-100>	**垫层：独基垫层** 垫层体积=〔2.8<长度>×2.8<宽度>×0.1<厚度>〕=0.784m^3 垫层模板面积=〔〔2.8<长度>+2.8<宽度>〕×2×0.1<厚度>〕=1.12m^2 模板体积=0.784<垫层体积>=0.784m^3 底部面积=〔〔2.8<长度>×2.8<宽度>〕=7.84m^2
2	<1+100，C-100>	**垫层：独基垫层** 垫层体积=〔2.8<长度>×2.8<宽度>×0.1<厚度>〕=0.784m^3 垫层模板面积=〔〔2.8<长度>+2.8<宽度>〕×2×0.1<厚度>〕=1.12m^2 模板体积=0.784<垫层体积>=0.784m^3 底部面积=〔〔2.8<长度>×2.8<宽度>〕=7.84m^2
3	<2-100，B>	**垫层：独基垫层** 垫层体积=〔2.8<长度>×2.8<宽度>×0.1<厚度>〕=0.784m^3 垫层模板面积=〔〔2.8<长度>+2.8<宽度>〕×2×0.1<厚度>〕=1.12m^2 模板体积=0.784<垫层体积>=0.784m^3 底部面积=〔〔2.8<长度>×2.8<宽度>〕=7.84m^2
4	<1+100，B>	**垫层：独基垫层** 垫层体积=〔2.8<长度>×2.8<宽度>×0.1<厚度>〕=0.784m^3 垫层模板面积=〔〔2.8<长度>+2.8<宽度>〕×2×0.1<厚度>〕=1.12m^2 模板体积=0.784<垫层体积>=0.784m^3 底部面积=〔〔2.8<长度>×2.8<宽度>〕=7.84m^2
5	<2-100，A+100>	**垫层：独基垫层** 垫层体积=〔2.8<长度>×2.8<宽度>×0.1<厚度>〕=0.784m^3 垫层模板面积=〔〔2.8<长度>+2.8<宽度>〕×2×0.1<厚度>〕=1.12m^2 模板体积=0.784<垫层体积>=0.784m^3 底部面积=〔〔2.8<长度>×2.8<宽度>〕=7.84m^2
6	<1+100，A+100>	**垫层：独基垫层** 垫层体积=〔2.8<长度>×2.8<宽度>×0.1<厚度>〕=0.784m^3 垫层模板面积=〔〔2.8<长度>+2.8<宽度>〕×2×0.1<厚度>〕=1.12m^2 模板体积=0.784<垫层体积>=0.784m^3 底部面积=〔〔2.8<长度>×2.8<宽度>〕=7.84m^2

图 6-120　独基垫层的土建工程量

4. 指标汇总分析

工程技术经济指标，如图 6-121 所示。

1	设计单位：		
2	编制单位：		
3	建设单位：		
4	项目名称：开闭所（电磁站）		
5	项目代号：		
6	工程类别：	结构类型：框架结构	基础形式：独立基础
7	结构特征：	地上层数：1	地下层数：
8	抗震等级：三级抗震	设防烈度：7	檐高(m)：5.1
9	建筑面积(m^2)：90.48	实体钢筋总重(未含措施/损耗/贴焊锚筋)(t)：5.713	单方钢筋含量(kg/m^2)：63.141
10	损耗重(t)：0	措施筋总重(t)：0.009	贴焊锚筋总重(t)：0
11	编制人：	审核人：	
12	编制日期：		

图 6-121　工程技术经济指标

6.2.3　开闭所手工算量对比分析

①基础层开闭所手工算量对比分析，如图 6-122 所示。

分部	构件	位置	单位	计算式	手工算量	软件算量
基础工程						
基础	基础垫层	基础垫层	m^3	（2.8×2.8×0.1）×6	4.704	4.704
	独立基础	独立基础	m^3	2.6×2.6×0.3+（0.5×0.5+2.6×2.6+4×（0.5+2.6）/2×（0.5+2.6）/2）×0.1/6	2.305	2.305
	框架柱 C30	室外地坪以下	m^3	（0.4×0.4×1.75）×2	0.56	0.368
			m^3	（0.4×0.4×1.75）×2	0.56	0.368
			m^3	（0.4×0.4×1.75）×2	0.56	0.368
			m^3		1.68	1.104

图 6-122　基础层开闭所手工算量对比分析

②首层开闭所手工算量对比分析，如图 6-123 所示。

分部	构件	位置	单位	计算式	手工算量	软件算量
首层主体工程-结构					1.488	1.488
主体-结构	框架柱	室外地坪至层顶标高	m^3	（0.4×0.4×4.65）×2	1.488	1.488
			m^3	（0.4×0.4×4.65）×2	1.488	1.488
			m^3	（0.4×0.4×4.65）×2	1.488	1.488
			m^3		4.464	4.464
	构造柱	室外地坪至层顶标高	m^3	（0.2×0.2×4.65）×2	0.372	0.416
			m^3	（0.2×0.2×4.65）×2	0.372	0.3836
			m^3	（0.2×0.2×4.65）	0.186	0.2058
			m^3	（0.2×0.2×4.65）	0.186	0.195
			m^3		1.116	1.2004
	有梁板	WKL1	m^3	（0.25×0.45×9.8）-0.12×2	0.8625	0
		WKL2	m^3	（0.3×0.65×7.9）-0.12	1.4205	0
		WKL3	m^3	（0.3×0.65×8.5）-0.12	1.4205	0
		WKL4	m^3	（0.3×0.65×8.5）-0.12	1.4205	0
		L1	m^3	（0.2×0.45×6-0.12	0.14	0
		首层楼层板	m^3	8.7×10.4×0.12	10.8576	16.3397
			m^3		16.1216	16.3397
首层主体工程-建筑	砌体墙 MU10 混合砂浆	砌体墙	m^3	（8.5×4.65×0.2）-1.08-0.372-0.744-1.4205	4.2885	4.8564
		砌体墙	m^3	（8.5×4.65×0.2）-0.372-0.744-1.4205	5.3685	5.904
		砌体墙	m^3	（10.2×4.65×0.2）-0.63-0.324-0.186-1.488-0.43125	6.42675	6.5682
		砌体墙	m^3	（10.2×4.65×0.2）-（0.324×2）-1.488-0.186-0.43125	6.73275	6.885
			m^3		22.8165	24.2138
主体-建筑	门	M-1	樘	1		
			m^2	2×2.7	5.4	5.4
		M-2	樘	1		
			m^2	1.5×2.1	3.15	3.15
	窗	GC-1	m^2	（1.8×0.8）×3	4.86	4.86
			m^2			
首层室外零星工程						
	散水	建筑物外围	m^2	（12.2×10.5）-（10.4×8.7）	37.62	37.62

图 6-123　首层开闭所手工算量对比分析

③女儿墙开闭所手工算量对比分析，如图 6-124 所示。

分部	构件	位置	单位	计算式	手工算量	软件算量
屋面工程						
		女儿墙外侧	m^2	（8.5×0.6×0.2）×2+（10.2×0.6×0.2）×2	4.488	3.74
	压顶	女儿墙压顶	m^3	（8.5×0.2×0.1）×2+（10.2×0.2×0.1）×2	0.748	0.748
建筑面积			m^2	10.4×8.7	90.48	90.48

图 6-124　女儿墙开闭所手工算量对比分析

6.3　GCCP6.0 计价调价与造价汇总

6.3.1　新建招标项目

（1）打开软件

打开 GCCP6.0 广联达土建计价平台软件，如图 6-125 所示。

图 6-125　GCCP6.0 软件

（2）新建单位工程

点击新建，根据需要选择新建项目类型，以选择招标投标项目为例，在新建界面选择新建工程类型，有招标项目、投标项目、单位工程等，如图 6-126 所示。然后填写项目名称，立即新建，如图 6-127 所示。新建之后有单项工程、单位工程，以选择单位工程为例，如图 6-128 所示。

图 6-126　新建招标投标

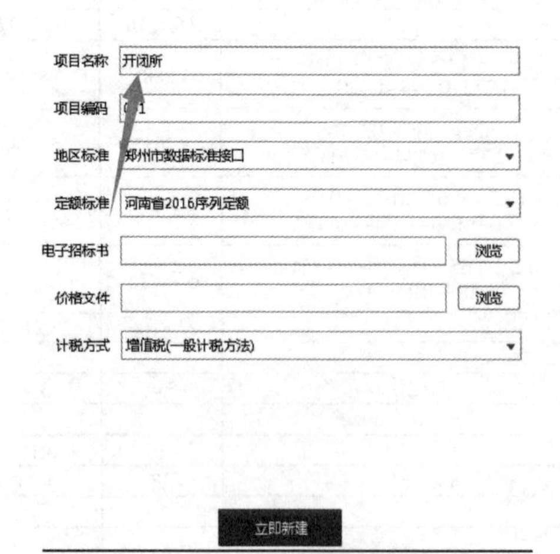

图 6-127　新建工程

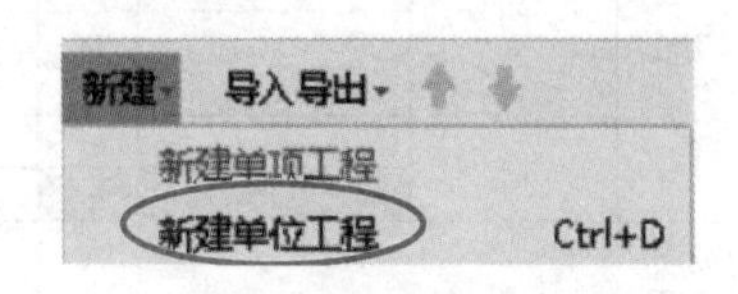

图 6-128　新建单位工程

（3）选择清单与定额库

新建单位工程后，在弹出的新建单位工程界面进行信息编辑，对工程名称、清单定额库等信息根据项目名称进行编辑并填写清楚，如图 6-129 所示。清单和定额库的选取一定要根据项目所在地进行选择，选择完成之后点击确定即可。在选取清单定额时一定要慎重，因为确定后清单定额库是无法更改的。

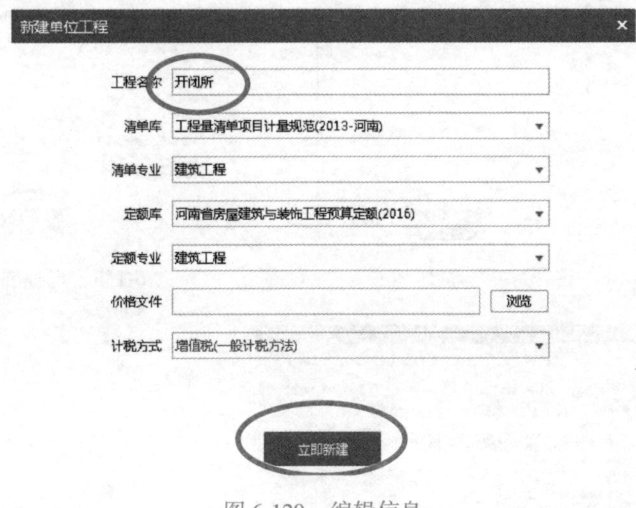

图 6-129　编辑信息

6.3.2　导入图形算量工程文件

1. 选择导入文件

新建工程完成后，在界面点击量价一体化，选择导入算量文件，如图 6-130 所示。然后找到文件所在位置，点击导入，如图 6-131 所示。

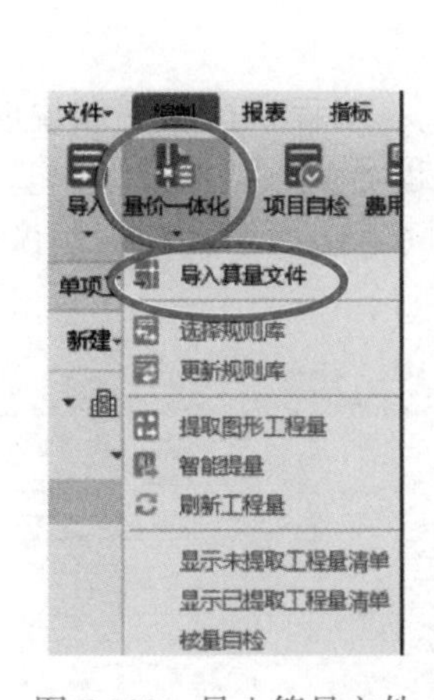

图 6-130　导入算量文件

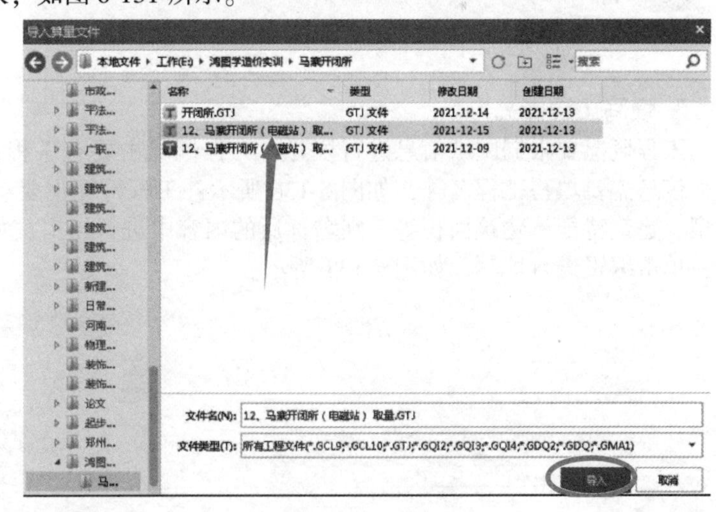

图 6-131　打开文件

2. 导入清单与措施项目

文件打开后，会弹出选择导入算量区域，选择自己需要导入的算量文件，选择后点击确定，如图 6-132 所示。点击确定后会弹出选择规则库，如图 6-133 所示。点击确定后会弹出算量工程文件导入，选择清单项目与措施项目，点击确定，如图 6-134 所示。这样清单项目与措施项目就已经完成了，如图 6-135 所示。

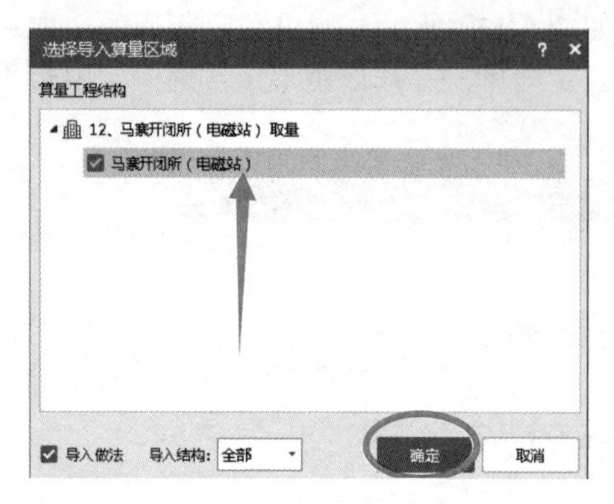

图 6-132 选择导入算量区域

图 6-133 选择规则库

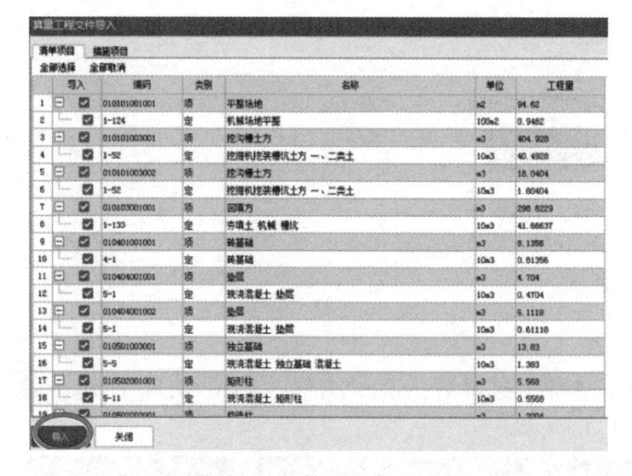

	导入	编码	类别	名称	单位	工程量
1	☑	010101001001	项	平整场地	m2	94.62
2	☑	1-124	定	机械场地平整	100m2	0.9462
3	☑	010101003001	项	挖沟槽土方	m3	404.928
4	☑	1-52	定	挖掘机挖装槽坑土方 一、二类土	10m3	40.4928
5	☑	010101003002	项	挖沟槽土方	m3	18.0404
6	☑	1-52	定	挖掘机挖装槽坑土方 一、二类土	10m3	1.80404
7	☑	010103001001	项	回填方	m3	298.6229
8	☑	1-133	定	夯填土 机械 槽坑	10m3	41.66637
9	☑	010401001001	项	砖基础	m3	8.1356
10	☑	4-1	定	砖基础	10m3	0.81356
11	☑	010404001001	项	垫层	m3	4.704
12	☑	5-1	定	现浇混凝土 垫层	10m3	0.4704
13	☑	010404001002	项	垫层	m3	6.1118
14	☑	5-1	定	现浇混凝土 垫层	10m3	0.61118
15	☑	010501003001	项	独立基础	m3	13.83
16	☑	5-5	定	现浇混凝土 独立基础 混凝土	10m3	1.383
17	☑	010502001001	项	矩形柱	m3	5.568
18	☑	5-11	定	现浇混凝土 矩形柱	10m3	0.5568

图 6-134 算量文件导入

图 6-135 导入成功

3. 填写工程概况

工程概况要根据图纸信息进行填写，工程概况主要有工程信息、工程特征和编制说明。工程信息需要填写工程名称，如图 6-136 所示；工程特征主要有工程类型、结构类型、基础类型、建筑特征、建筑面积等，在名称后的内容中进行填写，如图 6-137 所示；在编制说明中，单击编辑进行填写，如图 6-138 所示。

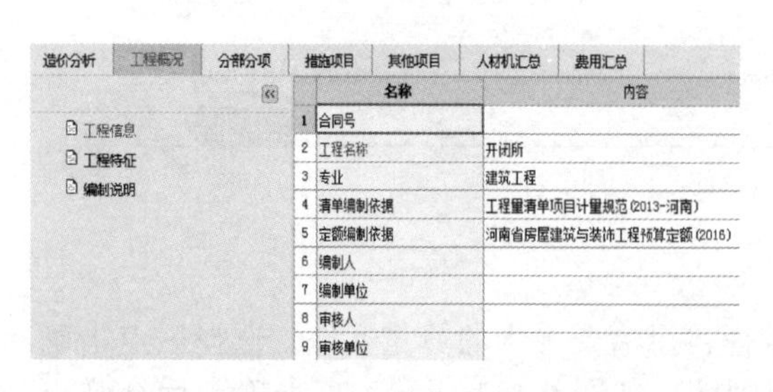

	名称	内容
1	合同号	
2	工程名称	开闭所
3	专业	建筑工程
4	清单编制依据	工程量清单项目计量规范(2013-河南)
5	定额编制依据	河南省房屋建筑与装饰工程预算定额(2016)
6	编制人	
7	编制单位	
8	审核人	
9	审核单位	

图 6-136 工程信息

	名称	内容
1	工程类型	
2	结构类型	框架结构
3	基础类型	独立基础
4	建筑特征	
5	建筑面积(m2)	98.48
6	其中地下室建筑面积(m2)	
7	总层数	
8	地下室层数(+/-0.00以下)	
9	建筑层数(+/-0.00以上)	
10	建筑物总高度(m)	
11	地下室总高度(m)	
12	首层高度(m)	
13	裙楼高度(m)	
14	标准层高度(m)	
15	基础材料及装饰	
16	楼地面材料及装饰	
17	外墙材料及装饰	
18	屋面材料及装饰	
19	门窗材料及装饰	

图 6-137 工程特征

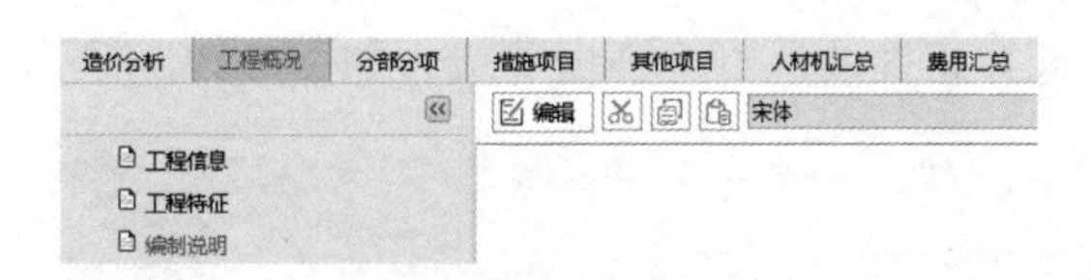

图 6-138　编制说明

4. 分部整理清单

算量文件导入后，清单会比较乱，需要进行整理。如图 6-139 所示，整理清单有两种方法：一种是分部整理，就是按照分部分项工程的方式进行整理；另一种是按清单顺序进行整理。以分部整理为例，点击分部整理，在分部整理界面可以选择按专业分部、按章节分部、按节分部等方式，如图 6-140 所示，选择按章节分部，点击确定，清单就会自动整理。整理后的清单如图 6-141 所示。

图 6-139　分部整理清单

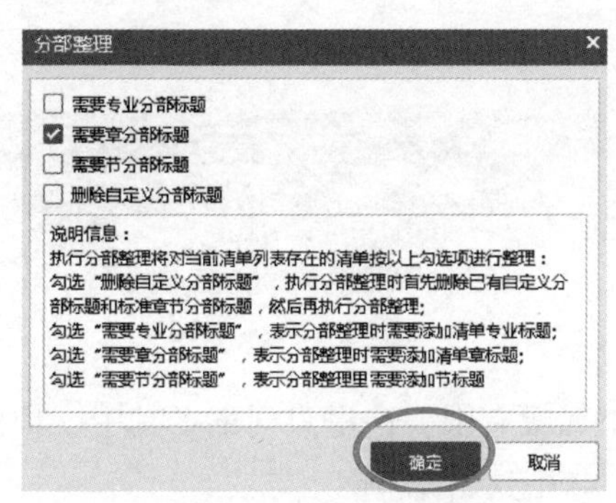

图 6-140　分部整理界面

造价分析　工程概况　分部分项　措施项目　其他项目　人材机汇总　费用汇总

整个项目：土石方工程、砌筑工程、混凝土及钢筋混...、屋面及防水工程、保温、隔热、防...、楼地面装饰工程、墙、柱面装饰与...、天棚工程

	编码	类别	名称	项目特征	单位	工程量表达式	含量	工程量	单价	合价	综合单价	综合合价	单价构成文件	取费专业
			整个项目									57449.63		
B1	A.1	部	土石方工程									9723.12	[房屋建筑与装…	建筑工程
1	010101001001	项	平整场地	1.土壤类别:一、二类土 2.弃土运距:自行考虑 3.取土运距:自行考虑	m2	TXGCL		94.62			1.47	139.09	[房屋建筑与装饰工程]	建筑工程
	1-124	定	机械场地平整		100m2	TXGCL	0.01	0.9462	154.61	146.29	147.23	139.31	房屋建筑与装…	建筑工程
2	010101003001	项	挖沟槽土方	1.土壤类别:一、二类土 2.挖土深度:2m 内 3.弃土运距:自行考虑	m3	TXGCL		404.93			12.45	5041.38	[房屋建筑与装饰工程]	建筑工程
	1-52	定	挖掘机挖装槽坑土方 一、二类土		10m3	TXGCL	0.0999995	40.4928	160.46	6497.47	124.57	5044.19	房屋建筑与装…	建筑工程
3	010101003002	项	挖沟槽土方	1.土壤类别:一、二类土 2.挖土深度:2m 内 3.弃土运距:自行考虑 4、回填：机械槽坑	m3	TXGCL		18.04			12.45	224.6	[房屋建筑与装饰工程]	建筑工程
	1-52	定	挖掘机挖装槽坑土方 一、二类土		10m3	TXGCL	0.1000022	1.80404	160.46	289.48	124.57	224.73	房屋建筑与装…	建筑工程
4	010103001001	项	回填方		m3	TXGCL		298.62			14.46	4318.05	[房屋建筑与装…	建筑工程
	1-133	定	夯填土 机械 槽坑		10m3	TXGCL	0.1395297	41.66637	139.19	5799.54	103.54	4314.14	房屋建筑与装…	建筑工程
B1	A.4	部	砌筑工程									5736.32	[房屋建筑与装…	建筑工程
5	010401001001	项	砖基础	1.砖品种、规格、强度等级:粘土砖 2.基础类型:条形 3.砂浆强度等级:专用砂浆	m3	TXGCL		8.14			351.21	2858.85	[房屋建筑与装饰工程]	建筑工程
	4-1	定	砖基础		10m3	TXGCL	0.0999459	0.81356	3981.03	3238.81	3513.95	2858.81	房屋建筑与装…	建筑工程
6	010404001001	项	垫层	1.垫层材料种类、配合比、厚度:现浇砼C15 2、垫层厚度：100mm 3、[illegible]	m3	TXGCL		4.7			266.26	1251.42	[房屋建筑与装饰工程]	建筑工程

图 6-141　分部整理完成

6.3.3　计价中的换算

定额换算是施工图预算应用定额内容与施工图取得一致的过程。实质上，就是根据定额的规定，对原项目的工、料、机进行调整，从而改变项目的预算价格，使它符合实际情况的过程。

1. 砌块墙的换算

由定额编制的混凝土可知，强度等级是干混砌筑砂浆 DMM10，根据结施图和设计进行换算，如图纸上注明混凝土强度等级为 MS10 干混砂浆，就需要进行标准换算，在换算时点击换算内容下的三角，选择正确的混凝土强度等级，如图 6-142 所示。

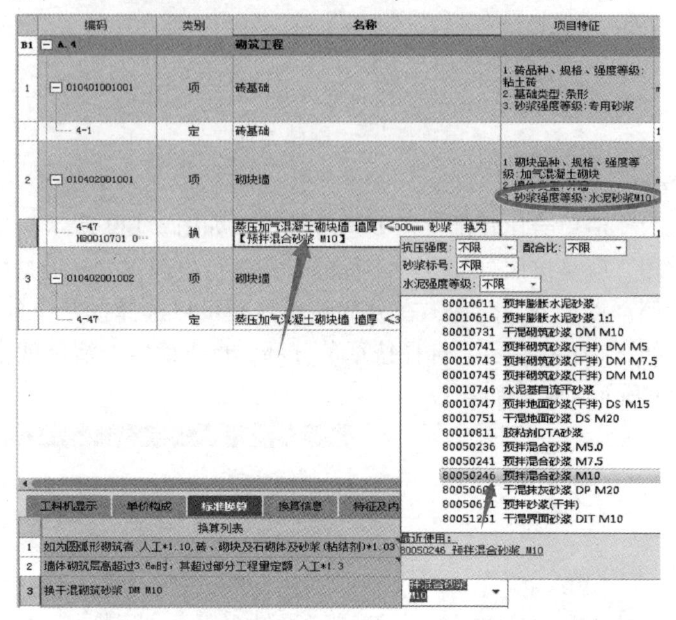

图 6-142 砌块墙的换算

由于本书篇幅有限，这里只列举了其中一项的换算。

2. 屋面卷材防水的换算

屋面卷材防水套用了很多的项目特征，项目特征大部分都需要套用相应的定额子目，然后再根据项目特征对该换算的进行换算。

(1) 保护层厚度的换算

由定额编制可知，混凝土的保护层厚度是 20mm，根据项目特征可知混凝土的保护层厚度是 40mm，就需进行标准换算，在换算时点击标准换算实际厚度，输入保护层厚度就可以了，如图 6-143 所示。

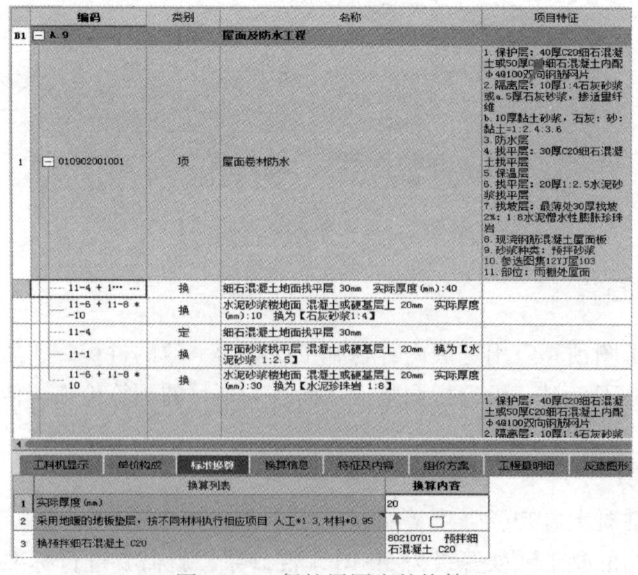

图 6-143 保护层厚度的换算

(2) 隔离层厚度的换算

①由定额编制可知，隔离层的实际厚度是 20mm，根据项目特征可知隔离层的厚度是 10mm，就需进行标准换算，在换算时点击标准换算实际厚度，输入保护层厚度就可以了，如图 6-144 所示。

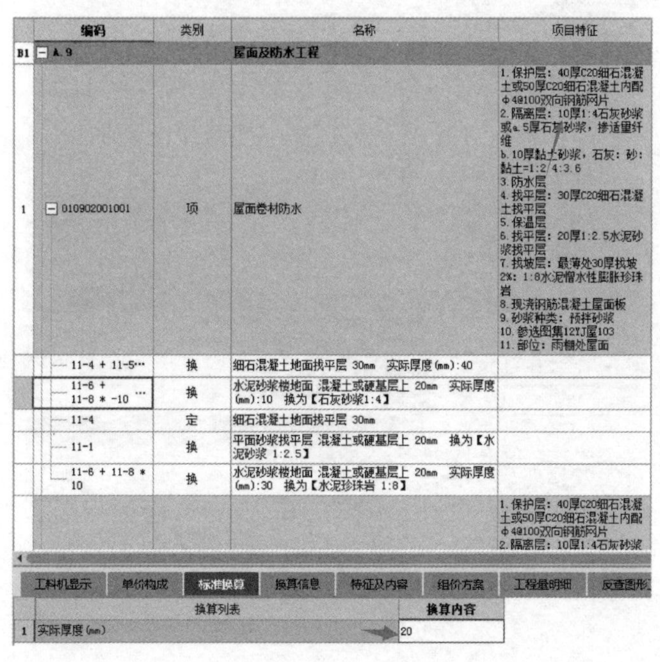

图 6-144　隔离层厚度的换算

②由定额编制可知，在工料机显示里采用的是干混地面砂浆，根据项目特征可知采用的是石灰砂浆，就需要进行换算，点击工料机然后选择与之相匹配的信息，如图 6-145 所示。

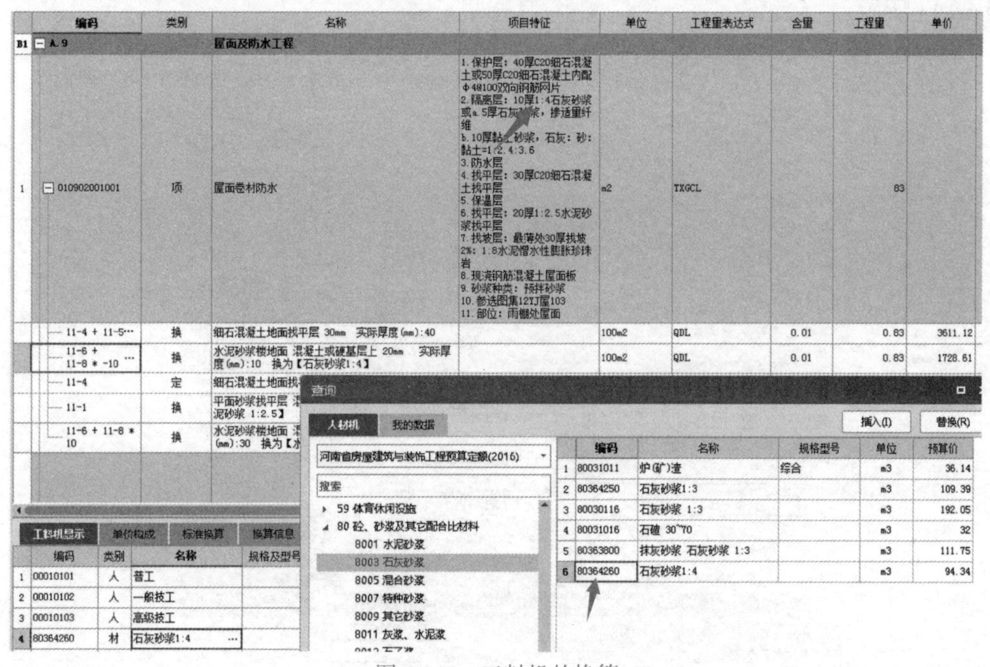

图 6-145　工料机的换算

（3）找平层的换算

由定额编制可知，在工料机显示里采用的是干混地面砂浆，根据项目特征可知采用的是水泥砂浆，就需进行换算，点击工料机然后选择与之相匹配的信息，如图 6-146 所示。

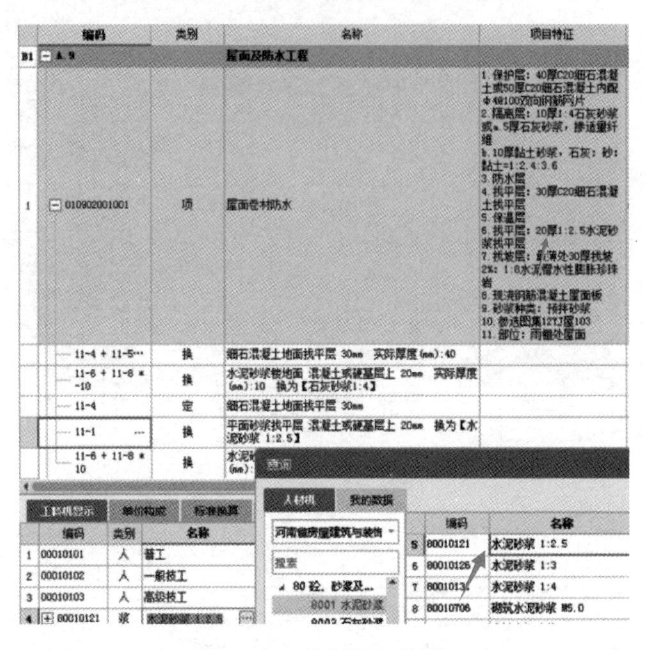

图 6-146　找平层的换算

（4）找坡层厚度的换算

①由定额编制可知，隔离层的实际厚度是 20mm，根据项目特征可知找坡层的厚度是 30mm，就需进行标准换算，在换算时点击标准换算实际厚度，输入保护层厚度就可以了，如图 6-147 所示。

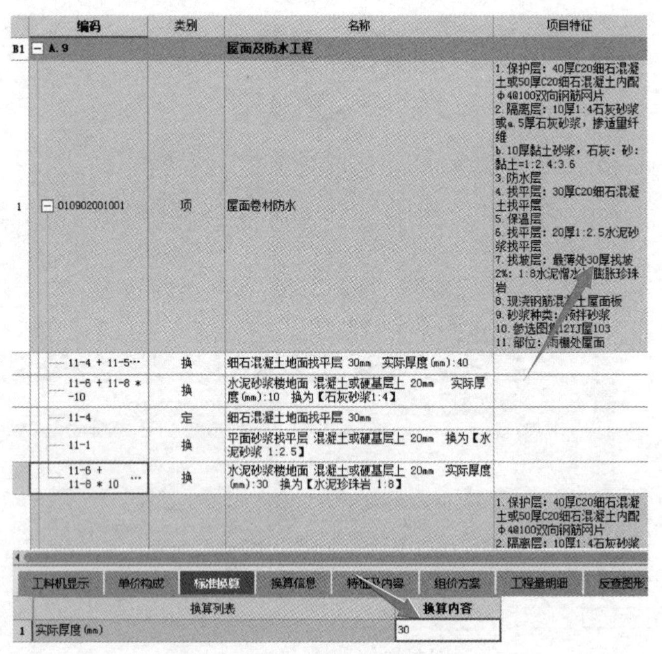

图 6-147　找坡层厚度的换算

②由定额编制可知，在工料机显示里采用的是干混地面砂浆，根据项目特征可知采用的是 1∶8 水泥憎水性膨胀珍珠岩，就需进行换算，点击工料机然后选择与之相匹配的信息，如图 6-148 所示。

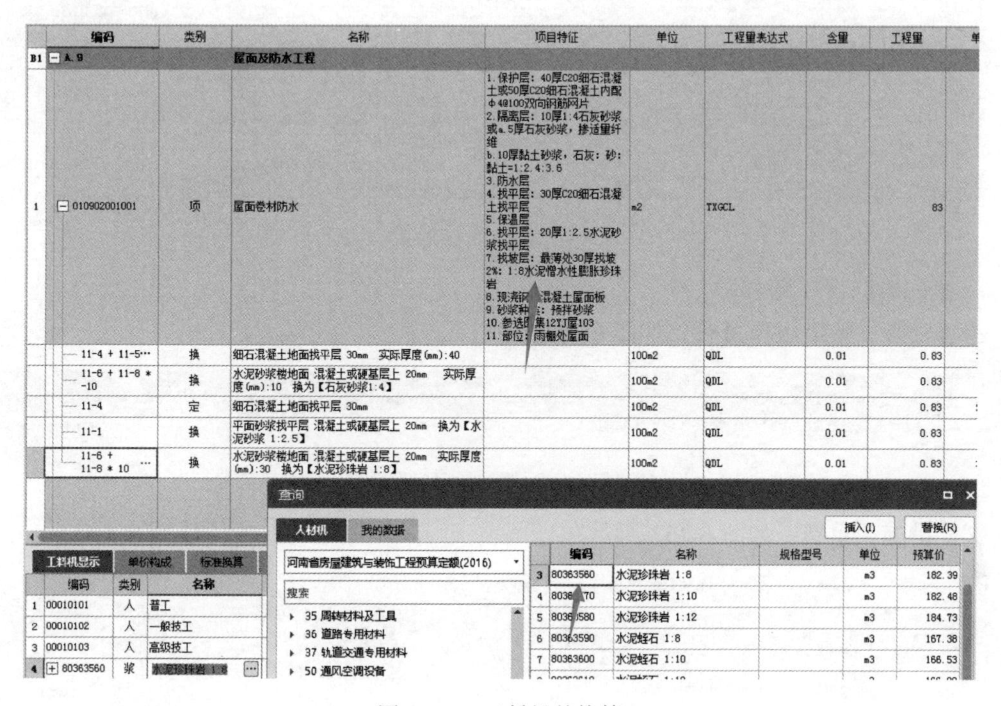

图 6-148　工料机的换算

由于本书篇幅有限，这里只列举了其中一项的装饰工程换算。

6.3.4　其他项目清单

其他项目费主要包括暂列金额、暂估价、材料（工程设备）暂估价、专业工程暂估价、计日工、总承包服务费，如图 6-149 所示。

分项 | 措施项目 | 其他项目 | 人材机汇总 | 费用汇总

	序号	名称	计算基数	费率(%)	金额	费用类别	不可竞争费	不计入合价	备注
1		其他项目			0				
2	1	暂列金额	暂列金额		0	暂列金额	☐	☐	
3	2	暂估价	专业工程暂估价		0	暂估价	☐	☐	
4	2.1	材料（工程设备）暂估价	ZGJCLHJ		0	材料暂估价	☐	☑	
5	2.2	专业工程暂估价	专业工程暂估价		0	专业工程暂估价	☐	☑	
6	3	计日工	计日工		0	计日工	☐	☐	
7	4	总承包服务费	总承包服务费		0	总承包服务费	☐	☐	

图 6-149　其他项目费

6.3.5　编制措施项目

措施项目费是指为完成建设工程施工，发生于该工程施工前和施工过程中的技术、生活、安全、环境保护等方面的费用。措施项目费有总价措施费和单价措施费两种。总价措施费包括安全文明施工费和其他措施费（费率类），其他措施费又包括夜间施工增加费、二次搬运费、冬雨季施工增加费以及其他四种。单价措施费（费率类）是项目中套用的清单和定额。

1. 总价措施费

总价措施费如图 6-150 所示。

造价分析 工程概况 分部分项 措施项目 其他项目 人材机汇总 费用汇总

	序号	类别	名称	单位	项目特征	工程量	组价方式	计算基数	费率(%)	综合单价	综合合价
	⊟		措施项目								20634.04
	⊟ 一		总价措施费								4501.72
1	011707001001		安全文明施工费	项		1	计算公式组价	FBFX_AQWMSGF+DJCS_AQWMSGF		3083.36	3083.36
2	⊟ 01		其他措施费（费率类）	项		1	子措施组价			1418.36	1418.36
3	011707002…		夜间施工增加费	项		1	计算公式组价	FBFX_QTCSF+DJCS_QTCSF	25	354.59	354.59
4	011707004…		二次搬运费	项		1	计算公式组价	FBFX_QTCSF+DJCS_QTCSF	50	709.18	709.18
5	011707005…		冬雨季施工增加费	项		1	计算公式组价	FBFX_QTCSF+DJCS_QTCSF	25	354.59	354.59
6	02		其他（费率类）	项		1	计算公式组价			0	0

图 6-150　总价措施费

2. 单价措施费（费率类）

①综合脚手架措施项目费，如图 6-151 所示。

	序号	类别	名称	单位	项目特征	工程量	组价方式	计算基数	费率(%)	综合单价	综合合价
8	⊟ 011701001001		综合脚手架	m^2		92.79	可计量清单			38.41	3564.06
	17-1	定	单层建筑综合脚手架 建筑面积 500m2以内	$100m^2$		0.92786				3840.95	3563.86

图 6-151　综合脚手架措施项目费

②柱措施项目费，如图 6-152 所示。

造价分析 工程概况 分部分项 措施项目 其他项目 人材机汇总 费用汇总

	序号	类别	名称	单位	项目特征	工程量	组价方式	计算基数	费率(%)	综合单价	综合合价
9	⊟ 011702002001		矩形柱	m^2	1.部位：矩形柱模板 2.高度：4.6m	42.35	可计量清单			73.2	3100.02
	5-220	定	现浇混凝土模板 矩形柱 复合模板 钢支撑	$100m^2$		0.4464				6417.19	2864.63
	5-226	定	现浇混凝土模板 柱支撑 高度超过3.6m每增加1m 钢支撑	$100m^2$		0.4464				526.8	235.16
10	⊟ 011702002002		矩形柱	m^2		11.04	可计量清单			64.17	708.44
	5-220	定	现浇混凝土模板 矩形柱 复合模板 钢支撑	$100m^2$		0.1104				6417.19	708.46
11	⊟ 011702003001		构造柱	m^2	1.部位：构造柱模板	15.88	可计量清单			56.4	895.63
	5-222	定	现浇混凝土模板 构造柱 复合模板 钢支撑	$100m^2$		0.1798				4981.45	895.66

图 6-152　柱措施项目费

③梁措施项目费，如图 6-153 所示。

造价分析 工程概况 分部分项 措施项目 其他项目 人材机汇总 费用汇总

	序号	类别	名称	单位	项目特征	工程量	组价方式	计算基数	费率(%)	综合单价	综合合价
12	⊟ 011702006001		矩形梁	m^2		0	可计量清单			0	0
	5-232	定	现浇混凝土模板 矩形梁 复合模板 钢支撑	$100m^2$		**0**				5550.69	0
	5-242	定	现浇混凝土模板 梁支撑 高度超过3.6m每超过1m 钢支撑	$100m^2$		**0**				548.95	0
13	⊟ 011702008001		圈梁	m^2	1. 地圈梁模板	17.12	可计量清单			62.85	1075.99
	5-235	定	现浇混凝土模板 圈梁 直形 复合模板 钢支撑	$100m^2$		0.17117				6286.65	1076.09

图 6-153　梁措施项目费

④板措施项目费，如图 6-154 所示。

	序号	类别	名称	单位	项目特征	工程量	组价方式	计算基数	费率(%)	综合单价	综合合价
14	⊟ 011702014001		有梁板	m^2		134.49	可计量清单			38.39	5163.07
	5-256	定	现浇混凝土模板 有梁板 复合模板 钢支撑	$100m^2$		0.7668				6181.88	4740.27
	5-278	定	现浇混凝土模板 板支撑高度超过3.6m 每增加1m 钢支撑	$100m^2$		0.7668				552.09	423.34
15	⊟ 011702020001		其他板	m^2	1. M2雨篷柱板模板 标高2.050	15.62	可计量清单			38.46	600.75
	5-267	定	现浇混凝土模板 复合空心板 组合钢模板 钢支撑	$100m^2$		0.1562				3845.67	600.69

图 6-154　板措施项目费

⑤其他措施项目费，如图 6-155 所示。

16	011702023001		雨篷、悬挑板、阳台板	m²	M2小雨篷 900×100 标高2.40	2.34	可计量清单			82.29	192.56
	5-270	定	现浇混凝土模板 挂板 复合模板钢支撑	100m²		0.0234				8228.21	192.54
17	011702023002		雨篷、悬挑板、阳台板	m²	M2小雨篷 900×100模板 标高2.40	1.8	可计量清单			82.29	148.12
	5-270	定	现浇混凝土模板 挂板 复合模板钢支撑	100m²		0.018				8228.21	148.11
18	011702027001		台阶	m²	1.素土夯实 2.300厚3:7灰土垫层分两步夯实 3.100厚C15混凝土，向外坡1% 4.20厚1:4硬性水泥砂浆黏结层 5.砂浆种类：预拌砂浆 6.参选图集12YJ9-1第102页2 7.台阶模板	3.78	可计量清单			68.43	258.67
	5-285	定	现浇混凝土模板 台阶 复合模板木支撑	100m²		0.0378				6842.95	258.66
19	041102018001		压顶模板	m²	1. 女儿墙压顶模板	7.48	可计量清单			56.82	425.01
	5-289	定	现浇混凝土模板 扶手压顶 复合模板木支撑	100m²		0.0748				5682.46	425.05

图 6-155　其他措施项目费

6.3.6　调整人材机

1. 选择信息价

(1) 载入信息价

其他项目套取完成后，把界面切换至“人材机汇总”，单击“载价”，在弹出的下拉框中选择“批量载价”，如图 6-156 所示。参照招标文件的要求，选择载价地区和载价月份，如图 6-157 所示。选择完成后，点击下一步，进入载价范围选择，如全部载价，在全选处画钩，点击下一步，如图 6-158 所示。

载价　调整市场价系数　人材机无价差　存价　显示对应子目　颜色　查找　过滤　其他　工具　智能组价　云检查

批量载价
[illegible]入Excel市场价文件

措施项目　其他项目　人材机汇总　费用汇总

所有人材机
人工表
材料表
机械表
设备表
主材表
主要材料表(非电子标)
电子标评标主要材...
暂估材料表
发包人供应材料和...
承包人主要材料和...
主要材料指标表

	编码	类别	名称	规格型号	单位	数量	预算价	市场价
1	01030727	材	镀锌铁丝	φ0.7	kg	0.196951	5.95	4.602
2	01030755	材	镀锌铁丝	φ4.0	kg	33.852044	5.18	5.18
3	01050156	材	钢丝绳	φ8	m	0.214336	3.1	3.1
4	02010119	材	橡胶板	δ3	m²	87.15	30.2	30.2
5	02090101	材	塑料薄膜		m²	180.008048	0.26	0.26
6	02270123	材	棉纱头		kg	1.66	12	12
7	02270133	材	土工布		m²	13.070028	11.7	11.7
8	03010619	材	镀锌自攻螺钉	ST5×16	个	93.345157	0.03	0.03
9	03010942	材	圆钉		kg	7.18302	7	7
10	03011069	材	对拉螺栓		kg	10.586438	8.5	8.5
11	03012725	材	膨胀螺栓		副	1245.252	0.26	0.26
12	03012857	材	塑料膨胀螺栓		套	28.473185	0.5	0.5
13	03012861	材	塑料膨胀螺栓	M3.5	套	62.204864	0.02	0.02
14	03032347	材	铝合金门窗配件固定连接铁件(地脚)	3mm×30mm×300mm	个	90.39889	0.63	0.63
15	03131975	材	水砂纸		张	4.98	0.42	0.42
16	03210439	材	零星卡具		kg	4.320492	4.95	4.95
17	04010129	材	水泥	32.5	t	3.052466	307	307
18	04010133	材	水泥	42.5	t	0.247302	337.5	337.5
19	04030143	材	砂子	中粗砂	m³	6.079441	67	67
20	04090213	材	生石灰		t	3.126754	130	130

图 6-156　批量载价

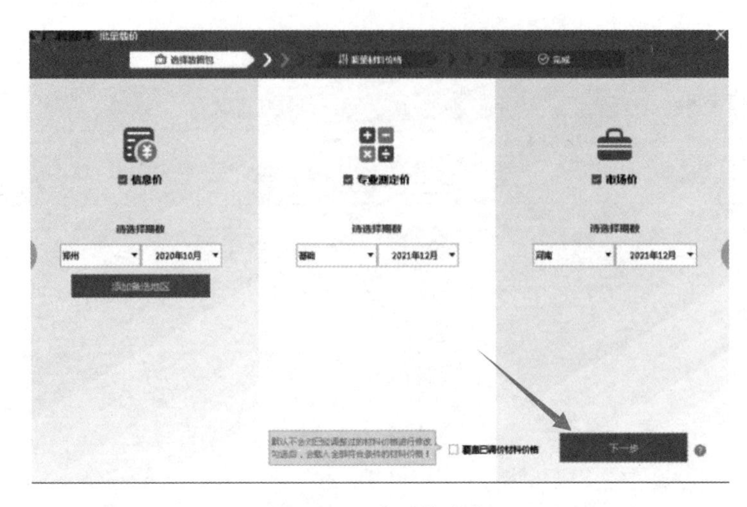

图 6-157　载入信息价

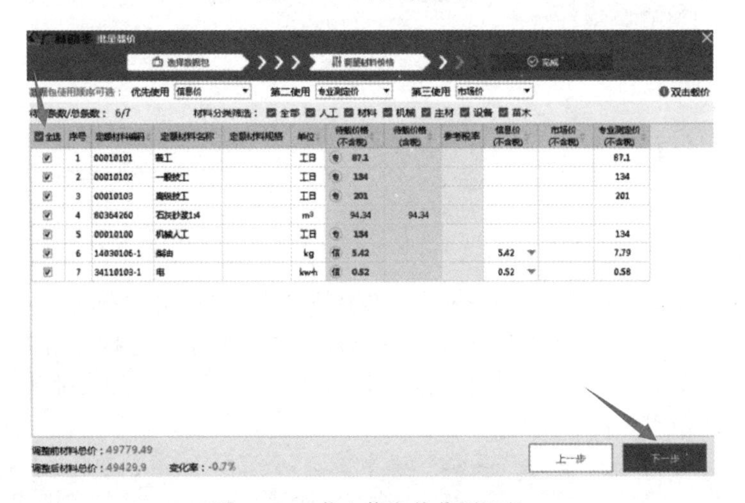

图 6-158　载入信息价范围调整

信息价载入完成后或对价格进行调整后，就可以看到市场价的变化，并在价格来源列看到价格的来源，如图 6-159 所示。

编码	类别	名称	规格型号	单位	数量	预算价	市场价	价格来源
11110111	材	塑钢推拉门		m^2	13.52871	187.72	154.87	郑州信息价(2020年10月)
11110221	材	塑钢推拉窗	(含5mm玻璃)	m^2	4.594158	195.17	141.59	郑州信息价(2020年10月)
12010204	材	防滑木条		m^3	0.000928	1336	1288.82	河南专业测定价(2021年12月)
13030133	材	成品腻子粉		kg	14.37062	0.7	0.89	河南专业测定价(2021年12月)
13030237	材	聚氨酯甲乙涂料		kg	108.08532	12	11.57	河南专业测定价(2021年12月)
13050155	材	红丹防锈漆		kg	5.005805	14.8	12.08	河南专业测定价(2021年12月)
14050106	材	油漆溶剂油		kg	0.443517	4.4	6.75	郑州信息价(2020年10月)
14330125	材	羧甲基纤维素		kg	0.2822	8.43	8.13	河南专业测定价(2021年12月)
14330169	材	二甲苯		kg	2.4389	7	6.34	河南专业测定价(2021年12月)

图 6-159　查看价格来源

（2）手动调整信息价

如图 6-160 所示，选择需要进行调整信息价的材料，选择镀锌铁丝，然后在信息服务界面选择信息价，找到对应的规格型号双击该项，人材机汇总中钢筋市场价和价格来源就会自动调整。

	编码	类别	名称	规格型号	单位	数量	预算价	市场价	价格来源
1	01030727	材	镀锌铁丝	φ0.7	kg	0.196951	5.95	4.602	郑州信息价(2020年10月)
2	01030755	材	镀锌铁丝	φ4.0	kg	33.852044	5.18	5.18	
3	01050158	材	钢丝绳	φ8	m	0.214336	3.1	3.1	
4	02010119	材	橡胶板	δ3	m²	87.15	30.2	30.2	
5	02090101	材	塑料薄膜		m²	180.008048	0.26	0.26	
6	02270123	材	棉纱头		kg	1.66	12	12	
7	02270133	材	土工布		m²	13.070028	11.7	11.7	
8	03010619	材	镀锌自攻螺钉	ST5×16	个	93.345157	0.03	0.03	
9	03010942	材	圆钉		kg	7.18302	7	7	
10	03011069	材	对拉螺栓		kg	10.586438	8.5	8.5	

广材信息服务

广材助手　全部类型　信息价　专业测定价　市场价　广材网　企业材料库　人工询价　全国政策　购买　帮助

地区 郑州　期数 2020年10月　更新时间　本期说明

所有材料类别：黑色金属　有色金属　水泥及水泥制品

显示本期价格　显示平均价

序号	材料名称	规格型号	单位	不含税市场价(除税价)	含税市场价	历史价	报价时间
1	镀锌铁丝	8~10号	t	4601.77	5200		2020-10-15
2	镀锌铁丝	16~22号	t	4601.77	5200		2020-10-15

图 6-160　手动调整信息价

2. 造价系数调整

造价系数调整可通过设置调整范围和调整系数，直接对造价进行快速调整。在人材机汇总界面选择统一调价中的造价系数调整，如图 6-161 所示。然后在弹出的调整界面中设置调整范围和调整系数，如图 6-162 所示。完成后点击调整，根据提示选择是否进行调整前备份，如图 6-163 所示，如不需要备份可直接选择调整。

项目自检　费用查看　统一调价　全费用切换　载价　调整市场价系数　人材机无价差　存价　显示对应子目　颜色　查找　过滤　其他　工具　智能组价　云检查

指定造价调整　造价系数调整

造价分析　工程概况　其他项目　人材机汇总　费用汇总　市场价合计:26706312.08

所有人材机：人工表　材料表　机械表　设备表　主材表

	编码	类别	名称	规格型号	单位	数量	预算价	市场价	价格来源
1	00010101	人	普工		工日	19718.824622	87.1	87.1	
2	00010102	人	一般技工		工日	36542.003785	134	134	
3	00010103	人	高级技工		工日	10409.443908	201	201	
4	01000106	材	型钢	综合	t	0.09	3415	3299.12	自行询价
5	01010101	材	钢筋	HPB300 φ10以内	kg	16579.08	3.5	4.991	郑州信息价(2021年07月)
6	0101010101	材	钢筋	HPB300 φ10以内	kg	213468.0684	3.5	3.056	自行询价

图 6-161　选择统一调价

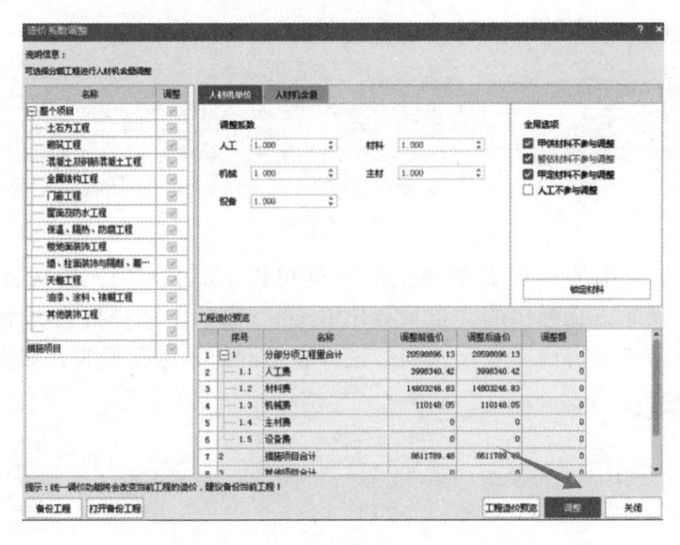

图 6-162　设置调整范围和调整系数

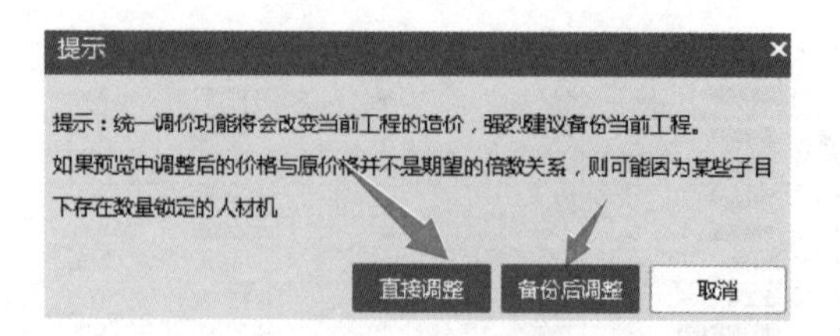

图 6-163　选择是否进行调整前备份

6.3.7　计取规费和税金

在“费用汇总”界面，查看工程的费用表，如图 6-164 所示。

造价分析 | 工程概况 | 分部分项 | 措施项目 | 其他项目 | 人材机汇总 | 费用汇总 | 费用汇总文件：工程造价计价程序

	序号	费用代号	名称	计算基数	基数说明	费率(%)	金额	费用类别	备注	输出
1	1	A	分部分项工程	FBFXHJ	分部分项合计		106, 928. 36	分部分项工程费		☑
2	2	B	措施项目	CSXMHJ	措施项目合计		22, 273. 32	措施项目费		☑
3	2.1	B1	其中：安全文明施工费	AQWMSGF	安全文明施工费		4, 200. 94	安全文明施工费		☑
4	2.2	B2	其他措施费（费率类）	QTCSF + QTF	其他措施费+其他（费率类）		1, 932. 44	其他措施费		☑
5	2.3	B3	单价措施费	DJCSHJ	单价措施合计		16, 139. 94	单价措施费		☑
6	3	C	其他项目	C1 + C2 + C3 + C4 + C5	其中：1）暂列金额+2）专业工程暂估价+3）计日工+4）总承包服务费+5）其他		0. 00	其他项目费		☑
7	3.1	C1	其中：1）暂列金额	ZLJE	暂列金额		0. 00	暂列金额		☑
8	3.2	C2	2）专业工程暂估价	ZYGCZGJ	专业工程暂估价		0. 00	专业工程暂估价		☑
9	3.3	C3	3）计日工	JRG	计日工		0. 00	计日工		☑
10	3.4	C4	4）总承包服务费	ZCBFWF	总承包服务费		0. 00	总包服务费		☑
11	3.5	C5	5）其他				0. 00			☑
12	4	D	规费	D1 + D2 + D3	定额规费+工程排污费+其他		5, 207. 93	规费	不可竞争费	☑
13	4.1	D1	定额规费	FBFX_GF + DJCS_GF	分部分项规费+单价措施规费		5, 207. 93	定额规费		☑
14	4.2	D2	工程排污费				0. 00	工程排污费	据实计取	☑
15	4.3	D3	其他				0. 00			☑
16	5	E	不含税工程造价合计	A + B + C + D	分部分项工程+措施项目+其他项目+规费		134, 409. 61			☑
17	6	F	增值税	E	不含税工程造价合计	9	12, 096. 86	增值税	一般计税方法	☑
18	7	G	含税工程造价合计	E + F	不含税工程造价合计+增值税		146, 506. 47	工程造价		☑

图 6-164　计取规费和税金

6.3.8　报表的导出

计价文件编制完成后，需要根据实际需要导出报表，接下来介绍一下招标文件报表的导出步骤。

首先，在导航栏中把页面切换到“报表”，如图 6-165 所示。

图 6-165　选择报表

然后再选择需要导出的报表类型并点击（这里以 Excel 为例，故选择“批量导出 Excel”），如图 6-166 所示。在弹出的“批量导出 Excel”窗口中选择报表类型和需要导出的报表，选择完成后单击“导出选择表”选项，选择合适的位置保存报表，如图 6-167 所示。

图 6-166　批量导出 Excel

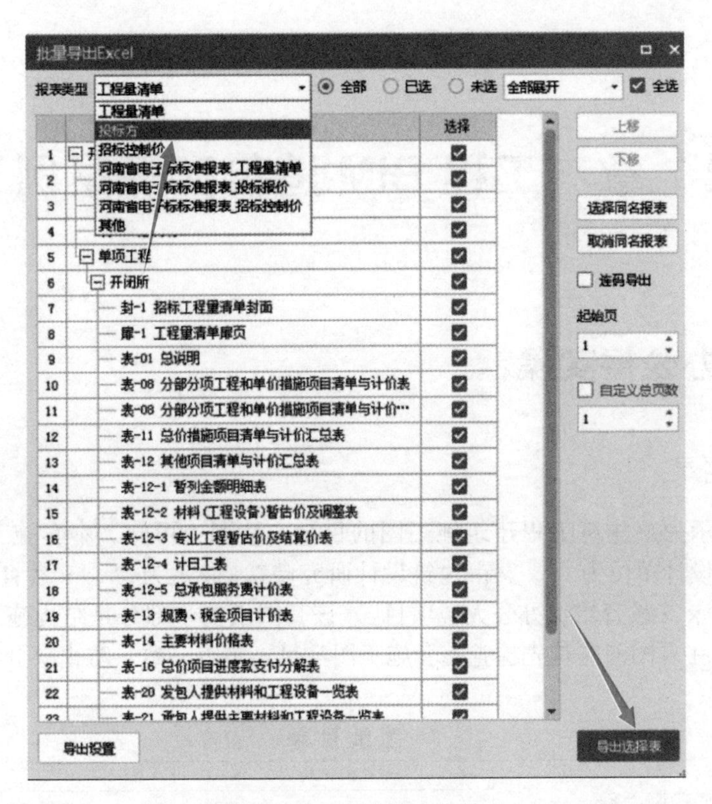

图 6-167　投标方导出选择表

由于本书篇幅有限，报表的导出不再逐一列出。

第 7 章　工程 BIM 造价实操案例二

7.1　五层办公楼实操

7.1.1　图纸目录

如图 7-1 所示为某建筑工程建筑施工图的目录。从图中可知，本套施工图共有 21 张，比例为 1∶100，设计单位为“××市建筑设计研究院”，业主为“××教育培训机构”，单项项目名称为“××教育培训办公大楼项目”。该套图纸前半部分是结构施工图，后半部分是建筑施工图，在看图前应首先检查整套施工图与目录是否一致，防止缺页给识图和施工造成不必要的麻烦。

图纸目录

××市建筑设计研究院	业主	××教育培训机构	图号			
	项目名称	××教育培训办公大楼项目	校核		阶段	施工图
			制表		日期	
	单项名称	××教育培训办公大楼项目				

序号	图　号	图纸名称	图幅	张数		采用标准图	重复使用图	备注
				自然张数	折合A1	图集编号	工程编号	
1		图纸目录	A4	1				
2	结施-00	结构设计说明	A2	1				
3	结施-01	基础平面图	A2	1				
4	结施-02	-1.000~18.550柱平法平面图	A2	1				
5	结施-03	4.150~14.950梁平法平面图	A2	1				
6	结施-04	18.550梁平法平面图	A2	1				
7	结施-05	4.150~14.950板平法平面图	A2	1				
8	结施-06	18.450板平法平面图	A2	1				
9	结施-07	楼梯节点图	A2	1				
10	建施-01	建筑设计说明	A2	1				
11	建施-02	工程做法明细	A2	1				
12	建施-03	一层平面图	A2	1				
13	建施-04	二层平面图	A2	1				
14	建施-05	三~四层平面图	A2	1				
15	建施-06	五层平面图	A2	1				
16	建施-07	屋面平面图	A2	1				
17	建施-08	1~8立面图	A2	1				
18	建施-09	8~1立面图	A2	1				
19	建施-10	A~D立面图	A2	1				
20	建施-11	剖面图	A2	1				
21	建施-12	楼梯节点图	A2	1				

图 7-1　图纸目录表

7.1.2　建筑设计说明

1. 设计依据

国家和地方现行的有关规范和相关法规。

2. 工程概况

①本建筑物建设地点位于市区。

②本建筑物用地概貌属于平缓场地。

③本建筑物为二类多层办公建筑。

④本建筑物合理使用年限为 50 年。

⑤本建筑物抗震设防烈度为 8 度。

⑥本建筑物结构类型为框架结构体系。

⑦本建筑物总建筑面积为 4030m^2。

⑧本建筑物建筑层数为 5 层，均在地上。

⑨本建筑物檐口距地高度为 19.05m。

⑩本建筑物设计标高 ±0.000m，相当于绝对标高暂定 100。

3. 防水设计

①本建筑物屋面工程防水等级为二级，平屋面采用 3mm 厚高聚物改性沥青防水卷材防水层，屋面雨水采用 ϕ100mmPVC 管排水方式。

②楼地面防水。在凡需要楼地面防水的房间，均做水溶性涂膜防水三道，共 2mm 厚，防水层四周卷起 150mm 高。房间在做完闭水试验后再进行下道工序施工，凡管道穿楼板处均预埋防水套管。

4. 防火设计

①防火分区。本建筑物一层为一个防火分区。

②安全疏散。本建筑物共设两部疏散楼梯，均为封闭楼梯，楼梯可到达所有使用层面，每部楼梯梯段净宽均大于 1.1m，满足安全疏散要求。

③消防设施及措施。本建筑所有构件均达到二级耐火等级要求。

5. 墙体设计

①外墙。±0.000m 以上均为 200mm 厚加气混凝土砌块墙及 50mm 厚聚苯颗粒保温复合墙体。

②外墙。±0.000m 以下均为 200mm 厚烧结普通砖墙体。

③内墙。均为 200mm 厚加气混凝土砌块墙砖墙体。

④屋顶女儿墙。采用 240mm 厚砖墙。

⑤墙体砂浆。砌块墙体、砖墙均采用 M5 水泥砂浆砌筑。

⑥墙体护角。在室内所有门窗洞口和墙体转角的凸阳角，用 1∶2 水泥砂浆做 1.8m 高护角，两边各伸出 80m。

6. 防腐防锈处理

①防腐、除锈。所有预埋铁件在预埋前均应做除锈处理；所有预埋木砖在预埋前，均应先用沥青油做防腐处理。

②所有门窗除特别注明外，门窗的立框位置居墙中线。

③室内有地漏的房间除特别注明外，其地面应自门口或墙边向地漏方向做 0.5% 的坡。

7. 雨篷

雨篷属于玻璃钢雨篷，面层是玻璃钢，底层为钢管网架，属于成品，由厂家直接定做。

8. 门窗表（表 7-1）

表 7-1 门窗数量及门窗规格一览表

编号	名称	规格（洞口尺寸）/mm		数量						备注
		宽	高	一层	二层	三层	四层	五层	总计	
M1	旋转玻璃门	1500	2100	10	10	12	12	12	56	甲方确定
M2	乙级木质防火门	1500	2400	2	2	2	2	2	10	甲方确定
M3	木质夹板门	900	2100	2	2	2	2	2	10	详见立面
M4	不锈钢玻璃门	3000	2700	1					1	详见立面
M5	塑钢推拉门	2100	2400	1					1	
C1	塑钢窗	1800	1500	20	22	22	22	22	108	详见立面
C2	塑钢窗	1800	650	2	2	2	2	2	10	详见立面
C3	塑钢窗（弧形窗）	1800	1500	2	2	2	2	2	10	

由表 7-1 可知，门的类型有旋转玻璃门、乙级木质防火门、木质夹板门、不锈钢玻璃门、塑钢推拉门。以旋转玻璃门为例，识读的内容为：旋转玻璃门的规格为 1500mm×2100mm，一层的使用数量为 10，二层的使用数量为 10，三层的使用数量为 12，四层的使用数量为 12，五层的使用数量为 12，最后总计为 56。另外，该旋转玻璃门的供应厂家是由甲方确定的。

由表 7-1 可知，该建筑主要采用塑钢窗，只是规格有差别。以塑钢窗（弧形窗）为例，识读的内容如下：塑钢窗（弧形窗）的规格为 1800mm×1500mm，一层的使用数量为 2，二层的使用数量为 2，三层的使用数量为 2，四层的使用数量为 2，五层的使用数量为 2，最后总计为 10。

其他门窗的识读与上面的方法一样，对于木质夹板门、不锈钢玻璃门以及塑钢窗的具体数据都可以通过识读立面图而得到。

7.1.3 建筑施工图

1. 平面图

（1）一层平面图

如图 7-2 所示为该栋建筑（五层办公楼）的一层平面图，具体的识读内容如下：

①该图的图名为一层平面图，比例为 1∶100。

②横轴轴线编号从左至右为①～⑧，纵轴轴线从下至上为Ⓐ～Ⓓ。

③根据总体尺寸的尺寸标注可以知道该建筑的面积，墙体厚度为 200mm。

④了解入口门厅、台阶、散水、雨水管位置及室内外标高。室内主要标高为 ±0.000m，室外地坪标高为 -0.450m。

⑤了解楼梯的位置，楼梯上下的方向，以及在接待大厅的左右两侧设置的楼梯。

⑥了解门窗的位置，在该建筑平面图的两侧设置的弧形墙，以及弧形窗。

（2）屋面平面图

在屋面的上方向下投射得到屋面平面图，屋面平面图是正投影图，如图 7-3 所示为五层办公楼的屋面平面图，比例为 1∶100。从图中可知屋面坡度为 2%，屋面标高为 18.600m。共设了 8 处侧入式雨水管，具体的落水管位置可以详见立面图。

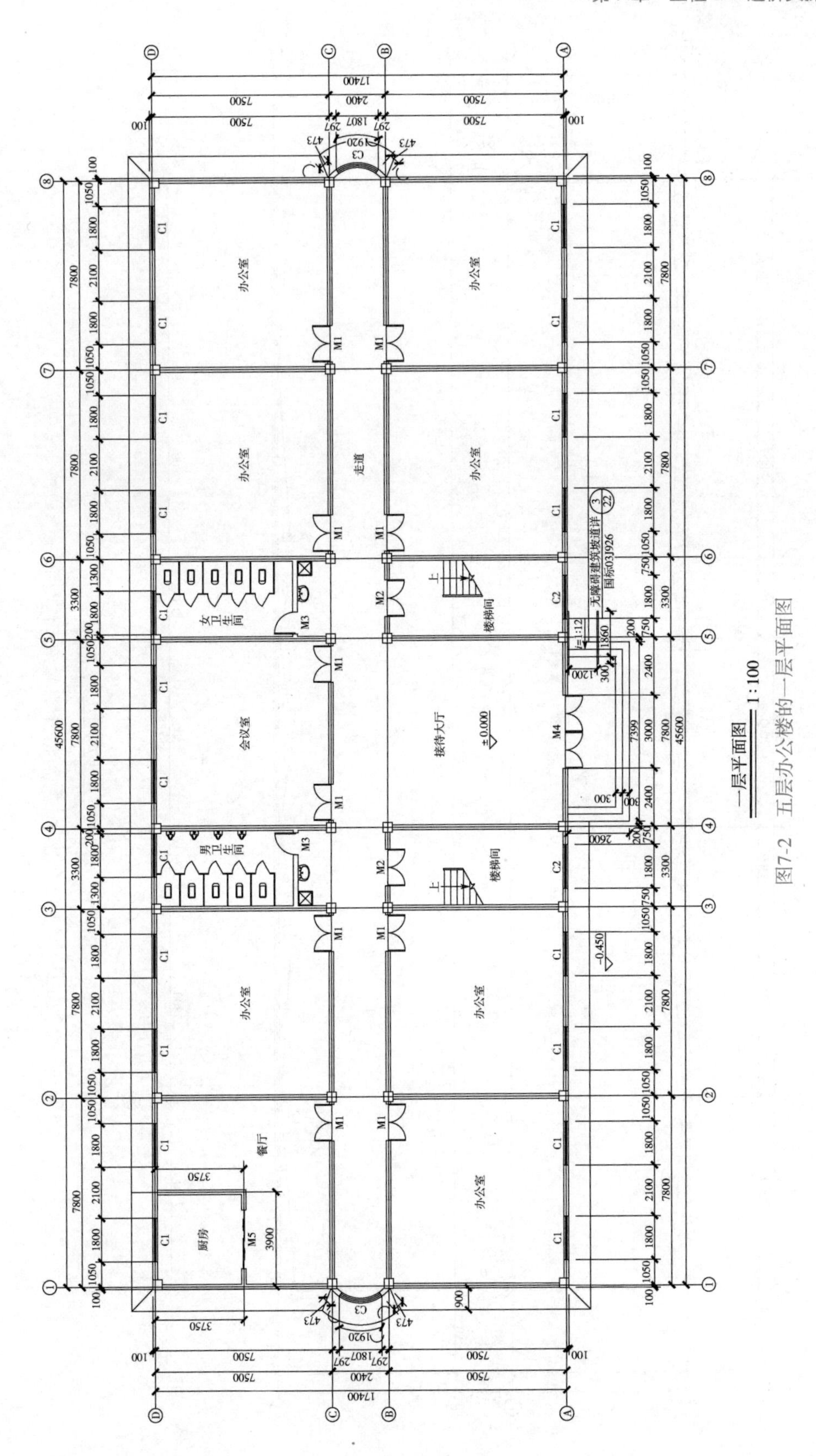

一层平面图　1:100

图 7-2　五层办公楼的一层平面图

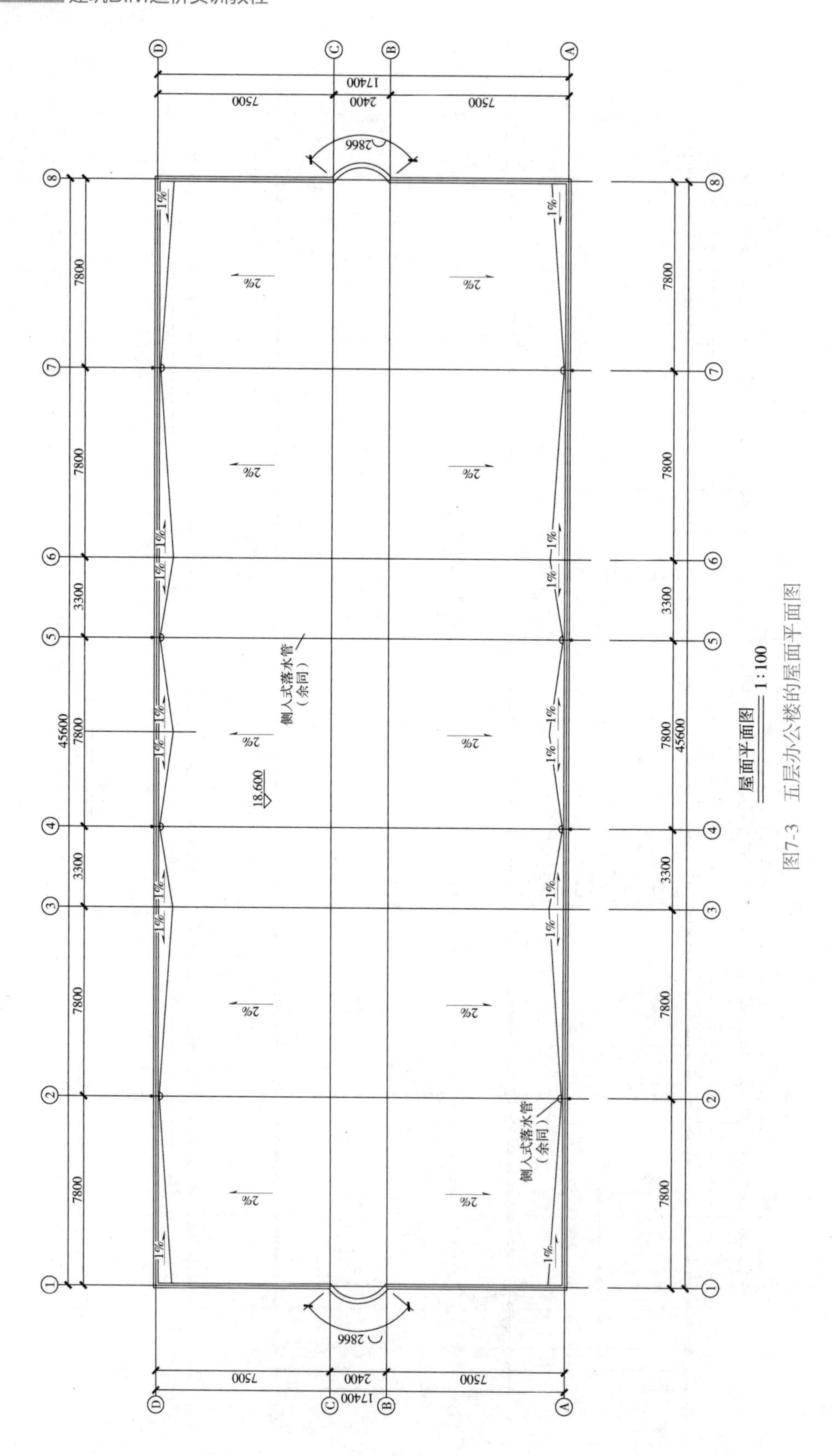

图7-3 五层办公楼的屋面平面图

2. 立面图

（1）①~⑧立面图

如图7-4所示为该栋建筑（五层办公楼）的①~⑧立面图，具体的识读内容如下：

①了解图名和比例。该图的图名为“①~⑧立面图”，两端的定位轴线为①和⑧，比例是1∶100，文字说明主要是说明外墙形式。

②了解房屋的立面造型。从图7-4可以看出，该建筑为五层，屋面为平屋面，属于左右对称式的立面造型。

③外墙面的装修做法。图7-4中有三种外墙面做法，结合工程做法明细表对三种外墙面做法的位置及做法进行识读。

a. 外墙1（面砖外墙）。10mm厚面砖，在砖粘贴面上随粘随刷一遍YJ-302混凝土界面处理剂，然后1∶1水泥砂浆勾缝。做6mm厚1∶0.2∶2.5水泥石灰膏砂浆（内掺建筑胶），刷素水泥浆一道（内掺水重5%的建筑胶），做50mm厚聚苯保温板保温层，刷一道YJ-302型混凝土界面处理剂。

b. 外墙2（大理石外墙）。属于干挂石材墙面，竖向龙骨间整个墙面用聚合物砂浆粘贴35mm厚聚苯保温板，聚苯板与角钢竖龙骨交接处贴严实，不得有缝隙，黏结面积20%，聚苯距墙10mm厚形成空气层。聚苯保温板容重大于或等于18kg/m^3。

c. 外墙3（涂料外墙）。喷HJ80-1型无机建筑涂料，6mm厚1∶2.5水泥砂浆找平，12mm厚1∶3水泥砂浆打底扫毛或划出纹道，然后刷素水泥浆一道（内掺水重5%的建筑胶），50mm厚聚苯保温板保温层，刷一道YJ-302型混凝土界面处理剂。

④从图中所注标高可知，该住宅室外地坪标高为-0.550m，一层室内地面标高为±0.000m，各层楼面标高分别为4.200m、7.800m、11.400m、15.000m、18.600m。

⑤从该立面图中可以知道大门处台阶的踏步高为0.15m以及4根落水管的具体位置。然后对照平面图了解屋顶、台阶以及弧形墙及勒脚等细部构造的形式和位置。

⑧~①立面图的识读方法参照①~⑧立面图的识读方法。

（2）Ⓐ~Ⓓ立面图

如图7-5所示为五层办公楼Ⓐ~Ⓓ立面图，各层楼层标高分别为4.200m、7.800m、11.400m、15.000m、18.600m、19.200m（女儿墙），具体的识读方法与内容参照①~⑧立面图的识读方法。

3. 剖面图

如图7-6所示为五层办公楼剖面图，具体的识读内容如下：

①由图可知，该建筑的一、二层为办公室层，三、四、五层为教学层，其主要是教室，每一层都设置男、女卫生间。

②女儿墙的墙高为600mm，墙厚为240mm。

③该建筑内墙、外墙的墙厚均为200mm。

4. 详图

（1）楼梯详图

1）如图7-7所示为五层办公楼的楼梯平面图，具体的识读内容如下：

①图名。楼梯一层平面图、楼梯二至三层平面图、楼梯四层平面图，比例为1∶50。

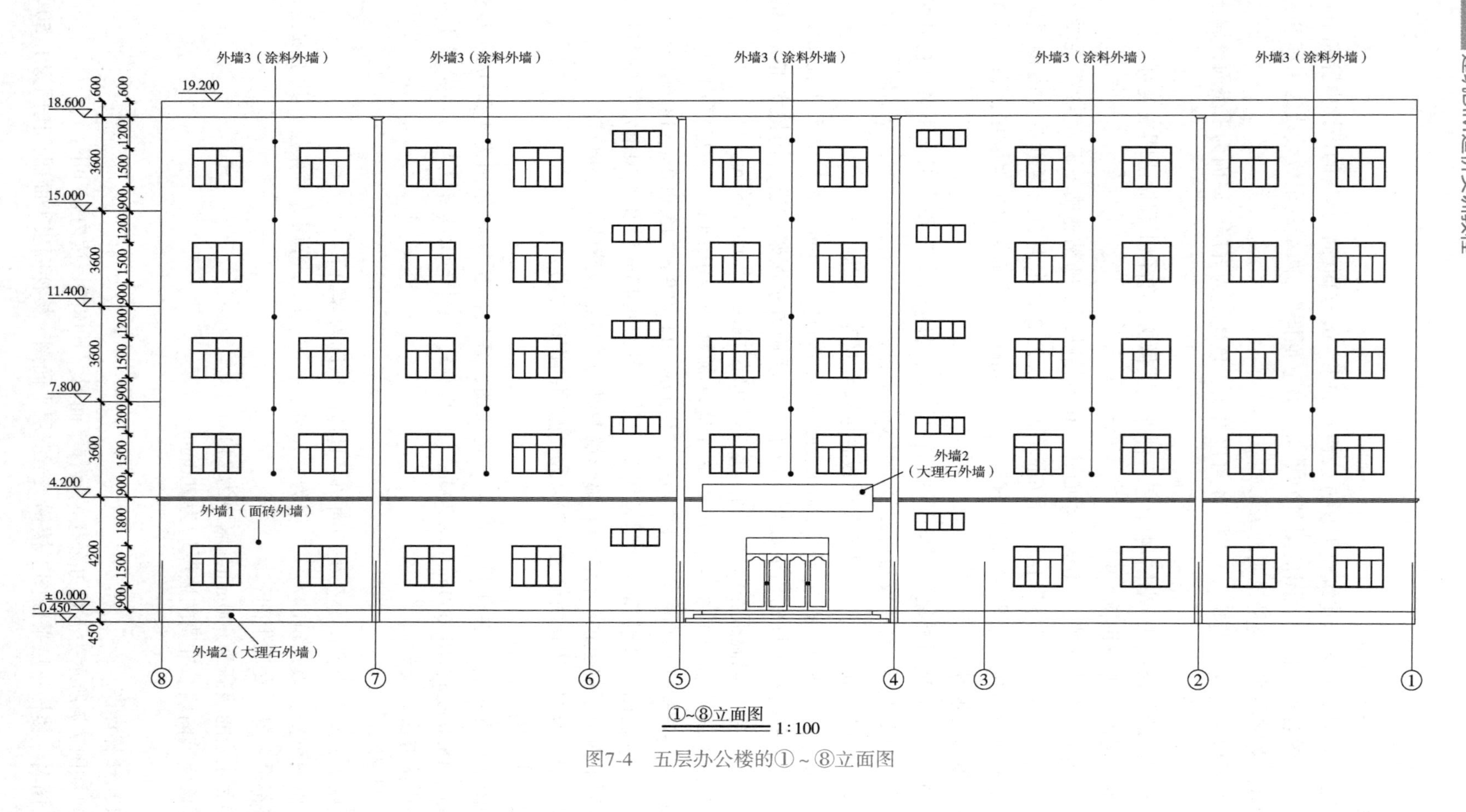

图7-4 五层办公楼的①~⑧立面图

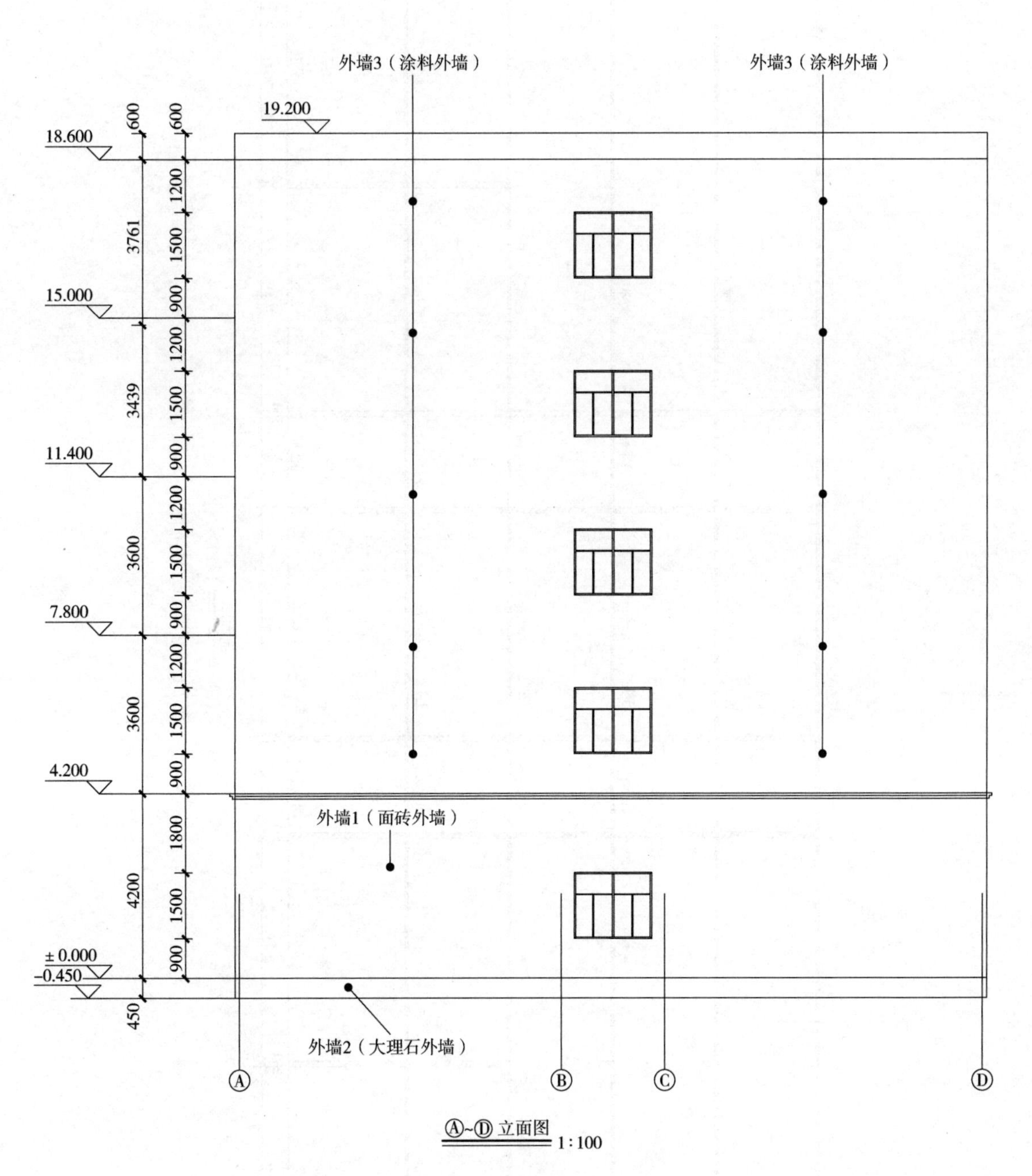

图 7-5　五层办公楼Ⓐ～Ⓓ立面图

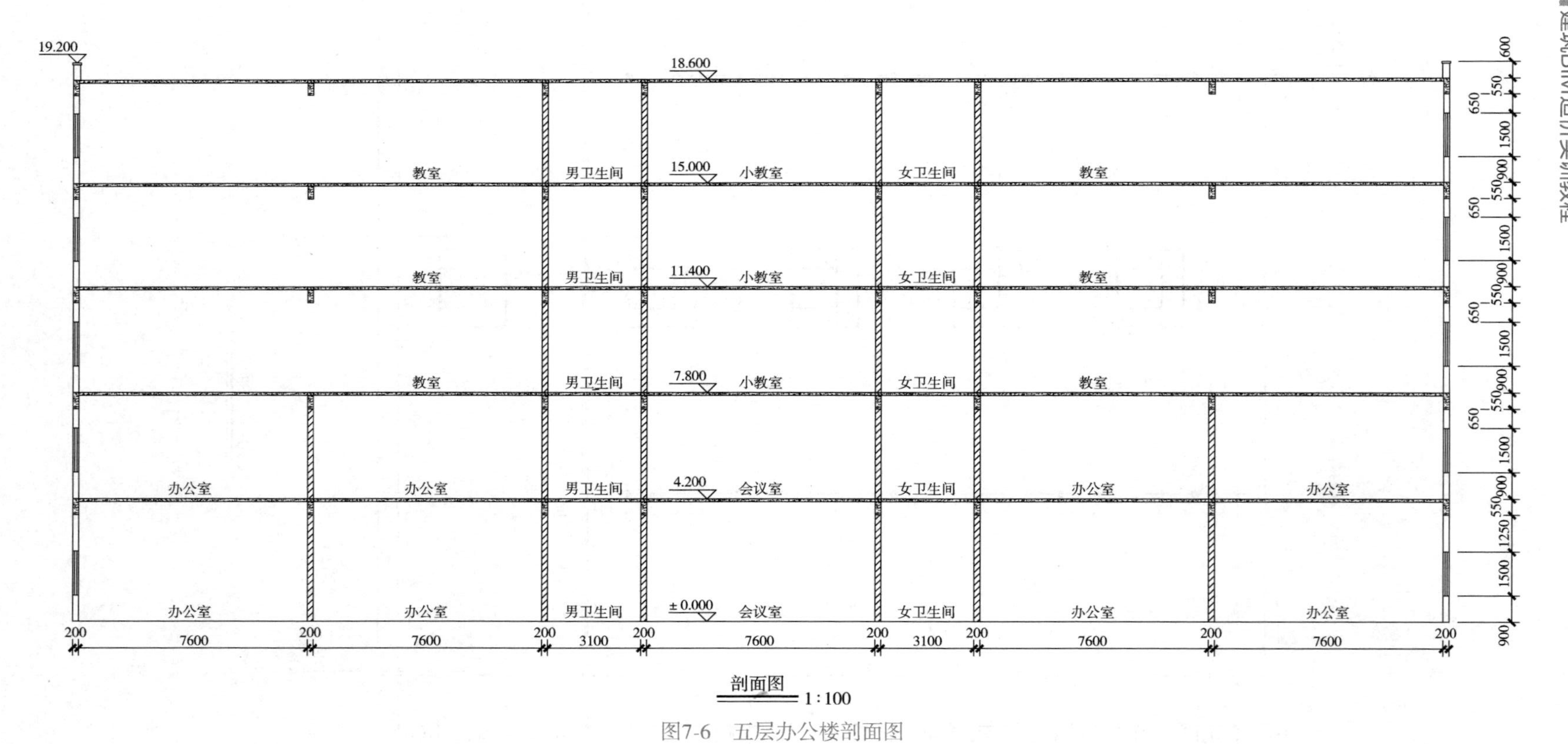

图7-6　五层办公楼剖面图

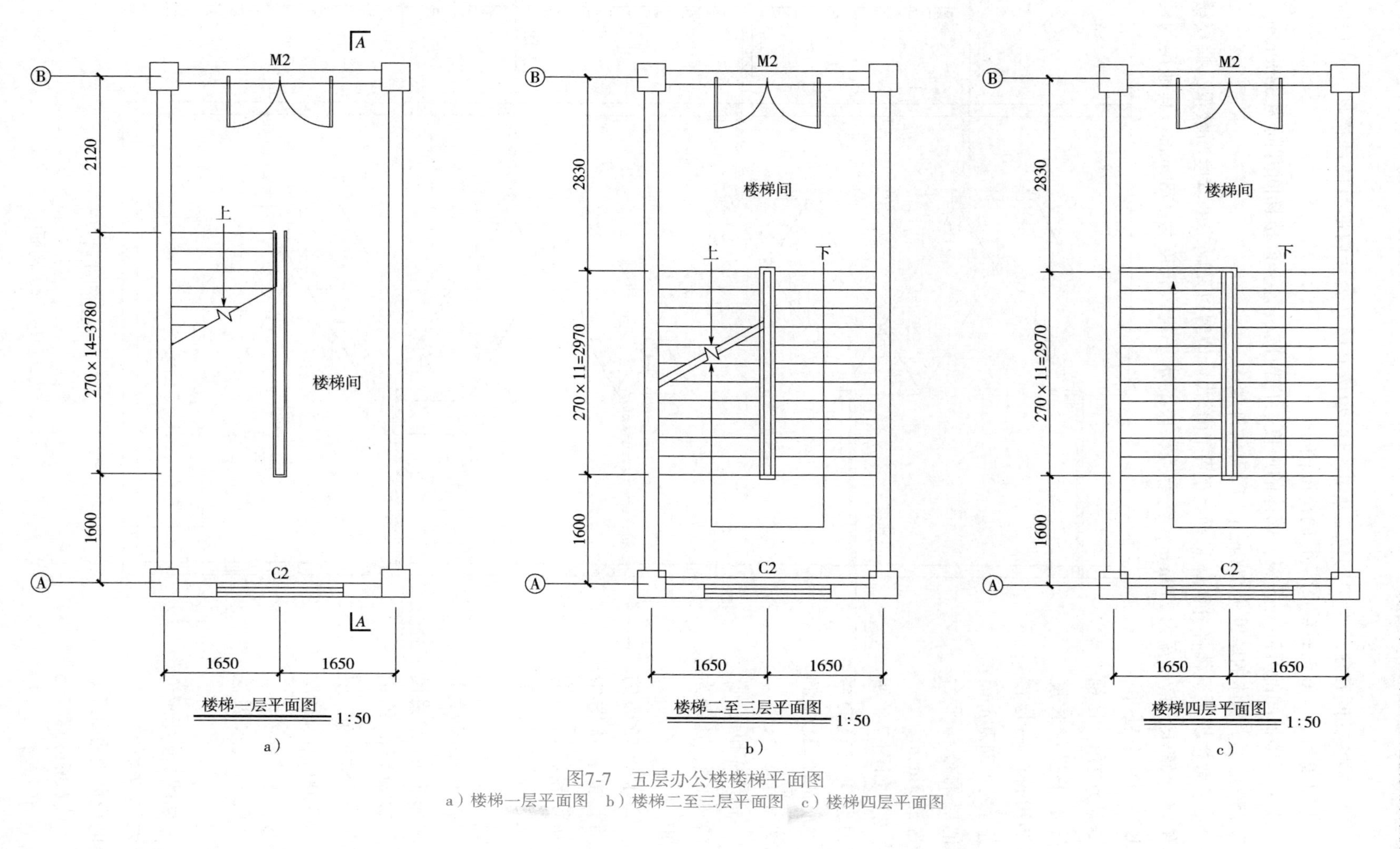

图7-7　五层办公楼楼梯平面图

a）楼梯一层平面图　b）楼梯二至三层平面图　c）楼梯四层平面图

②了解楼梯间在建筑物中的位置。由图可知该五层办公楼内部有两部楼梯，分别位于③~④轴线和⑤~⑥与轴线Ⓐ~Ⓓ的范围内。

③了解楼梯间的开间、进深、墙体的厚度、门窗的位置。该楼梯间开间为3300mm，进深为7500mm，墙体的厚度为200mm，门窗居外墙中。

④了解楼梯段、楼梯井和休息平台的平面形式、位置以及踏步的宽度与数量。底层楼梯段有14个踏步，踏步宽为270mm，整个楼梯段的水平投影长度为3780mm。其他层的楼梯段均有11个踏步，踏步宽为270，楼梯段的水平投影长度为2970mm。一层楼梯平台为2120mm，其他层的楼梯平台均为2830mm。

2）如图7-8所示为五层建筑的楼梯剖面图，具体的识读内容如下：

①图名和比例。A-A剖面图，比例为1:50。

②了解楼梯的构造形式。从图中可知该楼梯的结构形式为板式楼梯，双跑。

③了解楼梯水平和竖向的有关尺寸。该别墅的楼梯进深为7500mm，层高为3600mm，底层层高为4200mm。

（2）散水做法详图

如图7-9所示为散水做法详图，具体的识读内容如下：

①60mm厚C15细石混凝土面层，

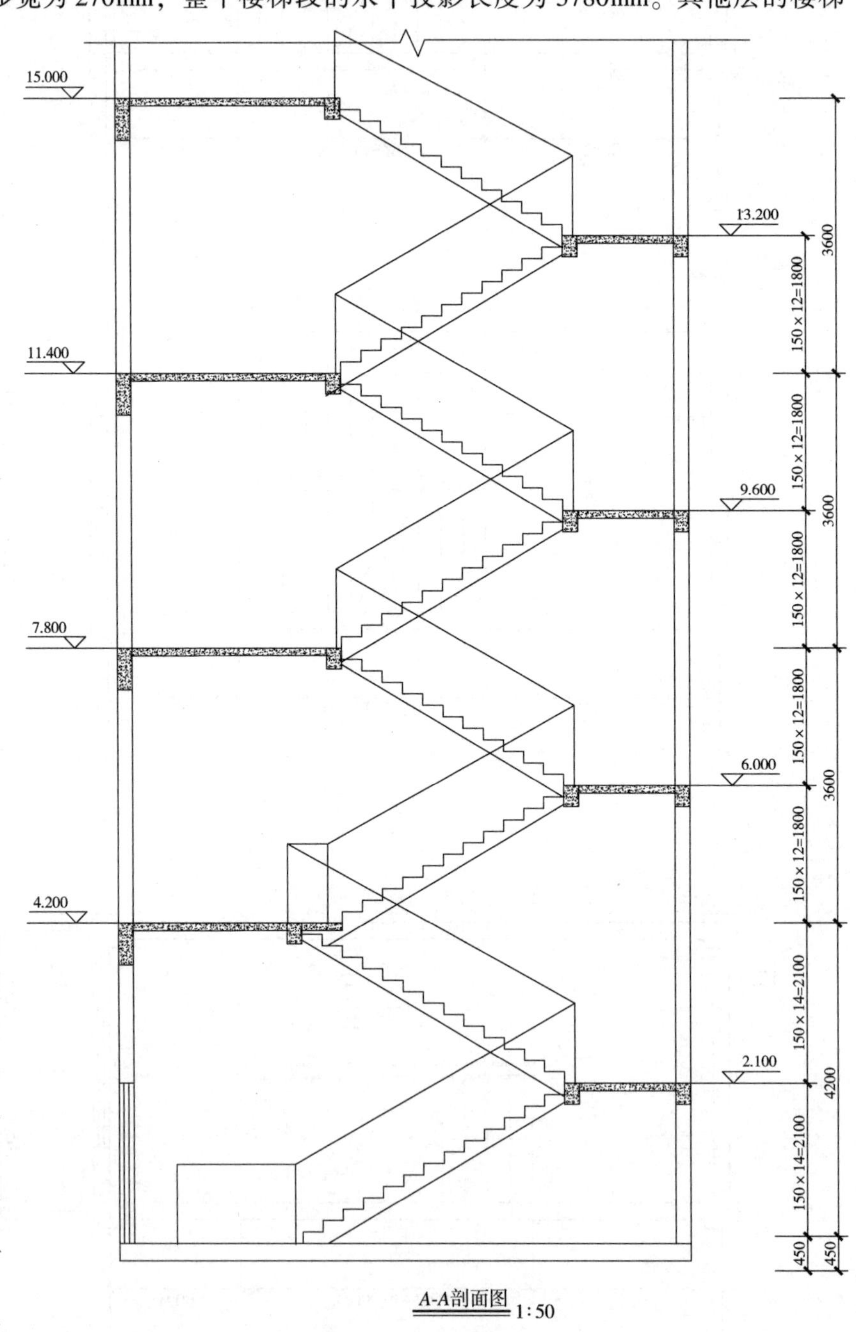

图7-8 楼梯A-A剖面图

撒1∶1水泥砂子压实赶光。

②150mm厚3∶7灰土，宽出面层300mm。

③素土夯实，向外坡4%。

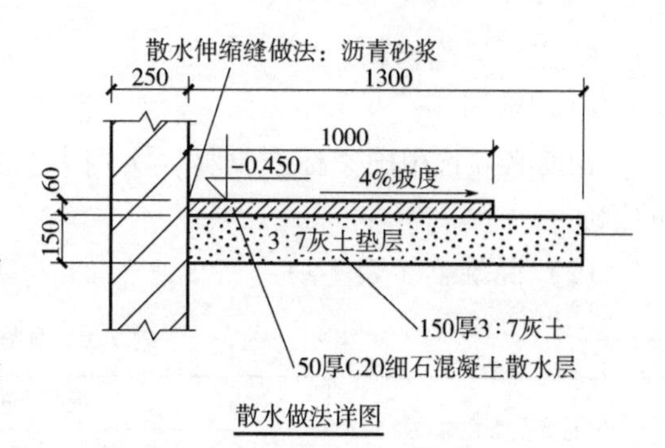

图7-9　散水做法详图

(3) 台阶装饰详图

如图7-10所示为台阶的装饰详图，具体的识读内容如下：

①20mm厚花岗岩板铺面，正、背面及四周边满涂防污剂，稀水泥浆擦缝。

②撒素水泥面（洒适量清水）。

③30mm厚1∶4硬性水泥砂浆黏结层。

④素水泥浆一道（内掺建筑胶）。

⑤100mm厚C15混凝土，台阶面向外坡1%。

⑥300mm厚3∶7灰土垫层分两步夯实。

⑦素土夯实。

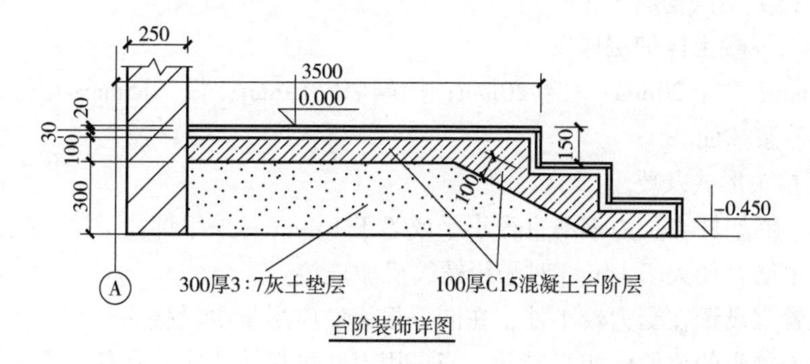

图7-10　台阶装饰详图

7.1.4　结构设计总说明

1. 工程概况

本工程为框架结构，设防烈度为8度，抗震等级为一级，地上5层。

2. 建筑结构的安全等级及设计使用年限

建筑结构的安全等级：二级。

建筑抗震设防类别：丙类。

设计使用年限：50年。

地基基础设计等级：乙级。

3. 本工程设计所遵循的标准、规范和规程

(1)《建筑结构荷载规范》(GB 50009—2012)

(2)《混凝土结构设计规范》(GB 50010—2010)(2015年版)

(3)《建筑抗震设计规范》(GB 50011—2010)(2016年版)

(4)《建筑地基基础设计规范》(GB 50007—2011)

(5)《混凝土结构施工图平面整体表示方法制图规则和构造详图》(16G101—1)

4. 主要结构材料

(1) 钢筋

钢筋必须选用国家标准钢材，实例中主要是采用 HPB300 级、HRB335 级、HRB400 级的钢筋。

(2) 混凝土（表 7-2）

表 7-2　混凝土的使用介绍

混凝土所在部位	混凝土的强度等级		备注
	墙、柱、梁	板	
基础垫层	—	C15	—
基础底板	—	C35	抗渗等级 P8
一至五层楼面	C35	C30	—
楼梯梁、板、柱	C25	C25	—
其余各结构构件	C25	C25	—

5. 钢筋混凝土结构构造

(1) 主筋的混凝土保护层厚度

筏板：40mm；梁：20mm；柱：20mm；抗震墙：15mm；板：15mm；露天阳台、楼梯：采用防水水泥砂浆抹面。

(2) 钢筋接头形式及要求

①框架梁、框架柱当受力钢筋直径小于或等于 14mm 时采用绑扎搭接，接头性能等级为一级；当受力钢筋直径大于 14mm 时采用螺纹机械连接。

②接头位置宜设置在受力较小处，在同一根钢筋应尽量少设接头。

③受力钢筋接头的位置应相互错开，当采用绑扎搭接接头时，在任一个 1.3 倍搭接长度区段内和当采用机械连接接头时，在任一接头处的 35d（d 为较大的直径区段内，有接头的受力钢筋截面面积占受力钢筋总截面面积的百分率应符合表 7-3 的规定。

表 7-3　钢筋接头规定

接头形式	受拉钢筋		受压钢筋
绑扎搭接接头	梁、板、墙	柱	50
	25	50	
机械接头	50		不限

7.1.5　结构施工图

1. 基础平面图

如图 7-11 所示为基础平面图，从图中可以识读的内容如下：

①图名。基础平面图，比例为 1∶100。

②从图中可看出该建筑基础采用筏形基础，主要是基础柱梁的平面布置。基础主梁有四种编号，分别为 JZL1、JZL2、JZL3、JZL4。

③以基础主梁 JZL1 为例，识读的内容如下：从集中标注中可以看出，基础主梁编号为

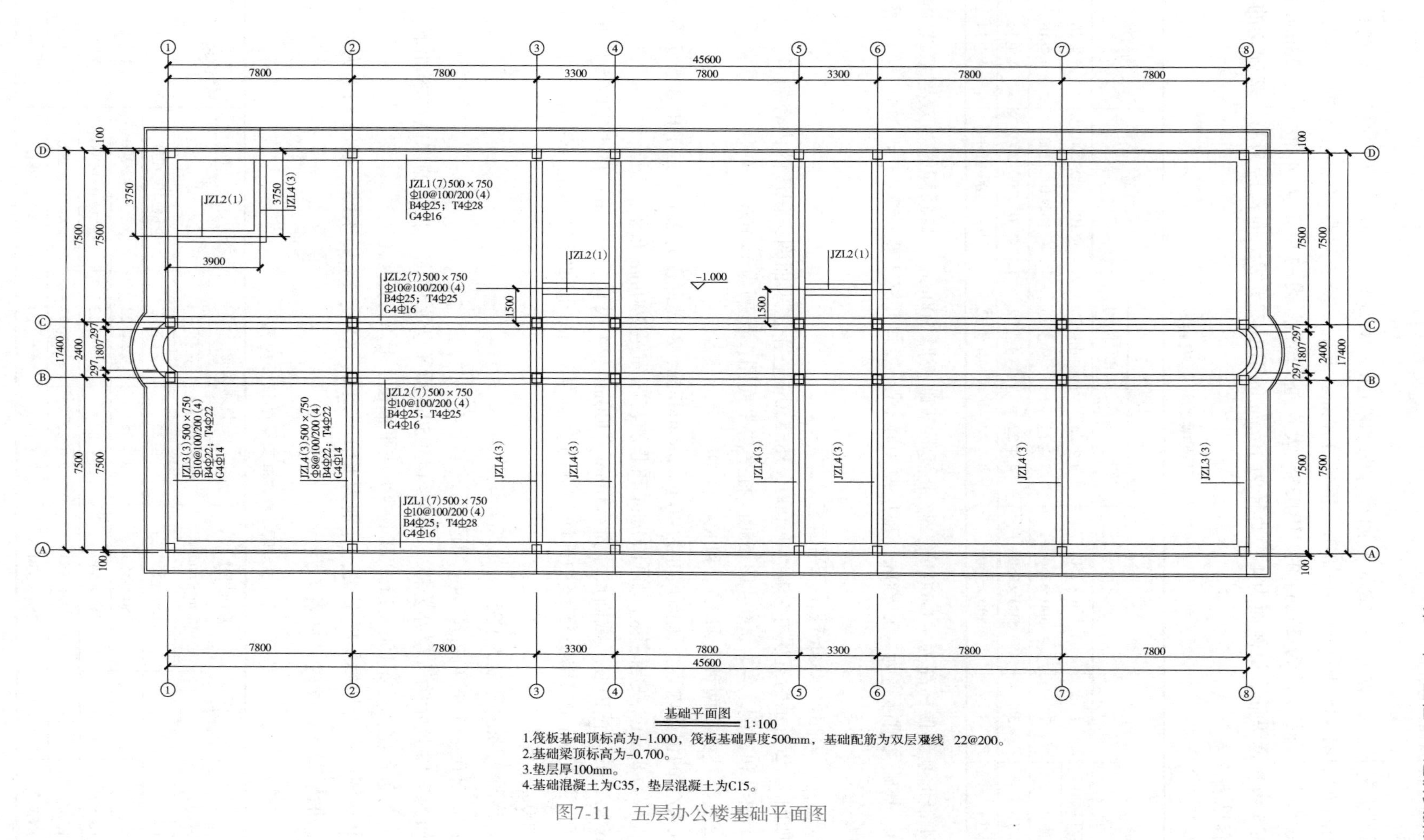

基础平面图 1:100
1.筏板基础顶标高为-1.000，筏板基础厚度500mm，基础配筋为双层双向 22@200。
2.基础梁顶标高为-0.700。
3.垫层厚100mm。
4.基础混凝土为C35，垫层混凝土为C15。

图7-11　五层办公楼基础平面图

1，两端无外伸，跨数为7，梁的截面尺寸为500mm（梁宽）×750mm（梁高）。箍筋直径为10mm的HRB335级钢筋，按加密区间距100mm和非加密区间距200mm布置，四肢箍。梁的底部为4根直径为25mm的HRB335级贯通纵筋，梁的顶部为4根直径28mm的HRB335级贯通纵筋。梁侧面为4根直径为16mm的HRB335级纵向构造钢筋，基础梁的识读内容见表7-4。

表7-4 基础梁的识读内容

梁号	跨数	截面尺寸/(mm×mm)	贯通纵筋		箍筋	构造筋
			底部（B）	顶部（T）		
JZL1	7	500×750	4⌀25	4⌀28	⌀10@100/200	4⌀16
JZL2	7	500×750	4⌀25	4⌀25	⌀10@100/200	4⌀16
JZL3	3	500×750	4⌀22	4⌀22	⌀10@100/200	4⌀14
JZL4	3	500×750	4⌀22	4⌀22	⌀8@100/200	4⌀14

④筏形基础顶标高为-1.000m，整个筏形基础板厚500mm，基础配筋为双层双线⌀22@200。基础梁顶标高为-0.700m。垫层厚100mm。基础混凝土强度等级为C35，垫层混凝土强度等级为C15。

2. -1.000~18.550m 柱平法平面图

如图7-12所示为五层办公楼-1.000~18.550m柱平法平面图，识读的内容如下：

①图名和比例。-1.000~18.550m柱平法平面图，比例为1∶100。

②框架柱共有两种，即KZ1和KZ2。

a. KZ1的识读内容。截面尺寸为400mm×400mm，8根直径为22mm的HRB335级纵筋，箍筋直径为8mm，按加密区间距100mm和非加密区间距200mm布置。

b. KZ2的识读内容。截面尺寸为400mm×400mm，4根直径为25mm的HRB335级角筋，4根直径为20mm的HRB335级中部筋，箍筋直径为8mm，按加密区间距100mm和非加密区间距200mm布置。

③混凝土强度等级为C35。

3. 4.150~14.950mm 梁平法平面图

如图7-13所示为五层办公楼4.150~14.950m梁平法平面图，具体的识读内容如下：

①图名和比例。4.150~14.950m梁平法平面图，比例为1∶100。

②该图中有五种楼层框架梁，分别为KL1、KL2、KL3、KL4、KL5。现以KL1为例进行识读，框架梁的识读内容见表7-5。

表7-5 框架梁的识读内容

梁号	跨数	截面尺寸/(mm×mm)	贯通纵筋		箍筋	构造筋
			底部（B）	顶部（T）		
KL1	7	250×550	2⌀25	2⌀22	⌀8@100/200	4⌀14
KL2	7	250×550	2⌀25	2⌀22	⌀8@100/200	4⌀14
KL3	3	250×550	2⌀22	2⌀22	⌀8@100/200	4⌀14
KL4	3	250×550	2⌀22	2⌀22	⌀8@100/200	—
KL5	1	250×550	2⌀18	2⌀20	⌀8@100	—

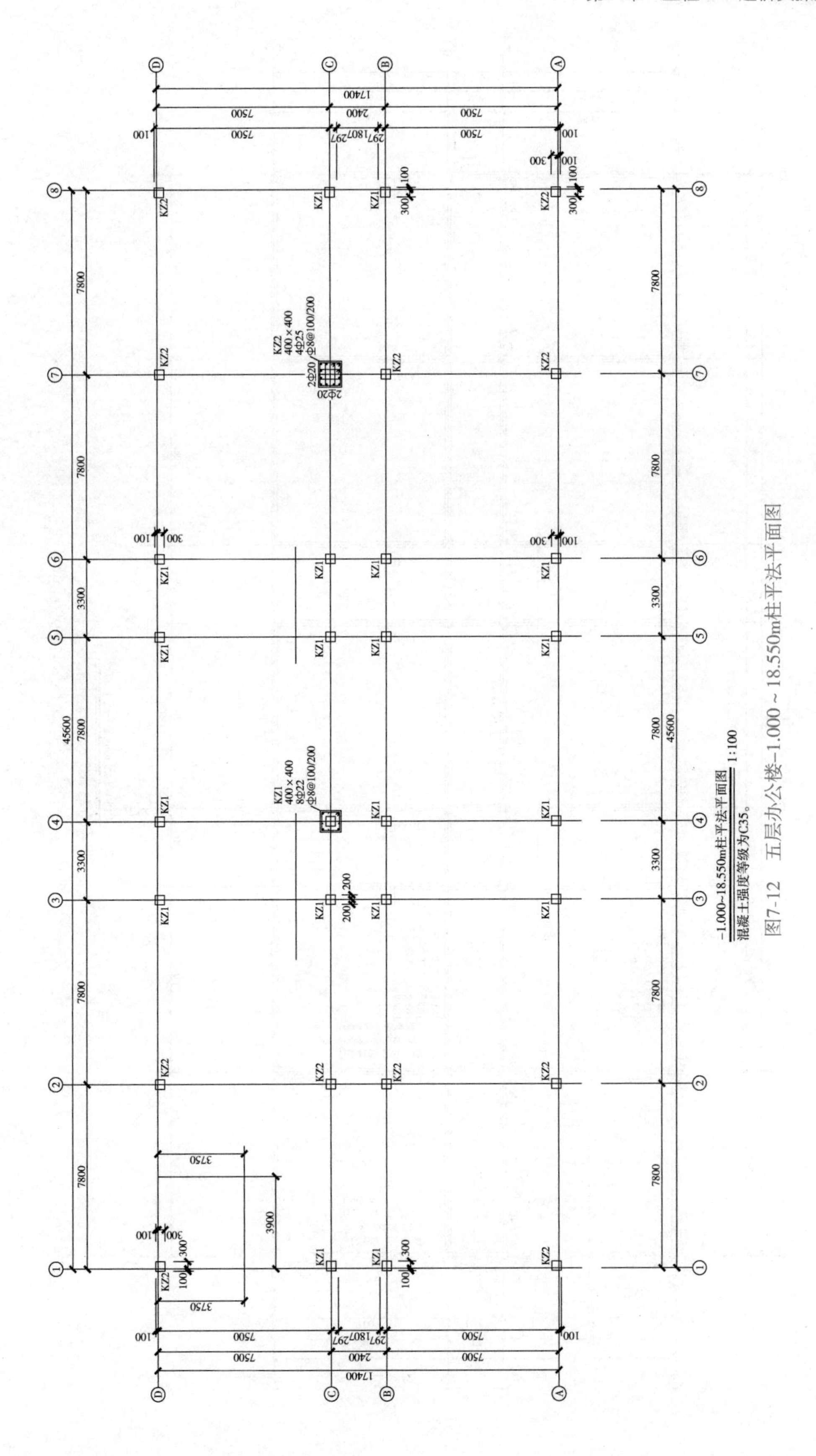

图7-12　五层办公楼-1.000～18.550m柱平法平面图

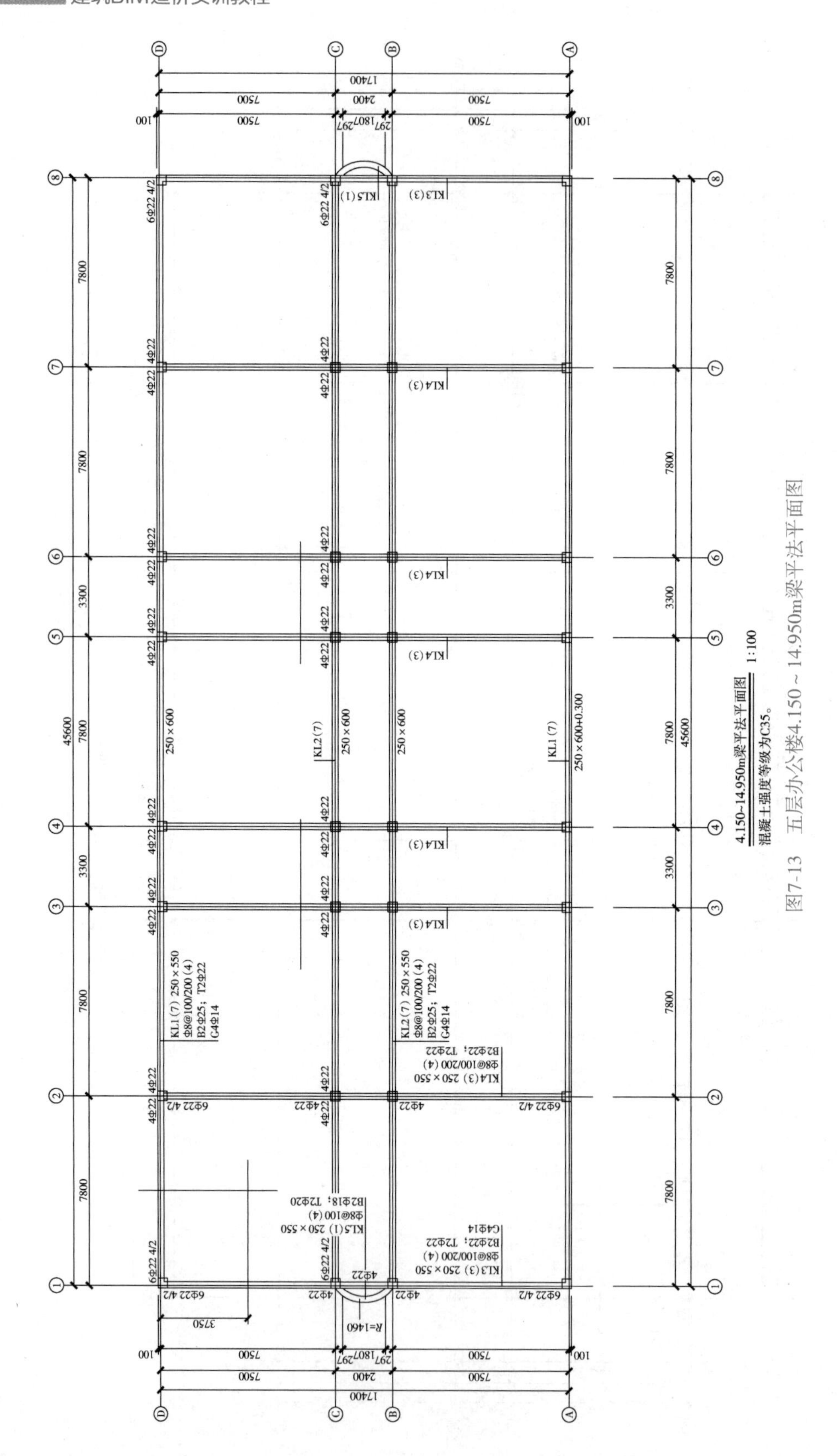

图7-13 五层办公楼4.150～14.950m梁平法平面图

KL1的识读内容：框架梁1为7跨，截面尺寸为250mm×550mm。箍筋直径为8mm，加密区间距为100mm，非加密区间距为200mm，均为四肢箍。梁的底部为2根直径为25mm的HRB335级贯通纵筋，梁的顶部为2根直径为22mm的HRB335级贯通纵筋。梁侧面为4根直径为14mm的HRB335级纵向构造钢筋。

4. 18.550m梁平法平面图

如图7-14所示为五层办公楼18.550m梁平法平面图，具体的识读内容如下：

①图名和比例。18.550m梁平法平面图，比例为1∶100。

②该图中有五种楼层框架梁，分别为WKL1、WKL2、WKL3、WKL4、WKL5。现以WKL1为例进行识读。

WKL1的识读内容：屋面框架梁1为7跨，截面尺寸为250mm×550mm。箍筋直径为8mm，加密区间距为100mm，非加密区间距为200mm，均为四肢箍。梁的底部为2根直径为22mm的HRB335级贯通纵筋，梁的顶部为2根直径22mm的HRB335级贯通纵筋。梁侧面为4根直径为14mm的HRB335级纵向构造钢筋，屋面框架梁的识读内容见表7-6。

表7-6　屋面框架梁的识读内容

梁号	跨数	截面尺寸/（mm×mm）	贯通纵筋		箍筋	构造筋
			底部（B）	顶部（T）		
WKL1	7	250×550	2⏀22	2⏀22	⏀8@100/200	4⏀14
WKL2	7	250×550	2⏀22	2⏀20	⏀8@100/200	4⏀14
WKL3	3	250×550	2⏀20	2⏀20	⏀8@100/200	4⏀14
WKL4	3	250×550	2⏀22	2⏀22	⏀8@100/200	—
WKL5	1	250×550	2⏀18	2⏀20	⏀8@100	—

5. 4.150～14.950m板平法平面图

如图7-15所示为五层办公楼4.150～14.950m板平法平面图，具体的识读内容如下：

①图名和比例。4.150～14.950m板平法平面图，比例为1∶100。

②该图中的楼面板有三种编号，分别是LB1、LB2、LB3，对楼面板进行识读如下：

a. LB1的识读内容。楼面板1的下部纵筋中的*X*向和*Y*向的钢筋为直径8mm的HRB400级钢筋，间距为200mm。楼面板1的上部贯通纵筋中的*X*向和*Y*向的钢筋为直径8mm的HRB400级钢筋，间距为180mm。

b. LB2的识读内容。楼面板2的板厚为120mm。楼面板1的下部纵筋中的*X*向和*Y*向的钢筋为直径8mm的HRB400级钢筋，间距为150mm。楼面板1的上部贯通纵筋中的*X*向和*Y*向的钢筋为直径8mm的HRB400级钢筋，间距为180mm。

c. LB3的识读内容。楼面板3的下部纵筋中的*X*向和*Y*向的钢筋为直径8mm的HRB400级钢筋，间距为200mm。楼面板3的上部贯通纵筋中的*X*向和*Y*向的钢筋为直径8mm的HRB400级钢筋，间距为200mm。

③未标注的板厚均为100mm，混凝土强度等级为C30，板分布钢筋均为Φ6@250，卫生间板顶标高比层顶标高低100mm。

6. 18.450m板平法平面图

如图7-16所示为五层办公楼18.450m板平法平面图，具体的识读内容如下：

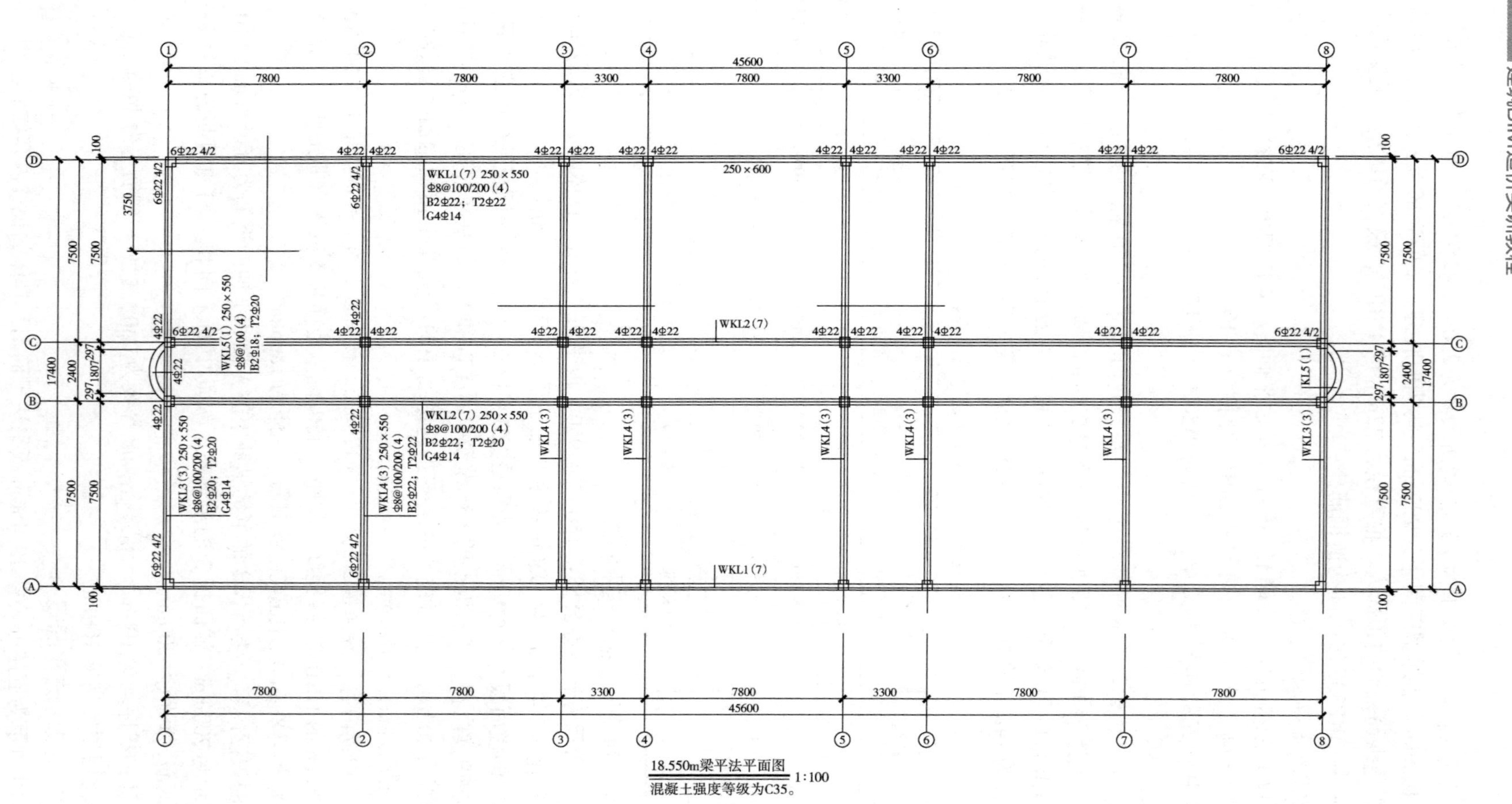

图7-14 五层办公楼18.550m梁平法平面图

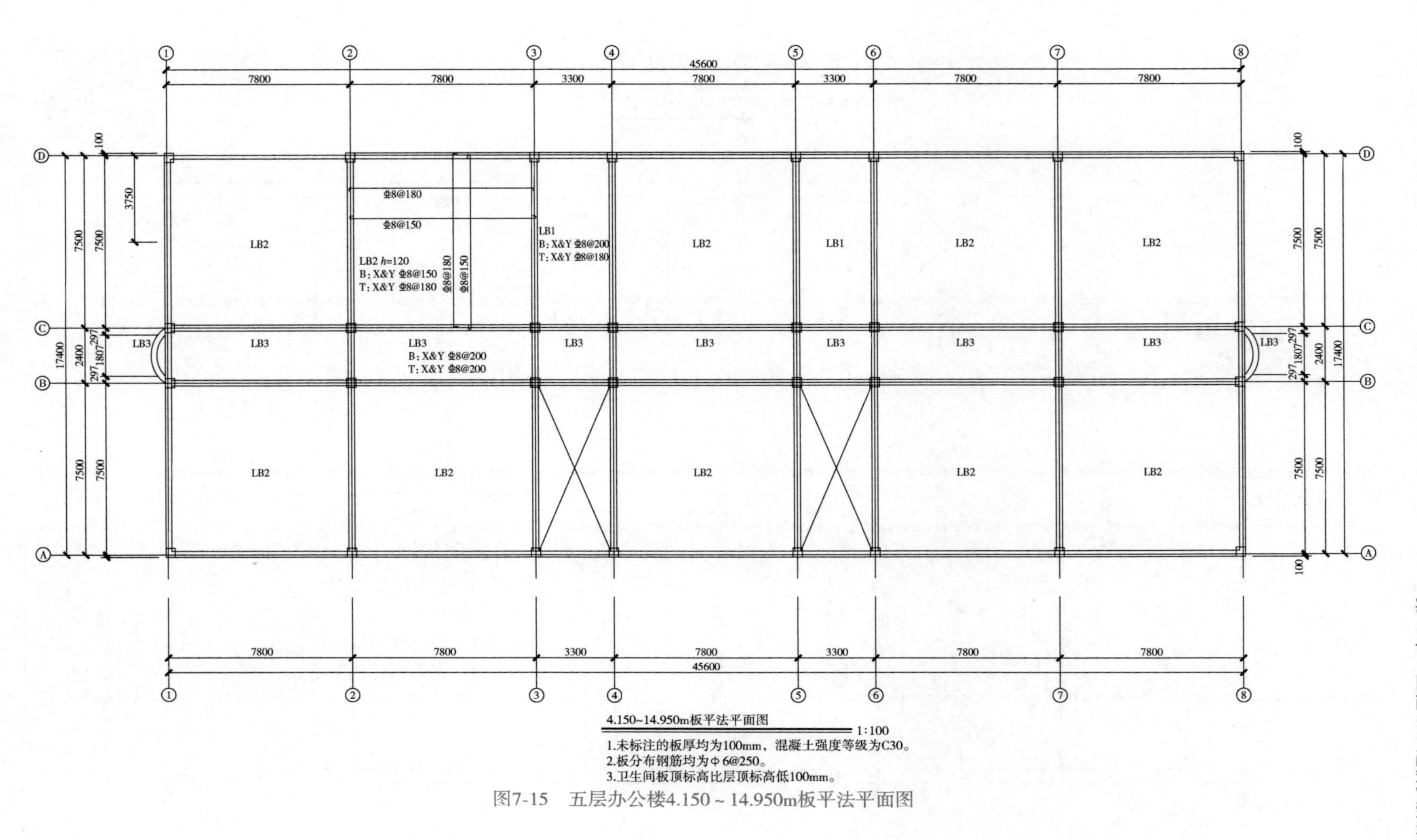

图7-15　五层办公楼4.150～14.950m板平法平面图

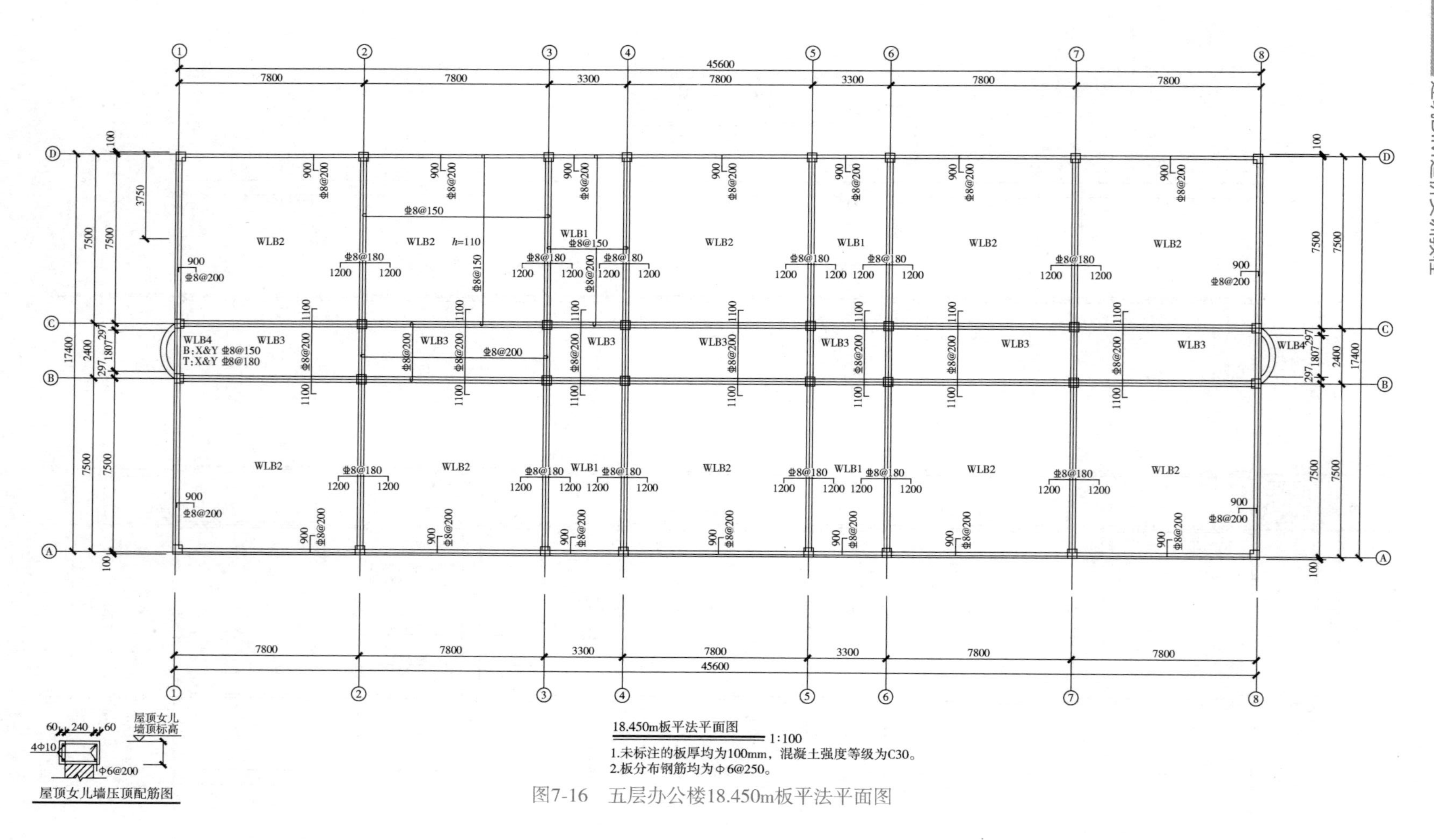

图7-16　五层办公楼18.450m板平法平面图

①如图 7-17 所示为板负筋，直径为 8mm 的 HRB400 级钢筋，间距为 180mm，以梁中心线为基准各向两边的板深入 1200mm。

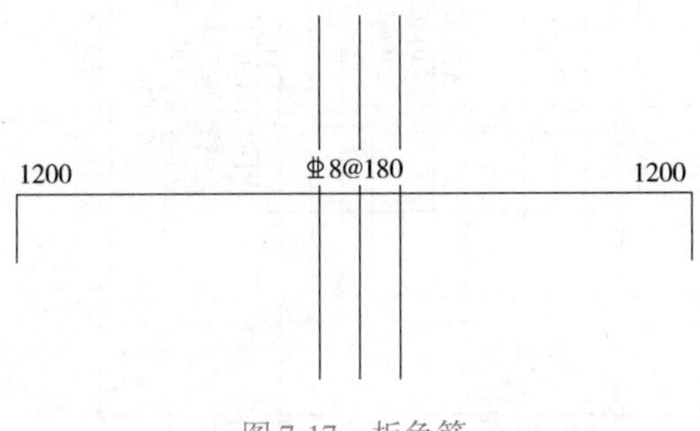

图 7-17　板负筋

②如图 7-18 所示为屋面板 3 的板筋示意图，底筋为直径 8mm 的 HRB400 级钢筋，间距为 200mm。跨板受力筋为直径 8mm 的 HRB400 级钢筋，间距为 200mm，然后向该板相邻的两块板内深入 1100mm。

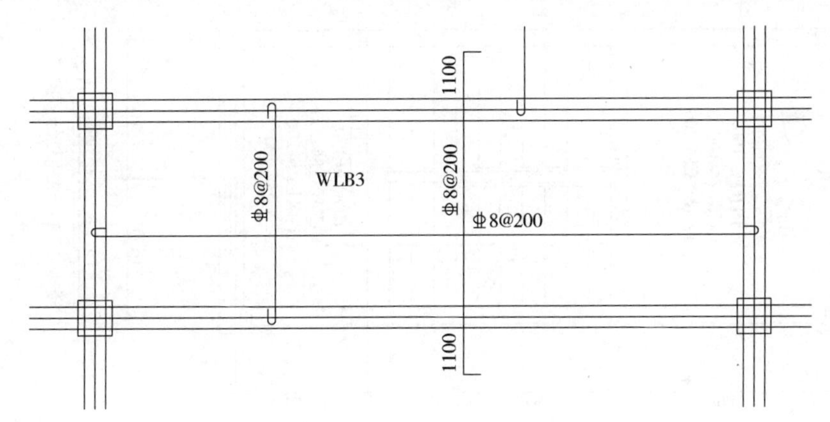

图 7-18　屋面板 3 的板筋

7. 楼梯施工图

如图 7-19 所示为五层办公楼的楼梯结构平面图，具体的识读内容如下：

①平台板 1 的识读内容。板厚为 120mm，下部纵筋中的 X 向和 Y 向的钢筋为直径 8mm 的 HRB400 级钢筋，间距为 200mm。上部贯通纵筋的 X 向钢筋为直径 10mm 的 HRB400 级钢筋，间距为 200mm，Y 向钢筋为直径 8mm 的 HRB400 级钢筋，间距为 200mm。

②平台板 2 的识读内容。板厚为 100mm，下部纵筋中的 X 向和 Y 向的钢筋为直径 8mm 的 HRB400 级钢筋，间距为 200mm。上部贯通纵筋中的 X 向和 Y 向的钢筋为直径 8mm 的 HRB400 级钢筋，间距为 200mm。

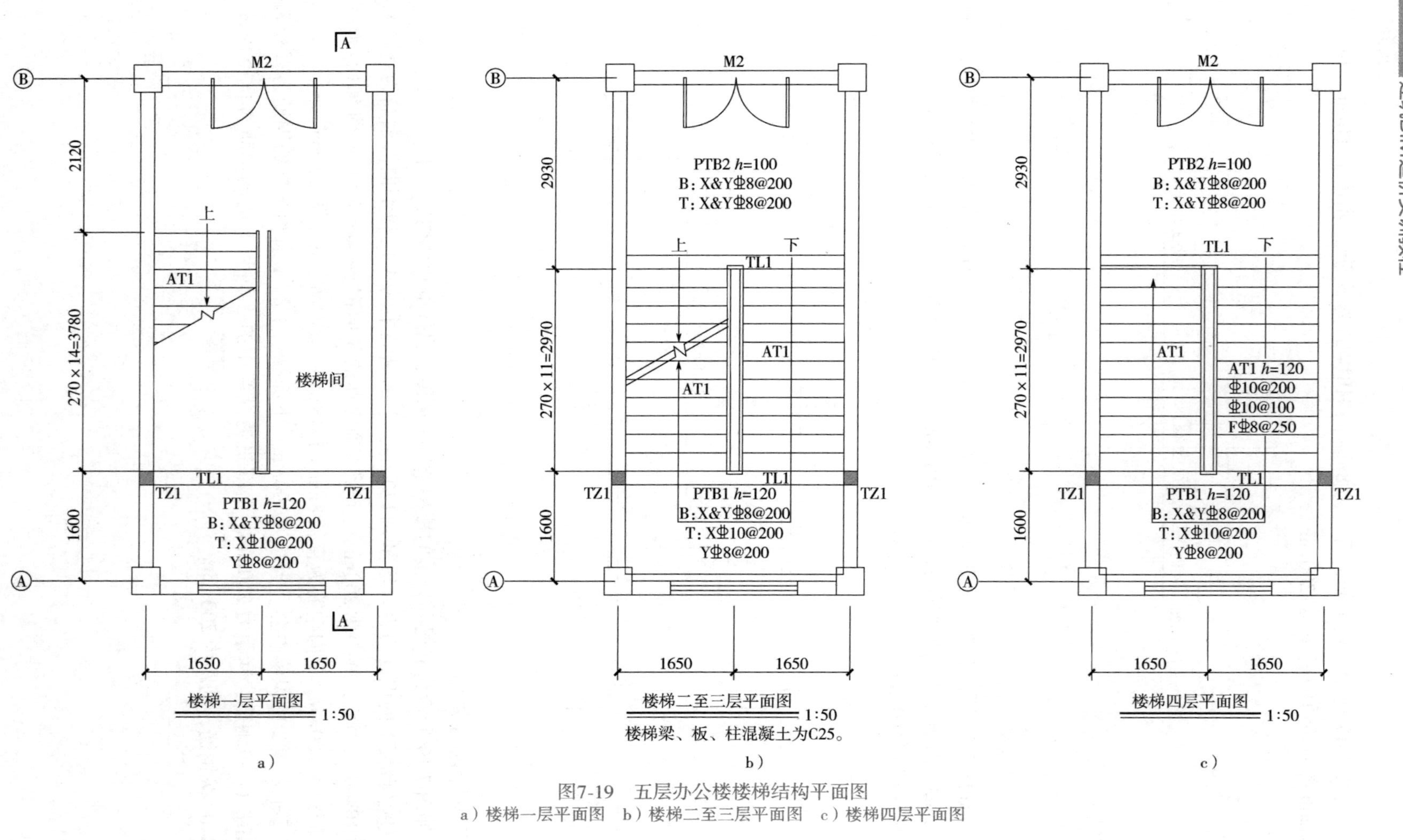

图7-19　五层办公楼楼梯结构平面图

a）楼梯一层平面图　b）楼梯二至三层平面图　c）楼梯四层平面图

7.2　GTJ2021 量筋合一绘制与出量

7.2.1　算量软件的应用

1. 工程的建立与轴网的绘制

（1）新建工程

①打开 GTJ2021，在开始界面上点击“新建工程”按钮。

②在弹出的窗口中输入工程信息。

工程名称：五层办公楼。

计算规则：根据自己的需要选择，此处选的都是河南省的计算规则。

清单定额库：采用 2013 版清单规范，以及河南省预算定额。

钢筋规则：可以直接选用系统推荐的 16G 图集，也可根据实际情况调整。

③工程创建完成后，在工程设置界面完善工程的两个关键内容：工程信息和楼层设置。

a. 工程信息。在工程信息窗口中，对当前五层办公楼工程项目的基本信息进行编辑和完善，包括工程信息、计算规则、编制信息等，如檐高 19. 05m，是框架结构、筏形基础、一级抗震、设防烈度为 8 级等。

b. 楼层设置。在楼层设置页面，对当前五层办公楼工程项目的单项工程、楼层、混凝土强度和锚固搭接进行设置。底标高可以用“建筑标高”，也可以用“结构标高”，但是不管用哪种标高，在实际建模时有些构件的标高都需要调整，可以根据自己的习惯选择，此处选择以“结构标高”为基础，如图 7-20 所示。

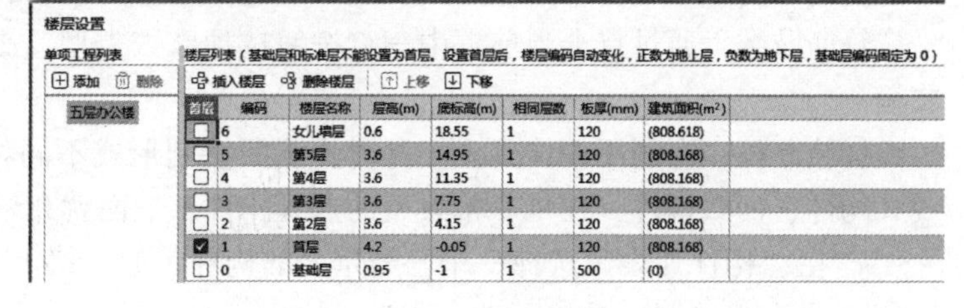

首层	编码	楼层名称	层高(m)	底标高(m)	相同层数	板厚(mm)	建筑面积(m²)
☐	6	女儿墙层	0.6	18.55	1	120	(808.618)
☐	5	第5层	3.6	14.95	1	120	(808.168)
☐	4	第4层	3.6	11.35	1	120	(808.168)
☐	3	第3层	3.6	7.75	1	120	(808.168)
☐	2	第2层	3.6	4.15	1	120	(808.168)
☑	1	首层	4.2	-0.05	1	120	(808.168)
☐	0	基础层	0.95	-1	1	500	(0)

图 7-20　楼层设置

（2）轴网绘制

在建立工程之后，第一个要建立的就是轴网。作为定位其他构件的基本参考，轴网的作用是非常巨大的。根据图纸信息绘制轴网，绘制完成的轴网如图 7-21 所示。

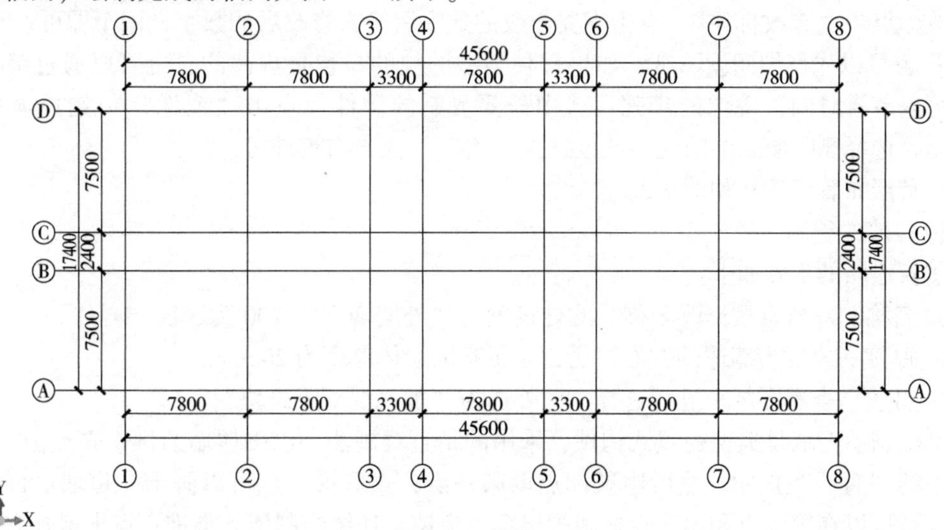

图 7-21　轴网

2. 主要构件的绘制

（1）柱的绘制

①新建柱。在完成了定义柱后，要逐一完善柱的各项属性信息，进而让软件可以根据这些属性信息完成三维的构件模型，进行钢筋与土建工程量的计算。下面以 KZ1 400mm × 400mm 为例，对其属性进行修改完善。

名称：根据图纸输入构件名称，也可以在名称上输入截面尺寸，如 KZ1 400mm × 400mm，方便后期的构件查找。

结构类别：类别会根据构件名称中的字母自动生成，KZ 生成的就是框架柱。

截面宽度（B 边）：柱的截面宽度，KZ1 的截面宽度为 400mm。

截面高度（H 边）：柱的截面高度，KZ1 的截面高度为 400mm。

全部纵筋：表示柱截面内所有的纵筋，如 8 ⌀22；如果纵筋有不同的级别和直径则使用“ + ”连接，如 4 ⌀25 + 4 ⌀22。

注：软件中为便于输入用 A 表示一级钢筋，B 表示为二级钢筋，C 表示为三级钢筋。

角筋：只有当全部纵筋属性值为空时才可输入，如 KZ2 的角筋是 4 ⌀25。

B 边一侧中部筋：只有当全部纵筋属性值为空时才可输入，如 KZ2 的就是 2 ⌀20。

H 边一侧中部筋：只有当全部纵筋属性值为空时才可输入，如 KZ2 的就是 2 ⌀20。

箍筋：明确柱的箍筋信息，包括钢筋级别、直径、加密区和非加密区的间距。如 KZ1 的箍筋输入为“Φ8-100/200”，然后按回车键，这样就可以了。

箍筋肢数：通过点击当前框中三点按钮选择肢数类型，影响箍筋的组合形式，KZ1 是 3 肢箍。

②绘制柱。在利用软件处理工程时，按照绘制形式不同将构件分为三大类：点式构件、线式构件、面式构件。柱是非常典型的点式构件，下面就介绍柱的点式画法。

a. 在“构件列表”选择一个已经定义的构件，如“KZ1 400mm × 400mm”。

b. 点击“绘制”分组下的“点”。

c. 在绘图区左键点击一点作为该构件的插入点，完成绘制。

d. 然后对个别柱的位置进行修改，例如有的柱中心不是位于轴线中心，就需要进行手动修改，点击“查改标注”，点击需要修改的数字后输入修改后的数字，回车即可。

e. 也可以先仔细阅读图纸，如果每种类型的柱的布置是规律的，也可以通过镜像来布置，可以节省时间，镜像的步骤：选中需要复制的构件→点击“镜像”→选择镜像对称线→是否选择删除原来的图元，此处选择“否”→点击右键即可。

f. 首层布置好的柱如图 7-22 所示。

（2）墙的绘制

①新建墙的步骤如下：

a. 名称。双击直接修改名称，此处设置为“外墙 200”，200 为厚度。

b. 厚度。厚度为墙体的左右厚度，该工程的墙体厚度为 200mm。

c. 材质。查看图纸来进行选择，此处选为“加气混凝土砌块”。

②绘制墙。墙是典型的线式构件，采用的是直线画法。以砌体墙为例，先点击“绘图”分组下的“直线”按钮。然后用鼠标点取第一点，点取第二点可以画出一道墙，再点取第三点，就可以在第二点和第三点之间画出第二道墙，连续绘制依此类推；点击鼠标右键即可

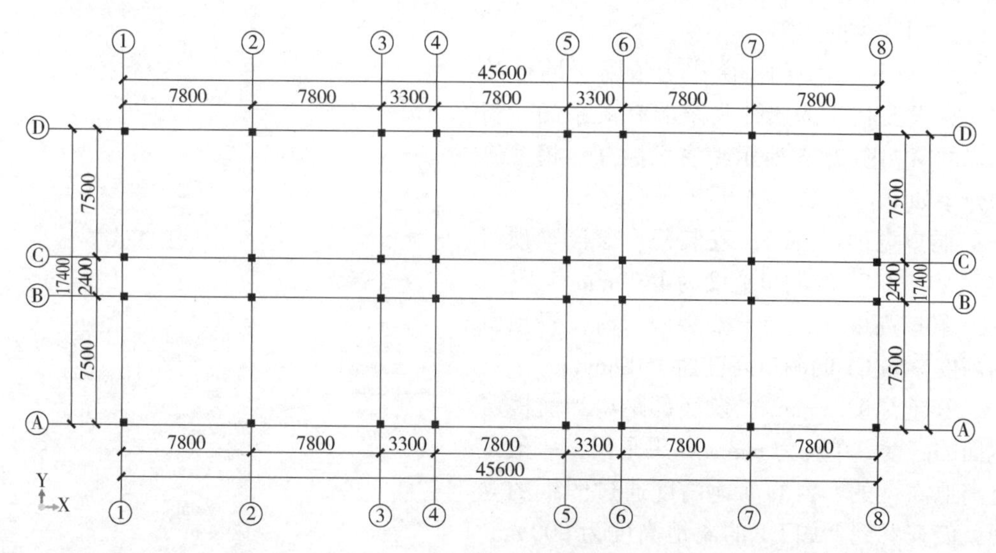

图 7-22　首层柱

中断连续绘制，重新选择起点。

此工程中还出现了弧形墙，针对工程中经常出现的弧形墙，经常会采用“两点小弧”的功能进行绘制，以两点及半径绘制一段小圆弧。具体的操作步骤如下：

a. 点击“绘图”分组下的“两点小弧”。

b. 设置半径值，此处弧形墙的半径值为 1500mm，可以在结施平面图中查看到，并且勾选是否用顺时针绘制圆弧。

c. 依次点击过圆弧的两个点，然后点击右键完成，如图 7-23 所示。

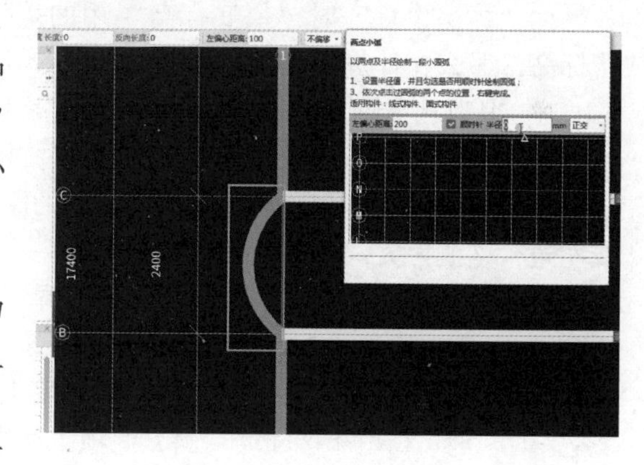

图 7-23　弧形墙的画法

该五层办公楼项目一层平面图的墙体如图 7-24 所示。

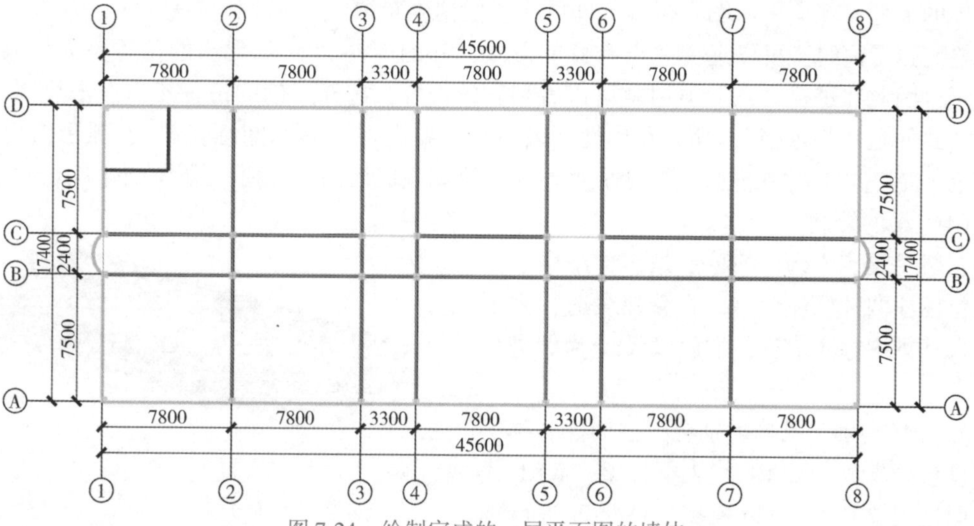

图 7-24　绘制完成的一层平面图的墙体

(3) 门、窗的绘制

①新建门、窗。门、窗作为依附于墙体的构件，有很多相应的属性是跟墙有关系的。新建完成的窗如图 7-25 所示，注意标高、相关属性的介绍如下：

a. 洞口宽度（mm）。安装门、窗位置预留洞的宽度，如 C1 的洞口宽度为 1800mm。

b. 洞口高度（mm）。安装门、窗位置预留洞的高度，如 C1 的洞口高度为 1500mm。

c. 离地高度（mm）。窗底部距离当前楼层楼地面的高度，单位为 mm。如果是门，一般是没有离地高度的。窗的离地高度通过图纸的立面图就能查看到，如 C1 的离地高度为 900mm。需要注意的是，不同的窗会有不同的离地高度，如果在“楼层设置”时“层底标高”用的是结构标高，那么在计算窗的离地高度时就需要加 0.05m，因为从立面图中看到的离地高度是以“建筑标高”为计算基础的，但是建模是以结构标高为基础的。

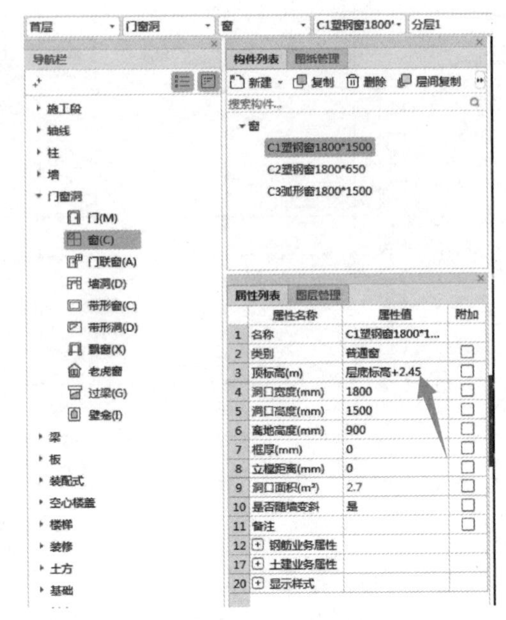

图 7-25 新建窗

d. 立樘距离。门框中心线与墙中心线的距离，默认为“0”。如果门框中心线在墙中心线左边，该值为负，否则为正。

e. 洞口面积。洞口面积会根据输入的洞口宽度和高度自动生成，可以在如图 7-25 所示看到 C1 的洞口面积为 2.7m^2。

f. 是否随墙变斜。当门、窗布置在斜墙上时，选择“是”时，门、窗随墙变斜；选择“否”时，门、窗就不能随墙变斜，此项工程中，窗选择“是”，门选择“否”。

②绘制门、窗。门、窗也是典型的点式构件，具体绘制方式不再叙述。但与柱不同的地方在于它们需要布置在墙体上，不能单独存在；同时在布量时，软件会自动寻找并标识与相邻墙体的尺寸，根据平面图直接输入即可，方便精确布置。

绘制弧形窗时，可以选择“点”画的形式，如图 7-26 所示弧形窗的位置是弧形墙居中的位置，因此在进行“点”画时就可以看到窗的位置，选择正确的位置然后点击绘制即可。因为新建的是“矩形窗”，所以在属性列表中一定要设置“是否随墙变斜”，弧形窗要选择“是”，只有这样它才能随弧形墙变成弧形窗。绘制完成后的门、窗三维图如图 7-26 所示。

(4) 梁的绘制

①新建梁。梁构件的特点是包含集中标注和原位标注两种标注信息。在新建梁时，主要是输入其集中标注信息，下面以 KL5 为例进行新建。

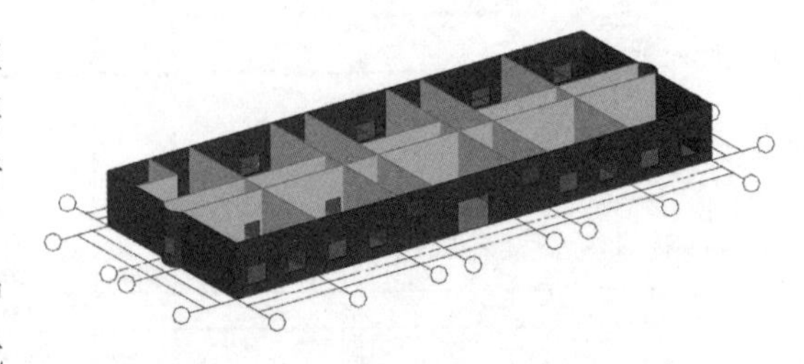
图 7-26 绘制完成后的门、窗三维图

a. 结构类别。结构类别会根据构件名称中的字母自动生成（如 KL 代表框架梁，WKL 代表屋面框架梁），也可以根据实际情况进行选择。不同梁类别计算方法不同，所以需要加以注意。此项工程选择框架梁。

b. 跨数量。梁的跨数，直接输入即可，没有输入的情况时，提取梁跨后会自动读取。如 KL5 的跨数为 1，可以直接从图纸中获得。

c. 侧面构造筋或受扭筋（总配筋值）。格式为（G 或 N）数量 + 级别 + 直径，其中 G 表示构造钢筋，N 表示抗扭构造筋。如从图纸中可以识读出 KL5 是没有侧面构造筋和受力筋的，所以不填即可。

d. 拉筋。当有侧面纵筋时，软件按“计算设置”中的设置自动计算拉筋信息。当前构件需要特别处理时，可以根据实际情况输入。如果设计有规定，也可自己选填。

e. 截面宽度、高度（mm）。如 KL5 的截面宽度为 250mm，截面高度为 500mm。

f. 上、下部通长筋。如 KL5 的上部通长筋为 2 ⏀18、下部通长筋为 2 ⏀20。

g. 箍筋。如 KL5 的箍筋为⏀8@100。

h. 肢数。如 KL5 的箍筋肢数为 4。

②绘制梁。与墙一样，梁也是非常典型的线式构件，其所使用的绘制方式也是相同的，唯一不同的是，梁构件在绘制完成后需要进行原位标注，与属性中的集中标注信息结合起来进行钢筋的计算。梁原位标注的具体步骤如下：

a. 在“梁二次编辑”分组中选择“原位标注”功能。

b. 在绘图区域选择需要进行原位标注的梁，在对应的位置输入钢筋信息，此时一定要按照图纸上的原位标注位置进行标注，如果有的位置在图纸上没有显示钢筋信息，直接按回车键跳过即可。

进行梁原位标注时，可以按照“红绿灯原则”处理：未进行原位标注的梁跨为红色，表示还没有做好计算准备；正在输入标注信息的梁跨为黄色，表示正在输入钢筋信息，要加以注意保证其准确性；已经完成原位标注的梁跨为绿色，表示已经满足了计算所需的钢筋输入，可以进行汇总计算得出结果了。看图纸时可以注意到，KL1 和 KL2 的第四跨的截面尺寸是有变化的，所以也要单独修改这一跨的截面尺寸。

③单独修改梁跨截面尺寸的步骤。

a. 选中“KL1”，然后点击菜单栏的“原位标注”，弹出对话框。

b. 在弹出的对话框中选择需要修改的梁跨的跨数，然后对“截面信息”进行修改，修改完成后，右键确定，即修改完成。完成后可以进行原位标注查看是否正确，其他的梁单跨截面的修改方法与此法相同，如图 7-27 所示。

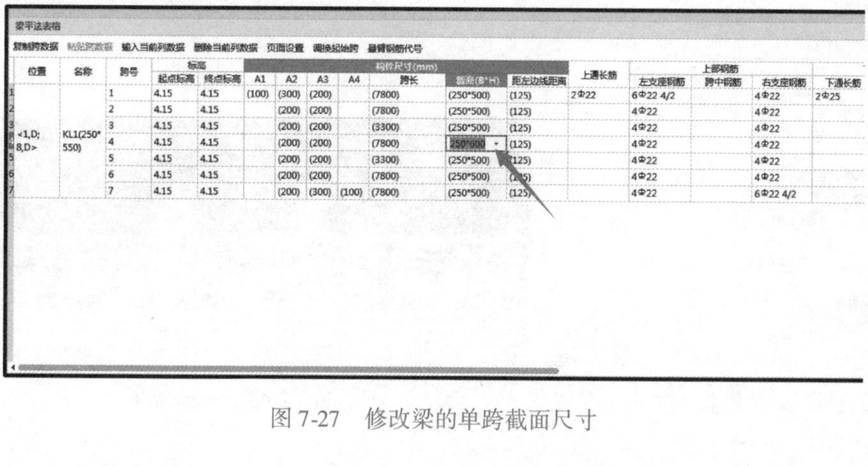

梁平法表格

复制跨数据　粘贴跨数据　输入当前列数据　删除当前列数据　页面设置　调换起始跨　悬臂钢筋代号

位置	名称	跨号	标高		构件尺寸(mm)							上通长筋	上部钢筋			下通长筋
			起点标高	终点标高	A1	A2	A3	A4	跨长	截面(B*H)	距左边线距离		左支座钢筋	跨中钢筋	右支座钢筋	
<1,D;8,D>	KL1(250*550)	1	4.15	4.15	(100)	(300)	(200)		(7800)	(250*500)	(125)	2⏀22	6⏀22 4/2		4⏀22	2⏀25
		2	4.15	4.15		(200)	(200)		(7800)	(250*500)	(125)		4⏀22		4⏀22	
		3	4.15	4.15		(200)	(200)		(3300)	(250*500)	(125)		4⏀22		4⏀22	
		4	4.15	4.15		(200)	(200)		(7800)	250*600	(125)		4⏀22		4⏀22	
		5	4.15	4.15		(200)	(200)		(3300)	(250*500)	(125)		4⏀22		4⏀22	
		6	4.15	4.15		(200)	(200)		(7800)	(250*500)	(125)		4⏀22		4⏀22	
		7	4.15	4.15		(200)	(300)	(100)	(7800)	(250*500)	(125)		4⏀22		6⏀22 4/2	

图 7-27　修改梁的单跨截面尺寸

在绘制完成这一层的梁后，就按照上述介绍的步骤进行梁的原位标注，只有进行了原位标注后才会有梁的钢筋工程量。但是如果基础梁只有集中标注的信息，没有原位标注，同样也需要在“梁的二次编辑”里进行“原位标注”，没有原位标注的信息时可以不输入原位标注信息，直接选中所有基础梁，然后进行原位标注即可。

（5）板的绘制

在GTJ2021中，板的相关构件分为板、板钢筋和板附件三类。板属于面式构件，兼顾点式构件和线式构件的绘制方法，但在布置时主要利用墙、梁围成的封闭空间进行点式布置，同时布筋方式也有自身的特点。布置板时还要布置板筋，板和板筋是分开布置的，新建的板里是不包含板筋的，所以需要单独布置，接下来分别介绍板和板筋的布置。

①新建板。板的特点在于不像之前学习的柱、墙、梁等构件形式属性自带对应的各种钢筋，板钢筋和板本身是两种不同的构件。板钢筋需要在布置完板本身后再根据其范围和位置进行布置。另外，板要考虑马凳筋的布量，这一点也是初次接触时需要加以注意的。在新建板时需要注意以下属性内容：

a. 厚度。现浇板的厚度，单位为mm，如LB3的厚度为100mm。

b. 类别。选项为有梁板、无梁板、平板、拱板等。

c. 是否是模板。主要与计算超高模板判断有关，若是则表示构件可以向下找到该构件作为超高计算判断依据，若否则超高计算判断与该板无关。

d. 顶标高。板顶的标高，可以根据实际情况进行调整。为斜板时，这里的标高值取初始设置的标高。

e. 拉筋。板厚方向布置拉筋时，输入拉筋信息，输入格式为级别+直径+间距×间距或者数量+级别+直径。

②绘制板。板是面式构件，在绘制的时候可以直接根据图示尺寸利用直线、矩形等功能绘制成封闭的空间，即可成为对应大小的板。

但是更多时候，我们是在绘制好墙、梁之后，直接将对应的板点画到对应的封闭空间之中。所以两种绘制方式各有不同的应用场景：针对墙、梁完成的楼板等，较多的采用点式画法；针对悬挑板则会较多的采用直线、矩形画法。需要注意的是，楼梯间是不能设板的，因此如图7-28所示楼梯间的部分是没有绘制板的。此外，卫生间的板需要比层顶标高低100mm，在新建时需要进行层顶标高处的属性修改。然后按照上述方法绘制板，绘制完成的现浇板如图7-29所示，其他层的板可以用此方法直接进行绘制。绘制完成的板是灰色的。

属性列表　图层管理

	属性名称	属性值	附加
1	名称	LB1	
2	厚度(mm)	100	☐
3	类别	有梁板	☐
4	是否叠合板后浇	否	☐
5	是否是楼板	是	☐
6	混凝土类型	(现浇碎石混凝土)	☐
7	混凝土强度等级	(C20)	☐
8	混凝土外加剂	(无)	
9	泵送类型	(混凝土泵)	
10	泵送高度(m)		
11	顶标高(m)	层顶标高-0.1	☐
12	备注		☐
13	⊕ 钢筋业务属性		
24	⊕ 土建业务属性		
31	⊕ 显示样式		

图7-28　板的属性修改

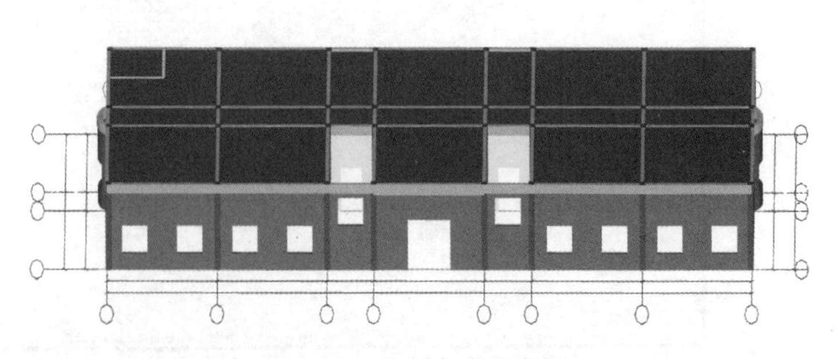

图7-29　绘制完成现浇板

（6）板受力筋的绘制

①板受力筋的新建。完成了板受力筋的新建之后，了解一下两种钢筋的关键属性。首先是板受力筋，板受力筋类别：根据实际情况选择底筋、面筋、中间层筋或者温度筋。钢筋输入格式为级别 + 直径 + @ + 间距，例如：Φ 10@200。左弯折、右弯折（mm）：默认为“0”，表示长度会根据计算设置的内容进行计算，也可以输入具体的数值。

跨板受力筋与板受力筋之间还是有差异的，下面介绍一下跨板受力筋的关键属性：

a. 左标注（mm）是指跨板筋超出板支座左长度，如 KBSLJ-1 的左标注是 1100mm。

b. 右标注（mm）是指跨板筋超出板支座右长度，如 KBSLJ-1 的右标注是 1100mm。

标注长度的位置：受力筋左右长度标注的位置，包括支座中心线、支座内边线、支座外边线、支座轴线。一般设计会有规定的，如果设计没有明确规定，就按支座轴线。内边线和外边线的计算公式是相同的，只不过钢筋长度不一样。内外边线是根据图纸来确定的，在图纸总说明上会明示负筋长度表达方法，需要依据图纸绘制。钢筋长度 = 支座长度 + 标注长度，选择外边线；钢筋长度 = 标注长度，选择内边线。用户可以在计算规则中设置，也可以在定义构件时设置，在计算规则中设置较好，这样工程的表达都是统一的。

分布钢筋：取“计算设置”中的“分布筋配置”数据，也可自行输入。

跨板受力筋与受力筋最大的区别就在于跨板受力筋是“跨板布置”的，外伸部分在布筋板的外侧；相对应的板负筋外伸部分在板内侧。在实际应用中一定要加以区分。另外，在实际工程中可以只新建一根板受力筋，其他钢筋在钢筋绘制中输入信息并自动处理，这样可以大幅提高钢筋布置效率。新建完成的跨板受力筋如图 7-30 所示。

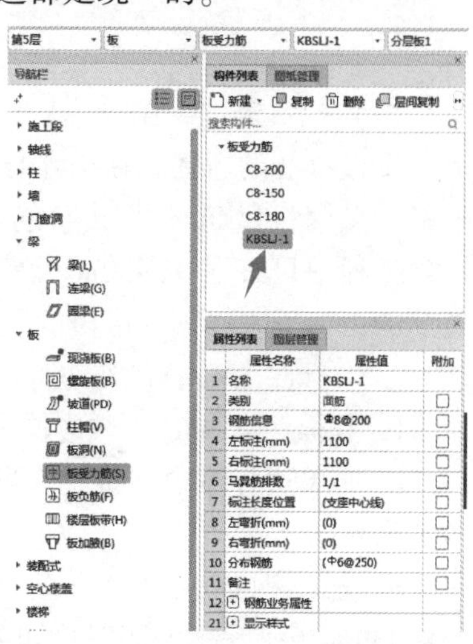

图 7-30　跨板受力筋的新建

②绘制板受力筋。在进行板受力筋绘制的时候，软件提供了多种不同的布置形式。但是其基本原则是一致的，先确定板钢筋的布置范围，之后选择对应的布置方式。在这里以“单板 − *xy* 方向布筋”为例进行介绍：

a. 在“板受力筋二次编辑”分组中点击“布置受力筋”。

b. 在弹出的快捷工具条中可选择布置范围和布置方式。在布置受力筋时，需要同时选择布筋范围和布置方式后才能绘制受力筋。将布置范围选择为“单板”，布置方式选择为“*xy* 方向”。这也是在实际工作中应用最广泛、效率最高的方式。在弹出的窗口中选择具体的布置方式并输入钢筋信息，如图 7-31 所示，注意在绘制界面输入的钢筋信息可以自动生成对应的钢筋构件，省去了逐一定义和新建的工作，大幅提高了处理效率。还需要注意的是，受力筋是有底筋和面筋之分的，*xy* 向的钢筋布置是一样时也要分别建立底筋和面筋。

图 7-31　*xy* 方向板受力筋的布置

c. 点击需要布置钢筋的板图元，则钢筋布置成功，如图 7-32 所示。

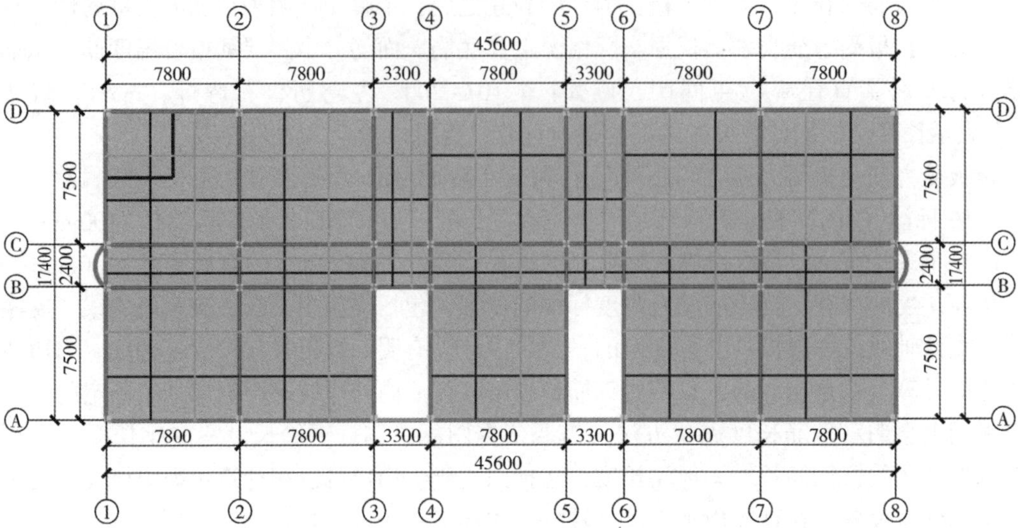

图 7-32　板受力筋绘制完成

（7）板负筋的绘制

①板负筋的新建。在构建导航栏中选择“板负筋”点击“新建”按钮，根据图纸要求选择“新建板负筋”，双击负筋名称可以对其进行修改。至此，板负筋的定义就完成了。在该项工程中只有“18.450m 板平法平面图”中有板负筋，也就是第五层楼的屋面板是有板负筋的，接下来以第五层楼的屋面板为例，介绍板负筋的绘制。板负筋的关键属性如下：

a. 左标注（mm）。左边伸出支座的钢筋平直段长度，如 C8-180 的左标注为 1200mm。

b. 右标注（mm）。右边伸出支座的钢筋平直段长度，如 C8-180 的右标注为 1200mm。

c. 非单边标注含支座宽。当负筋跨两块板时，图纸标注的长度是否包含负筋所在支座的宽度。

d. 分布钢筋。取“计算设置”中的“分布筋配置”数据，也可自行输入。从“18.450m 板平法平面图”中可知，板的分布钢筋为 φ6@250，所以可以直接输入。

②绘制板负筋。板负筋在进行绘制时主要采用布置负筋这一功能。具体的操作如下：

a. 在“板负筋”二次编辑分组中点击“布置负筋”。

b. 在弹出的快捷工具条中可选择布置方式。其中按梁布置、按圈梁布置、按连梁布置、按墙布置操作方法一致，下面以“按梁布置”为例来进行说明。

c. 鼠标移动到梁图元上，则梁图元显示一道蓝线，并且显示出负筋的预览图。点击梁的一侧，该侧作为负筋的左标注，则完成布筋，如图 7-33 所示。

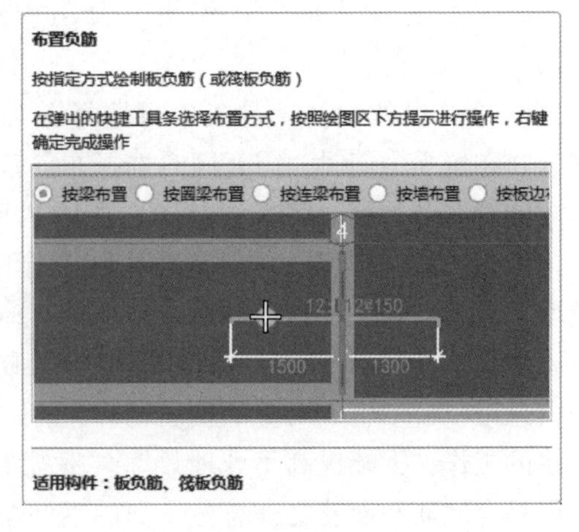

图 7-33　板负筋布置方式

绘制完成的板负筋如图 7-34 所示，黄色的线都是板负筋（如红色圈中的钢筋所示）（注：本书显示为黑白，颜色为软件中显示，下同）。

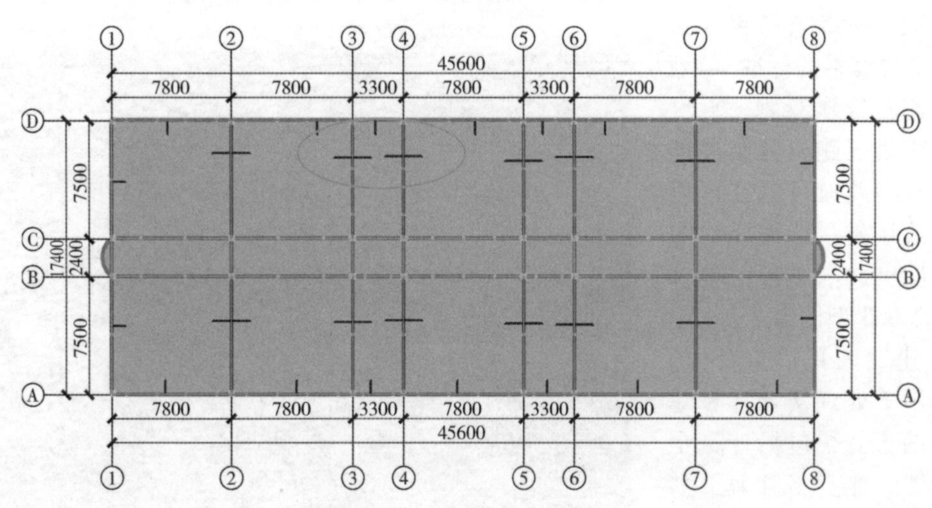

图 7-34　绘制完成的板负筋

（8）楼层图元复制

至此针对地上部分单一楼层的构件绘制已经较为全面了，当前层的柱、墙、梁、板、门窗、楼梯、内外装修都已经布置完成。根据工程特点，很多情况下不同楼层之间的构件布置是较为相似的，尤其是在有标准层的情况下，连续多个楼层都按照同一种方式进行处理，这时就可以将已经绘制好的构件复制到其他楼层，提高绘制效率。下面介绍具体的操作方法。

①鼠标切换到“建模”选项卡，点击“批量选择”，根据自己的需要选择复制到其他楼层的构件。

②在绘图区城选择完成构件图元，接着点击“复制到其他楼层”界面。选择目标层，点击“确定”按钮完成操作。

在此套图纸中，可以将一层全部复制到二至五层，然后对其不同层的微小变化进行修改，然后绘制女儿墙层，如图 7-35 所示。

对于其他的一些构件，例如一些装饰装修的工程，或者楼梯，只要是属性相同的，都可以进行楼层图元复制。

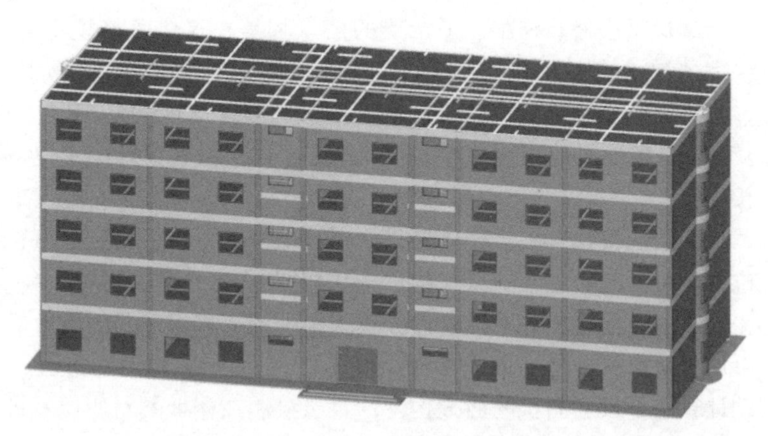

图 7-35　五层办公楼的楼层图元复制

3. 其他构件的绘制

（1）楼梯的绘制

①楼梯新建。在构建导航栏中选择“楼梯”，点击“新建”按钮，根据图纸要求选择“新建参数化楼梯”，弹出参数输入窗口。选择对应的参数图，输入相关参数信息，点击

“确定”按钮，完成建立，显示参数化楼梯属性列表。同时形成三维的楼梯模型，包含参数图中显示的各种构件内容，如图7-36所示。

a. 截面形状。其包含参数化建立时设置的标准双跑、转角双跑、直形双跑、直形单跑、转角三跑。当楼梯参数属性有问题时可以在这里进行修改调整。由楼梯的图纸可识读出此项工程的楼梯均为标准双跑型楼梯。

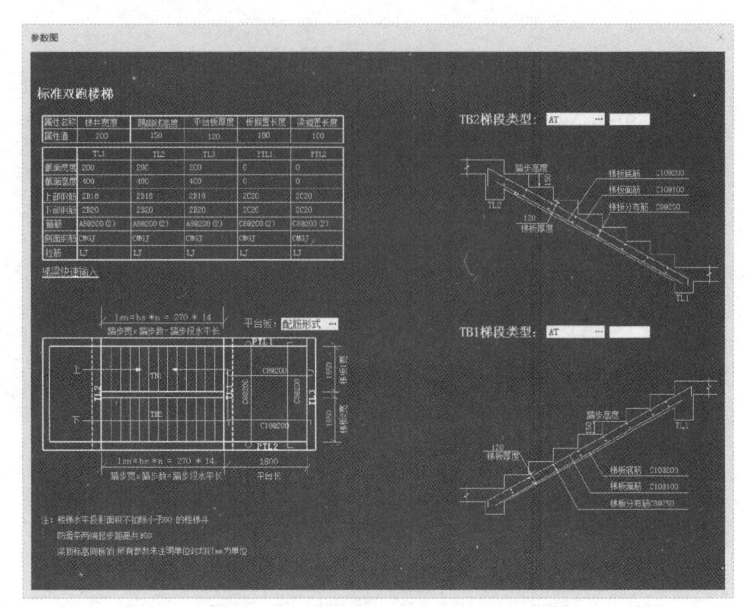

图7-36　新建参数化楼梯（仅示意）

b. 建筑面积计算公式。该属性用于处理楼梯计算建筑面积的方式，包括计算全部、计算一半、不计算，默认为不计算。

c. 梯段类型。图纸上都会标注梯段的类型，如一层的楼梯梯段都为“AT”型。梯板厚为120mm，底筋为Φ10@200，面筋为Φ10@100，板分布筋为Φ8@250。

d. 踏步。踏步的信息在楼梯的详图里都是有标注的，一层楼梯的踏步信息为270mm（踏步宽）×14mm（踏步数）。

e. 平台板。如一层楼的平台板长为1800mm，平台板的面筋为X向为Φ10@200，Y向为Φ8@200。底筋均为Φ8@200。参数化模型中平台板上黄色线的钢筋为底筋，红色线的钢筋为面筋，根据平台板原位标注的钢筋信息填入即可。

f. 梯梁表格。梯梁、平台梁的信息都是在这个表格里汇总，可以直接点击表格下面的绿字“梯梁的快速输入”，如一层楼的楼梯只有一个TL1，所以把该表格里梯梁信息统一为TL1的信息。梯井宽度为200mm，踢脚线的宽度可以用系统默认值，平台板的厚度为120mm，板、梁的搁置长度按设计规定，如果没有设计规定也可以自行拟定一个合适的搁置长度。

②绘制楼梯。参数化楼梯采用点式绘制的方法，将定义好的楼梯模型点画在楼梯间对应位置即可，与布置其他点式构件方法相同，在此不再叙述。

有些时候楼梯并不要求计算较为详细的工程量，只需要计算基本的水平投影面积。这时可以直接定义楼梯（而非参数化楼梯），省去参数输入的过程，将楼梯本身简化成为一个自动计算水平投影面积的面式构件，直接绘制在楼梯间对应位置即可。在绘制完成后，要用三维图看一下画好后的楼梯位置对不对，最直观的就是平台板的位置，根据楼梯平台板的位置判断画得对不对。如果不对，就会发现平台板的位置是在门的位置，而不是在墙上，因此还需要运用“移动、旋转”工具辅助创建一个正确的楼梯。

在绘制楼梯时，还需要绘制梯柱及平台板，参数化楼梯里只有一个平台板，所以还需绘制一个平台板，梯柱、平台板的新建与绘制与柱、板的方法是一样的，只是属性不一样。先绘制梯柱，然后再绘制楼梯。该五层办公楼绘制完成的楼梯如图7-37所示。

（2）筏形基础的绘制

①筏形基础的相关属性。

a. 筏板侧面纵筋。用于计算筏板边缘侧面钢筋，输入方法为级别+直径+间距或者数量+级别+直径，例如：⏀14@200或者6⏀12。

b. U形构造封边钢筋。板边缘侧面封边采用该钢筋时，在此输入封边筋属性。输入格式为级别+直径+@+间距。

c. U形构造封边钢筋弯折长度。软件按“计算设置—钢筋”中的设置自动生成U形构造封边筋弯折长度。当前构件需要特殊处理时，可以根据实际情况输入。

筏板与筏板钢筋的绘制与板和板筋完全一致，不再叙述。

图7-37　绘制完成的楼梯

②筏板外放处理。筏板和板不同的地方在于筏板往往有外放的要求，超出轴线或墙面一定距离，这时可以利用偏移功能进行处理，由施工图可知，该项工程的筏形基础外放100mm。具体的操作步骤如下：

a. 在“修改”组中点击“偏移”；点选需要设置外放的筏板图元，右键确认选择。

b. “偏移方式”选择“整体偏移”，点击“确定”按钮；移动鼠标指定筏板偏移的方向（移动到筏板外表示向外扩，移动到筏板内表示向内缩）；选定点或在偏移距离输入框输入偏移距离100mm，则完成偏移。

c. 当需要单独调整筏板某条边的外放尺寸时，可以直接选择筏形基础，用鼠标选择对应边的绿色拾取点，直接拖拽并输入外放尺寸即可。

由基础平面图可知，筏形基础顶标高为-1.000m，筏形基础的厚度为500mm，基础配筋为双层双线⏀22@200，以及筏形基础外放100mm，然后根据这些信息绘制板。该五层办公楼的筏形基础的绘制如图7-38所示。

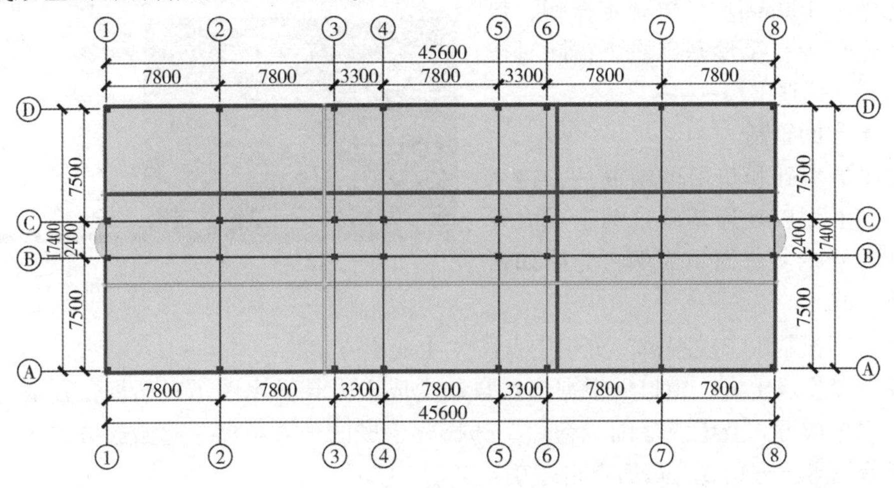

图7-38　筏形基础的绘制

(3) 基础梁的绘制

基础梁的处理和地上部分的梁完全一致。但是在柱宽度大于或等于基础梁宽度时，为了形成基础梁包柱，工程中会采用侧腋加筋的方法，具体的处理方法如下：

①首先完成基础梁的绘制，点击“基础梁二次编辑”分组下的“生成侧腋”功能。

②在弹出的生成侧腋窗口中，可选择生成侧腋的形式及钢筋信息；点击每一个侧腋形式后三点按钮，可选择不同的侧腋类型。

③点击“确定”后，选择需要基础梁包柱的柱图元，右键确认即可生成相应的侧腋。

当基础梁遇到柱且柱的截面超过了基础梁的外边线时，则需要增加侧腋。勾选“覆盖同位置加腋”，则会替换之前生成的基础梁加腋。

基础梁的绘制方法与框架梁的绘制方法并无太大的差别，只是在厨房与餐厅的交界位置是有两道基础梁的，在卫生间门的那道墙也是有基础梁的，按照图纸上基础梁的信息进行绘制即可。

(4) 垫层的绘制

基层中不可缺少的结构就是垫层。在工程中垫层分为多个种类，可以采用智能布置的方式布置到不同的基础之下。接下来以筏形基础垫层为例进行讲解。

①垫层的定义与新建。在构建导航栏中选择“垫层”，点击“新建”按钮。可以发现软件针对不同种类的基础提供了多种不同的垫层形式。整体上来说，独立基础、桩承台等适用于点式垫层；条形基础、基础梁适用于线式垫层；筏形基础适用于面式垫层。属性中的厚度指的是垫层厚度，单位为 mm，该工程中的垫层厚度为 100mm。可选择不同材质垫层，对应不同的计算规则。

②垫层的智能布置。智能布置的原理是根据已有构件的位置，让软件自动布置相关联的新构件。因此，可以根据已经绘制好的筏形基础智能布置面式垫层。操作步骤如下：

a. 根据图纸要求建立面式垫层构件。点击“二次编辑”分组中的“智能布置”按钮，出现可以作为参照的各种构件类型。这里选择“筏板”进行智能布置，如图 7-39 所示。

b. 鼠标左键选择需要布置垫层的筏形基础，右键确定，弹出边距离窗口。这里根据图纸要求输入具体尺寸，图纸中说明了垫层尺寸为 100mm。点击确定按钮，垫层即被智能布置在筏形基础之下，同时按照设置的尺寸调整出边。

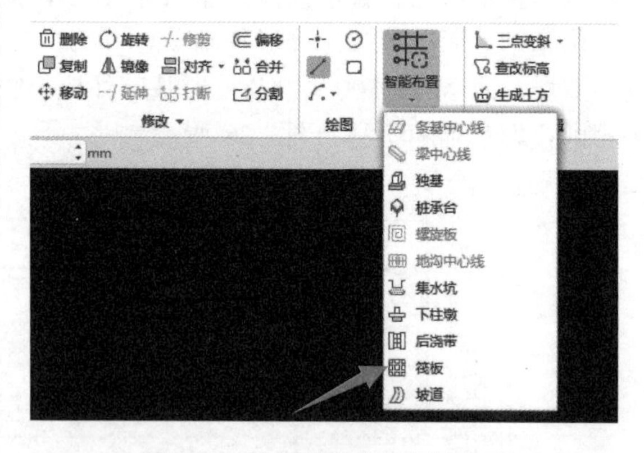

图 7-39　筏形基础垫层智能布置

(5) 土方的绘制

在完成了基础和垫层的绘制后，再来处理土方。下面以筏形基础自动生成大开挖土方及大开挖灰土回填为例，介绍如何自动生成土方。

①在“筏板基础二次编辑”分组中点击“生成土方”。

②弹出“生成土方”窗口，根据垫层自动生成土方会弹出图示对话框，其他基础构件直接进入“生成方式及生成范围”窗口。选择要生成的土方类型、起始放坡位置、生成方式和生成范围等土方信息，最后点击“确定”。

③起始放坡位置。垫层底——土方从垫层底开始放坡；垫层顶——土方从垫层顶开始放坡，此时垫层和基础会分别生成土方图元，垫层处的土方不放坡，基础处的土方会放坡。

如果筏形基础设置了边坡，用筏形基础自动生成土方时，软件会按筏板及边坡底面分别布置大开挖土方或大开挖灰土回填；如果筏形基础既设置了边坡，又布置了面状垫层，用垫层自动生成土方时，软件会按照随筏板边坡的垫层底面布置大开挖土方或者大开挖灰土回填。

如图 7-40 所示为大开挖土方，橙色的部分就是土方的位置。

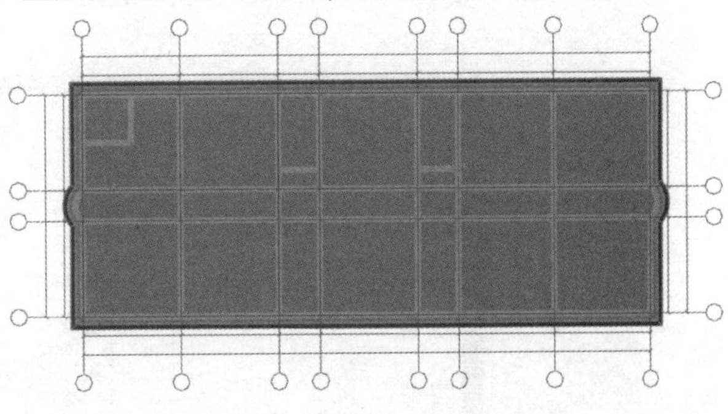

图 7-40　基础的大开挖土方

(6) 台阶的绘制

在建施图里可以看到，首层 M4 的位置是有台阶的，在广联达中“其他”下子目列表里找到“台阶”，然后根据图纸的信息进行台阶的“新建”。台阶新建完成后就可以进行绘制了，绘制完成台阶后，开始设置踏步边，在“台阶二次编辑”里选择“设置踏步边”，然后选中图元输入信息即可，如图 7-41 所示。只有设置了踏步边之后台阶的绘制才完成，绘制完成的台阶如图 7-42 所示，红色部分即台阶。

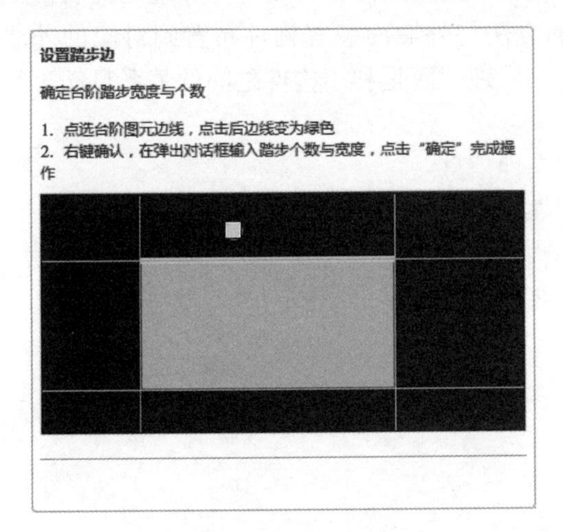

图 7-41　台阶踏步边的设置

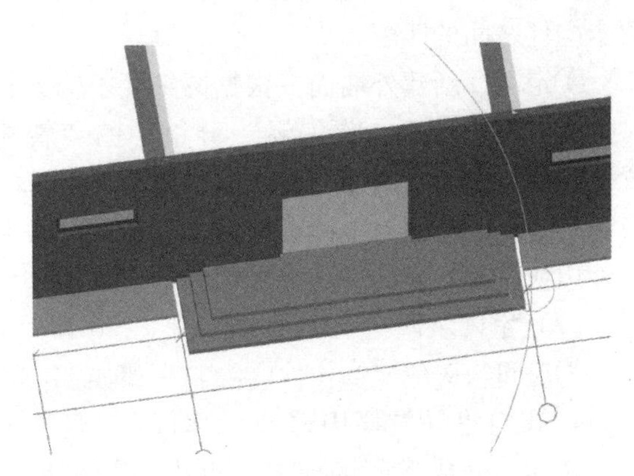

图 7-42　绘制完成的台阶

(7) 散水的绘制

散水是指房屋等建筑物周围用砖石或混凝土铺成的保护层，宽度多在 1m 左右，该工程的散水设置宽度为 900mm。设置散水的目的是为了使建筑物外墙勒脚附近的地面积水能够迅速排走，并且防止屋檐的滴水冲刷外墙四周地面的土壤，减少墙身与基础受水浸泡的可能，保护墙身和基础，延长建筑物的寿命。散水的设置步骤如下：

①在“模块导航栏”单击“散水”项，然后切换到构件定义界面，进行散水的定义。

②进行散水的新建，散水的厚度为 100mm，散水的底标高是室外地坪的标高 -0.450m。

③构件新建完成后就可以进行绘制了，在工具栏中单击“智能布置”，选择以“外墙外边线”布置，在弹出的对话框中根据图纸信息输入散水宽度 900mm，然后点击“确定”，此

时散水就已绘制完成了，如图7-43所示，浅蓝色部分即散水。

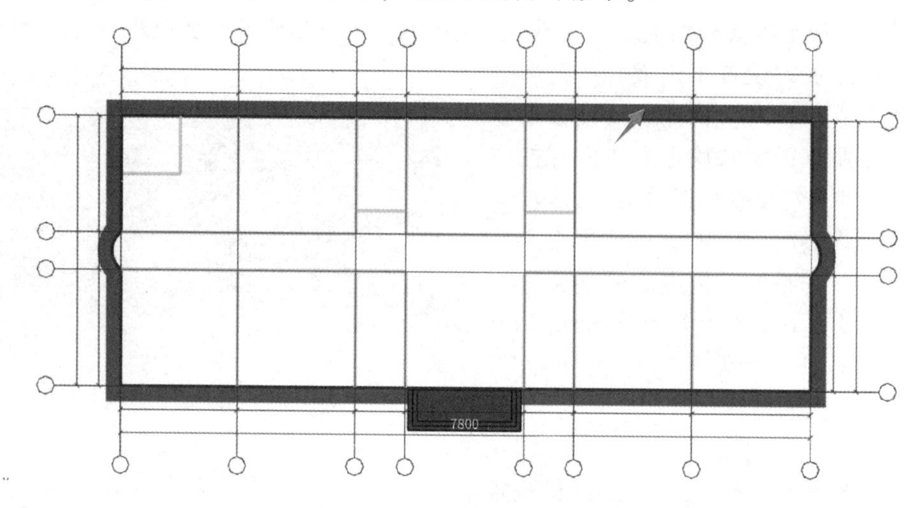

图7-43 绘制完成的散水

4. 装饰装修工程的绘制

（1）室外装修

外墙面装修是可以直接布置对应的墙面、墙裙构件的，软件会自动计算相应的外装修工程量。所以，需要解决的问题是如何用最简单的方法将外墙面装修构件布置到对应的外墙上，这里用到的功能是智能布置，即不用人工逐一处理，而是利用构件之间的关系自动进行两个构件之间的匹配。

①定义、新建外墙面，根据图纸要求输入其属性信息。

②点击“墙面二次编辑”分组中的“智能布置”按钮，选择“外墙外边线”，弹出楼层选择窗口。选择对应楼层点击确定按钮，软件即可按照外墙外边线布置对应的外墙装修构件。

（2）室内装修

①房间与对应装饰构件的绘制步骤如下：

a. 在构建导航栏中选择“房间”，点击“新建”按钮，完成房间的建立，点击房间名称可以对其进行修改，如图7-44所示。

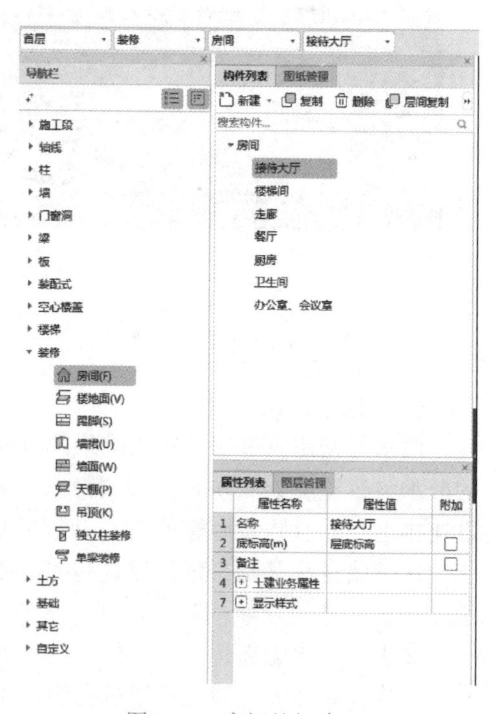

图7-44 房间的新建

b. 双击建立好的房间构件，进入其依附构件（即与此房间对应的地面、墙面、天棚等）的定义界面，以接待大厅为例，可以点击“添加依附构件类型”的按钮，向当前房间中添加依附构件，如地面、墙裙、内墙面及吊顶，这样在布置房间的时候就可以在其中自动布置添加构件了。但要注意各个装修构件自身的属性数值，例如踢脚、墙裙的高度，吊顶的离地高度等，以保证计算结果的准确，如图7-45所示。

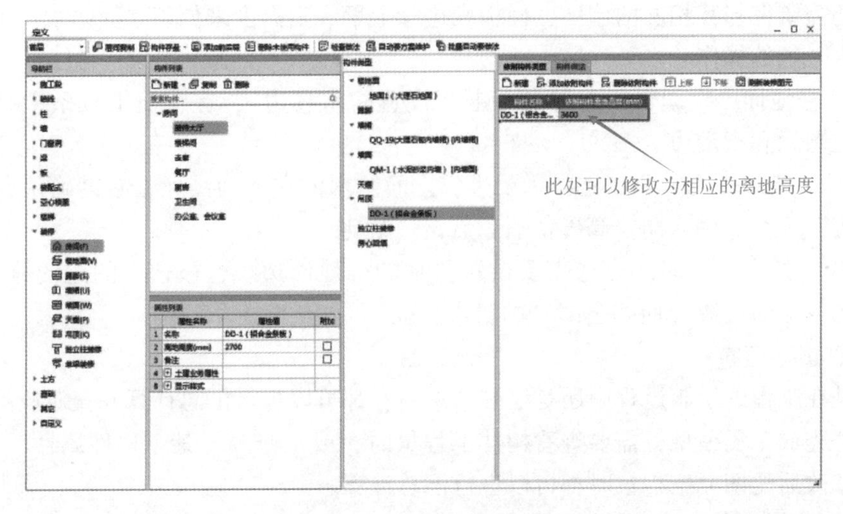

图7-45　添加房间依附构件

②一般来说，建筑物首层的地面为“地面”，中间层的地面为“楼面”，顶层的地面为“屋面”，由图纸说明可得不同楼面和地面的块料厚度，然后直接点式绘制即可。

③踢脚的相关属性介绍。

a. 高度。即图纸中给出的踢脚高度，该项工程中踢脚的高度均为100mm。

b. 块料厚度。根据实际情况输入块料厚度，默认为“0”，其将影响踢脚块料面积的计算。

④墙裙的相关属性介绍。

a. 高度。墙裙高度包括踢脚的高度，该工程中的高度为1200mm。

b. 块料厚度。根据实际情况输入块料厚度，默认为“0”，其将影响块料面积的计算。

c. 所附墙材质。默认为空，绘制到墙上后会自动根据所依附的墙面而自动变化，无须手工调整。

d. 内、外墙裙标志。用来识别内、外墙裙图元的标志，内、外墙裙的计算规则不同。

墙裙用于处理室内外墙面下部，根据采用的材质不同可区分为块料墙裙和抹灰墙裙。墙裙、墙面装修如果贴在虚墙上时，不会计算工程量。墙裙、墙面起点和终点底标高默认为“墙底标高”，如果墙裙构件绘制在栏板上，则取栏板的底标高值。

该五层办公楼绘制完成的墙裙，如图7-46所示。

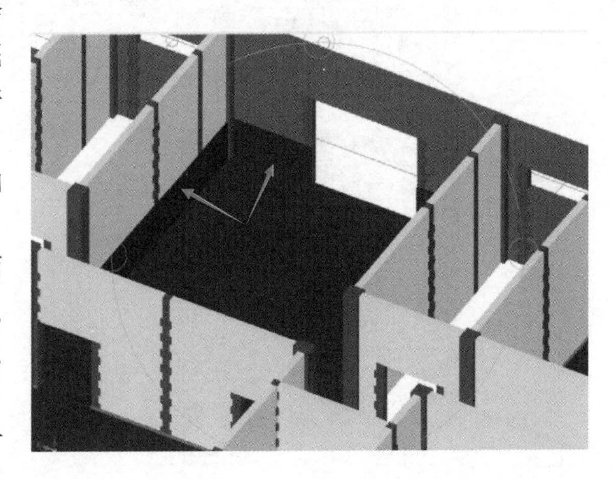

图7-46　绘制完成的墙裙

⑤天棚。天棚用于处理在楼板底面直接喷浆、抹灰或铺放装饰材料的装修。可以作为组合构件的组成部分，也可以单独使用。但是天棚必须绘制在板上。

⑥设置防水卷边。楼地面工程量计算中包含防水面积计算。防水除了水平

防水之外还需要在与其相交的墙体、栏板底边缘上翻一定高度来处理立面防水。下面讲解一下设置防水上翻的操作。

a. 在“楼地面二次编辑”分组中点击“设置防水卷边”，在快捷工具条中可选择生成方式，指定图元和指定边。

b. 选择“指定图元”后，选择需要生成立面防水的楼地面图元，右键确认后弹出“设置防水卷边”窗口，输入防水高度值后，点击“确定”即可。

c. 选择“指定边”时，点选需要设置防水的楼地面边线，被选中的边线显示为绿色，可以设置部分地面边线（而非全部）的防水上翻。

5. 工程量的查看

不管是在工程的绘制过程中还是绘制结束后，都可以进行汇总计算并查对应的钢筋与土建工程量。完成工程模型，需要查看构件工程量时，或是修改了某个构件属性、图元信息，需要查看修改后的图元工程量时都可以进行汇总计算。

具体的步骤如下：“工程量”→“汇总计算”→选择需要汇总的楼层、构件以及汇总项→点击“确定”→“计算汇总成功”。

（1）单个构件查量

①在菜单栏点击“工程量”，然后选择“查看计算式”。

②鼠标左键选择需要查看计算式的图元，弹出工程量计算式主界面。

③点击“查看三维扣减图”按钮，下面就会出现“三维扣减”界面图。

以柱为例进行单一构件的工程量查看，如图7-47所示。

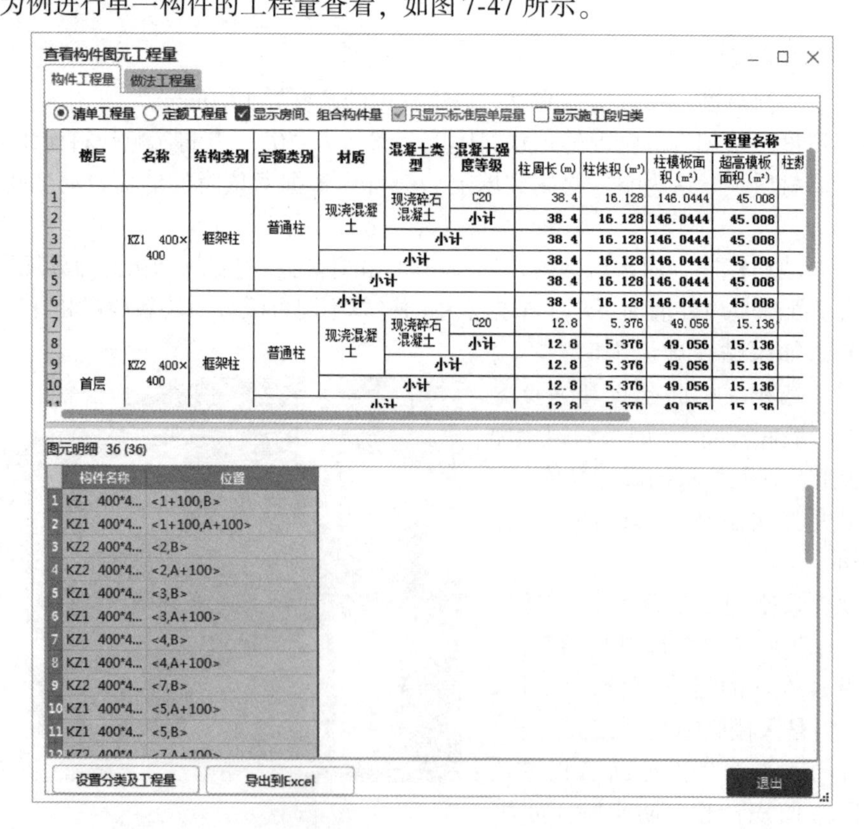

	楼层	名称	结构类别	定额类别	材质	混凝土类型	混凝土强度等级	柱周长(m)	柱体积(m³)	柱模板面积(m²)	超高模板面积(m²)	柱数
1	首层	KZ1 400×400	框架柱	普通柱	现浇混凝土	现浇碎石混凝土	C20	38.4	16.128	146.0444	45.008	
2							小计	38.4	16.128	146.0444	45.008	
3						小计		38.4	16.128	146.0444	45.008	
4					小计			38.4	16.128	146.0444	45.008	
5				小计				38.4	16.128	146.0444	45.008	
6			小计					38.4	16.128	146.0444	45.008	
7		KZ2 400×400	框架柱	普通柱	现浇混凝土	现浇碎石混凝土	C20	12.8	5.376	49.056	15.136	
8							小计	12.8	5.376	49.056	15.136	
9						小计		12.8	5.376	49.056	15.136	
10					小计			12.8	5.376	49.056	15.136	
11				小计				12.8	5.376	49.056	15.136	

	构件名称	位置
1	KZ1 400*4...	<1+100,B>
2	KZ1 400*4...	<1+100,A+100>
3	KZ2 400*4...	<2,B>
4	KZ2 400*4...	<2,A+100>
5	KZ1 400*4...	<3,B>
6	KZ1 400*4...	<3,A+100>
7	KZ1 400*4...	<4,B>
8	KZ1 400*4...	<4,A+100>
9	KZ2 400*4...	<7,B>
10	KZ1 400*4...	<5,A+100>
11	KZ1 400*4...	<5,B>
12	KZ2 400*4...	<7,A+100>

图7-47　查看柱的工程量

（2）批量构件查量

①点击菜单栏中“工程量”→“查看工程量”功能；在绘图界面点选或拉框选择需要查看工程量的图元。

②点击“查看构件图元工程量”→“设置分类及工程量”按钮，根据实际工程量所需可自行勾选分类条件。

③在菜单栏点击“钢筋量”→“查看钢筋量”。

④在绘图区域选择需要图元，软件弹出“查看钢筋量表”界面，完成操作。

7.2.2　土建算量汇总和报表展示

1. 土建算量汇总计算

①双击打开广联达 GTJ2021 算量软件，然后打开需要进行土建算量汇总计算的工程。打开工程后，可以先检查所做工程是否有遗漏，如果没有就单击工具栏中“汇总计算”进行工程量汇总。

②在弹出的对话框中选择需要汇总的楼层，此处单击“全选”按钮。

③单击“确定”按钮，汇总计算完毕后，点击工具栏里的“查看报表”，在弹出的对话框中设置报表范围，如图 7-48 所示，也可以单独查看钢筋工程量报表。

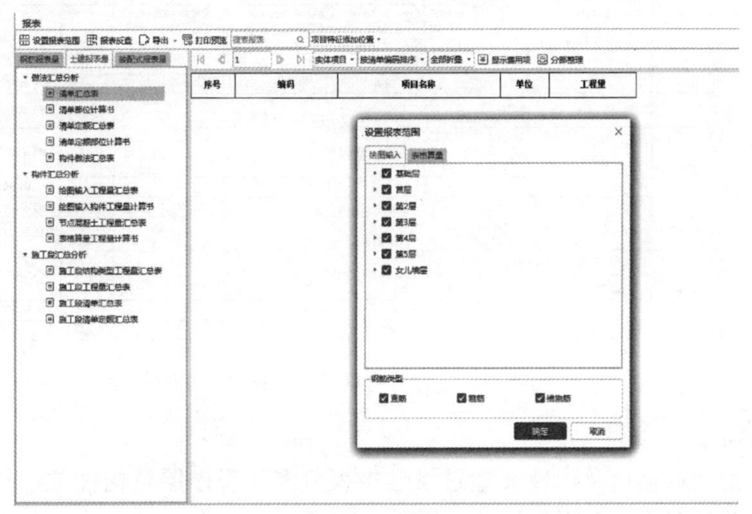

图 7-48　单独查看钢筋工程量报表

④单击“全选”按钮后，再单击“确定”按钮，就可以查看软件自动生成的报表了。

土建算量软件报表分为 3 种，分别为做法汇总分析、构件汇总分析和施工段汇总分析。根据标书的不同模式（清单模式、定额模式、清单和定额模式），报表的形式也会有所不同。

2. 做法汇总分析

做法汇总分析表主要包括清单汇总表、清单部位计算书、清单定额汇总表、清单定额部位计算书、构件做法汇总表。做法汇总分析表显示当前工程中所选套用的清单项及定额子目的工程量，下面就以基础层为例简单介绍各个表格。

（1）清单汇总表

该报表汇总所选楼层及构件（通过设定报表范围实现楼层及构件的选择）下的所有清

单项及其对应的工程量汇总，如图 7-49 所示。

	序号	编码	项目名称	单位	工程量
1	实体项目				
2 ⊞	1	010101002001	挖一般土方	m³	947.6095
8 ⊞	2	010501001001	垫层 筏形基础垫层，厚100mm，现浇混凝土C15	m³	84.0294
13 ⊞	3	010501004001	满堂基础 筏形基础厚度500mm，现浇混凝土C35	m³	413.6927
18 ⊞	4	010503001001	基础梁 1.混凝土种类:现浇混凝土 2.混凝土强度等级:C20	m³	121.9495
45	措施项目				
46 ⊞	1	011702001001	基础	m²	64.35
51 ⊞	2	011702005001	基础梁 1.梁截面形状:500×750	m²	470.6748

图 7-49　基础层的“清单汇总表”（部分）

（2）清单部位计算书

显示每条清单项在所选输入形式、所选楼层及所选构件的每个构件图元的工程量表达，如图 7-50 所示。

	序号	编码	项目名称/构件名称/位置/工程量明细			单位	工程量
1	实体项目						
2	1	010101002001	挖一般土方			m³	947.6095
3	绘图输入	基础层	基础土方	<4+3900,C-1200>	((866.3463)<底面积>*0.55<挖土深度>)	m³	476.4904
4				<4+3900,C-1200>	(((879.4896)<底面积>+(925.6383)<顶面积>+(902.446)<中截面面积>*4)*1.05<挖土深度>/6)-476.4904<扣大开挖>	m³	471.1191
5			小计			m³	**947.6095**
6		合计				m³	947.6095
7	2	010501001001	垫层 筏板基础垫层，厚100，现浇混凝土C15			m³	84.0294
8	绘图输入	基础层	筏板基础垫层	<4+3900,C-1200>	84.0294<原始体积>	m³	84.0294
9			小计			m³	**84.0294**
10		合计				m³	84.0294
11	3	010501004001	满堂基础 筏板基础厚度500mm，现浇混凝土C35			m³	413.6927
12	绘图输入	基础层	筏板基础	<4+3900,C-1200>	(827.3855<原始底面积>*0.5<厚度>)	m³	413.6927
13			小计			m³	**413.6927**
14		合计				m³	413.6927

图 7-50　基础层的“清单部位计算书”（部分）

（3）清单定额汇总表

该报表汇总所选楼层及构件（通过设定报表范围实现楼层及构件的选择）下的所有清单项及定额子目所对应的工程量汇总，如图 7-51 所示。

	序号	编码	项目名称	单位	工程量
1	实体项目				
2	1	010101002001	挖一般土方	m³	947.6095
3 ⊞	2	010501001001	垫层 筏板基础垫层，厚100，现浇混凝土C15	m³	84.0294
9 ⊞	3	010501004001	满堂基础 筏板基础厚度500mm，现浇混凝土C35	m³	413.6927
15 ⊞	4	010503001001	基础梁 1.混凝土种类:现浇混凝土 2.混凝土强度等级:C20	m³	121.9495
43	措施项目				
44	1	011702001001	基础	m²	64.35
45 ⊞	2	011702005001	基础梁 1.梁截面形状:500×750	m²	470.6748

图 7-51　基础层的“清单定额汇总表”（部分）

（4）清单定额部位计算书

显示清单项下每条定额子目在所选输入形式、所选楼层及所选构件的每个构件图元的工程量表达式，如图 7-52 所示。

	序号	编码	项目名称/构件名称/位置/工程量明细	单位	工程量
1			实体项目		
2	1	010101002001	挖一般土方	m³	947.6095
3	2	010501001001	垫层 筏板基础垫层，厚100，现浇混凝土C15	m³	84.0294
4	2.1	5-1	现浇混凝土 垫层	10m³	8.40294
5	绘图输入	基础层	筏板基础垫层 | <4+3900,C-1200> | 84.0294<原始体积>	10m³	8.40294
6			小计	10m³	**8.40294**
7			合计	10m³	8.40294
8	3	010501004001	满堂基础 筏板基础厚度500mm，现浇混凝土C35	m³	413.6927
9	3.1	5-7	现浇混凝土 满堂基础 有梁式	10m³	41.36927
10	绘图输入	基础层	筏板基础 | <4+3900,C-1200> | (827.3855<原始底面积>×0.5<厚度>)	10m³	41.36927
11			小计	10m³	**41.36927**
12			合计	10m³	41.36927

图 7-52　基础层的“清单定额部位计算书”（部分）

（5）构件做法汇总表

查看所选楼层及所选构件的清单定额做法及对应的工程量和表达式说明，如图 7-53 所示。

	编码	项目名称	单位	工程量	表达式说明
1	绘图输入->基础层				
2	一、大开挖土方				
3	基础土方				
4	010101002001	挖一般土方	m³	947.6095	TFTJ<大开挖土方体积>
5	二、基础梁				
6	JZL1				
7	010503001001	基础梁 1.混凝土种类:现浇混凝土 2.混凝土强度等级:C20	m³	34.2	TJ<基础梁体积>
8	5-16	现浇混凝土 基础梁	10m³	3.42	TJ<基础梁体积>
9	011702005001	基础梁 1.梁截面形状:500×750	m²	131.925	MBMJ<基础梁模板面积>
10	5-229	现浇混凝土模板 基础梁 复合模板 钢支撑	100m²	1.31925	MBMJ<基础梁模板面积>
11	JZL2				
12	010503001001	基础梁 1.混凝土种类:现浇混凝土 2.混凝土强度等级:C20	m³	37.663	TJ<基础梁体积>
13	5-16	现浇混凝土 基础梁	10m³	3.7663	TJ<基础梁体积>
14	011702005001	基础梁 1.梁截面形状:500×750	m²	140.6622	MBMJ<基础梁模板面积>
15	5-229	现浇混凝土模板 基础梁 复合模板 钢支撑	100m²	1.406622	MBMJ<基础梁模板面积>

图 7-53　基础层的“构件做法汇总表”（部分）

3. 构件汇总分析

构件汇总分析表主要包括绘图输入工程量汇总表、绘图输入构件工程量计算书、节点混凝土工程量汇总表和表格算量工程量计算书。

（1）绘图输入工程量汇总表

查看整个工程绘图输入下所选楼层和构件的工程量，可以在“报表构件类型”中选择，导航条快速选择预览指定构件类型的工程量汇总，也可以直接查看单独楼层的“绘图输入工程量汇总表”，如图 7-54 所示。

楼层	名称	结构类别	定额类别	材质	混凝土类型	混凝土强度等级	工程量名称						
							柱周长(m)	柱体积(m^3)	柱模板面积(m^2)	超高模板面积(m^2)	柱数量(根)	高度(m)	截面面积(m^2)
基础层	KZ1 400×400	框架柱	普通柱	现浇混凝土	现浇碎石混凝土	C35	38.4	0.7756	7.98	0	24	34.8	3.84
						小计	38.4	0.7756	7.98	0	24	34.8	3.84
					小计		38.4	0.7756	7.98	0	24	34.8	3.84
				小计			38.4	0.7756	7.98	0	24	34.8	3.84
			小计				38.4	0.7756	7.98	0	24	34.8	3.84
		小计					38.4	0.7756	7.98	0	24	34.8	3.84
	KZ2 400×400	框架柱	普通柱	现浇混凝土	现浇碎石混凝土	C35	12.8	0.256	2.56	0	8	11.6	1.28
						小计	12.8	0.256	2.56	0	8	11.6	1.28
					小计		12.8	0.256	2.56	0	8	11.6	1.28
				小计			12.8	0.256	2.56	0	8	11.6	1.28
			小计				12.8	0.256	2.56	0	8	11.6	1.28
		小计					12.8	0.256	2.56	0	8	11.6	1.28
	小计						51.2	1.0316	10.54	0	32	46.4	5.12

图 7-54 基础层的“绘图输入工程量汇总表”（部分）

（2）绘图输入构件工程量计算书

查看整个工程绘图输入下所选楼层和构件的工程量计算式，如图 7-55 所示。

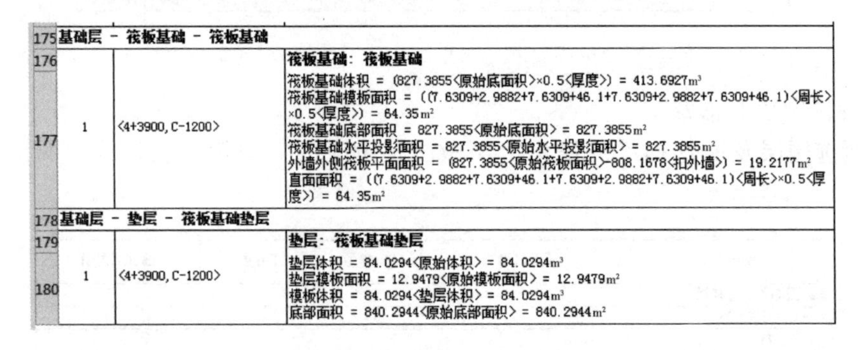

行			
175	基础层 - 筏板基础 - 筏板基础		
176–177	1	<4+3900, C-1200>	筏板基础：筏板基础 筏板基础体积 = (827.3855<原始底面积>×0.5<厚度>) = 413.6927m^3 筏板基础模板面积 = ((7.6309+2.9882+7.6309+46.1+7.6309+2.9882+7.6309+46.1)<周长>×0.5<厚度>) = 64.35m^2 筏板基础底部面积 = 827.3855<原始底面积> = 827.3855m^2 筏板基础水平投影面积 = 827.3855<原始水平投影面积> = 827.3855m^2 外墙外侧筏板平面面积 = (827.3855<原始筏板面积>-808.1678<扣外墙>) = 19.2177m^2 直面面积 = ((7.6309+2.9882+7.6309+46.1+7.6309+2.9882+7.6309+46.1)<周长>×0.5<厚度>) = 64.35m^2
178	基础层 - 垫层 - 筏板基础垫层		
179–180	1	<4+3900, C-1200>	垫层：筏板基础垫层 垫层体积 = 84.0294<原始体积> = 84.0294m^3 垫层模板面积 = 12.9479<原始模板面积> = 12.9479m^2 模板体积 = 84.0294<垫层体积> = 84.0294m^3 底部面积 = 840.2944<原始底部面积> = 840.2944m^2

图 7-55 基础层的“绘图输入构件工程量计算书”（部分）

（3）节点混凝土工程量汇总表

节点混凝土工程量汇总表如图 7-56 所示。

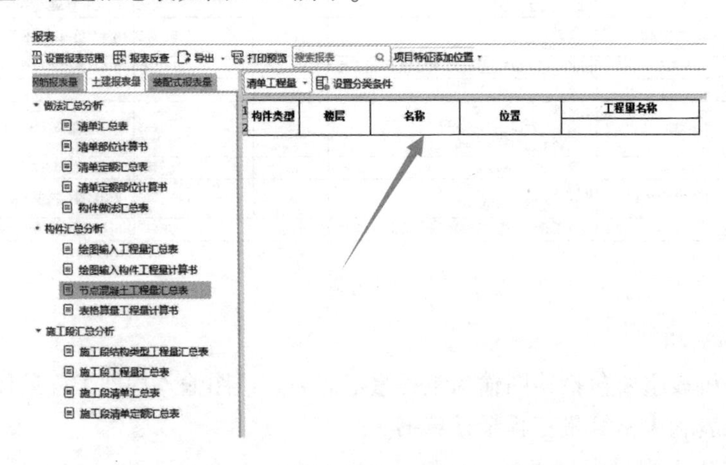

图 7-56 “节点混凝土工程量汇总表”

（4）表格算量工程量计算书

表格算量工程量计算书如图 7-57 所示。

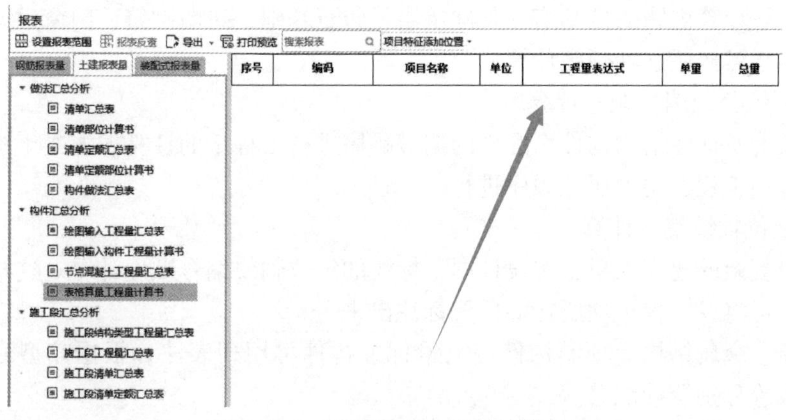

图 7-57　“表格算量工程量计算书”

4. 施工段汇总分析

施工段汇总分析表主要包括施工段结构类型工程量汇总表、施工段工程量汇总表、施工段清单汇总表、施工段清单定额汇总表。

施工段模块为广联达 GTJ 算量软件的附加模块，针对施工现场高频的分段提量需求，快速、准确、灵活地通过划分施工段框图提量，提高工作效率，降低算量难度，为精益生产提升管理水平，减少浪费、增加项目利润。施工段划分是指在施工组织过程中，把整体的施工区域进行人为的区域划分（一般利用后浇带、技术规范等手段）。而区域和区域之间有工序和技术等衔接要求；从预算或者算量角度上，在施工段部位需要把土建工程量和钢筋工程量进行划分，每个区域统计自己区域范围内的工程量。因为没有划分施工段，所以此项工程中施工段汇总分析的表是空白的。主要是主体结构、二次结构等都得划分才能得出工程量，在此处不再多做叙述。

7.2.3　五层办公楼手工算量分析

1. 单位工程工程量的计算顺序

（1）按施工顺序计算法

按施工顺序计算法就是按照工程施工顺序的先后次序来计算工程量。如一般民用建筑，按照土方、基础、墙体、脚手架、地面、楼面、屋面、门窗安装、外抹灰、内抹灰、刷浆、油漆、玻璃等顺序进行计算。这种方法要求预算人员具有一定的施工经验，否则容易漏项。

（2）按定额顺序计算法

按定额顺序计算法就是按照预算定额的分章或分部分项工程的顺序来计算工程量。这种计算顺序对初学编制预算的人员尤为合适，不容易漏项。

2. 单个分项工程工程量的计算顺序

（1）按顺时针方向计算

计算某个分项工程的工程量时先从平面图的左上角开始，自左至右，然后再由上而下，最后转回到左上角为止，这样按顺时针方向转圈依次进行，直到完成某个分项工程工程量的计算。挖地槽、基础、墙基础垫层、外墙、地面、顶棚等分项工程，一般也是按照此顺序进行计算。

（2）按横竖、上下、左右顺序计算

就是在平面图上从左上角开始，按“先横后竖、从上而下、自左到右”的顺序进行计算工程量。一般计算内墙的挖基槽、基础垫层、砖石基础、砖墙砌筑、门窗过梁、墙面抹灰等分项工程，均可按照这种顺序计算。

（3）按图纸分项编号顺序计算

按照图纸上所标注结构构件、配件的编号顺序进行工程量的计算。混凝土构件、门窗等构件类分部分项工程，均可照此顺序进行。

（4）按定位轴线编号计算

对于比较复杂的建筑工程，按设计图上标注的定位轴线编号顺序计算。这样不易漏项或重复计算，并可将各工程子项所在的位置标注出来。

对于门窗、金属结构、预制构件等大量标准构件可用列表法，根据其型号、规格、尺寸、强度等级等分别统计汇总。

按照手工算量习惯，应该从基础层开始算起。但是本书为了配合软件对量，从首层开始算起，其实对于每一层来讲，手工计算也没有严格的顺序，只要不漏项、不算错，从哪里开始计算都没有关系。但是对于初学者来讲，为了不漏项、不重项，对于每一层各种构件的工程量计算最好还是根据理论部分中讲解的分块、分构件来列项计算。五层办公楼首层构件的手工算量如图 7-58 所示。

1	分部	构件	构件名称	个数	计量单位	计算式	手工算量	计算规则
2	首层框架柱							
3	主体结构	框架柱	KZ1	20	m^3	(0.4×0.4×4.2) 20	13.44	
4			KZ2	12	m^3	(0.4×0.4×4.2) 12	8.064	
5			TZ	4	m^3	(0.2×0.2×4.2) 4	0.672	
6			合计				22.176	
7	首层框架梁							
8	主体结构	框架梁	KL1	2	m^3	[(0.25×0.55×35.2)+(0.25×0.6×7.4)]×2	11.9	
9			KL2	2	m^3	[(0.25×0.55×35.2)+(0.25×0.6×7.4)]×2	11.9	
10			KL3	2	m^3	(0.25×0.55)×(17.4-1.4)×2	4.4	
11			KL4	6	m^3	(0.25×0.55)×(17.4-1.4)×6	13.2	
12			KL5	2	m^3	(2.866×0.25×0.55)×2	0.788	
13			合计				42.188	
14	首层的板							
15	主体结构	梁板	LB1	2	m^3	(7.5×3.3×0.1)×2	4.95	
16			LB2	10	m^3	(7.5×7.8×0.12)×10	70.2	
17			LB3	7+2	m^3	(2.4×45.6×0.1)+0.4764×2	11.897	
18			合计					
19	首层的墙体工程							
20	主体结构	砌体墙	外墙		m^3	[(45.6×4.2×0.2×2) + (15×4.2×0.2×2) + (2.866×4.2×0.2×2)]-[(1.8×1.5×0.2×20)+(1.8×0.65×0.2×2)+(1.8×1.5×0.2×2)+ (3×2.7×0.2)]-7.154-12.359-5.506	67.636	
21			内墙		m^3	[(7.3×4.2×0.2×12) +(7.6×4.2×0.2×9)+(3.55×4.2×0.2)+(3.7×4.2×0.2)+(3.1×4.2×0.2×4)]-[(1.5×2.1×0.2×10) + (1.5×2.4×0.2×2) + (0.9×2.1×0.2×2) +(2.1×2.4×0.2)]-8.26-15.668-5.927	108.187	
22	首层门窗工程							
23		门	M1	10	樘/套	10	10	
24			M2	2	樘/洞口面积	1.5×2.4×2	7.2	
25			M3	2	樘/洞口面积	0.9×2.1×2	3.78	
26			M4	1	樘/洞口面积	3×2.7	8.1	
27			M5	1	樘/洞口面积	2.1×2.4	5.04	
28		窗	C1	20	樘/洞口面积	1.8×1.5×20	54	
29			C2	2	樘/洞口面积	1.8×0.65×2	2.34	
30			C3	2	樘/洞口面积	1.8×1.5×2	5.4	
31	首层室外零星工程							
32	室外零星	台阶			投影面积	(2.6×2+7.4-1.8)×0.9	9.72	
33 34		散水			投影面积	(7.6+45.8+7.6)×2×0.9+2.874×2	115.548	

图 7-58　首层构件的手工算量（部分）

7.3　GCCP6.0 计价调价与造价汇总

7.3.1　新建工程

打开 GCCP6.0，根据工程计价需要选择概算、预算还是结算等。此项工程选择“新建预算”，然后再根据需要选择新建项目类型，选择以“单位工程/清单”为例，如图 7-59 所示，进行计价介绍。

①工程名称。此处将名称设为“五层办公楼”。

②清单定额库。清单和定额库的选取一定要根据项目所在地进行选择，在此选择 13 清单（河南）、16 定额（河南），选择完成之后点击确定即可。在选取清单定额时一定要慎重，因为在确定后清单定额库是无法更改的。

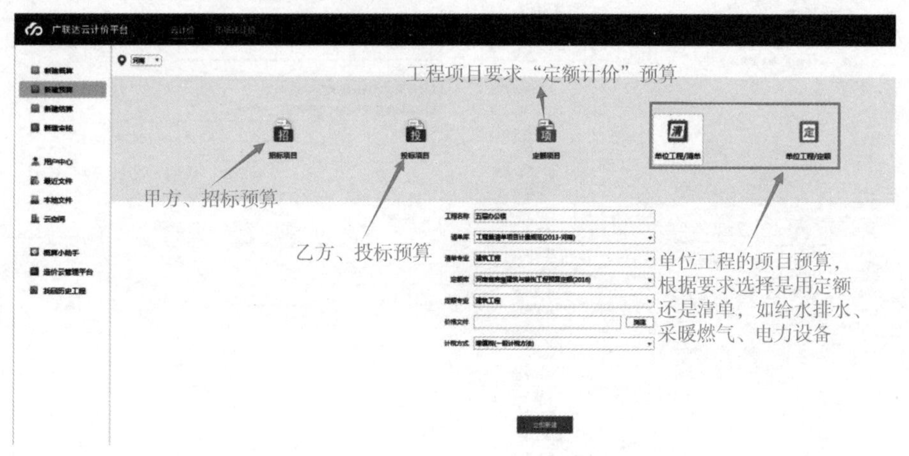

图 7-59　新建单位工程/清单

7.3.2　导入算量文件

新建工程完成后，在如图 7-60 所示界面点击“量价一体化”，选择导入算量文件，然后找到文件所在位置并导入，会弹出如图 7-61 所示的选择导入算量区域，选择后点击确定，就会进入到算量工程导入的界面。

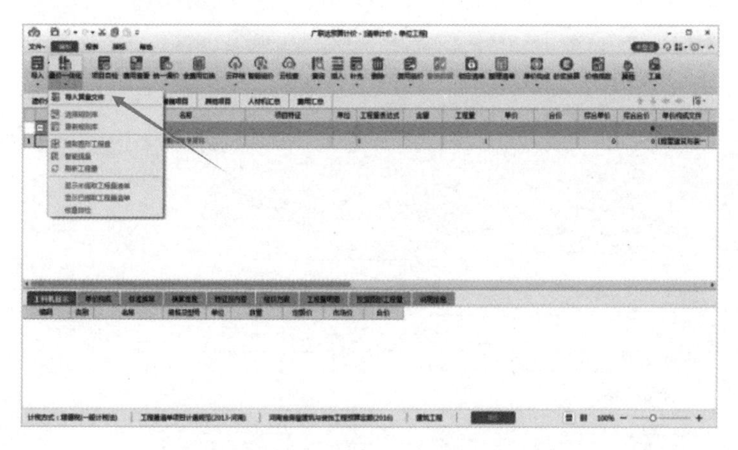

图 7-60　“量价一体化”导入算量文件

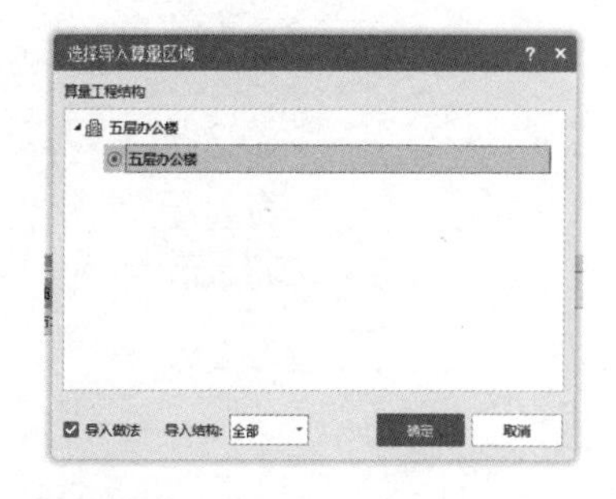

图 7-61　选择导入算量区域

7.3.3　填写工程概况

工程概况要根据图纸信息进行填写，工程概况主要有工程信息、工程特征和编制说明。工程信息包括基本信息、招标信息和投标信息，如图 7-62 所示；工程特征主要有工程类型、结构类型、基础类型、建筑特征、建筑面积等，在名称后的内容中进行填写，如图7-63所示；在编制说明中，单击编辑进行填写，如图7-64所示。

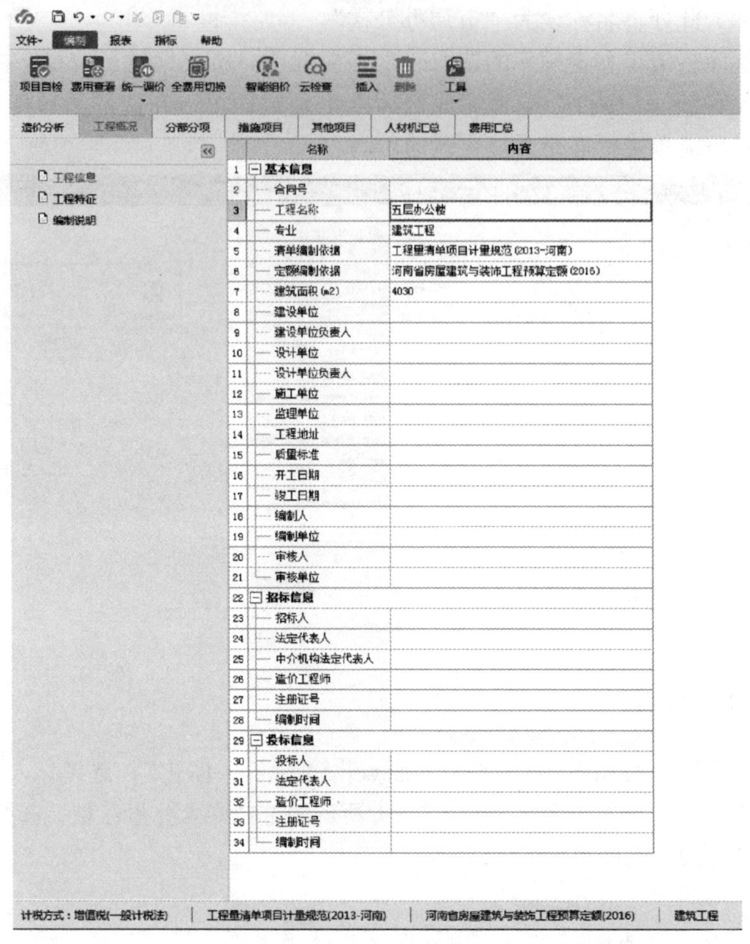

	名称	内容
1	− 基本信息	
2	合同号	
3	工程名称	五层办公楼
4	专业	建筑工程
5	清单编制依据	工程量清单项目计量规范(2013-河南)
6	定额编制依据	河南省房屋建筑与装饰工程预算定额(2016)
7	建筑面积(m2)	4030
8	建设单位	
9	建设单位负责人	
10	设计单位	
11	设计单位负责人	
12	施工单位	
13	监理单位	
14	工程地址	
15	质量标准	
16	开工日期	
17	竣工日期	
18	编制人	
19	编制单位	
20	审核人	
21	审核单位	
22	− 招标信息	
23	招标人	
24	法定代表人	
25	中介机构法定代表人	
26	造价工程师	
27	注册证号	
28	编制时间	
29	− 投标信息	
30	投标人	
31	法定代表人	
32	造价工程师	
33	注册证号	
34	编制时间	

图7-62　工程信息

	名称	内容
1	工程类型	办公楼
2	结构类型	框架结构
3	基础类型	满基筏式
4	建筑特征	
5	建筑面积(m2)	4030
6	其中地下室建筑面积(m2)	
7	总层数	5
8	地下室层数(+/-0.00以下)	
9	建筑层数(+/-0.00以上)	
10	建筑物总高度(m)	
11	地下室总高度(m)	
12	首层高度(m)	
13	裙楼高度(m)	
14	标准层高度(m)	
15	基础材料及装饰	
16	楼地面材料及装饰	
17	外墙材料及装饰	
18	屋面材料及装饰	
19	门窗材料及装饰	

图7-63　工程特征

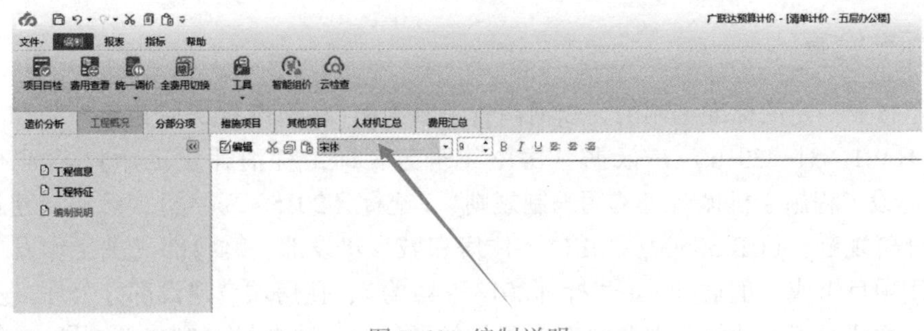

图 7-64　编制说明

7.3.4　分部整理清单

算量文件导入后，清单会比较乱，需要进行整理。如图 7-65 所示，整理清单有两种方法：一种是分部整理，就是按照分部分项工程的方式进行整理；另一种是按清单顺序进行整理。这里以分部整理为例，点击分部整理，在分部整理界面可以选择按专业分部、按章分部、按节分部等方式，选择按章节分部后点击确定，清单就会自动整理，如图 7-66 所示，整理后的清单如图 7-67 所示。

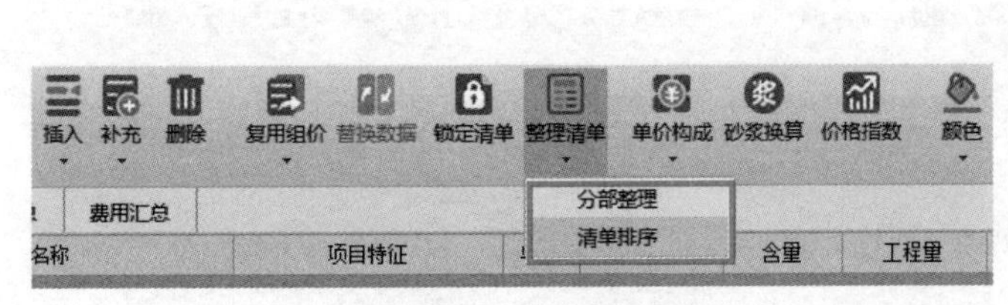

图 7-65　分部整理清单

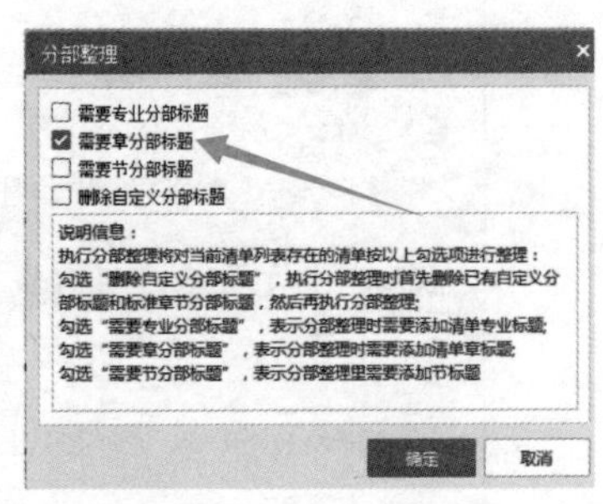

图 7-66　分部整理清单

	编码	类别	名称	项目特征	单位	工程量表达式	含量	工程量	单价	合价	综合单价	综合合价	单价构成文件	取费专业
			整个项目									2762982.27		
B1	A.1	部	土石方工程									20789.88	[房屋建筑与装…	建筑工程
1	010101001001	项	平整场地		m2	TXGCL		808.17			1.5	1212.26	[房屋建筑与装…	建筑工程
	1-124	定	机械场地平整		100m2	TXGCL	0.01	8.08168	154.61	1249.51	150.15	1213.48	房屋建筑与装…	建筑工程
2	010101002001	项	挖一般土方		m3	TXGCL		947.61			20.66	19577.62	[房屋建筑与装…	建筑工程
	1-1	定	人工挖一般土方(基深) 一、二类土 ≤2m		10m3	TXGCL	0.0999999	94.76095	282.97	26814.51	206.53	19570.98	房屋建筑与装…	建筑工程
B1	A.4	部	砌筑工程									289260.91	[房屋建筑与装…	建筑工程
3	010401003001	项	实心砖墙	1.砖品种、规格、强度等级:标准砖 2.墙体类型:女儿墙 3.砂浆强度等级、配合比:水泥砂浆M2.5	m3	TXGCL		13.61			359.76	4898.33	[房屋建筑与装饰工程]	建筑工程
	4-1	定	砖基础		10m3	TXGCL	0.0999785	1.36068	3981.03	5416.91	3598.52	4898.43	房屋建筑与装…	建筑工程
4	010402001001	项	砌块墙	1.砌块品种、规格、强度等级:加气混凝土砌块 2.墙体类型:外墙 3.砂浆强度等级:水泥砂浆M2.5	m3	TXGCL		285.43			401.86	114702.9	[房屋建筑与装饰工程]	建筑工程
	4-45	定	蒸压加气混凝土砌块墙 墙厚 ≤200mm 砂浆		10m3	TXGCL	0.099999	28.54271	4399.9	125585.07	4018.72	114705.16	房屋建筑与装饰工程	建筑工程
5	010402001002	项	砌块墙	1.砌块品种、规格、强度等级:加气混凝土砌块 2.墙体类型:内墙 3.砂浆强度等级:水泥砂浆M2.5	m3	TXGCL		422.17			401.88	169661.68	[房屋建筑与装饰工程]	建筑工程
	4-45	定	蒸压加气混凝土砌块墙 墙厚 ≤200mm 砂浆		10m3	TXGCL	0.1000001	42.21703	4399.9	185750.71	4018.72	169658.42	房屋建筑与装饰工程	建筑工程

	编码	类别	名称	规格及型号	单位	损耗率	含量	数量	定额价	市场价	合价	是否暂估	锁定数量	是否计价	原始含量
1	00010…	人	普工		工日		2.098	198.618…	87.1	87.1	17299.71		☐		2.098
2	GLF	管	管理费		元		19.87	1882.90…	1	1	1882.9		☐		19.87
3	LR	利	利润		元		16.46	1559.76…	1	1	1559.77		☐		16.46
4	ZHGR	其他	综合工日		工日		2.1	198.997…	0	0	0		☐		2.1
5	AWF	安	安文费		元		23.73	2248.67…	1	1	2248.68		☐		23.73
6	GF	规	规费		元		29.43	2788.81…	1	1	2788.81		☐		29.43
7	QTCSF	措	其他措施费		元		10.92	1034.78…	1	1	1034.79		☐		10.92

图 7-67　整理后的清单

7.3.5 标准换算

定额是按照一定的标准编制的，以河南省定额为例，《河南省房屋建筑与装饰工程预算定额》（HA01—31—2016）是依据《房屋建筑与装饰工程消耗量定额》（TY01—31—2015）、《建设工程施工机械台班费用编制规则》（建标〔2015〕34 号），参照《建设工程工程量清单计价规范》（GB 50500—2013），住房和城乡建设部、财政部《关于印发〈建筑安装工程费用项目组成〉的通知》（建标〔2013〕44 号），住房城乡建设部办公厅《关于做好建筑业营改增建设工程计价依据调整准备工作的通知》（建办标〔2016〕4 号），结合河南省建设领域工程计价改革需要编制的。所以，当设计要求与图纸不符合时需要进行换算。

1. 砌体墙换算

如墙体是以 3.6m 进行编制的，超出 3.6m 的部分需要进行换算，如图 7-68 所示。圆弧形墙体砌筑时也需要进行换算，如图 7-69 所示，在换算内容下勾选即可。砂浆或黏结剂以及墙体材料需要根据图纸及设计要求进行换算，如首层的墙体既是弧形墙又是超高的砌筑墙体，所以把两项都勾选即可。

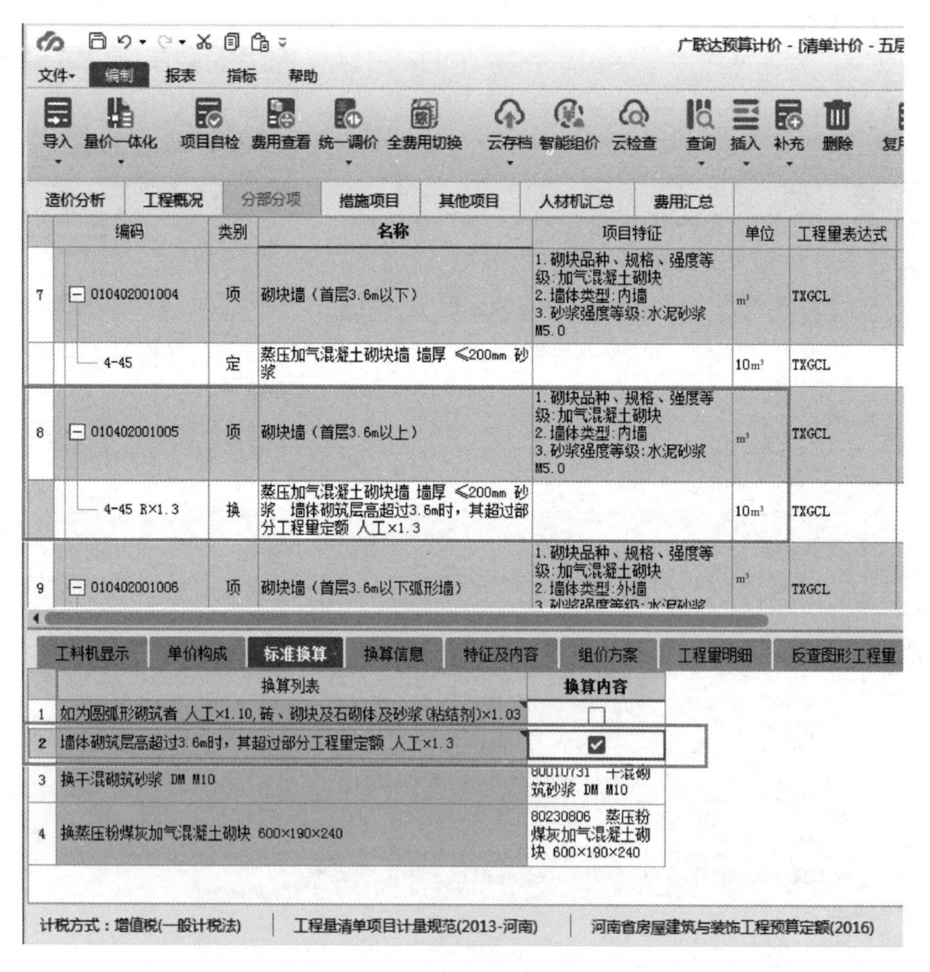

图 7-68 3.6m 以上砌体墙的标准换算

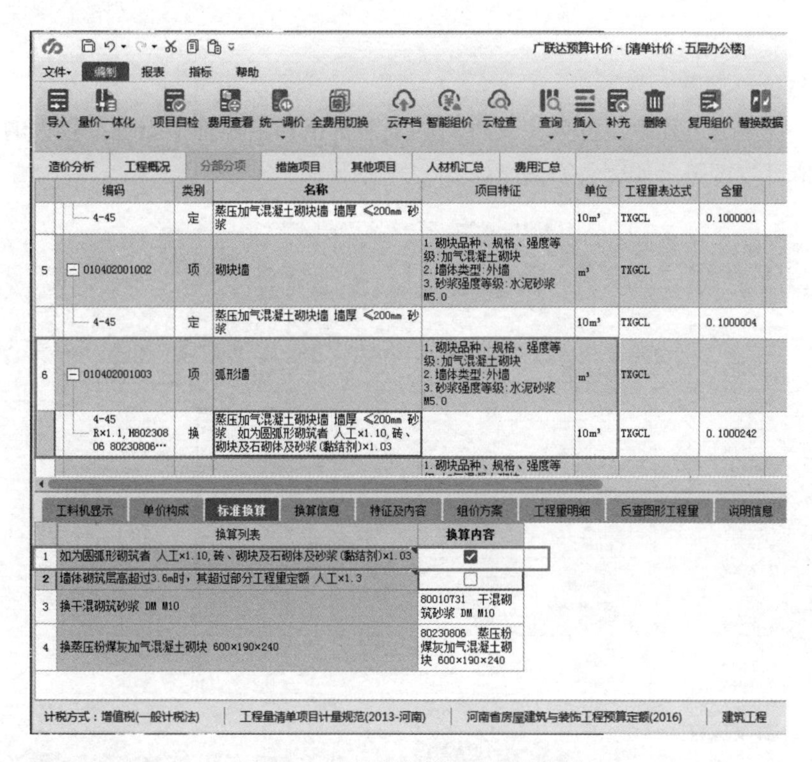

图 7-69　圆弧形砌体墙的标准换算

2. 脚手架标准换算

在本工程中，首层砌筑内墙时用到的脚手架也是需要换算的，脚手架的换算步骤与砌体墙的换算步骤是一样的，如图 7-70 所示。

图 7-70　首层脚手架的换算（内墙）

3. 工程主材价格换算

(1) 主材价差调整

假设在工程建造过程中，部分主要材料的采购价格和定额价格出现了较大的波动，这时要对材料价格进行调整，如图 7-71 所示。

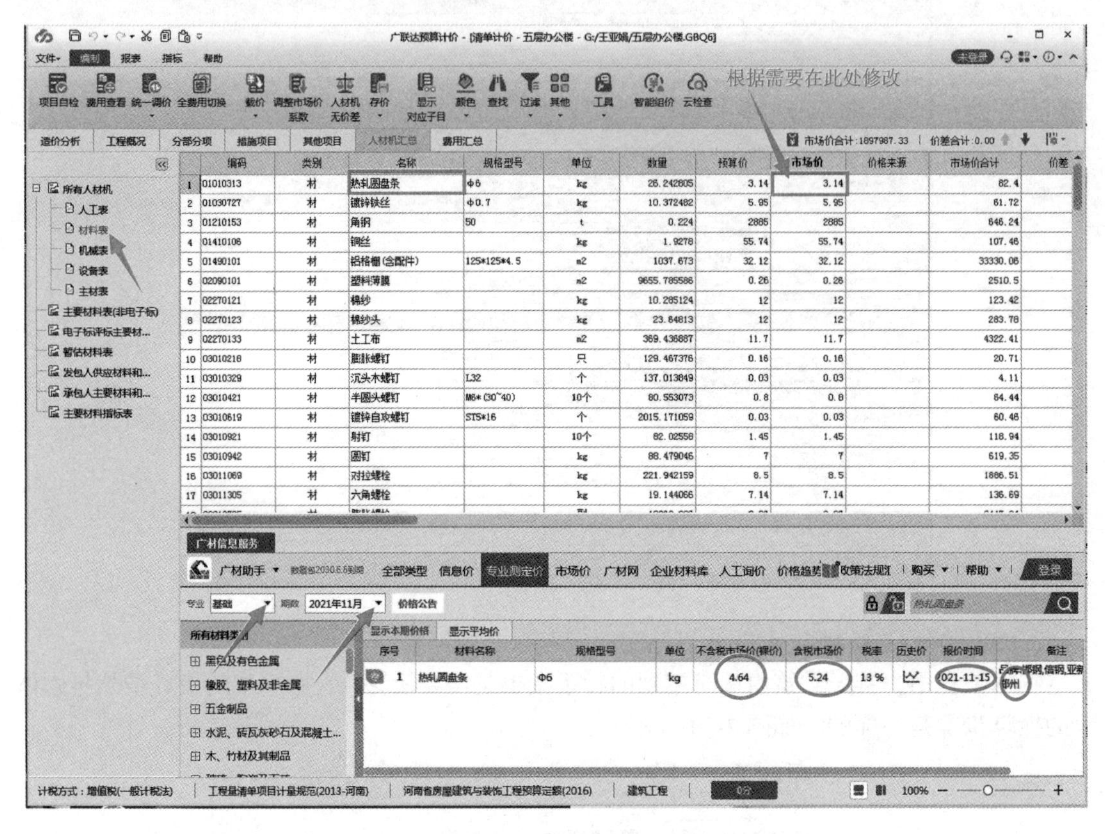

图 7-71 主材价差调整

(2) 人工费调整

假设本工程施工合同规定人工为土建每个综合工日 105 元，装饰每个综合工日 115 元。调整方法：单击“人工表”按钮，在人工单价表里调整人工费即可，如图 7-72 所示。

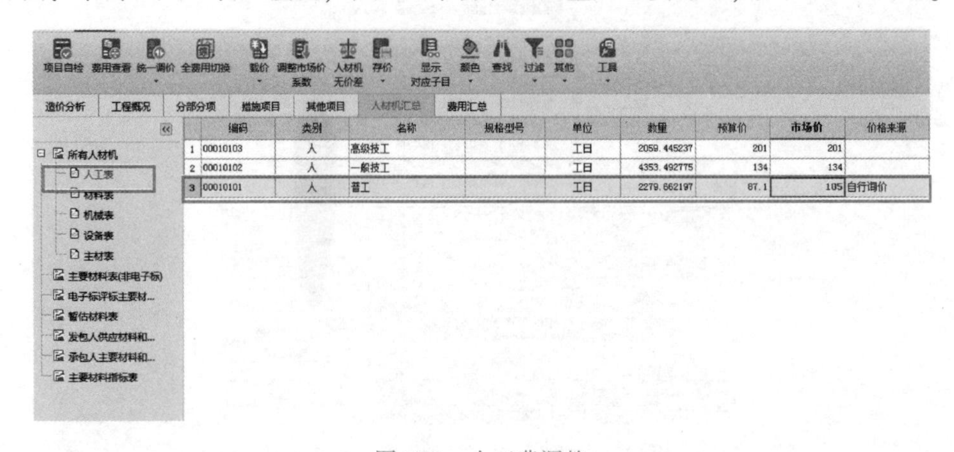

图 7-72 人工费调整

7.3.6　插入新清单

1. 插入清单子目

插入清单子目是在编制界面的分部分项、措施项目或其他项目中点击插入，插入中包含插入清单和插入子目，把鼠标放在任意清单项上，点击插入清单，如图 7-73 所示，新清单表格行插入完成后，双击新清单编码格，进入清单指引界面，如图 7-74 所示，选择需要的清单，点击插入，清单插入完成。

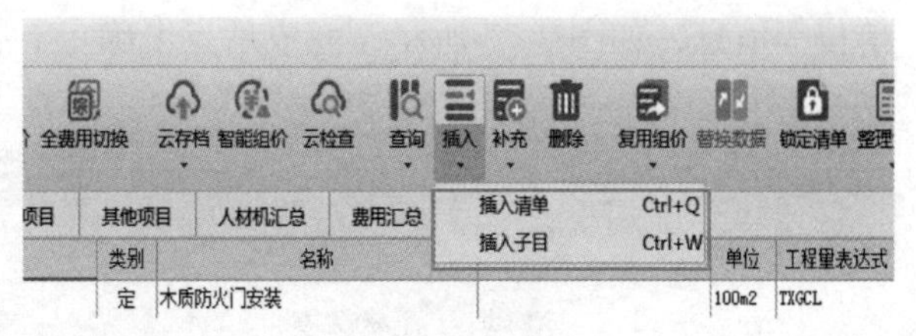

图 7-73　插入清单

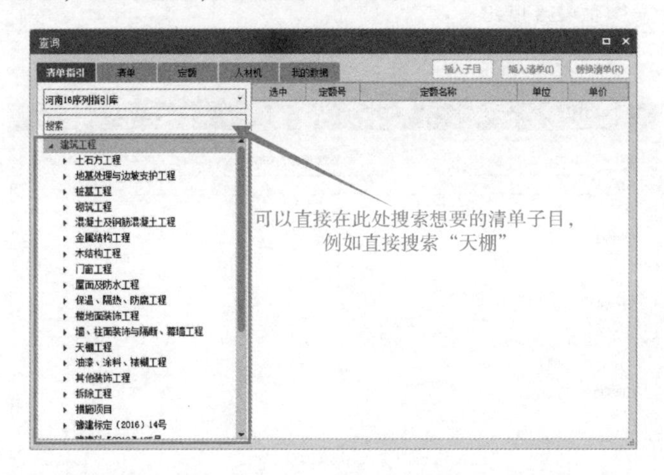

图 7-74　清单索引

清单插入完成后，开始插入清单对应子目，把鼠标放在新清单项上面，点击插入子目，空的子目行就插入完成了，然后双击子目编码列，进入定额查询界面，选择需要的定额后，点击插入，子目就插入完成了，如图 7-75 所示。

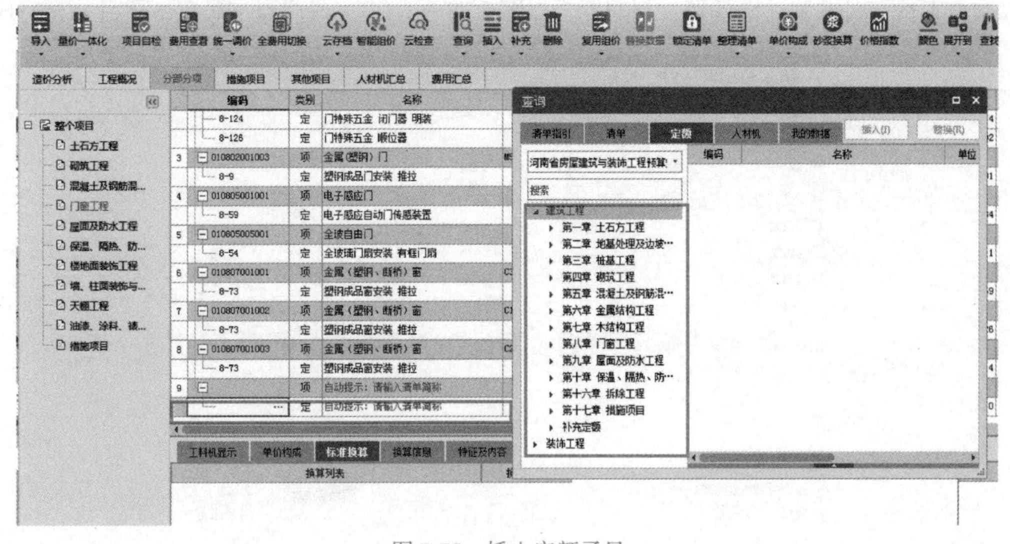

图 7-75　插入定额子目

2. 补充清单

补充清单是补充清单规范中没有的清单项。在如图 7-76 所示界面，点击补充，补充包含补充清单、子目和人材机。点击补充然后选择清单，进入补充清单界面，填写清单名称、单位等信息，如图 7-77 所示，完成后点击确定，补充清单完成。

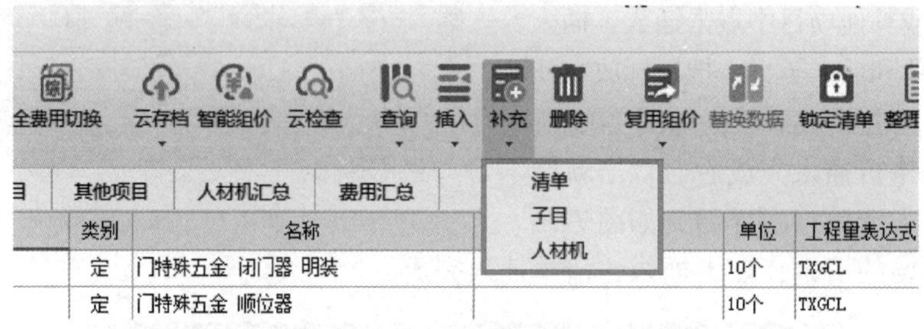

图 7-76 补充清单

补充清单
编码 01B001
注意：编码格式推荐是[专业代码]B[三位顺序码](如：01B001)形式
名称
单位
项目特征
工作内容
计算规则
提示：如需以后重复使用，可使用【存档】功能进行保存。
确定 取消

图 7-77 补充清单内容

补充子目同样是点击补充选择子目，在补充子目界面中填写子目信息，如名称、单位、单价以及人工费、机械费、设备费、利润等，如图 7-78 所示，完成后点击确定，子目补充完成。

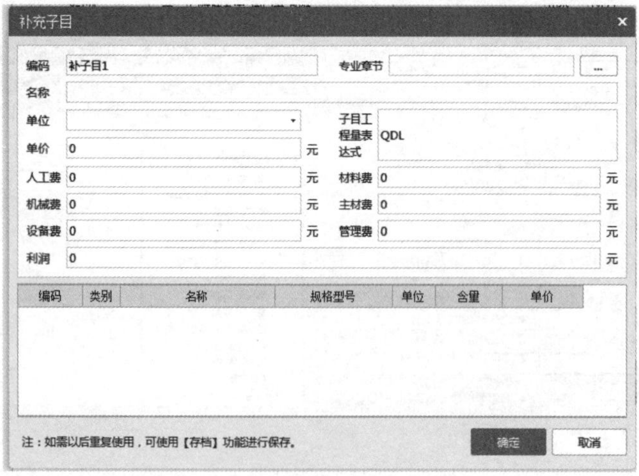

补充子目
编码 补子目1 专业章节
名称
单位 子目工程量表达式 QDL
单价 0 元
人工费 0 元 材料费 0 元
机械费 0 元 主材费 0 元
设备费 0 元 管理费 0 元
利润 0 元

编码	类别	名称	规格型号	单位	含量	单价

注：如需以后重复使用，可使用【存档】功能进行保存。
确定 取消

图 7-78 补充子目内容

7.3.7　措施项目费

1. 安全文明施工费

安全文明施工费是指按照国家现行的建筑施工安全、施工现场环境与卫生标准和有关规定，购置和更新施工安全防护用具及设施、改善安全生产条件和作业环境及因施工现场扬尘污染防治标准提高所需要的费用。安全文明施工费的计算公式如下：

安全文明施工费 = 计算基数 × 安全文明施工费费率（%）　　(7-1)

2. 其他措施费（费率类）

其他措施费（费率类）是指计价定额中规定的在施工过程中不可计量的措施项目。内容包括以下几方面：

①夜间施工增加费。其是指因夜间施工所发生的夜班补助费、夜间施工降效、夜间施工照明设备摊销及照明用电等费用。夜间施工增加费的计算公式如下：

夜间施工增加费 = 计算基数 × 夜间施工增加费费率（25%）　　(7-2)

②二次搬运费。其是指因施工场地条件限制而发生的材料、构配件、半成品等一次运输不能到达堆放地点，必须进行二次或多次搬运所发生的费用。二次搬运费的计算公式如下：

二次搬运费 = 计算基数 × 二次搬运费费率（50%）　　(7-3)

③冬雨季施工增加费。其是指在冬季施工需增加的临时设施、防滑、除雪，人工及施工机械效率降低等费用。冬雨季施工增加费的计算公式如下：

冬雨季施工增加费 = 计算基数 × 冬雨季施工增加费费率（25%）　　(7-4)

本工程中总价措施费如图 7-79 所示，其中费率的数值是由地区决定的。

导入　量价一体化　项目自检　费用查看　统一调价　全费用切换　云存档　智能组价　云检查　查询　插入　补充　删除　保存模板　载入模板　替换模板　锁定清单　颜色　展开到　过滤　其他　工具

造价分析　工程概况　分部分项　措施项目　其他项目　人材机汇总　费用汇总

	序号	类别	名称	单位	项目特征	工程量	组价方式	计算基数	费率(%)	综合单价	综合合价	人工费价格指数
	⊟		措施项目								949638.59	
	⊟ 一		总价措施费								144811.89	
1	011707001001		安全文明施工费	项		1	计算公式组价	FBFX_AQWMSGF+DJCS_AQWMSGF		99179.02	99179.02	
2	⊟ 01		其他措施费（费率类）	项		1	子措施组价			45632.87	45632.87	
3	011707002···		夜间施工增加费	项		1	计算公式组价	FBFX_QTCSF+DJCS_QTCSF	25	11408.22	11408.22	
4	011707004···		二次搬运费	项		1	计算公式组价	FBFX_QTCSF+DJCS_QTCSF	50	22816.43	22816.43	
5	011707005···		冬雨季施工增加费	项		1	计算公式组价	FBFX_QTCSF+DJCS_QTCSF	25	11408.22	11408.22	
6	02		其他（费率类）	项		1	计算公式组价			0	0	

图 7-79　总价措施费

3. 单价措施费

单价类措施费是指计价定额中规定的在施工过程中可以计量的措施项目，内容包括以下几方面：

（1）脚手架费

在此项工程中分别用了“综合脚手架”和“单项脚手架”，外墙用的是综合脚手架，内墙用的是“单项脚手架　双排”。需要注意的是首层的内墙套脚手架时是要换算的，因为首层的层高超过了 3.6m，那么超过的部分就需要乘以系数 0.3。

（2）超高增加费

建筑物超高增加人工、机械定额适用于单层建筑物檐口高度超过 20m，多层建筑物超过

6 层的项目。在套取定额时应根据建筑物高度进行选择。在本项工程中檐高是 19.05m，层数是 5 层，所以就不是超高建筑物，因此也不用计算超高增加费。

7.3.8 其他项目费

其他项目费主要包括暂列金额、专业工程暂估价、计日工费和总承包服务费，如图 7-80 所示。

	序号	名称	计算基数	费率(%)	金额	费用类别	不可竞争费	不计入合价	备注
1		其他项目			0				
2	1	暂列金额	暂列金额		0	暂列金额	☐	☐	
3	2	暂估价	专业工程暂估价		0	暂估价	☐	☐	
4	2.1	材料（工程设备）暂估价	ZGJCLHJ		0	材料暂估价	☐	☑	
5	2.2	专业工程暂估价	专业工程暂估价		0	专业工程暂估价	☐	☑	
6	3	计日工	计日工		0	计日工	☐	☐	
7	4	总承包服务费	总承包服务费		0	总承包服务费	☐	☐	

图 7-80 其他项目费

暂列金额是指建设单位在工程量清单中暂定并包括在工程合同价款中的一笔款项。用于施工合同签订时尚未确定或者不可预见的所需材料、工程设备、服务的采购，施工中可能发生的工程变更、合同约定调整因素出现时的工程价款调整以及发生的索赔、现场签证确认等的费用。

计日工是指在施工过程中，施工企业完成建设单位提出的施工图以外的零星项目或工作所需的费用。

总承包服务费是指总承包人为配合、协调建设单位进行的专业工程发包，对建设单位自行采购的材料、工程设备等进行保管以及施工现场管理、竣工资料汇总整理等服务所需的费用。

7.3.9 选择信息价以及调价系数

1. 选择信息价

（1）载入信息价

其他项目套取完成后，把界面切换至“人材机汇总”，单击“载价”，在弹出的下拉框中选择“批量载价”，如图 7-81 所示。参照招标文件的要求，选择载价地区和载价月份，如图 7-82 所示。选择完成后，点击下一步，进入载价范围选择，如全部载价，将全选处打钩，点击下一步即可。

图 7-81 载入信息价

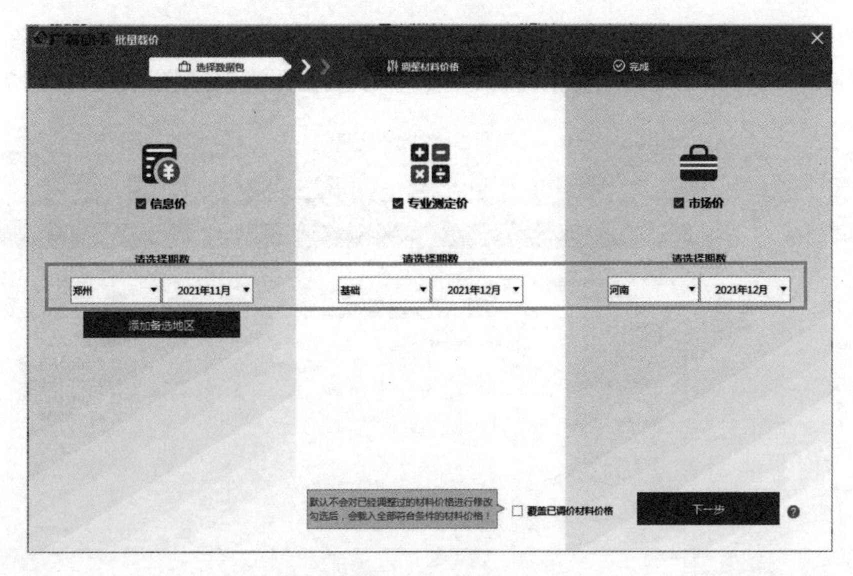

图 7-82　选择载价地区和载价月份

(2) 手动调整信息价

选择需要进行调整信息价的材料，如图 7-83 所示，选择钢筋，然后在信息服务界面选择信息价，找到对应的规格型号双击该项，人材机汇总中钢筋市场价和价格来源就会自动调整。

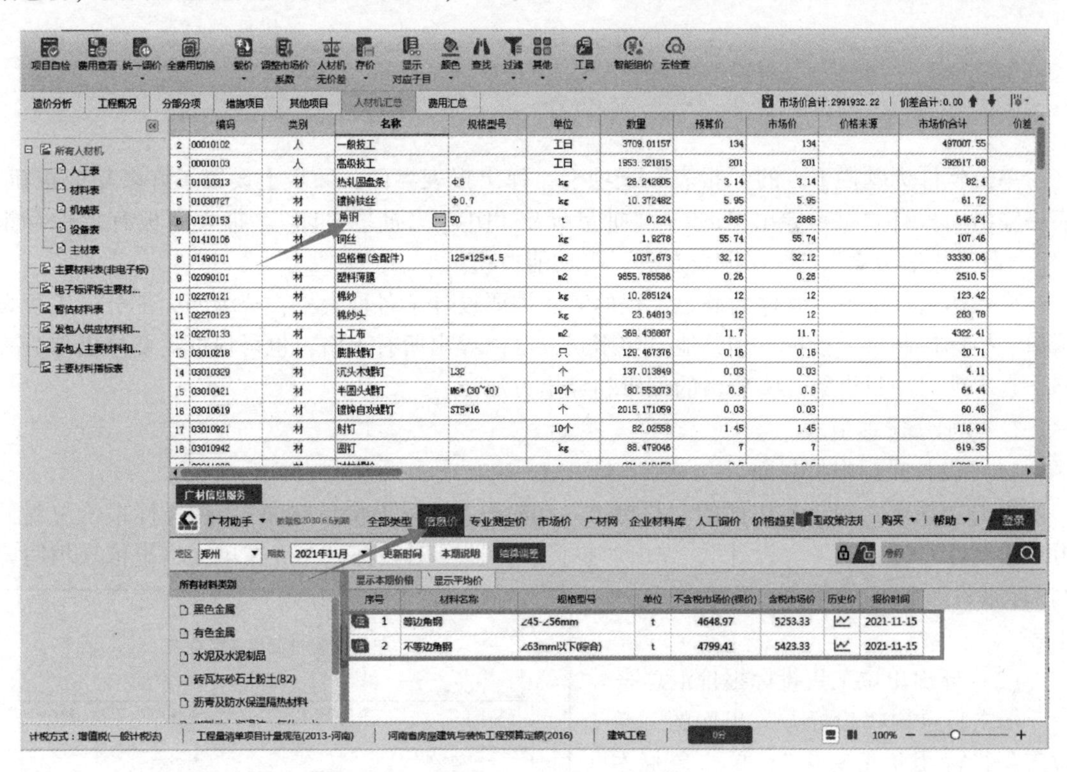

图 7-83　手动调整信息价

2. 造价系数调整

可通过设置调整范围和调整系数，直接对造价进行快速调整。在人材机汇总界面选择统一调价中的造价系数调整，然后在弹出的调整界面中设置调整范围和调整系数，完成后点击调整，根据提示选择是否进行调整前备份，如不需要备份可直接选择调整，如图 7-84 所示。

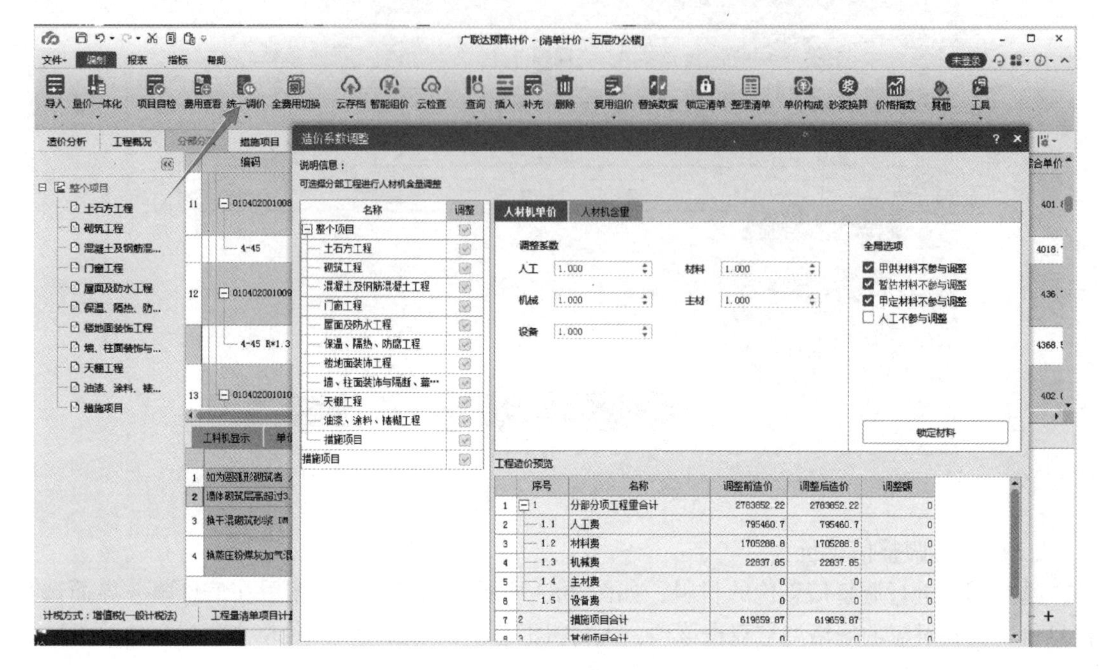

图 7-84 造价系数调整

7.3.10 报表导出

单击软件标题栏下方的“报表”选项卡，弹出报表界面，面板上设置了许多功能按钮。表格输出面板有“批量导出 Excel”“批量导出 PDF”“批量打印”，报表面板有“保存报表”“载入报表方案”“保存报表方案”等功能按钮。

广联达云计价平台软件为满足工程的实际需要设计了各种表格，分为四大部分：工程量清单、招标控制价、投标方和其他。使用时，可以导出所有表格，也可根据需要导出部分表格。在本项目中只讲解几张表格的编辑和导出方法。

1. 导出投标报价表

(1) 设计投标报价封面

单击“报表”目录树里面的“投标方”，选择“投标报价总封面”，在投标报价总封面上单击鼠标右键，单击“设计”，弹出“投标设计器”对话框，然后在单元格里依次填写除“投标报价”以外的信息，保存设计的报表。

(2) 导出单位工程投标报价汇总表

单击目录树“投标方”里面的“单位工程投标报价汇总表”，单击鼠标右键，选择“导出为 Excel 文件（×）”，软件导出单位工程投标报价汇总表，如图 7-85 所示。

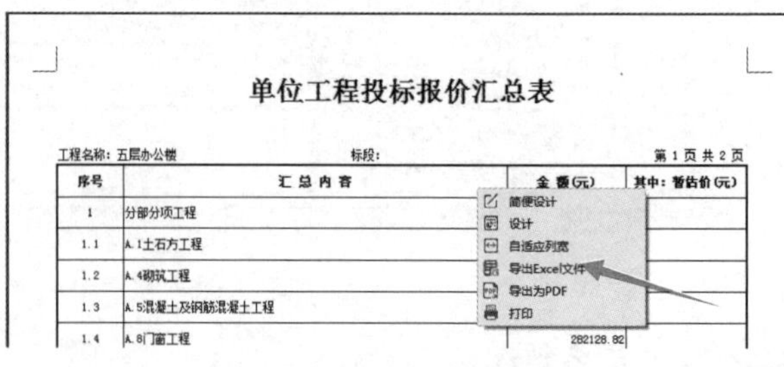
单位工程投标报价汇总表

工程名称：五层办公楼　　标段：　　第 1 页 共 2 页

序号	汇总内容	金额(元)	其中：暂估价(元)
1	分部分项工程		
1.1	A.1土石方工程		
1.2	A.4砌筑工程		
1.3	A.5混凝土及钢筋混凝土工程		
1.4	A.8门窗工程	282128.82	

图 7-85 单位工程投标报价汇总表（部分）

2. 导出其他表

(1) 导出甲供材料表

单击目录树“其他”里面的“甲供材料表”，单击鼠标右键，选择“导出为 Excel 文件（×）”，软件导出甲供材料表，如图 7-86 所示。

发包人提供材料和工程设备一览表

工程名称：五层办公楼　　　　标段：　　　　第 1 页 共 1 页

序号	材料（工程设备）名称、规格、型号	单位	数量	单价（元）	交货方式	送达地点	备注

图 7-86　甲供材料表（发包人提供材料）（部分）

(2) 导出招标控制价表

导出单位工程招标控制价表与导出单位工程投标报价汇总表的步骤是一样的，根据自己的需要选择报表，如图 7-87 所示。

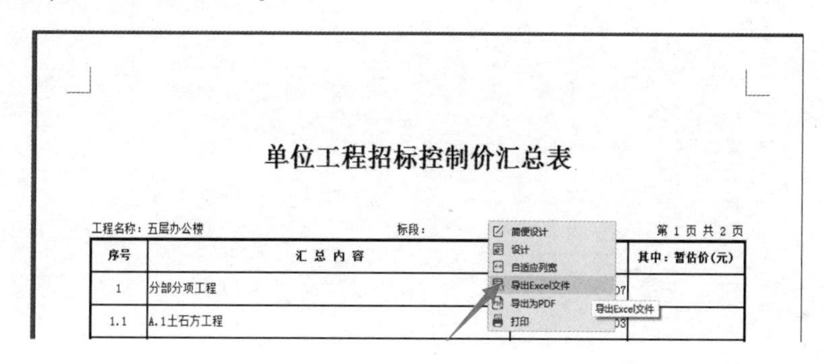

图 7-87　单位工程招标控制价汇总表（部分）

技巧进阶篇

第 8 章　CAD 图纸导入快捷识别

8.1　图纸导入

导入图纸算量是常用的一种计算方法，导入图纸的顺序和使用软件画图计算的顺序是一致的，一般先在量筋合一软件里进行导入图纸的操作，完成以后到绘图区里进行处理，这样工作就比较简单了。

1. 新建工程

建立工程完毕之后，进入绘图输入界面。

2. 图纸导入

①在图元列表中的“图纸管理”里选择“添加图纸”功能，选择电子图纸所在的文件夹，并选择需要导入的电子图，如图 8-1 所示。

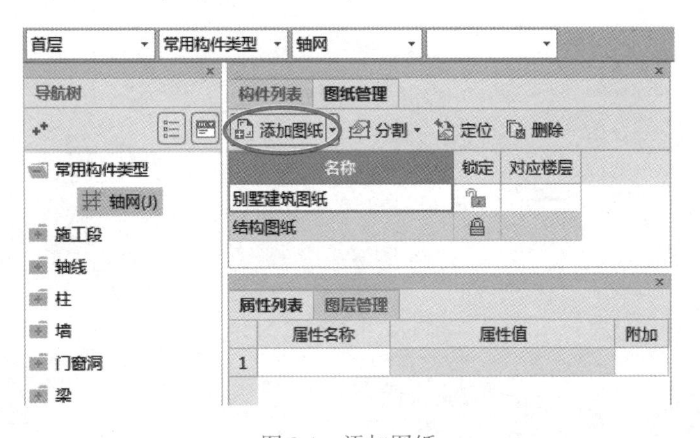

图 8-1　添加图纸

②导入图纸后，点击图纸管理窗口上的“分割”按钮，对图纸进行分割，可选择自动分割或手动分割。以手动分割为例：首先选择需要分割的图纸，如选择结构施工图，点击手动分割，框选分割的图纸，如图 8-2 所示，鼠标右键确定，然后在弹出的手动分割界面进行图纸名称选择以及图纸对应楼层选择，如图 8-3 所示，选择图纸名称时直接把鼠标移动到图纸中标注的名称，可自动进行识别。看图名可知该图纸为基础图，因此对应楼层为基础层，在楼层对应里将首层修改为基础层，分割完成后，图纸会显示在基础层下方，如图 8-4 所示。

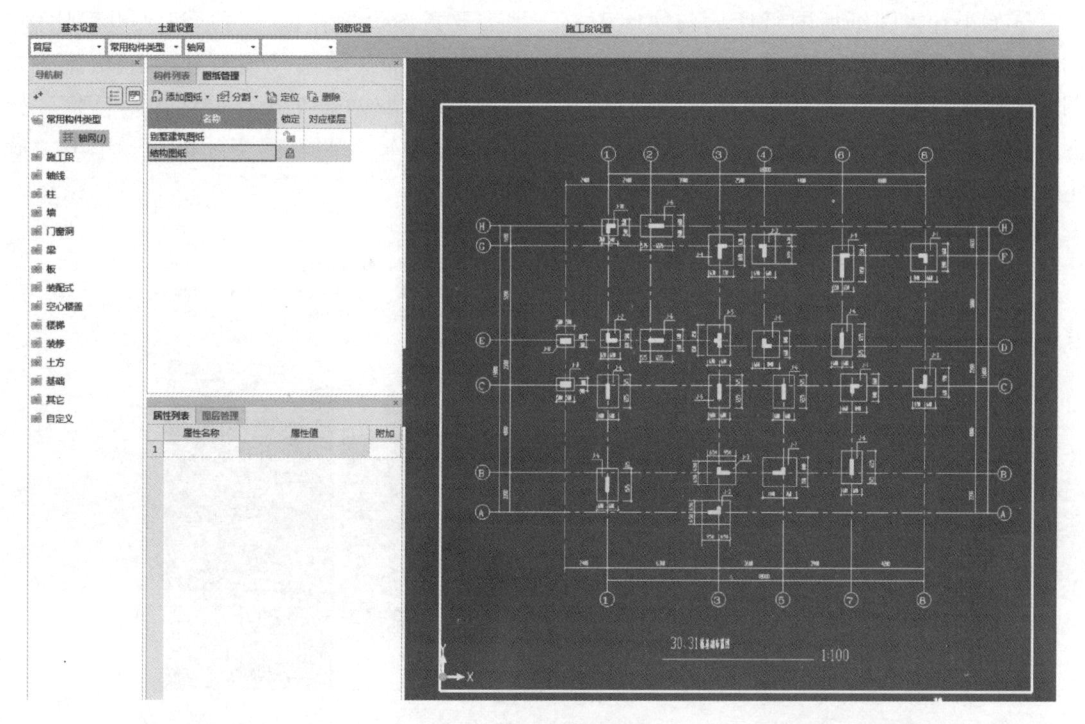

图 8-2　自动分割

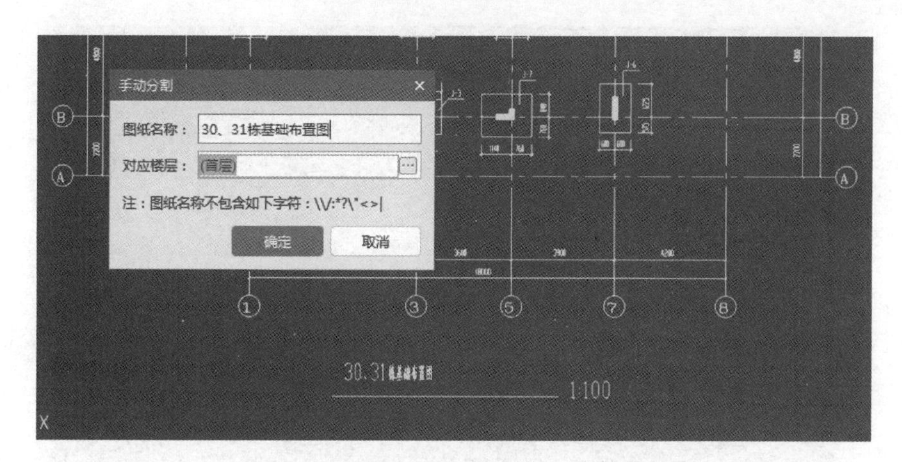

图 8-3　选择图名

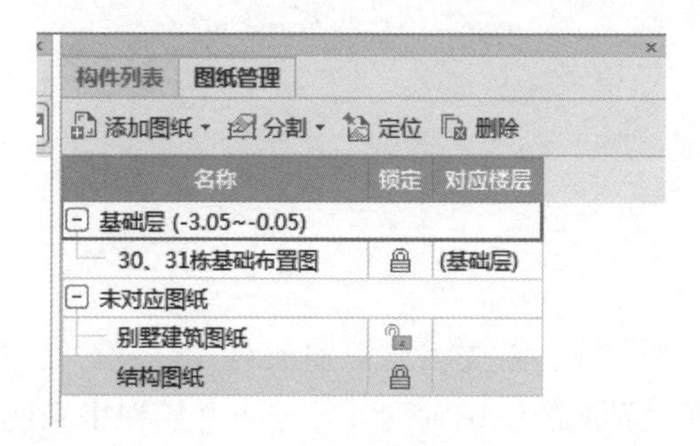

图 8-4　分割图纸显示

③如果导入图纸后图纸比例与实际不符，则需要重新设置比例。可通过“设置比例”功能来进行重新设置。具体操作步骤为：在“建模”界面，单击“设置比例”功能，如图 8-5 所示，根据提示，利用鼠标选择两点，软件自动量取两点距离，并弹出对话框，如图 8-6 所示。如果量取的距离与实际不符，可在对话框中输入两点间实际尺寸，单击“确定”按钮，软件即可自动调整比例。

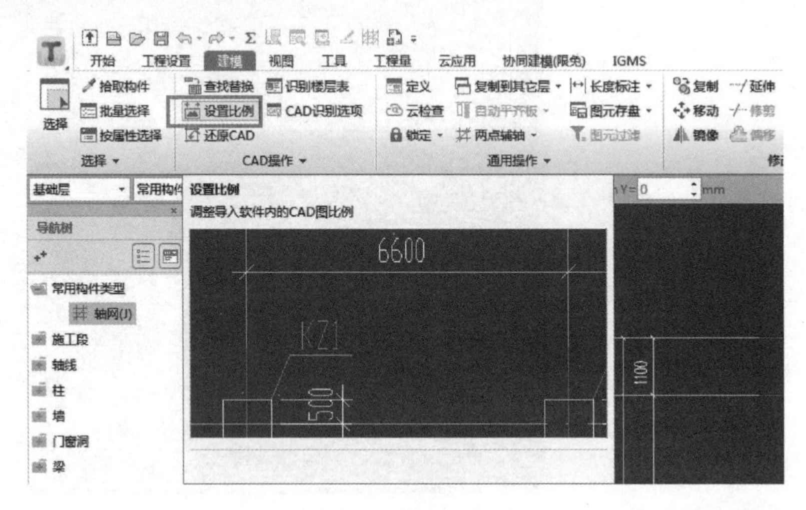

图 8-5　设置比例

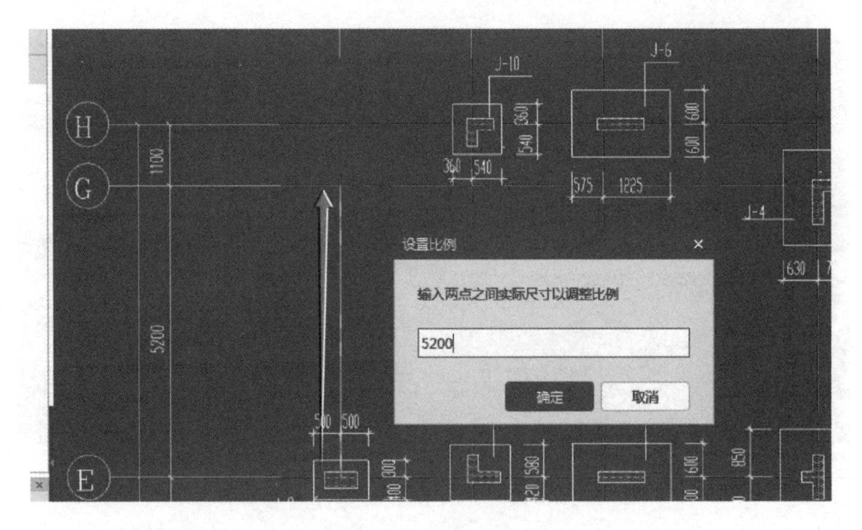

图 8-6　量取两点距离

8.2　识别轴网

1. 提取轴线及标识

①使用“CAD 识别”的方式，首先需要识别轴网。导入 CAD 图纸后，在模块导航栏里的“轴网”中找到“建模”界面的识别轴网并点击，开始识别轴网。

提取轴线时具体操作步骤如下：首先点选“提取轴线边线”，这时会弹出“图线选择方式”提示框，如图 8-7 所示。根据需要选择合适的图线提取方式（比较常用的选择方式为“按图层选择”），然后选择要提取的轴线，如图 8-8 所示。轴线选择完成后点击鼠标右键确认选择，则选择的 CAD 图元自动消失，并存放在“已提取的 CAD 图层”中，如图 8-9 所示。

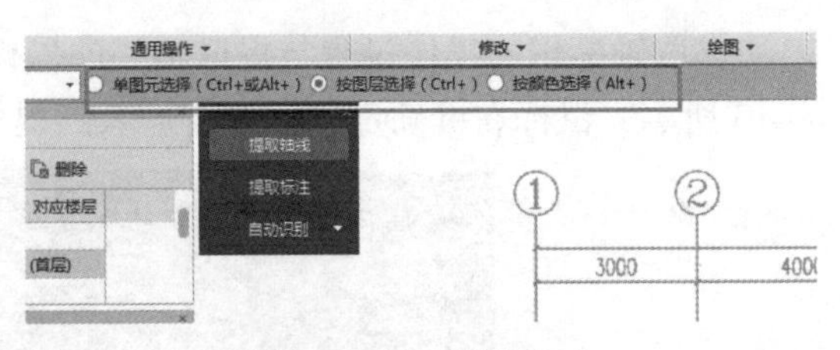

图 8-7　图线提取方式

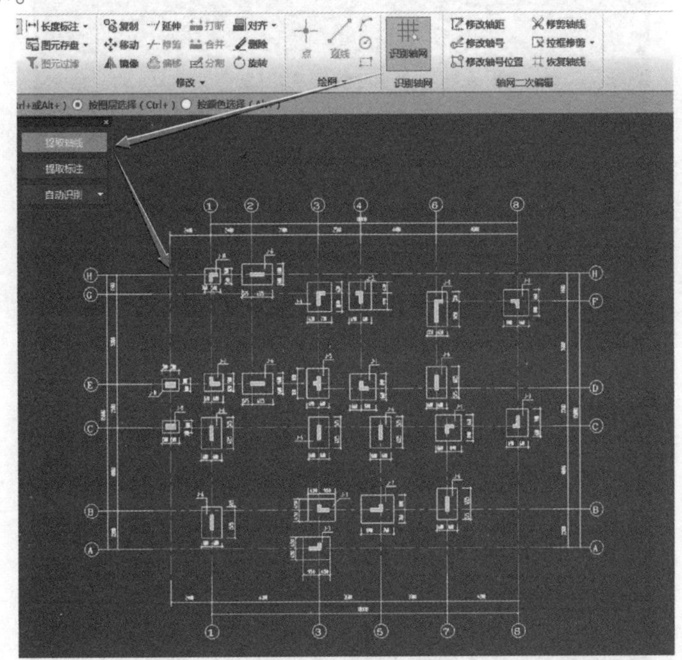

图 8-8　提取轴线

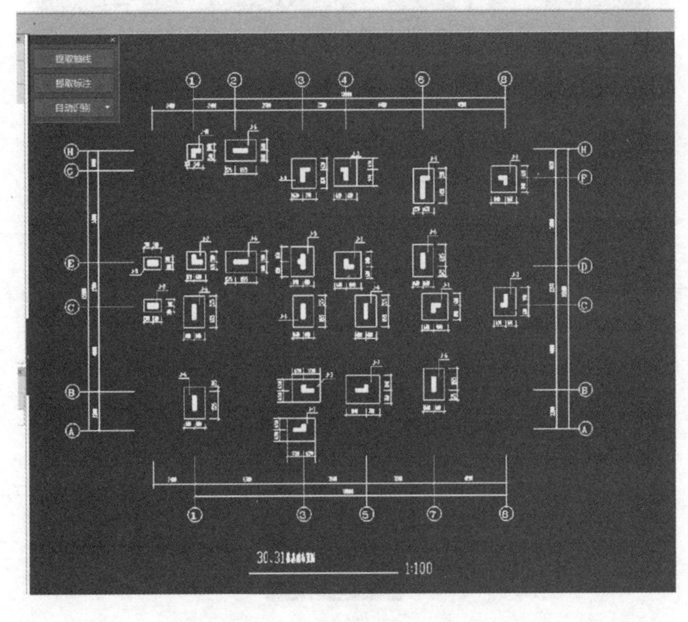

图 8-9　轴线提取完成

②提取轴标识的操作过程与提取轴线的操作过程大致相同，首先选择要提取的标注，如图 8-10 所示，鼠标右键确定，标注会进入到提取图层，如图 8-11 所示。

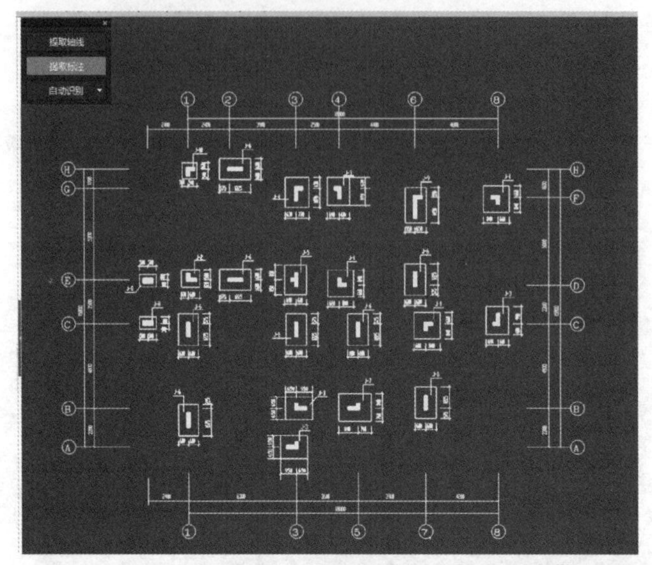

图 8-10　提取标注

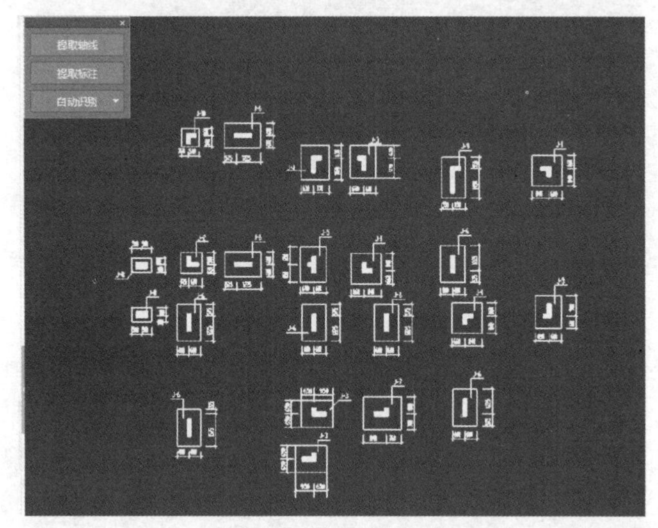

图 8-11　标注提取完成

2. 识别轴网

提取轴线边线及轴线标识后，就可以进行识别轴网的操作。识别轴网有 3 种方法可供选择，如图 8-12 所示。

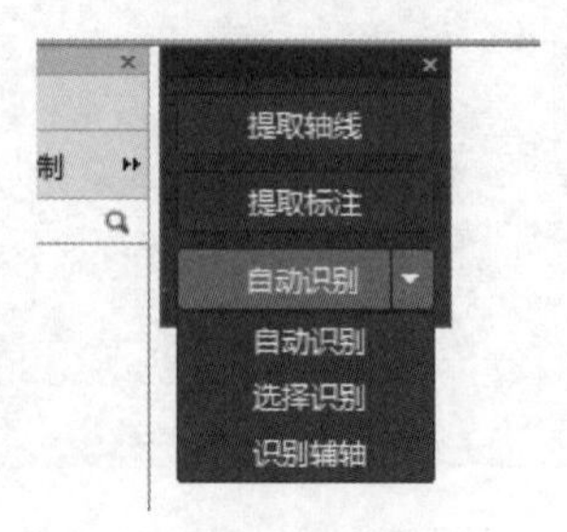

图 8-12　识别轴网

采用“自动识别轴网”，可快速地识别出工程图中的轴网，如图 8-13 所示。

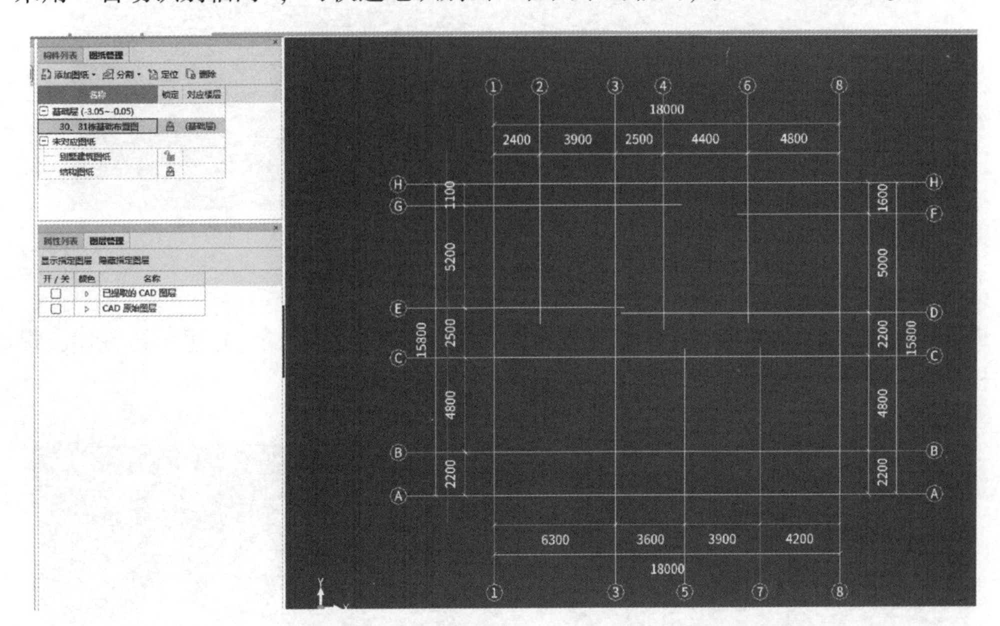

图 8-13　识别轴网完成

识别轴网成功后，同样可利用“轴线”部分的功能对轴网进行编辑和完善。

8.3　识别构件

8.3.1　识别柱大样和柱

1. 识别柱大样

某些工程柱构件的配筋比较复杂或柱类型较多时，会采用柱大样来显示柱的尺寸和配筋信息。

识别柱大样可以分为提取柱边线、提取柱标注、提取钢筋线、识别柱大样等步骤。

(1) 提取柱边线

首先，在模块导航栏中的“柱”中点选“识别柱大样”，然后点击绘图工具栏中的“提取边线”，根据提示进行柱边线的提取（图 8-14），提取完成后点击鼠标右键确认选择，则选择的 CAD 图元自动消失，并存放在“已提取的 CAD 图层”中，如图 8-15 所示。

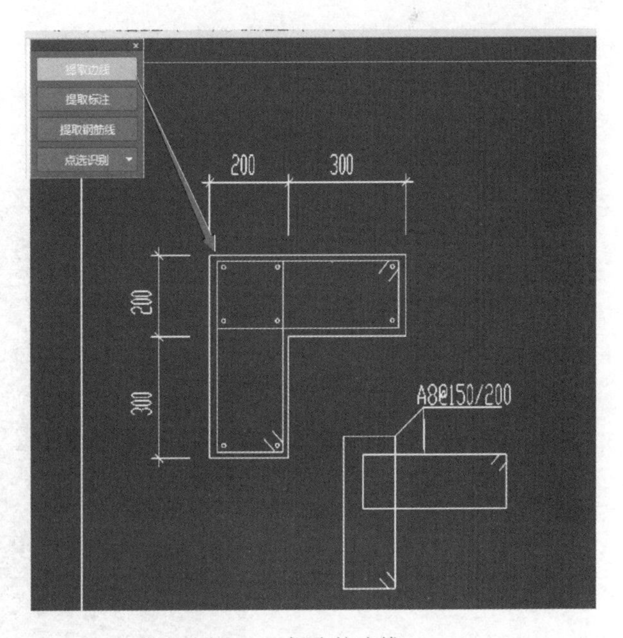

图 8-14　提取柱边线

图 8-15　已提取的柱边线

（2）提取柱标注和提取钢筋线

提取柱标注和提取钢筋线的步骤与提取柱边线的步骤大致相同，这里不再叙述，提取完成的柱标注和钢筋线如图 8-16 和图 8-17 所示。

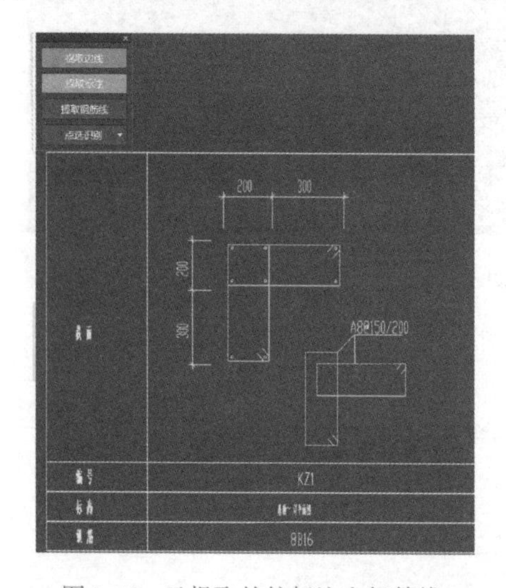

图 8-16　已提取的柱标注和钢筋线

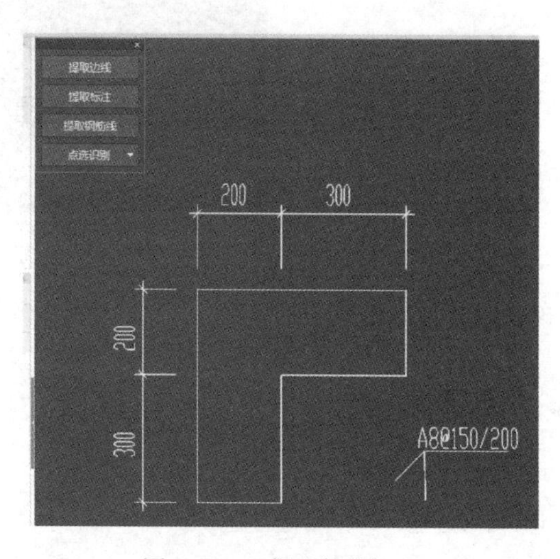

图 8-17　已提取的柱标注

（3）提取钢筋线

提取钢筋线如图 8-18 所示。

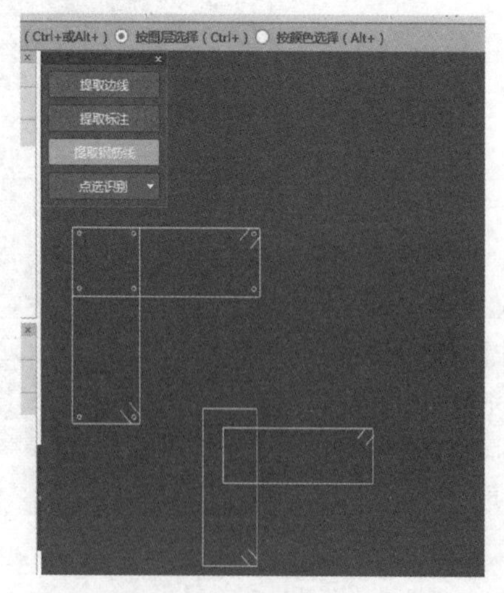

图 8-18　提取钢筋线

（4）识别柱大样

所有构件提取完成之后，单击“自动识别”，如图 8-19 所示。

点选识别柱大样：通过鼠标选择来识别柱大样。

框选识别柱大样：拉框选择柱大样边线、柱标识和钢筋线来识别柱大样。

自动识别柱大样：软件自动识别柱大样。

一般比较常用的识别柱大样的方法是自动识别柱大样。自动识别柱大样的操作比较简单，仅需要点选“自动识别柱大样”按钮，则提取的柱边线和柱标识被识别为软件的柱构件，并弹出识别成功的提示，如图 8-20 所示。

图 8-19　识别柱大样

图 8-20　识别完毕

（5）柱大样校核

柱大样校核是指软件对已识别的柱大样进行智能检查。点击工具栏中的“柱大样校核”即可对软件中已识别的柱大样进行校核（当采用自动识别柱大样时，软件会自动进行校核），如果出现错误会弹出如图 8-21 所示的校核窗口。

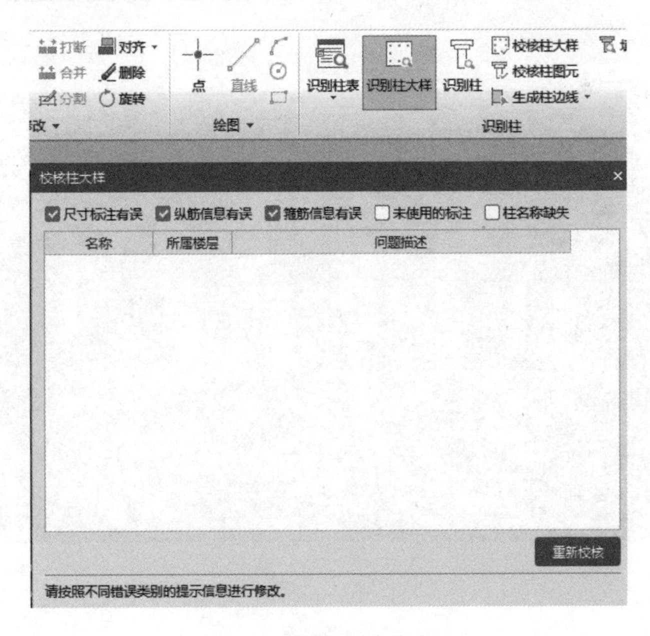

图 8-21　柱大样校核窗口

2. 识别柱

识别柱需要先把柱平法图分割出来，具体识别步骤为提取边线→提取标注。

选择识别柱后，点击提取边线，如图 8-22 所示，然后右键确定，再点击提取标注，如图 8-23 所示，最后选择识别方式，如选择自动识别，软件将会进行自动识别，识别成功后，会有提示框出现，如图 8-24 所示。之后软件会自动进行校核，如图 8-25 所示。识别完成可进行三维查看，如图 8-26 所示，如有遗漏可单独进行绘制。

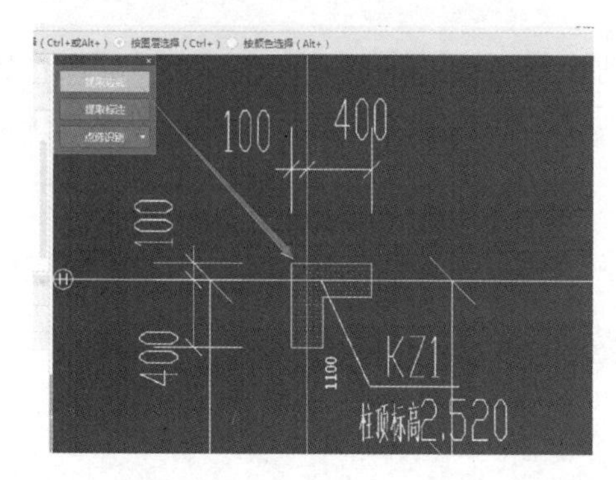

图 8-22　提取边线

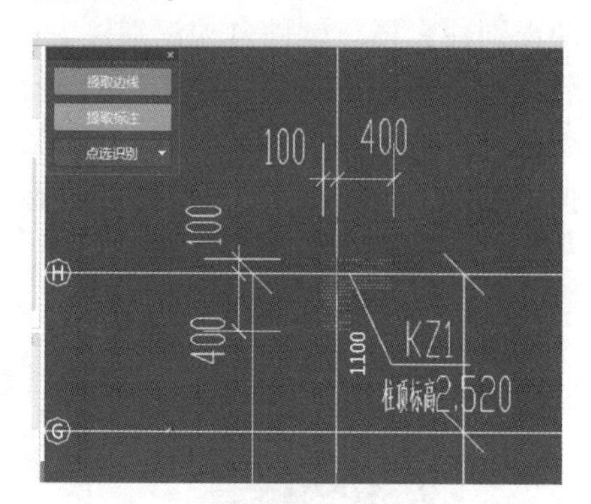

图 8-23　提取标注

图 8-24　自动识别

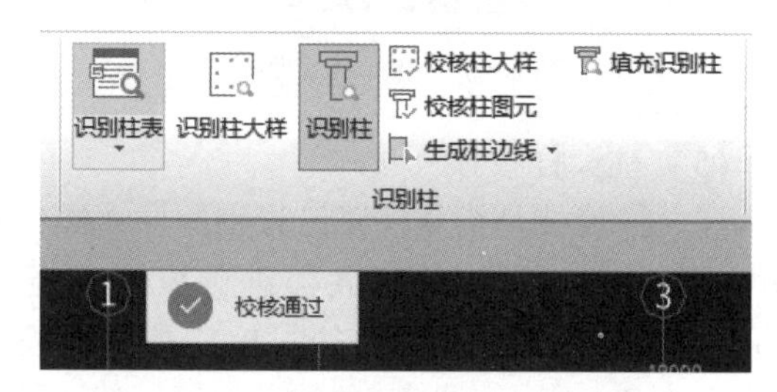

图 8-25　校核

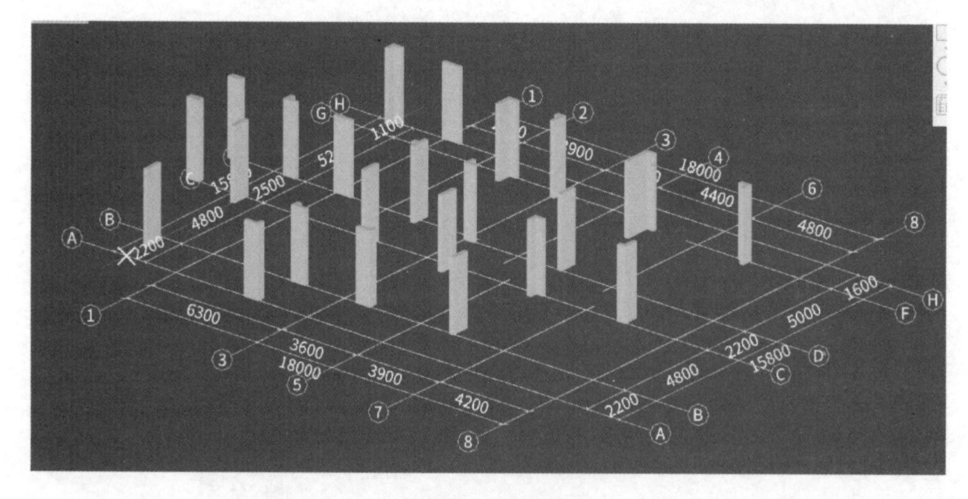

图 8-26　三维查看

8.3.2　识别梁

在导航栏中的“梁”中找到“识别梁”，开始进行梁的识别工作，识别梁步骤如图 8-27 所示。

1. 提取梁边线

(1) 提取梁边线

在绘图工具栏找到并选择"提取梁边线"，利用"选择相同图层的 CAD 图元"或"选择相同颜色的 CAD 图元"的功能，选中需要提取的梁边线 CAD 图元，如图 8-28 所示。选择完成后，单击鼠标右键确认选择，则选择的 CAD 图元自动消失，并存放在"已提取的 CAD 图层"中。

(2) 提取梁标注

提取梁标注包含 3 个功能：自动提取标注、提取集中标注和提取原位标注，如图 8-29 所示。

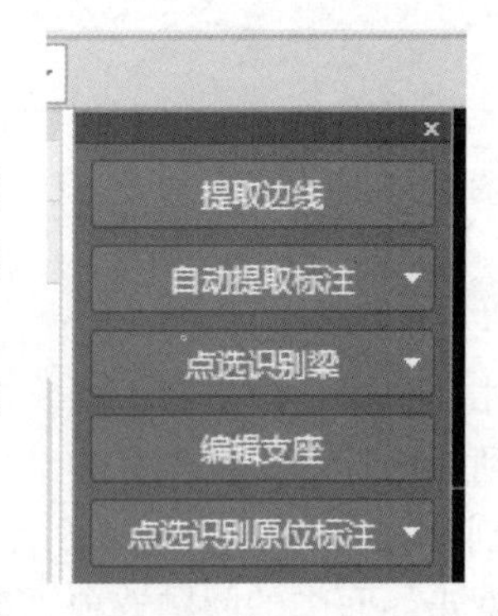

图 8-27　识别梁步骤

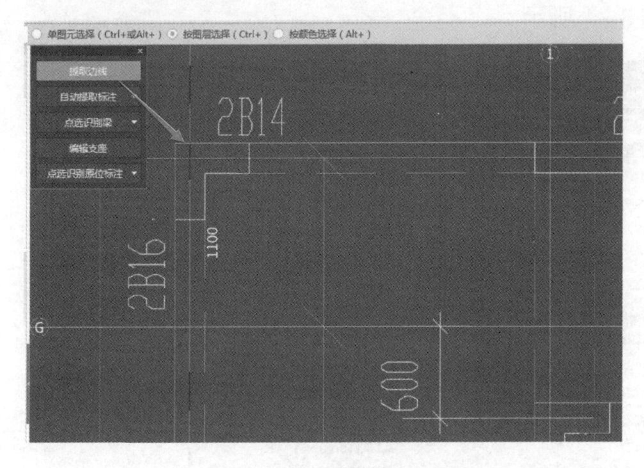

图 8-28　提取梁边线

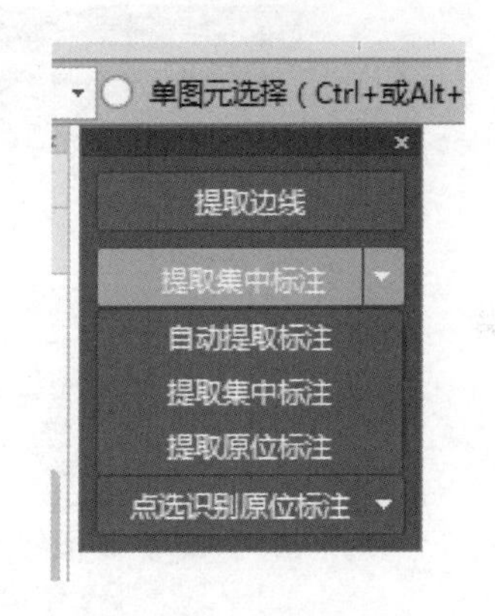

图 8-29　提取梁标注的三个方式

当 CAD 图中梁集中标注和原位标注在一个图层上时，可以采用"自动提取梁标注"，这种方式可一次提取 CAD 图中全部的梁标注，软件会自动区别梁的原位标注与集中标注。

单击"自动提取梁标注"后，选中图中所有同图层的梁标注，如图 8-30 所示，点击鼠标右键确认选择，则选择的 CAD 图元自动消失，并存放在"已提取的 CAD 图层"中。提取完成后，提取成功的集中标注变为黄色，原位标注变为粉色。

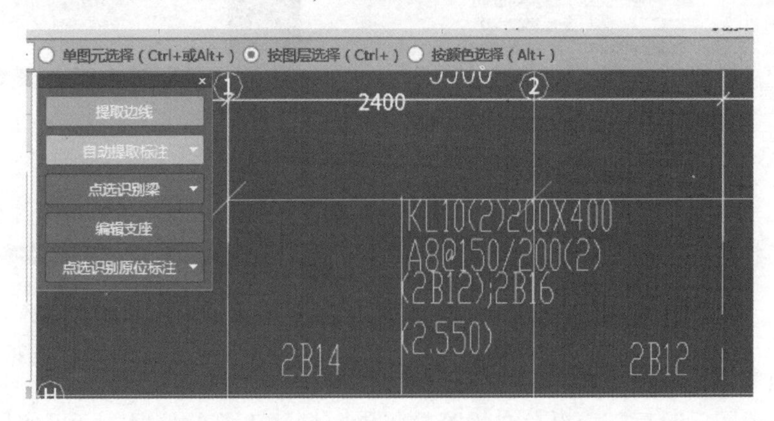

图 8-30　已选择的梁标注

2. 识别梁

识别梁分为自动识别梁、点选识别梁和框选识别梁 3 种方法，如图 8-31 所示。

图 8-31 识别梁

（1）自动识别梁

“自动识别梁”是软件自动根据提取的梁边线和梁集中标注对图中所有梁一次全部识别。选择“自动识别梁”后软件会弹出如图 8-32 所示的提示。单击“继续”按钮，则提取的梁边线和梁集中标注被识别为软件的梁构件。然后软件会弹出校核梁图元，如图 8-33 所示，双击界面中的问题选项，会自动切换到问题梁，可逐个进行修改，图中粉色（指软件操作中的颜色，下同）标注识别的跨数与梁标注的一致，而红色则表示不一致的梁，需要检查进行修改，如图 8-34 所示。

识别梁选项

◉ 全部 ○ 缺少箍筋信息 ○ 缺少截面　　复制图纸信息　粘贴图纸信息

	名称	截面(b*h)	上通长筋	下通长筋	侧面钢筋	箍筋	肢数
1	AL1(1)	400*150	4B14	4B20		A8@150/200(4)	4
2	KL1(1)	200*300	2B16	2B16		A8@150/200(2)	2
3	KL2(3A)	200*570	(2B12)			A8@100/200(2)	2
4	KL3(1)	400*450	4B14	8C25 2/6	N4B12	B10@100(4)	4
5	KL4(4A)	200*470	(2B12)			A8@150/200(2)	2
6	KL5(1)	200*570	(2B12)	3B18	N2B10	B10@100(2)	2
7	KL6(1A)	200*470	(2B12)			A8@100/200(2)	2
8	KL7(2)	200*400	(2B12)	2B16		A8@100/150(2)	2
9	KL8(1A)	200*570	(2B12)			A8@150/200(2)	2
10	KL9(1A)	200*400	(2B12)			A8@100(2)	2
11	KL10(2)	200*400	(2B12)	2B16		A8@150/200(2)	2

请检查并确认得到的梁信息　　继续　取消

图 8-32 自动识别梁

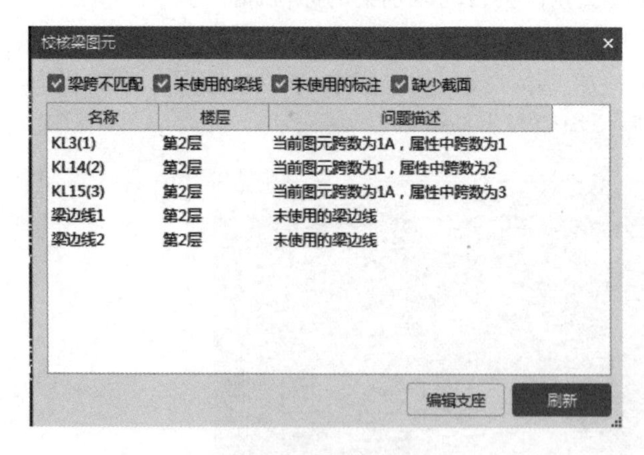

图 8-33 校核梁图元

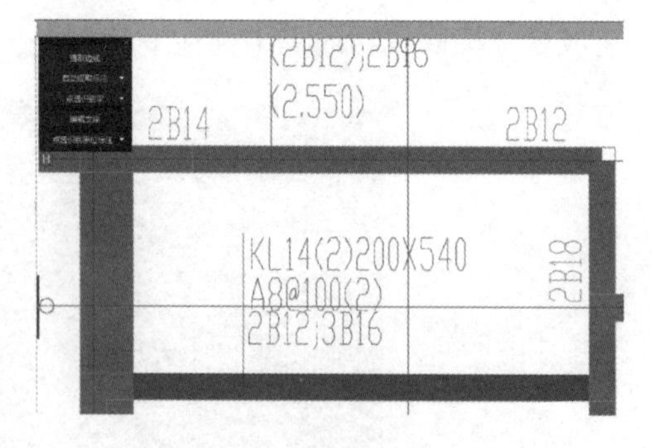

图 8-34 识别梁异常提示

（2）编辑支座

当“校核梁图元”后，如果存在梁跨数与集中标注不符的情况，则可使用此功能进行支座的增加、删除工作。“编辑支座”命令可以通过“梁跨校核”来进行调用，也可以从

“查改支座”工具栏调用。

“编辑支座”主要有两种：删除支座和增加支座。如要删除支座，直接点取图中支座点标识即可，若要增加支座，则点取作为支座的图元，如图 8-35 所示第一个问题，图元跨数为 2，属性跨数为 1，则需要删除支座。

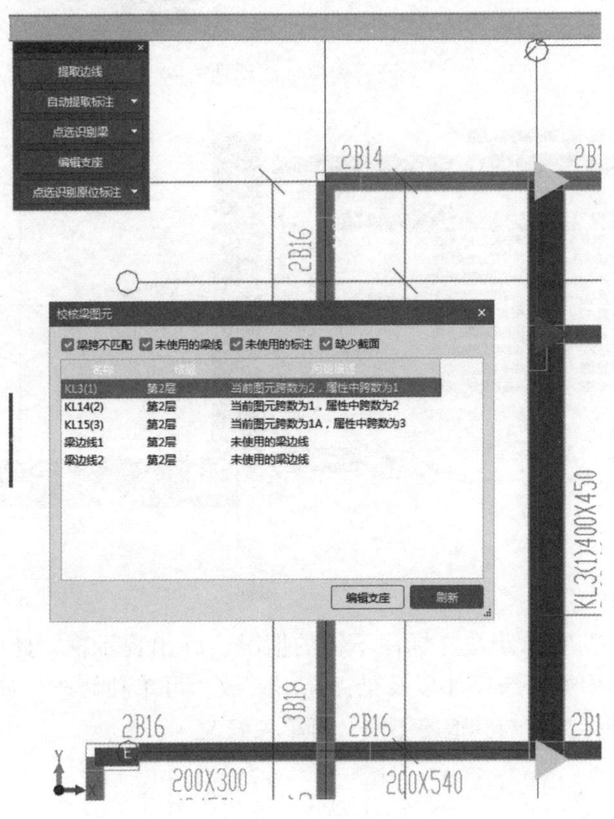

图 8-35　删除支座

3. 识别原位标注

识别梁构件完成之后，应识别原位标注。识别原位标注有 4 个功能：自动识别梁原位标注、框选识别梁原位标注、单构件识别梁原位标注、点选识别梁原位标注，如图 8-36 所示。

(1) 自动识别梁原位标注

“自动识别梁原位标注”功能可以将所有梁构件的原位标注批量识别。选择“自动识别梁原位标注”以后，系统将对已经提取的全部原位标注进行识别，如图 8-37 所示。识别原位标注功能之后，会进行校核，识别成功的原位标注深蓝色显示，未识别保持粉色，双击校核问题，会自动切换到问题标注，如图 8-38 所示，需要一次进行修改。

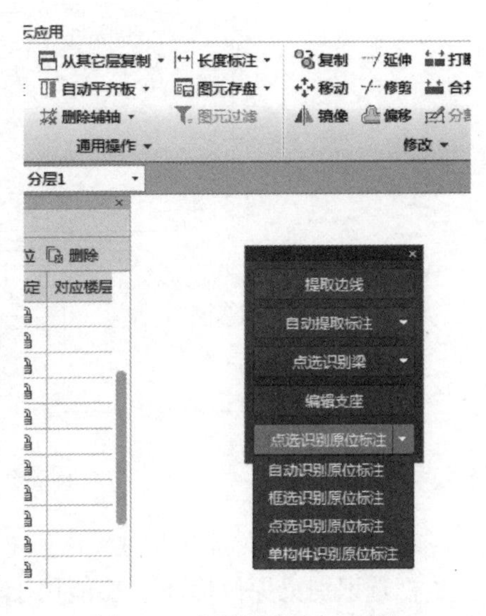

图 8-36　识别原位标注功能

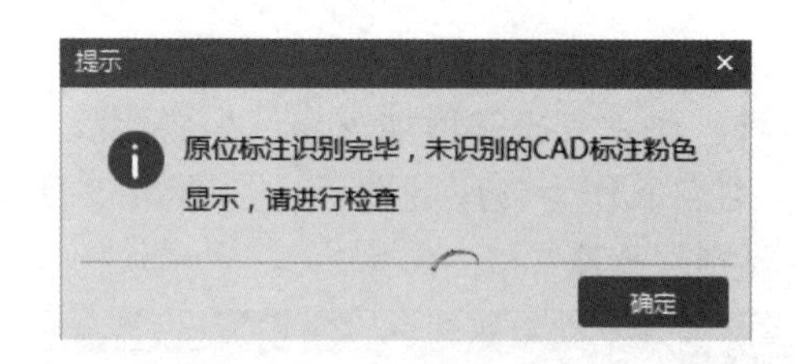

图 8-37　原位标注识别完成

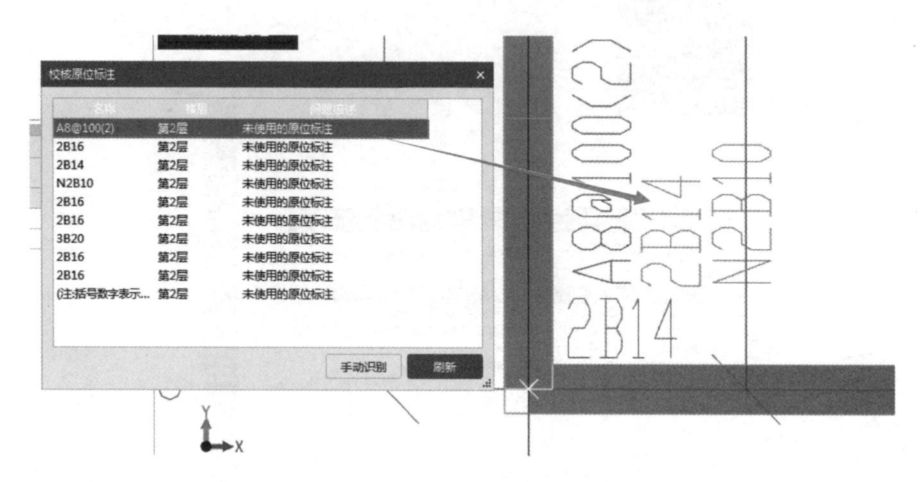

图 8-38　问题标注

如果图中存在梁的实际跨数与标注不符的情况会弹出提示框，此时使用“梁跨校核”进行修改即可。如图中梁单跨尺寸以及梁标高不一致，可单独修改，如图 8-39 所示，图中标注的梁单跨尺寸和标高均与其他跨不同，可单独修改。

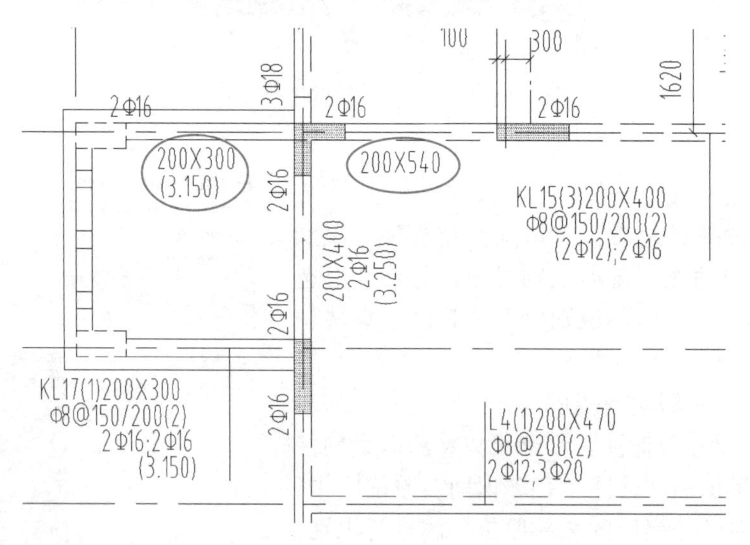

图 8-39　单跨尺寸和标高不同

（2）框选识别梁原位标注

“框选识别梁原位标注”功能用于识别某一区域内的梁原位标注。这种方法操作简单，只需框选需要进行识别的原位标注，右键点击确认则提取的梁原位标注就被识别为软件中梁构件的原位标注，识别成功的原位标注用深蓝色进行标识。

（3）单构件识别梁原位标注

“单构件识别梁原位标注”功能用于识别单根梁的原位标注。找到“单构件识别梁原位标注”，选择需要识别的梁构件，单击鼠标右键确认，则提取的梁原位标注就被识别为软件中梁构件的原位标注，识别成功的原位标注用深蓝色进行标识。

（4）点选识别梁原位标注

“点选识别梁原位标注”功能用于单独识别某个原位标注。找到“点选识别梁原位标注”，在需要识别的梁构件中选择 CAD 图中的原位标注图元，软件会自动寻找最近的梁支座位置并进行关联（如果软件自动寻找的梁支座位置出错，还可以通过按 Ctrl 键 + 鼠标左键选择其他的标注框进行关联），然后单击鼠标右键确认选择，则选择的 CAD 图元被识别为所选梁支座的钢筋信息。对识别成功的原位标注用深蓝色显示，没有识别则保持粉色。再次单击鼠标右键，即可退出“点选识别梁原位标注”命令。

8.3.3　识别板

1. 识别板

在导航栏“板”界面，找到识别板，开始对板进行识别。

（1）提起板标识

选中识别板“提起板标识”选择板标识，如图 8-40 所示，选择完成后，单击鼠标右键确认选择，则选择的 CAD 图元自动消失，并存放在“已提取的 CAD 图层”中。

（2）识别板洞线

提取板标识后，进行提取板洞线（板洞线是指没有板填充的位置），点击提取板洞线，如图 8-41 所示，选择完成后单击鼠标右键确定。

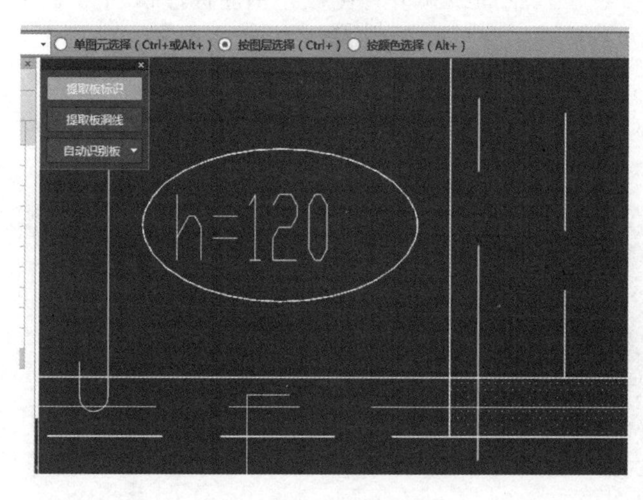

图 8-40　选中的板标识

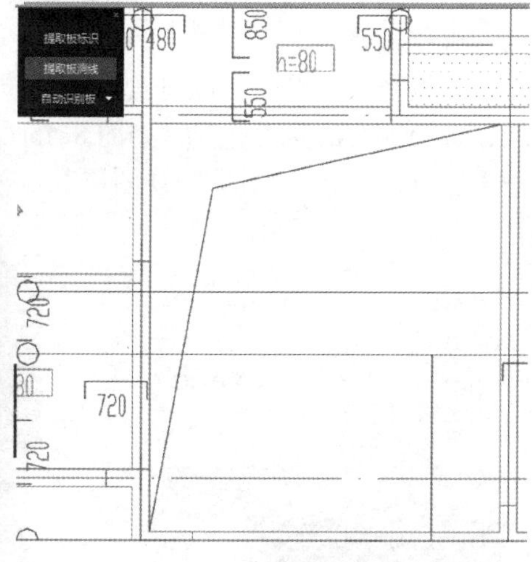

图 8-41　提取板洞线

（3）自动识别板

提取完板标注以后，就可以进行识别板的操作，在绘图工具栏中找到“自动识别板”并点击，弹出“识别板选项”窗口，如图 8-42 所示，根据图纸信息选择板下支座。

单击“确定”，软件开始识别板，识别完成后会弹出如图8-43所示的窗口，显示所有识别成功的板（可以点击序号，查看板所在的位置并对板进行编辑）。

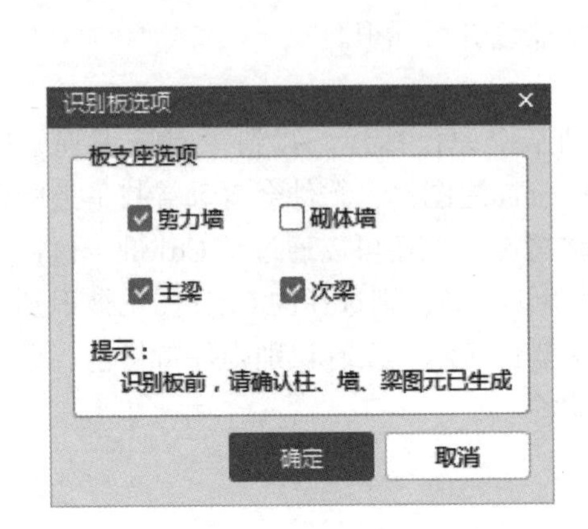

图8-42　识别板选项

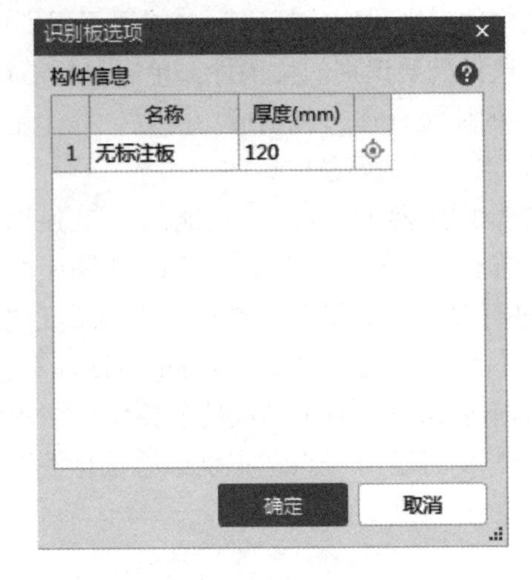

图8-43　识别板

如果图纸上出现类似“序号1：未标注板”的情况，可以定位到板的具体位置，查看信息，并根据图的内容填写板的名称和厚度。输入完成后，点击“确定”，软件将根据提取的板标识信息进行自动生成板。

2. 识别受力筋和负筋

自动识别板筋是软件将板受力筋和负筋同时进行识别并区分，除此之外，钢筋软件还提供了分开识别板受力筋和板负筋的功能。

（1）识别板受力筋

识别板受力筋功能可以将提取的板（筏板）钢筋线和板（筏板）钢筋标注识别为受力筋。操作步骤如下：

在板受力筋界面，找到识别受力筋，根据提示按照顺序，如图8-44所示，先提取板筋线，选中板中的受力筋线，如图8-45所示，选中后单击鼠标右键确定，选中的板筋线就会消失，进入“已提取的CAD图层”。

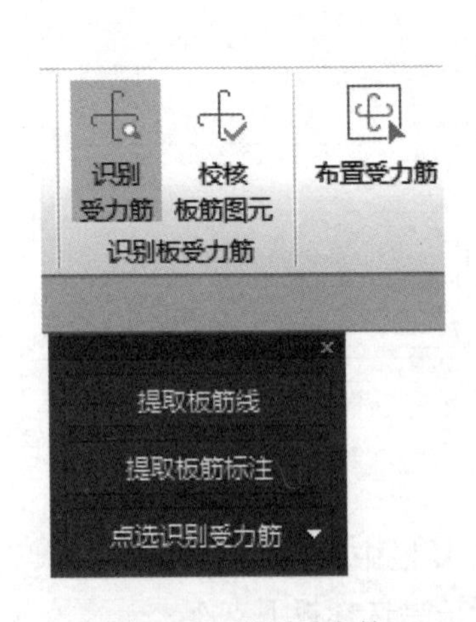

图8-44　识别受力筋

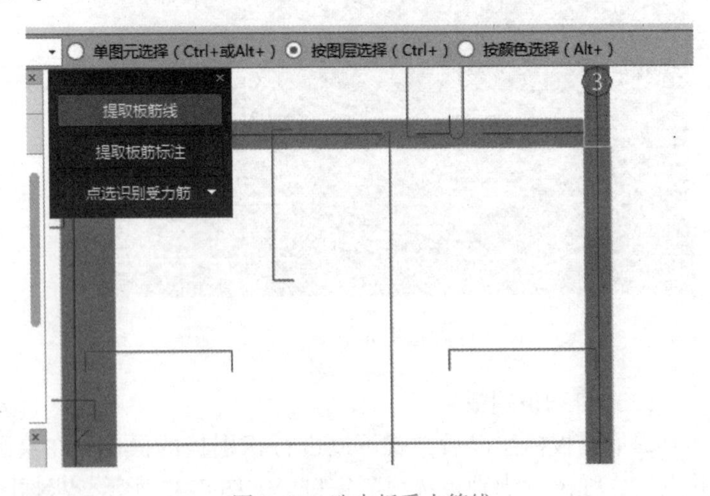

图8-45　选中板受力筋线

提取完板筋线之后，开始提取板筋标注，点击提取板筋标注，然后选中板筋标注数字，如图 8-46 所示，单击鼠标右键确定，标注就会消失，进入“已提取的 CAD 图层”。

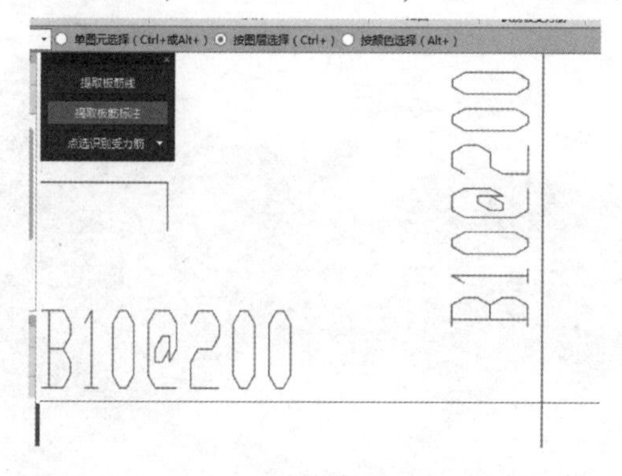

图 8-46　选中提取板筋标注

（2）识别板筋

点击自动识别板受力筋，进入识别板筋选项，如图 8-47 所示，然后自动识别板筋点击确定，如图 8-48 所示，识别完成后软件会自动进行校核，一次修改校核问题，如图 8-49 所示。完成后可三维观察，如图 8-50 所示。

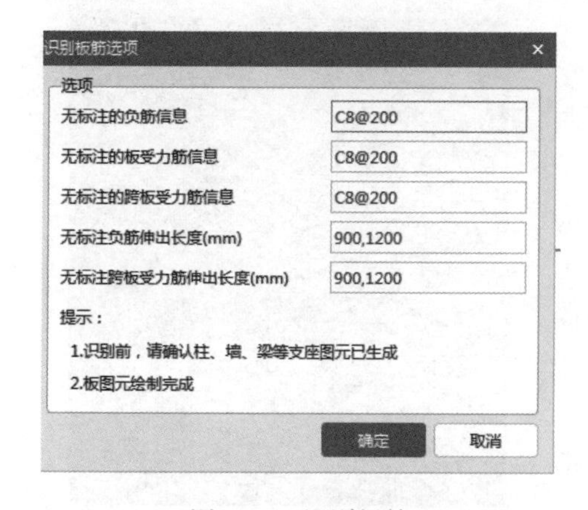

图 8-47　识别板筋

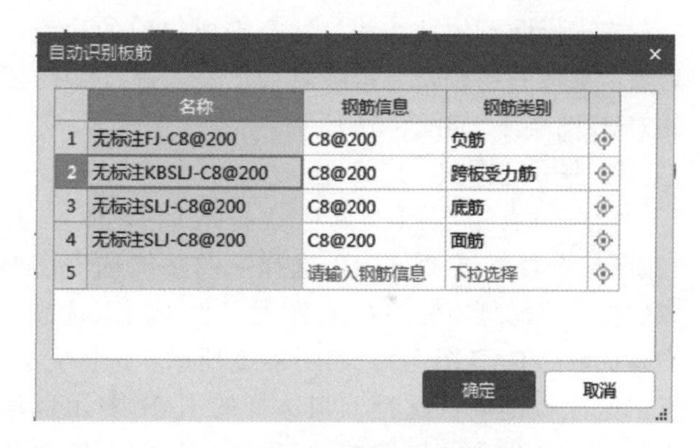

图 8-48　自动识别板筋

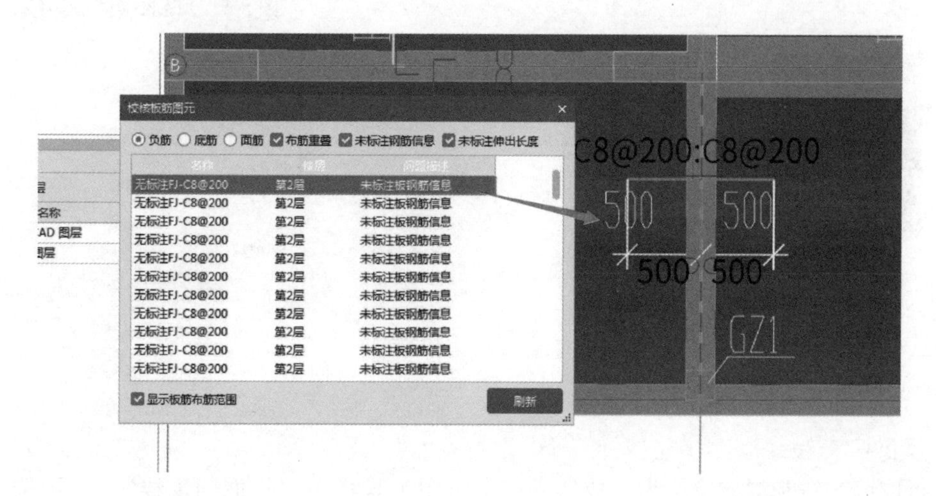

图 8-49　板筋校核

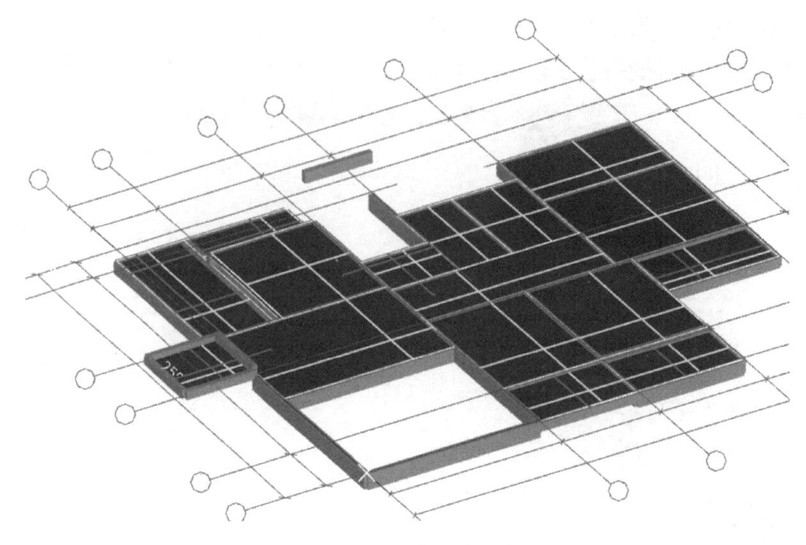

图 8-50　板筋三维观察

8.3.4　识别墙

1. 提取砌体墙边线

点击提取砌体墙边线，选择需要提取的边线，然后点击鼠标右键确定，边线就会消失，进入“已提取的 CAD 图层”，如图 8-51 所示。

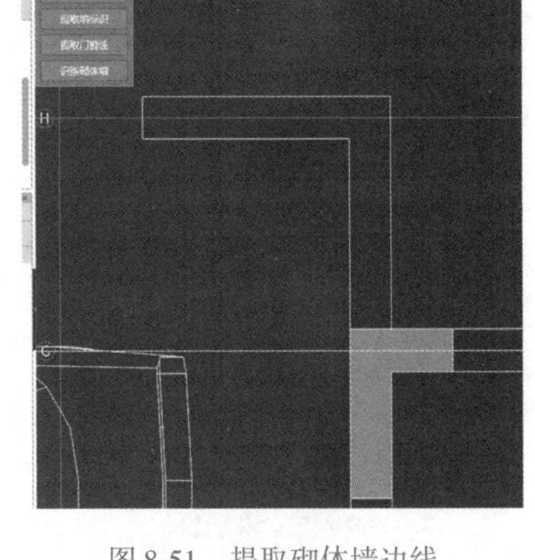

图 8-51　提取砌体墙边线

2. 提取墙标识

找到并点击绘图工具栏“提取墙标识”，利用“按图层选择”或“按颜色选择”的功能选中需要提取的剪力墙的集中标注 CAD 图元（也可以点选或框选需要提取的 CAD 图元），如图 8-52 所示。选择完成后，点击鼠标右键确认选择，则选择的 CAD 图元自动消失，并存放在“已提取的 CAD 图层”中，如图 8-53 所示。

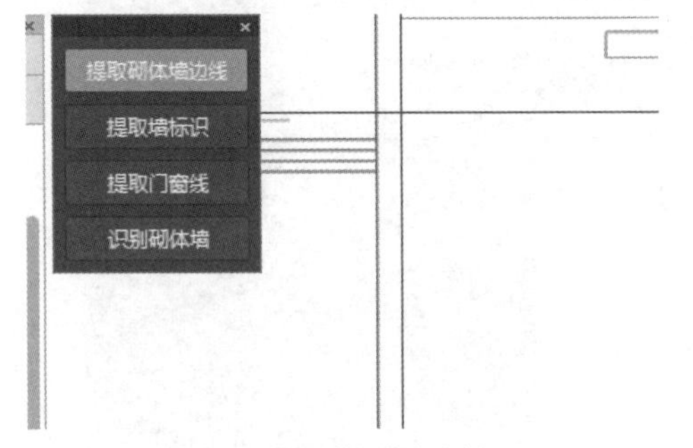

图 8-52　按图层选择

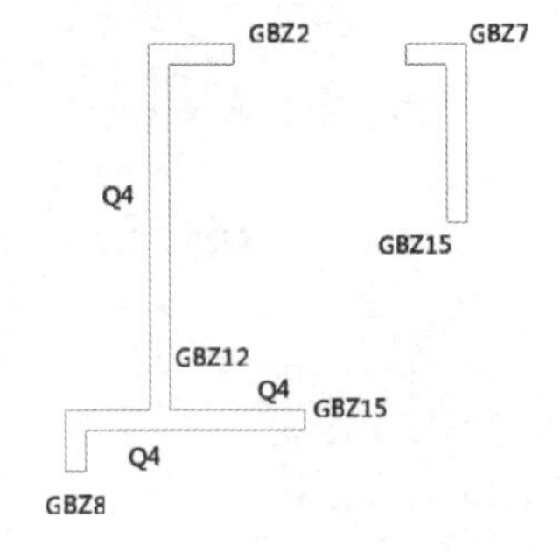

图 8-53　已提取的墙标识

3. 提取门窗线

在提取墙边线和提取墙标识完成后，点击绘图工具栏中“提取门窗线”，利用选择同图层图元或是选择同颜色图元，选择所有的门窗线，如图 8-54 所示，点击鼠标右键确定，完成门窗线的提取。

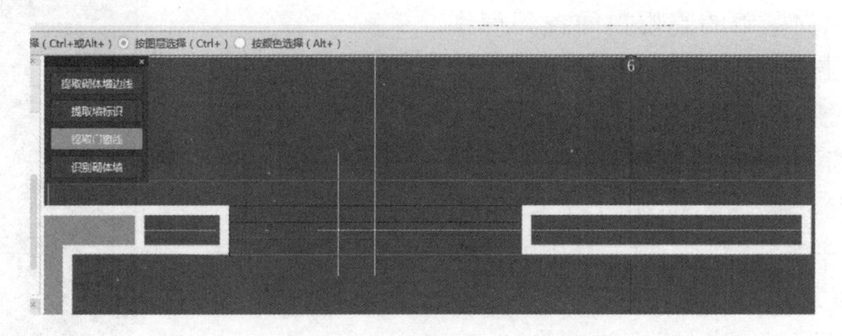

图 8-54　提取门窗线

4. 识别墙

门窗线提取完成后，点击识别砌体墙，在弹出的界面中选择自动识别，如图 8-55 所示。识别完成后进行校核，如图 8-56 所示，修改完校核问题后可三维观察，如有遗漏需进行补画，如图 8-57 所示。

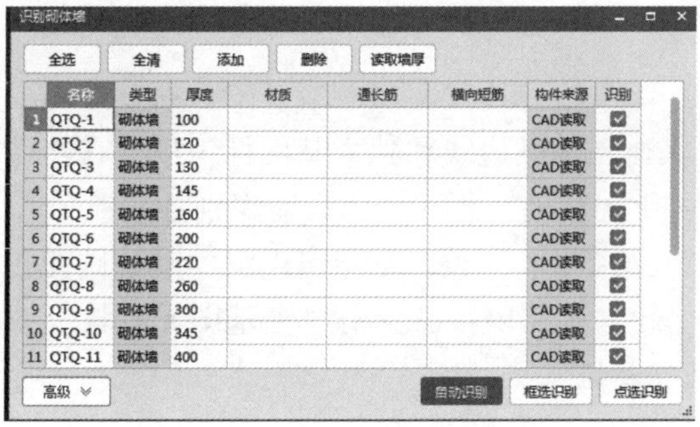

识别砌体墙

全选　全清　添加　删除　读取墙厚

	名称	类型	厚度	材质	通长筋	横向短筋	构件来源	识别
1	QTQ-1	砌体墙	100				CAD读取	☑
2	QTQ-2	砌体墙	120				CAD读取	☑
3	QTQ-3	砌体墙	130				CAD读取	☑
4	QTQ-4	砌体墙	145				CAD读取	☑
5	QTQ-5	砌体墙	160				CAD读取	☑
6	QTQ-6	砌体墙	200				CAD读取	☑
7	QTQ-7	砌体墙	220				CAD读取	☑
8	QTQ-8	砌体墙	260				CAD读取	☑
9	QTQ-9	砌体墙	300				CAD读取	☑
10	QTQ-10	砌体墙	345				CAD读取	☑
11	QTQ-11	砌体墙	400				CAD读取	☑

高级　自动识别　框选识别　点选识别

图 8-55　识别墙

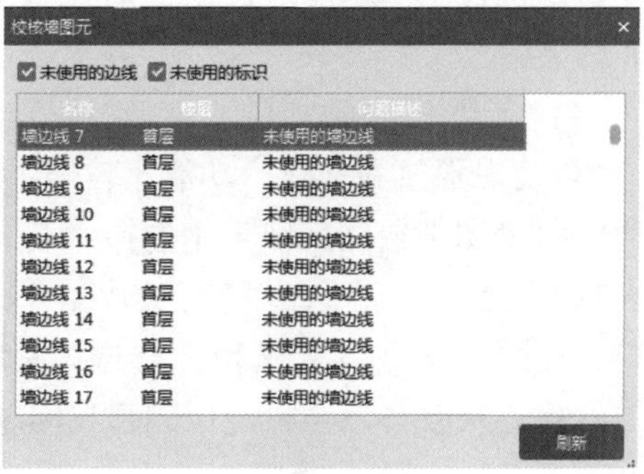

校核墙图元

☑ 未使用的边线　☑ 未使用的标识

名称	楼层	问题描述
墙边线 7	首层	未使用的墙边线
墙边线 8	首层	未使用的墙边线
墙边线 9	首层	未使用的墙边线
墙边线 10	首层	未使用的墙边线
墙边线 11	首层	未使用的墙边线
墙边线 12	首层	未使用的墙边线
墙边线 13	首层	未使用的墙边线
墙边线 14	首层	未使用的墙边线
墙边线 15	首层	未使用的墙边线
墙边线 16	首层	未使用的墙边线
墙边线 17	首层	未使用的墙边线

刷新

图 8-56　墙校核

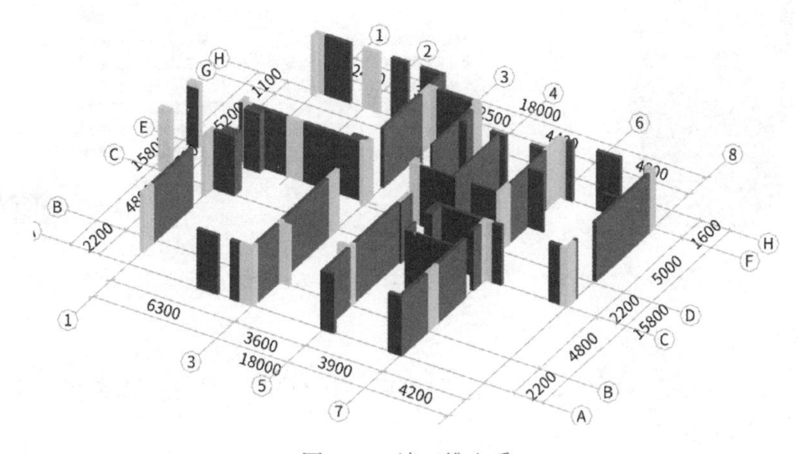

图 8-57　墙三维查看

8.3.5　识别基础

下面以独立基础为例讲解基础构件识别的方法。

1. 提取独立基础边线、标识

在模块导航栏的“基础”中找到“独立基础”，在独立基础的建模界面找到识别独立基础，单击进入识别独立基础界面，然后点击“提取独立基础边线”“提取独立基础标识”按钮，利用“选择相同图层的CAD图元”或“选择相同颜色的CAD图元”的功能选中需要提取的独立基础的边线和标识CAD图元。

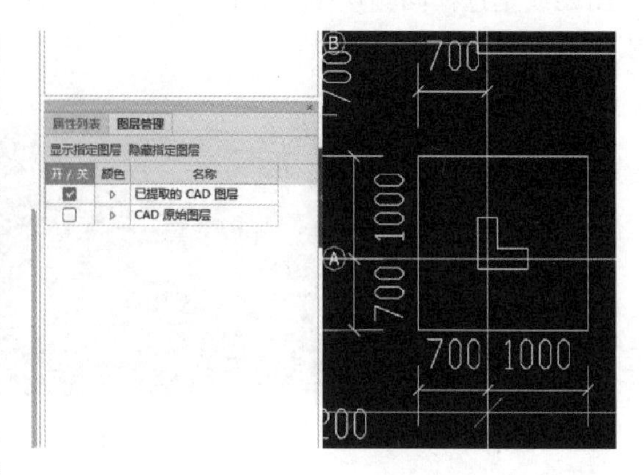

图 8-58　已提取的独立基础边线、标识

选择完成后，点击鼠标右键确认选择，则选择的CAD图元自动消失，并存放在“已提取的CAD图层”中，如图8-58所示。

2. 识别独立基础

提取独立基础边线、独立基础标识完成之后，接着进行“识别独立基础”操作。识别独立基础包含3个功能：自动识别独立基础、点选识别独立基础和框选识别独立基础，如图8-59所示。

（1）自动识别独立基础

“自动识别独立基础”功能比较简单，提取独立基础边线和独立基础标识后，在绘图工具栏中的“识别独立基础”中选择“自动识别独立基础”即可。“自动识别独立基础”和“框选识别独立基础”结束后，如果出现图与识别结果不一致，则会出现独立基础图元校核窗口，如图8-60所示，选择“点选识别独立基础”则需要自己点击“独基图元校核”对图元进行检查修改（双击可定位到存在问题的独立基础）。

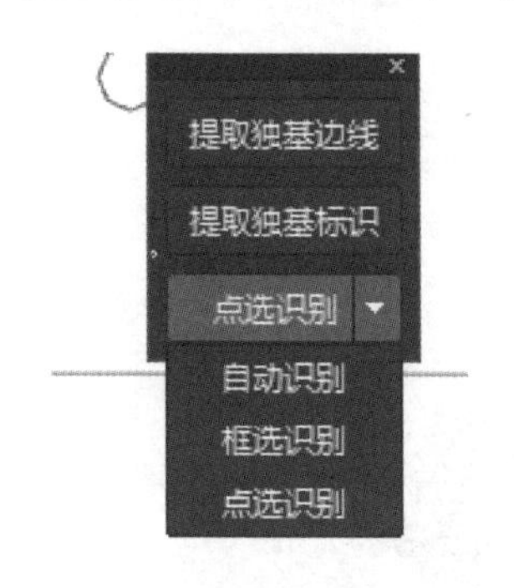

图 8-59　识别独立基础的功能

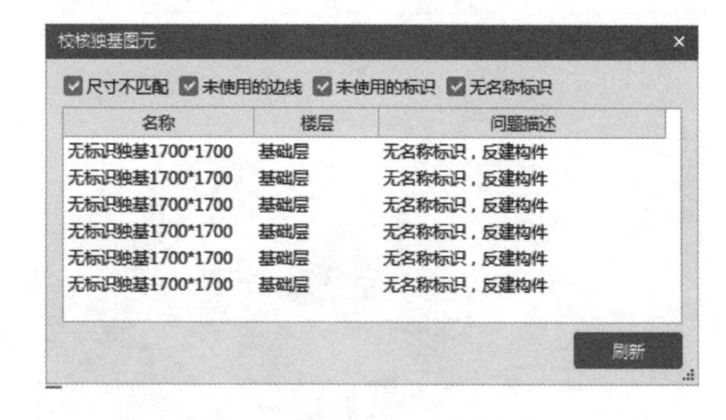

名称	楼层	问题描述
无标识独基1700*1700	基础层	无名称标识，反建构件
无标识独基1700*1700	基础层	无名称标识，反建构件
无标识独基1700*1700	基础层	无名称标识，反建构件
无标识独基1700*1700	基础层	无名称标识，反建构件
无标识独基1700*1700	基础层	无名称标识，反建构件
无标识独基1700*1700	基础层	无名称标识，反建构件

图 8-60　独立基础图元校核

（2）点选识别独立基础

“点选识别独立基础”功能与“点选识别梁”功能类似，具体操作参照前文。

（3）框选识别独立基础

“框选识别独立基础”功能与“自动识别独立基础”功能非常相似，只是“框选识别独立基础”多了一个在绘图区域拉框确定范围的步骤，选择范围后此范围内提取的所有独立基础边线和独立基础标识都将被识别。具体操作如下：提取独立基础边线和独立基础标识后，在绘图工具栏中的“识别独立基础”中选择“框线识别独立基础”按钮，然后根据提示，在绘图区域拉框确定一个范围区域，如图 8-61 所示，黄色框（指软件中显示的颜色，下同）则为此范围区域。单击鼠标右键确认选择，则黄色框所框住的所有独立基础边线和独立基础标识将被识别为独立基础构件，如图 8-62 所示。

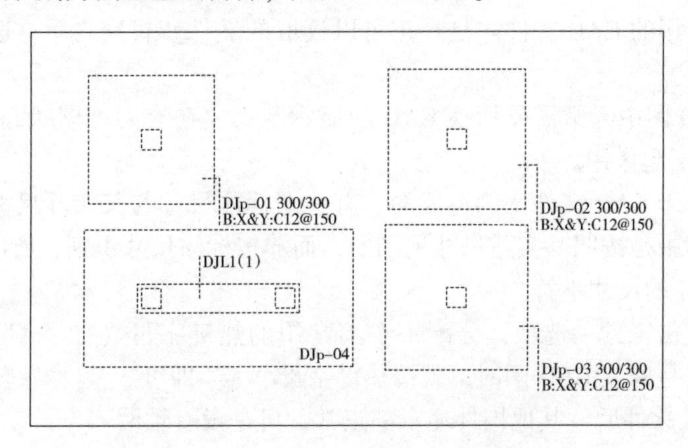

图 8-61　框选识别独立基础

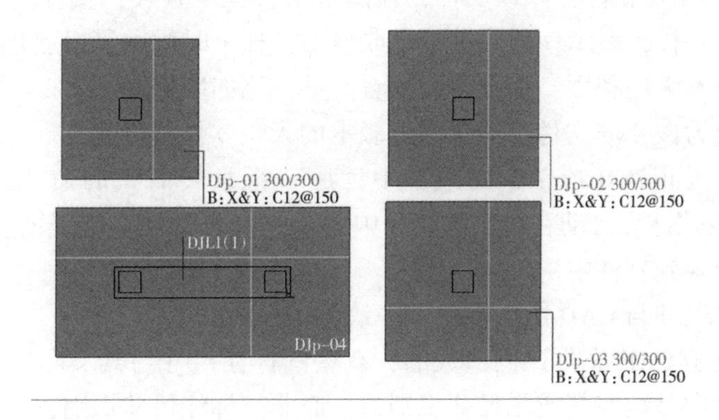

图 8-62　已识别的独立基础图元

其余构件识别操作基本类似，可自行操作。

8.4　CAD 导图常见问题处理

CAD 导图常见问题、原因及解决方法如下：

①CAD 图导入软件后，显示得非常小，即使放到最大，也显示得很小。但是用 CAD 软件打开，就能正常显示。

原因：这是因为 CAD 图中还有其他图元，这个图元可能只是一个小点或一段很短的线段，距要导入的图很远，只有在 CAD 中全屏查看才能看见。

解决办法：用 CAD 软件打开该文件，双击鼠标中间的滚轮，显示全屏，这个时候仔细查看就会发现界面上除了要导入的图外，在界面右上方还有一个小点，拉框选中把这个点删除就可以了。

②CAD 图导入软件后，可以正常显示，但是构件无法导入。

原因：有些 CAD 文件使用了“外部参照”，也就是引用了别的 CAD 文件上的图块，如果识别这样的文件，可能会失败。因为虽然能看见墙、梁、板、柱和轴线，但是这都不是属于这个 CAD 文件本身的，所以读取线条数据的时候一无所获。

解决办法：通过 CAD“插入”菜单下的“外部参照管理器”来寻找它引用了哪些 CAD 文件的图块，被引用的 CAD 文件才是真正可以读取的文件。找到之后，选择绑定然后保存就可以识别了。

③由于在 CAD 图中经常需要切换 CAD 的显示状态，在有的绘图状态下，显示 CAD 图形的快捷键 F6 并不起作用。

原因：这是由于 CAD 文件比例造成的，有些图标注尺寸与其实际尺寸根本不符，而软件在识别构件过程中是按照其实际尺寸识别的，而非按标注尺寸识别，所以导致了识别后的构件与 CAD 图标注的尺寸不符。

解决办法：点击工具→选项，分配一个不常用的热键字母（如“A”）给“CAD 图”，以后只要想显示或是隐藏 CAD 图时，就按热键字母“A”即可。

④CAD 图导入软件后，其他构件显示都正常，可是没有轴网。

原因：这是因为 CAD 图中轴网图层被锁定或冻结了。

解决办法：用 CAD 软件打开该文件，在图层下拉框中查找，发现图层的一些符号显示颜色与其他图层不一样，表示该图层被锁定或冻结，这个时候用鼠标点开即可。

⑤导入的图根本无法利用，很多图元都看不见，比如墙边线。

原因：这是因为该 dwg 文件可能是由高版本的天正软件所创建的。

解决办法：在天正 7.0 或 7.5 的版本中运用“批量转旧”的命令，将 dwg 文件转成 TArch3 的文件，该软件会自动在指定的路径中生成“办公楼建筑施工图_ t3. dwg”的文件，这样就能轻松地导入到软件中了。

⑥识别后的柱尺寸与 CAD 图中标注不一致怎么办？

原因：这是由于 CAD 文件比例造成的，有些图标注尺寸与其实际尺寸根本不符，而软件在识别构件过程中是按照其实际尺寸识别的，而非按标注尺寸识别，所以导致了识别后的构件与 CAD 图标注的尺寸不符。

解决办法 1：打开图后使用 CAD 的查询工具查询图纸的比例。

解决办法 2：用 CAD 软件打开文件，然后查看一下原点坐标。

⑦导入 CAD 图时，发现钢筋二级钢是“｜”不能转换。

解决方法：可以使用批量替换功能，将“｜”替换为正确的符号。

第 9 章　外部清单组价分析

9.1　外部清单一览表

1. 分部分项工程和单价措施项目清单与计价表（部分）

分部分项工程和单价措施项目清单与计价表（部分）见表 9-1。

表 9-1　分部分项工程和单价措施项目清单与计价表（部分）

序号	项目编码	项目名称	项目特征描述	计量单位	工程量	金额（元）		
						综合单价	合价	其中 暂估价
	A. 1	土石方工程						
1	010101002001	挖一般土方	1. 土壤类别：详见图纸 2. 挖土深度：10m 以上 3. 弃土运距：自行考虑 4. 部位：基础土方 5. 其他说明：详见相关图纸设计及规范要求	m^3	1231. 93			
2	010101002002	挖一般土方	1. 土壤类别：详见图纸 2. 挖土深度：1. 5m 以内 3. 弃土运距：自行考虑 4. 部位：集水坑、电梯基坑土方 5. 其他说明：详见相关图纸设计及规范要求	m^3	278. 95			
3	010101002003	挖一般土方	1. 土壤类别：详见图纸 2. 挖土深度：10m 以上 3. 弃土运距：自行考虑 4. 部位：桩间土方 5. 其他说明：详见相关图纸设计及规范要求	m^3	446. 82			

2. 总价措施项目清单与计价表

总价措施项目清单与计价表见表 9-2。

表 9-2 总价措施项目清单与计价表

工程名称：单位工程				标段：				第1页 共1页
序号	项目编码	项目名称	计算基础	费率（%）	金额（元）	调整费率（%）	调整后金额（元）	备注
1	011707001001	安全文明施工费	分部分项安全文明施工费+单价措施安全文明施工费					
2		其他措施费（费率类）						
2.1	011707002001	夜间施工增加费	分部分项其他措施费+单价措施其他措施费					
2.2	011707004001	二次搬运费	分部分项其他措施费+单价措施其他措施费					
2.3	011707005001	冬雨季施工增加费	分部分项其他措施费+单价措施其他措施费					
3		其他（费率类）						

3. 其他项目清单与计价汇总表

其他项目清单与计价汇总表见表 9-3。

表 9-3 其他项目清单与计价汇总表

工程名称：单位工程		标段：		第1页 共1页
序号	项目名称	金额（元）	结算金额（元）	备注
1	暂列金额			
2	暂估价			
2.1	材料（工程设备）暂估价			
2.2	专业工程暂估价			
3	计日工			
4	总承包服务费			

9.2 清单组价

1. 外部清单导入

打开软件后新建一个单位工程/清单项目，然后进行外部清单导入，导入操作如下：

①选择编制界面的导入，选择导入 Excel 文件，如图 9-1 所示，然后找到外部清单文件位置，如图 9-2 所示，选择导入。

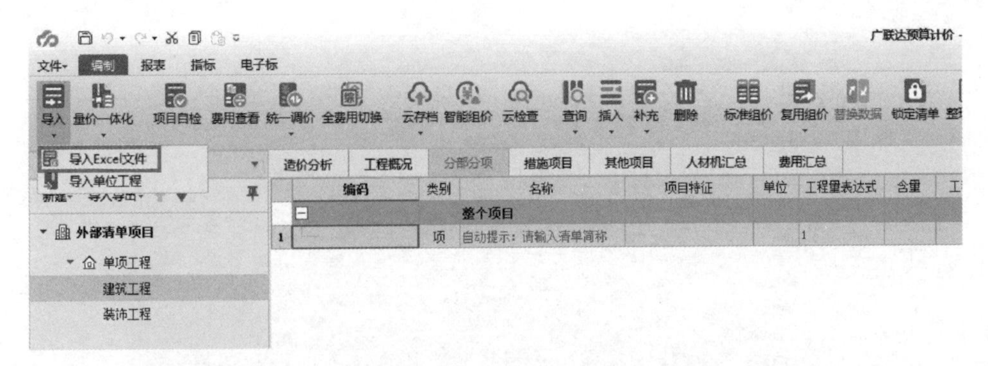

图 9-1　选择导入 Excel 文件

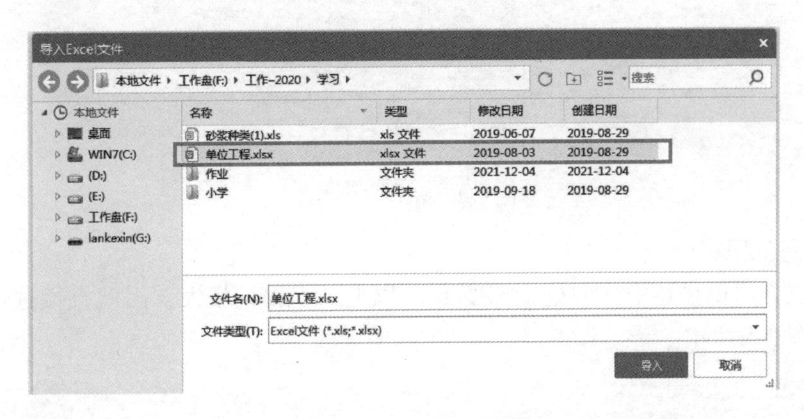

图 9-2　外部清单文件位置

②导入完成后，进入清单识别，软件会自动进行识别行，如检查有漏项，可重新点击识别行，识别完成后，点击导入，如图 9-3 所示，导入完成界面如图 9-4 所示。

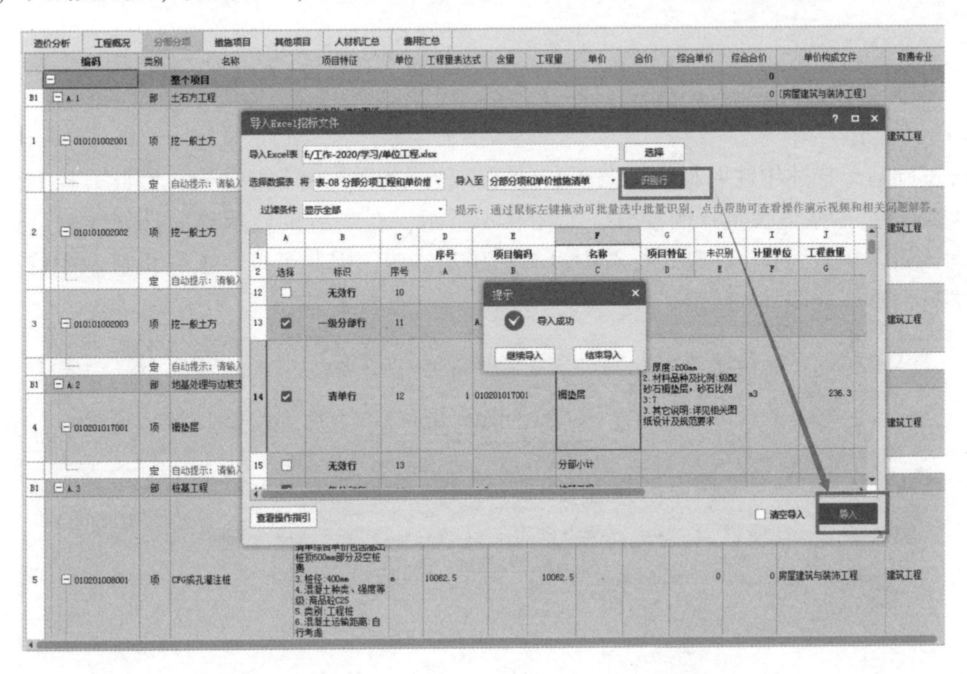

图 9-3　导入

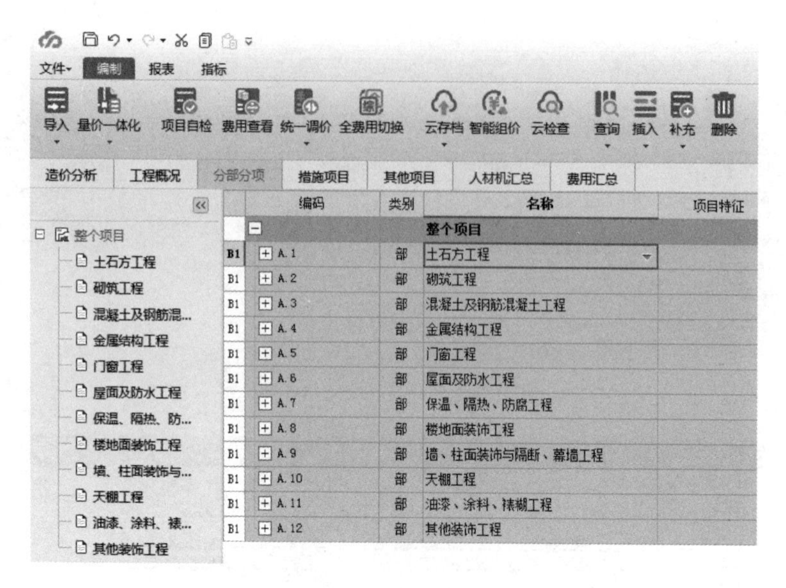

图 9-4　导入完成界面

2. 土石方工程组价

挖一般土方清单描述中注明挖土深度 10m 以上，工程量较大，因此直接选取 1-43 挖掘机挖土，如图 9-5 所示。

	编码	类别	名称	项目特征	单位	工程量表达式	含量	工程量	单价	合价	综合单价	综合合价
B1	A.1		土石方工程									5223.38
1	010101002001	项	挖一般土方	1. 土壤类别：详见图纸 2. 挖土深度：10m以上 3. 弃土运距：自行考虑 4. 部位：基础土方 5. 其他说明：详见相关图纸设计及规范要求	m³	1231.93		1231.93			4.24	5223.38
	1-43	定	挖掘机挖一般土方 一、二类土		10m³	QDL	0.1	123.193	58.77	724···	42.51	5236.93

图 9-5　挖一般土方清单

3. 砌筑工程组价

（1）砖砌体

砖基础清单描述中注明材质为蒸压灰砂砖，砂浆为 M5.0 干混砂浆，因此直接套取定额 4-1，然后进行砂浆以及主材的换算，如图 9-6 所示，在工料机显示界面选择主材，进入主材查询，如图 9-7 所示，在砌砖材料中没有蒸压灰砂砖，因此可以在工料机显示中修改材料价格进行调整，如图 9-8 所示。

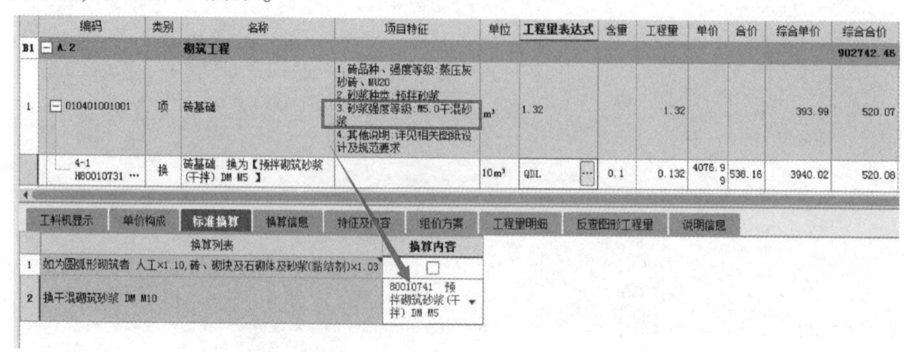

	编码	类别	名称	项目特征	单位	工程量表达式	含量	工程量	单价	合价	综合单价	综合合价
B1	A.2		砌筑工程									902742.46
1	010401001001	项	砖基础	1. 砖品种、强度等级：蒸压灰砂砖、MU20 2. 砂浆种类：预拌砂浆 3. 砂浆强度等级：M5.0干混砂浆 4. 其他说明：详见相关图纸设计及规范要求	m³	1.32		1.32			393.99	520.07
	4-1 H80010731 ···	换	砖基础　换为【预拌砌筑砂浆(干拌) DM M5】		10m³	QDL	0.1	0.132	4076.99	538.16	3940.02	520.08

工料机显示　单价构成　标准换算　换算信息　特征及内容　组价方案　工程量明细　反查图形工程量　说明信息

	换算列表	换算内容
1	如为圆弧形砌筑者 人工×1.10，砖、砌块及石砌体及砂浆(黏结剂)×1.03	☐
2	换干混砌筑砂浆 DM M10	80010741 预拌砌筑砂浆(干拌) DM M5

图 9-6　砂浆换算

	编码	名称	规格型号	单位	预算价
1	04130141	烧结煤矸石普通砖	240×115×53	千块	287.5
2	04130103	标准砖	240×115×53	千块	477.5
3	04130135	烧结多孔砖	240×115×90	千块	488
4	04130139	烧结煤矸石空心砖	240×240×115	千块	1300
5	04130125	页岩砖	240×115×53	千块	437.5
6	04130101	标准砖 240×115×53		块	0.48
7	04130109	红砖 240×115×53		千块	287.5
8	04130121	弧形砖 I 型		块	0.6
9	04130131	烧结粉煤灰砖 240×115×53		千块	287.5
10	04130201	页岩多孔砖 140×240×90		千块	525
11	04130202	页岩多孔砖 190×240×90		千块	700
12	04130203	页岩多孔砖 90×240×90		千块	362.5
13	04130204	页岩多孔砖 190×120×90		千块	362.5
14	04130131_1	烧结粉煤灰砖 240×115×53		块	0.29

图 9-7　主材查询

	编码	类别	名称	项目特征	单位	工程量表达式	含量	工程量	单价	合价	综合单价	综合合价	单价构成文件
B1	A.2		砌筑工程									902742.46	[房屋建筑与···
1	010401001001	项	砖基础	1. 砖品种、强度等级：蒸压灰砂砖、MU20 2. 砂浆种类：预拌砂浆 3. 砂浆强度等级：M5.0干混砂浆 4. 其他说明：详见相关图纸设计及规范要求	m^3	1.32		1.32			393.99	520.07	房屋建筑与装饰工程
	4-1 H80010731 ···	换	砖基础　换为【预拌砌筑砂浆(干拌) DM M5 】		$10m^3$	QDL	0.1	0.132	4076.99	538.16	3940.02	520.08	房屋建筑与装饰工程

工料机显示　单价构成　标准换算　换算信息　特征及内容　组价方案　工程量明细　反查图形工程量　说明信息

	编码	类别	名称	规格及型号	单位	损耗率	含量	数量	定额价	市场价	合价	是否暂估	锁定数量	是否计价	原始含量
1	00010101	人	普工		工日		2.309	0.304788	87.1	87.1	26.55		☐		2.309
2	00010102	人	一般技工		工日		6.45	0.8514	134	134	114.09		☐		6.45
3	00010103	人	高级技工		工日		1.075	0.1419	201	201	28.52		☐		1.075
4	04130141@1	材	烧结煤矸石普通砖	240×115×53	千块		5.262	0.694584	287.5	**385.6**	199.69	☐	☐		5.262
5	80010741	商浆	预拌砌筑砂浆(干拌)···		m^3		2.399	0.316668	220	220	69.67	☐	☐		2.399
6	34110117@1	材	水		m^3		1.05	0.1386	5.13	**5.27**	0.71	☐	☐		1.05
7	99061101@1	机	干混砂浆罐式搅拌机	公称储量2···	台班		0.24	0.03168	197.4	**197.68**	6.25		☐		0.24
14	GLF	管	管理费		元		234.59	30.96588	1	1	30.97		☐		234.59
15	LR	利	利润		元		160.25	21.153	1	1	21.15		☐		160.25
16	ZHGR	其他	综合工日		工日		10.07	1.32924	0	0	0		☐		10.07
17	AWF	安	安文费		元		113.81	15.02292	1	1	15.02		☐		113.81
18	GF	规	规费		元		141.12	18.62784	1	1	18.63		☐		141.12
19	QTCSF	措	其他措施费		元		52.36	6.91152	1	1	6.91		☐		52.36

图 9-8　直接修改市场价

（2）砌块砌体

砌体墙清单描述中标明材质为蒸汽加压混凝土砌块，砂浆为 M5.0 干混砂浆，墙高 3.6m，在进行组价时需要格外注意砌体墙标准换算中设计的内容：墙体是否是弧形、墙体高度是否超过 3.6m 以及砂浆种类。如图 9-9 所示，截面显示墙高 3.6m 以上，因此需要在标准换算中第二项画钩。

	编码	类别	名称	项目特征	单位	工程量表达式	含量	工程量	单价	合价	综合单价	综合合价
7	010402001005	项	砌块墙	1. 砌块品种、规格、强度等级:蒸压加气混凝土砌块、250mm、A3.5 2. 砂浆种类:预拌砂浆 3. 砂浆强度等级:M5.0干混砂浆 4. 墙高：3.6M以上 5. 其他说明:详见相关图纸设计及规范要求	m³	15.33		15.33			400.57	6140.74
	4-47 R×1.3	换	蒸压加气混凝土砌块墙 墙厚≤300mm 砂浆 墙体砌筑层高超过3.6m时，其超过部分工程量定额 人工×1.3		10m³	QDL	0.1	1.533	4438.63	6804.42	4005.7	6140.74
8	010402001007	项	砌块墙	1. 砌块品种、规格、强度等级:蒸压加气混凝土砌块、200mm、A3.5 2. 砂浆种类:预拌砂浆 3. 砂浆强度等级:M5.0干混砂浆 4. 墙高：3.6M以上 5. 其他说明:详见相关图纸设计及规范要求	m³	96.51		96.51			351.47	33920.37
	4-45 R×1.3	换	蒸压加气混凝土砌块墙 墙厚≤200mm 砂浆 墙体砌筑层高超过3.6m时，其超过部分工程量定额 人工×1.3		10m³	QDL	0.1	9.651	4777.58	46108.42	3514.83	33921.62

工料机显示 单价构成 标准换算 换算信息 特征及内容 组价方案 工程量明细 反查图形工程量 说明信息

	换算列表	换算内容
1	如为圆弧形砌筑者 人工×1.10，砖、砌块及石砌体及砂浆(黏结剂)×1.03	☐
2	墙体砌筑层高超过3.6m时，其超过部分工程量定额 人工×1.3	☑
3	换干混砌筑砂浆 DM M10	80010731 干混砌筑砂浆 DM M10
4	换蒸压粉煤灰加气混凝土砌块 600×240×240	80230811 蒸压粉煤灰加气混凝土砌块 600×240×240

图 9-9 砌块砌体组价

4. 混凝土及钢筋混凝土组价

(1) 垫层

垫层从清单描述中可看出是混凝土材质，因此直接选用 5-1 定额，如图 9-10 所示。

	编码	类别	名称	项目特征	单位	工程量表达式	含量	工程量	单价	合价	综合合价
B1	A.3		混凝土及钢筋混凝土工程								11616379.96
1	010501001001	项	垫层	1. 混凝土种类:预拌 2. 混凝土强度等级：C15 3. 混凝土运输距离:自行考虑 4. 其他说明:详见相关图纸设计及规范要求	m³	114.82		114.82			49239.41
	5-1	定	现浇混凝土 垫层		10m³	QDL	0.1	11.482	2831.93	32516.22	49237.92

图 9-10 垫层组价

(2) 满堂基础

满堂基础从清单描述中可看出混凝土强度等级为 C30，因此在套取定额 5-8 后，需要在标准换算中进行混凝土等级换算，如图 9-11 所示。

5. 金属结构工程组价

钢梯清单描述中给出的是爬式，除锈处理也表明是防锈漆两道，调和漆罩面，因此定额需要套取 6-37 和 6-81。钢楼梯（爬式）制作及安装，另套取 14-171 和 14-172 的防锈漆和调和漆，如图 9-12 所示。

6. 门窗工程

(1) 木质门

木质门组价如图 9-13 所示。

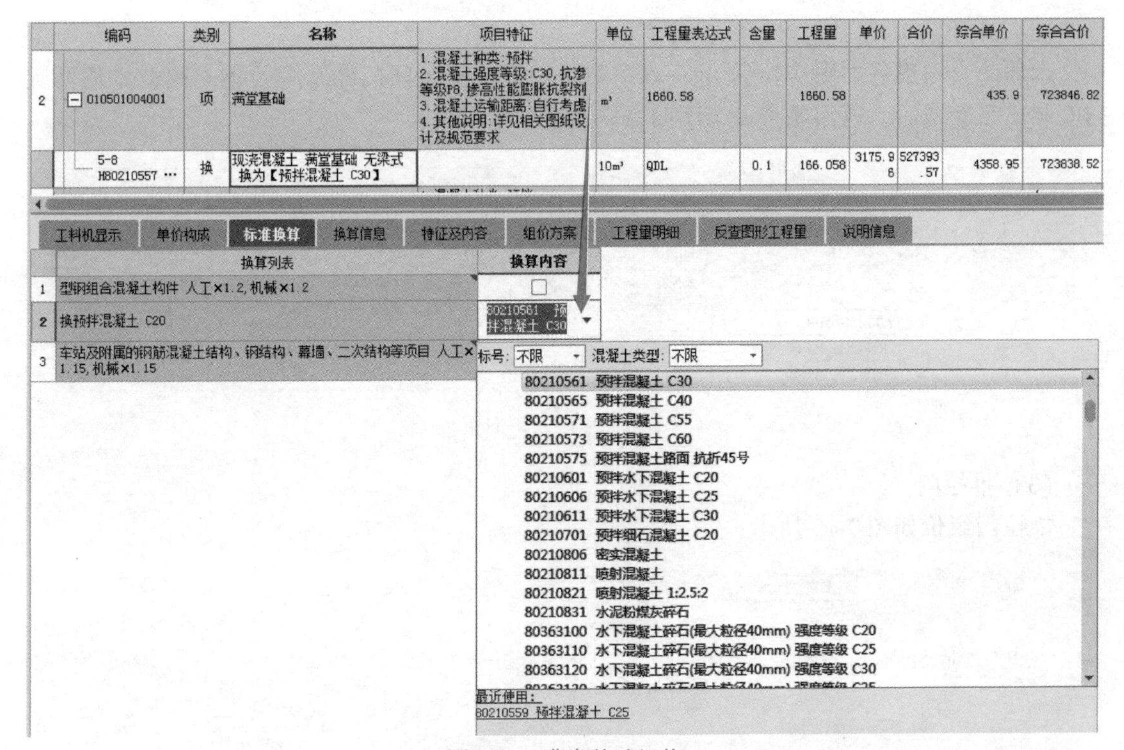

图 9-11　满堂基础组价

	编码	类别	名称	项目特征	单位	工程量表达式	含量	工程量	单价	合价	综合单价	综合合价
B1	A.4		金属结构工程									132850.14
1	010606008001	项	钢梯	1.钢材品种、规格:HRB400、Φ20mm 2.钢梯形式:爬式,参12YJ8-/94 3.除锈处理,防锈漆两道,调和漆罩面 4.其他说明:详见相关图纸设计及规范要求	t	0.18		0.18			16150.11	2907.02
	6-37	定	金属结构制作 钢楼梯 爬式		t	QDL	1	0.18	8147.69	1466.58	7151.67	1287.3
	6-81	定	金属结构安装 钢楼梯 爬式		t	QDL	1	0.18	7902.65	1422.48	7188.75	1293.98
	14-171 R×1.74,C×1.…	换	金属面 红丹防锈漆一遍 金属面刷两遍防锈漆时 人工×1.74,材料×1.9 单价×2		100m²	QDL * 44.83889	0.4483889	0.08071	4344.76	350.67	3274.77	264.31
	14-172	定	金属面 调和漆两遍		100m²	QDL * 44.83889	0.4483889	0.08071	1072.41	86.55	761.41	61.45
2	010607005002	项	砌块墙钢丝网加固	1.钢丝网规格:300宽金属网 2.部位:两种材料的墙体交接处及各种线盒箱体埋墙处及门窗周边 3.其他说明:详见相关图纸设计及规范要求	m²	14502.58		14502.58			8.96	129943.12
	12-10	定	墙面抹灰 一般抹灰 挂钢丝网		100m²	QDL	0.01	145.0258	1824.53	264603.92	896.03	129947.47

图 9-12　金属结构工程组价

造价分析　工程概况　分部分项　措施项目　其他项目　人材机汇总　费用汇总

整个项目
- 土石方工程
- 砌筑工程
- 混凝土及钢筋混…
- 金属结构工程
- 门窗工程
- 屋面及防水工程
- 保温、隔热、防…
- 楼地面装饰工程
- 墙、柱面装饰与…
- 天棚工程
- 油漆、涂料、裱…
- 其他装饰工程

	编码	类别	名称	项目特征	单位	工程量表达式	含量	工程量	单价	合价	综合单价	综合合价
B1	A.5		门窗工程									2096783.73
1	010801001001	项	木质门	1.门代号及洞口尺寸:M0821 2.类型:木质夹板门 3.包含门锁及五金配件 4.其他说明:详见相关图纸设计及规范要求	m²	544.32		544.32			792.05	431128.66
	8-3	定	成品套装木门安装 单扇门		10樘	QDL/(0.8*2.1)	0.05…	32.4	1346…	436…	13306.46	431129.3
2	010801001004	项	木质门	1.门代号及洞口尺寸:WM1224 2.门材质:平开实木对讲门 3.包含门锁及五金配件 4.其他说明:详见相关图纸设计及规范要求	m²	5.76		5.76			774.65	4461.98
	8-4	定	成品套装木门安装 双扇门		10樘	QDL/(1.2*2.4)	0.03…	0.2	2253…	450…	22309.91	4461.98
3	010801001005	项	木质门	1.门代号及洞口尺寸:M1221 2.类型:木质夹板门 3.包含门锁及五金配件 4.其他说明:详见相关图纸设计及规范要求	m²	5.04		5.04			885.32	4462.01
	8-4	定	成品套装木门安装 双扇门		10樘	QDL/(1.2*2.1)	0.03…	0.2	2253…	450…	22309.91	4461.98

图 9-13　木质门组价

(2) 木质防火门

木质防火门组价如图 9-14 所示，双扇防火门需要安装闭门器及顺位器，因此木质防火门安装子目套取后，还需要套一个闭门器以及顺位器子目。

	编码	类别	名称	项目特征	单位	工程量表达式	含量	工程量	单价	合价	综合单价	综合合价
9	010801004009	项	木质防火门	1.门代号及洞口尺寸:FM 甲1221 2.类型:甲级木质防火门 3.包含门锁及五金配件 4.双扇门设闭门器、顺位器 5.其他说明:详见相关图纸设计及规范要求	m²	5.04		5.04			509.31	2566.92
	8-6	定	木质防火门安装		100m²	5.04	0.01	0.0504	4278···	215···	42133.66	2123.54
	8-124	定	门特殊五金 闭门器 明装		10个	4	0.07···	0.4	1333···	533.54	792.47	316.99
	8-126	定	门特殊五金 顺位器		10个	4	0.07···	0.4	402.86	161.14	315.92	126.37

图 9-14　木质防火门组价

(3) 推拉门

推拉门组价如图 9-15 所示。

	编码	类别	名称	项目特征	单位	工程量表达式	含量	工程量	单价	合价	综合单价	综合合价
10	010802001001	项	推拉门	1.门代号及洞口尺寸:TLM2124 隐藏当前列 材质:塑钢推拉门 4.玻璃品种、厚度:中空玻璃5+9A+5 5.包含门锁及五金配件 6.其他说明:详见相关图纸设计及规范要求	m²	544.32		544.32			307.61	167438.28
	8-9	定	塑钢成品门安装 推拉		100m²	QDL	0.01	5.4432	27914.96	151946.71	30760.66	167436.42
11	010802001002	项	推拉门	1.门代号及洞口尺寸:TLM1624 2.类型:玻璃推拉门 3.包含门锁及五金配件 4.其他说明:详见相关图纸设计及规范要求	m²	414.72		414.72			760.59	315431.88
	8-7 R×0.8	换	隔热断桥铝合金门安装 推拉 普通铝合金型材时 人工×0.8		100m²	QDL	0.01	4.1472	56794.33	235537.45	76058.74	315430.81

图 9-15　推拉门组价

(4) 钢制防火门

钢制防火门组价如图 9-16 所示。根据清单子目描述中的类型进行定额选择。

	编码	类别	名称	项目特征	单位	工程量表达式	含量	工程量	单价	合价	综合单价	综合合价
13	010802003001	项	钢质防火门	1.门代号及洞口尺寸:HM1021 2.类型:钢制隔声防盗保温门 3.部位:入户门 4.包含门锁及五金配件 5.其他说明:详见相关图纸设计及规范要求	m²	453.6		453.6			581.75	263881.8
	8-49	定	特种门 保温门安装		100m²	QDL	0.01	4.536	62804.31	284880.35	58174.75	263880.67
14	010802003002	项	钢质防火门	1. 门代号及洞口尺寸：FM甲1021 2.类型:成品钢甲级防火门 3.包含门锁及五金配件 4.其他说明:详见相关图纸设计及规范要求	m²	2.1		2.1			494.22	1037.86
	8-13	定	钢质防火门安装		100m²	QDL	0.01	0.021	50467.8	1059.82	49421.27	1037.85
15	010802003005	项	钢质防火门	1.门代号及洞口尺寸：FM乙1121 2.类型：成品钢乙级防火门 3.包含门锁及五金配件 4.其他说明:详见相关图纸设计及规范要求	m²	4.62		4.62			494.22	2283.3
	8-13	定	钢质防火门安装		100m²	QDL	0.01	0.0462	50467.8	2331.61	49421.27	2283.26

图 9-16　钢制防火门组价

7. 屋面及防水工程

(1) 屋面卷材防水

屋面卷材防水是屋面做法中单列的防水，组价如图 9-17 所示。

	编码	类别	名称	项目特征	单位	工程量表达式	含量	工程量	单价	合价	综合单价	综合合价
B1	A.6		屋面及防水工程									575580.7
1	010902001001	项	屋面卷材防水	1.2层3厚高聚物改性沥青防水卷材（热熔满铺） 2.其他说明:详见相关图纸设计及规范要求	m²	1188.86		1188.86			76.38	90805.13
	9-34 + 9-36	换	卷材防水 改性沥青卷材 热熔法一层 平面 实际层数(层):2		100m²	QDL	0.01	11.8886	8211.26	97620.39	7637.86	90803.46

工料机显示　单价构成　标准换算　换算信息　特征及内容　组价方案　工程量明细　反查图形工程量　说明信息

	换算列表		换算内容
1	实际层数(层)		2
2	坡度	15%<坡度≤25% 人工×1.18	☐
3		25%<坡度≤45% 人工×1.3	☐
4		>45% 人工×1.43	☐
5	人字形、锯齿形、弧形等不规则瓦屋面 人工×1.3		☐
6	施工桩头、地沟零星部位时 人工×1.43		☐
7	单个房间楼地面面积≤8m² 人工×1.3		☐
8	卷材防水附加层 人工×1.43		☐

图 9-17　屋面卷材防水组价

（2）屋面刚性层

屋面刚性层组价一般按照从下往上的顺序进行定额套取。具体组价如下：1∶8 水泥膨胀珍珠岩找坡 2%，最薄处 20mm 厚可套取定额 10-13，然后通过找坡度及最薄处厚度计算出平均厚度，然后在标准换算中输入实际厚度，如图 9-18 所示。

	编码	类别	名称	项目特征	单位	工程量表达式	含量	工程量	单价	合价	综合单价	综合合价
2	010902003002	项	屋面刚性层 屋1/屋2	1.40厚C20商品细石混凝土，内配Φ4@150双向冷拔钢筋网片。混凝土运输距离，自行考虑 2.干铺无纺布一层，搭接宽度不小于100mm 3.2层3厚高聚物改性沥青防水卷材（单列） 4.90厚B1级挤塑聚苯板保温层（单列） 5.刷基层处理剂 6.20厚1:3水泥砂浆，砂浆中掺聚丙烯或锦纶-6纤维0.75~0.90kg/m 7.1:8水泥膨胀珍珠岩找坡2%，最薄处20厚 8.砂浆种类:预拌砂浆 9.其他说明:详见相关图纸设计及规范要求	m²	928.09		928.09			86.5	80279.79
	10-13 + 10-14 * -4	换	屋面 水泥珍珠岩 厚度100mm 实际厚度(mm):60		100m²	QDL	0.01	9.2809	2045.16	18980.93	1910	17726.52
	11-2	换	平面砂浆找平层 填充材料上20mm 换为【水泥砂浆 1:3】		100m²	QDL	0.01	9.2809	2477.71	22995.38	2063.86	19154.48
	10-37	换	屋面 干铺聚苯乙烯板 厚度50mm 换为【无纺布】		100m²	QDL	0.01	9.2809	1783.64	16553.78	825.22	7658.78
	11-4 + 11-5 * 10	换	细石混凝土地面找平层 30mm 实际厚度(mm):40		100m²	QDL	0.01	9.2809	3772.43	35011.55	3266.21	30313.37
	5-89	定	现浇构件圆钢筋 钢筋HPB300 直径 ≤10mm		t	QDL * 0.0012999	0.0012999	1.20642	5566.78	6715.87	4499.06	5427.76

工料机显示　单价构成　标准换算　换算信息　特征及内容　组价方案　工程量明细　反查图形工程量　说明信息

	换算列表	换算内容
1	实际厚度(mm)	60
2	换水泥珍珠岩 1:8	80110406　水泥珍珠岩 1:8

图 9-18　屋面刚性层组价

20mm 厚 1∶3 水泥砂浆，砂浆中掺聚丙烯或锦纶可套取定额 11-2 子目，然后换算砂浆种类，如图 9-19 所示。

清单描述中备注单列的子目在这里不进行组价，在单独列出的清单中套取定额子目。干铺无纺布一层可套取 10-37 干铺聚苯乙烯板，然后进行主材换算，如图 9-20 所示。

40mm 厚 C20 商品细石混凝土可套取 11-4 定额子目，然后进行厚度换算，如图 9-21 所示，由于清单描述中显示混凝土中配有 Φ4@150 双向冷拔钢筋网片，因此需要计算出屋面每平方米中钢筋含量，再套取定额，工程量为清单工程量乘以每平方米钢筋含量。

	编码	类别	名称	项目特征	单位	工程量表达式	含量	工程量	单价	合价	综合单价
2	010902003002	项	屋面刚性层 屋1/屋2	1. 40厚C20商品细石混凝土，内配Φ4@150双向冷拔钢筋网片。混凝土运输距离，自行考虑 2. 干铺无纺布一层，搭接宽度不小于100mm 3. 2层3厚高聚物改性沥青防水卷材（单列） 4. 90厚B1级挤塑聚苯板保温层（单列） 5. 刷基层处理剂 6. 20厚1:3水泥砂浆，砂浆中掺聚丙烯或锦纶-6纤维0.75~0.90kg/m 7. 1:8水泥膨胀珍珠岩找坡2%，最薄处20厚 8. 砂浆种类：预拌砂浆 9. 其他说明：详见相关图纸设计及规范要求	m²	928.09		928.09			86.5
	10-13 + 10-14 * -4	换	屋面 水泥珍珠岩 厚度100mm 实际厚度(mm):60		100m²	QDL	0.01	9.2809	2045.16	18980.93	1910
	11-2	换	平面砂浆找平层 填充材料上20mm 换为【水泥砂浆 1:3】		100m²	QDL	0.01	9.2809	2477.71	22995.38	2063.86
	10-37	换	屋面 干铺聚苯乙烯板 厚度50mm 换为【无纺布】		100m²	QDL	0.01	9.2809	1783.64	16553.78	825.22
	11-4 + 11-5 * 10	换	细石混凝土地面找平层 30mm 实际厚度(mm):40		100m²	QDL	0.01	9.2809	3772.43	35011.55	3266.21
	5-89	定	现浇构件圆钢筋 钢筋HP3300 直径 ≤10mm		t	QDL * 0.0012999	0.0012999	1.20642	5566.78	6715.87	4499.06

工料机显示 | 单价构成 | 标准换算 | 换算信息 | 特征及内容 | 组价方案 | 工程量明细 | 反查图形工程量 | 说明信息

	编码	类别	名称	规格及型号	单位	损耗率	含量	数量	定额价	市场价	合价	是否暂估	锁定数量	是否计价	原始含量
1	00010101	人	普工		工日		1.707	15.842496	87.1	87.1	1379.88				1.707
2	00010102	人	一般技工		工日		2.987	27.722048	134	134	3714.75				2.987
3	00010103	人	高级技工		工日		3.84	35.638656	201	201	7163.37				3.84
4	80010126@1	浆	水泥砂浆 1:3		m³		2.55	23.666295	193.91	**278.66**	4589.13				2.55
8	34110117@1	材	水		m³		0.4	3.71236	5.13	**5.27**	19.04				0.4
9	99061101@1	机	干混砂浆罐式搅拌机	公称储量2…	台班		0.425	3.944383	197.4	**197.68**	778.62				0.425
16	GLF	管	管理费		元		192.42	1785.83…	1	1	1785.83				192.42
17	LR	利	利润		元		110.66	1027.02…	1	1	1027.02				110.66
18	ZHGR	其他	综合工日		工日		8.96	83.156864	0	0	0				8.96
19	AWF	安	安文费		元		101.27	939.876…	1	1	939.88				101.27
20	GF	规	规费		元		125.57	1165.40…	1	1	1165.4				125.57
21	QTCSF	措	其他措施费		元		46.59	432.397…	1	1	432.4				46.59

图 9-19 套定额 11-2

	编码	类别	名称	项目特征	单位	工程量表达式	含量	工程量	单价	合价	综合单价	综合合价
2	010902003002	项	屋面刚性层 屋1/屋2	1. 40厚C20商品细石混凝土，内配Φ4@150双向冷拔钢筋网片。混凝土运输距离，自行考虑 2. 干铺无纺布一层，搭接宽度不小于100mm 3. 2层3厚高聚物改性沥青防水卷材（单列） 4. 90厚B1级挤塑聚苯板保温层（单列） 5. 刷基层处理剂 6. 20厚1:3水泥砂浆，砂浆中掺聚丙烯或锦纶-6纤维0.75~0.90kg/m 7. 1:8水泥膨胀珍珠岩找坡2%，最薄处20厚 8. 砂浆种类：预拌砂浆 9. 其他说明：详见相关图纸设计及规范要求	m²	928.09		928.09			86.5	80279.79
	10-13 + 10-14 * -4	换	屋面 水泥珍珠岩 厚度100mm 实际厚度(mm):60		100m²	QDL	0.01	9.2809	2045.16	18980.93	1910	17726.52
	11-2	换	平面砂浆找平层 填充材料上20mm 换为【水泥砂浆 1:3】		100m²	QDL	0.01	9.2809	2477.71	22995.38	2063.86	19154.48
	10-37	换	屋面 干铺聚苯乙烯板 厚度50mm 换为【无纺布】		100m²	QDL	0.01	9.2809	1783.64	16553.78	825.22	7658.78
	11-4 + 11-5 * 10	换	细石混凝土地面找平层 30mm 实际厚度(mm):40		100m²	QDL	0.01	9.2809	3772.43	35011.55	3266.21	30313.37
	5-89	定	现浇构件圆钢筋 钢筋HPB300 直径 ≤10mm		t	QDL * 0.0012999	0.0012999	1.20642	5566.78	6715.87	4499.06	5427.76

工料机显示 | 单价构成 | 标准换算 | 换算信息 | 特征及内容 | 组价方案 | 工程量明细 | 反查图形工程量 | 说明信息

	编码	类别	名称	规格及型号	单位	损耗率	含量	数量	定额价	市场价	合价	是否暂估	锁定数量	是否计价	原始含量
1	00010101	人	普工		工日		0.731	6.784338	87.1	87.1	590.92				0.731
2	00010102	人	一般技工		工日		1.461	13.559395	134	134	1816.96				1.461
3	00010103	人	高级技工		工日		0.243	2.255259	201	201	453.31				0.243
4	02310105	材	无纺布		m²		102	946.6518	13	**5.15**	12306.47				5.1
5	GLF	管	管理费		元		47.07	436.851…	1	1	436.85				47.07
6	LR	利	利润		元		27.82	258.194…	1	1	258.19				27.82
7	ZHGR	其他	综合工日		工日		2.44	22.645396	0	0	0				2.44
8	AWF	安	安文费		元		27.58	255.967…	1	1	255.97				27.58
9	GF	规	规费		元		34.19	317.313…	1	1	317.31				34.19
10	QTCSF	措	其他措施费		元		12.69	117.774…	1	1	117.77				12.69

图 9-20 套定额 10-37

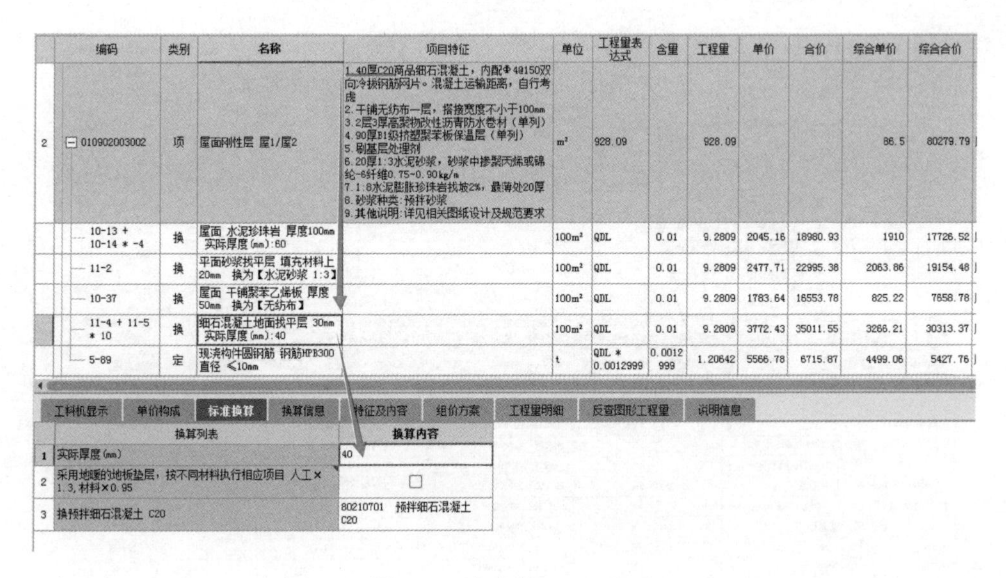

	编码	类别	名称	项目特征	单位	工程量表达式	含量	工程量	单价	合价	综合单价	综合合价
2	010902003002	项	屋面刚性层 屋1/屋2	1. 40厚C20商品细石混凝土，内配Φ4@150双向冷拔钢筋网片。混凝土运输距离，自行考虑 2. 干铺无纺布一层，搭接宽度不小于100mm 3. 2层3厚高聚物改性沥青防水卷材（单列） 4. 90厚B1级挤塑聚苯板保温层（单列） 5. 刷基层处理剂 6. 20厚1:3水泥砂浆，砂浆中掺聚丙烯或锦纶-6纤维0.75~0.90kg/m 7. 1:8水泥膨胀珍珠岩找坡2%，最薄处20厚 8. 砂浆种类：预拌砂浆 9. 其他说明：详见相关图纸设计及规范要求	m²	928.09		928.09			86.5	80279.79
	10-13 + 10-14 * -4	换	屋面 水泥珍珠岩 厚度100mm 实际厚度(mm):60		100m²	QDL	0.01	9.2809	2045.16	18980.93	1910	17726.52
	11-2	换	平面砂浆找平层 填充材料上 20mm 换为【水泥砂浆 1:3】		100m²	QDL	0.01	9.2809	2477.71	22995.38	2063.86	19154.48
	10-37	换	屋面 干铺聚苯乙烯板 厚度 50mm 换为【无纺布】		100m²	QDL	0.01	9.2809	1783.64	16553.78	825.22	7658.78
	11-4 + 11-5 * 10	换	细石混凝土地面找平层 30mm 实际厚度(mm):40		100m²	QDL	0.01	9.2809	3772.43	35011.55	3266.21	30313.37
	5-89	定	现浇构件圆钢筋 钢筋HPB300 直径 ≤10mm		t	QDL * 0.0012999	0.0012999	1.20642	5566.78	6715.87	4499.06	5427.76

工料机显示　单价构成　标准换算　换算信息　特征及内容　组价方案　工程量明细　反查图形工程量　说明信息

	换算列表	换算内容
1	实际厚度(mm)	40
2	采用地暖的地板垫层，按不同材料执行相应项目 人工×1.3，材料×0.95	☐
3	换预拌细石混凝土 C20	80210701　预拌细石混凝土 C20

图 9-21　套定额 11-4（1）

（3）地下室底板

地下室底板做法组价：

50mm 厚 C20 细石混凝土保护层套取 11-4 定额子目，然后换算厚度，如图 9-22 所示。

	编码	类别	名称	项目特征	单位	工程量表达式	含量	工程量	单价	合价	综合单价	综合合价
3	010902003003	项	屋面刚性层/地下室底板	1. 50厚C20细石混凝土保护层 2. 干铺石油沥青纸胎油毡一层 3. 4.0厚SBS改性沥青防水卷材（Ⅱ型），遇墙上翻400mm，遇基础承台下翻500mm（附加一道4mm厚的SBS卷材防水，本层仅用于有一级防水要求的房间，二级防水要求时取消本层）（单独列项） 4. 刷基层处理剂一道 5. 20厚1:2.5水泥砂浆找平层 6. 其他说明：详见相关图纸设计及规范要求	m²	1200.58		1200.58			105.05	126120.93
	11-4 + 11-5 * 20	换	细石混凝土地面找平层 30mm 实际厚度(mm):50		100m²	QDL	0.01	12.0058	4427.38	53154.24	3889.35	46694.76
	9-83	定	涂料防水 冷底子油 第一遍		100m²	QDL	0.01	12.0058	607.42	7292.56	508.96	6110.47
	9-34	定	卷材防水 改性沥青卷材 热熔法一层 平面		100m²	QDL	0.01	12.0058	4281.48	51402.59	3986.65	47862.92
	11-6	换	水泥砂浆楼地面 混凝土或硬基层上 20mm 换为【水泥砂浆 1:2.5】		100m²	QDL	0.01	12.0058	2637.02	31659.53	2118.92	25439.33

工料机显示　单价构成　标准换算　换算信息　特征及内容　组价方案　工程量明细　反查图形工程量　说明信息

	换算列表	换算内容
1	实际厚度(mm)	50
2	采用地暖的地板垫层，按不同材料执行相应项目 人工×1.3，材料×0.95	☐
3	换预拌细石混凝土 C20	80210701　预拌细石混凝土 C20

图 9-22　套定额 11-4（2）

4mm 厚 SBS 改性沥青防水卷材清单描述中备注单列，如图 9-23 所示。如没有单列备注可套取 9-34 子目，如图 9-24 所示。

	编码	类别	名称	项目特征	单位	工程量表达式	含量	工程量	单价	合价	综合单价	综合合价
9	010904001001	项	楼（地）面卷材防水/地下室底板	1. 4.0厚SBS改性沥青防水卷材（Ⅱ型），遇墙上翻400mm，遇基础承台下翻500mm（附加一道4mm厚的SBS卷材防水，本层仅用于有一级防水要求的房间，二级防水要求时取消本层） 2. 部位：地下室底板防水 3. 其他说明：详见相关图纸设计及规范要求	m²	1271.03		1271.03			39.86	50663.26
	9-34	定	卷材防水 改性沥青卷材 热熔法一层 平面		100m²	QDL	0.01	12.7103	4281.48	54418.9	3986.65	50671.52

图 9-23　防水卷材单列

	编码	类别	名称	项目特征	单位	工程量表达式	含量	工程量	单价	合价	综合单价	综合合价
3	010902003003	项	屋面刚性层/地下室底板	1.50厚C20细石混凝土保护层 2.干铺石油沥青纸胎油毡一层 3.4.0厚SBS改性沥青防水卷材（Ⅱ型），遇墙上翻400mm，遇基础承台下翻500mm（附加一道4mm厚的SBS卷材防水，本层仅用于有一级防水要求的房间，二级防水要求时取消本层）（单独列项） 4.刷基层处理剂一遍 5.20厚1:2.5水泥砂浆找平层 6.其他说明：详见相关图纸设计及规范要求	m²	1200.58		1200.58			105.05	126120.93
	11-4 + 11-5 * 20	换	细石混凝土地面找平层 30mm 实际厚度(mm):50		100m²	QDL	0.01	12.0058	4427.38	53154.24	3889.35	46694.76
	9-83	定	涂料防水 冷底子油 第一遍		100m²	QDL	0.01	12.0058	607.42	7292.56	508.96	6110.47
	9-34	定	卷材防水 改性沥青卷材 热熔法一层 平面		100m²	QDL	0.01	12.0058	4281.48	51402.59	3986.65	47862.92
	11-6	换	水泥砂浆楼地面 混凝土或硬基层上 20mm 换为【水泥砂浆 1:2.5】		100m²	QDL	0.01	12.0058	2637.02	31659.53	2118.92	25439.33

工料机显示 | 单价构成 | 标准换算 | 换算信息 | 特征及内容 | 组价方案 | 工程量明细 | 反查图形工程量 | 说明信息

	编码	类别	名称	规格及型号	单位	损耗率	含量	数量	定额价	市场价	合价	是否暂估	锁定数量	是否计价	原始含量
1	00010101	人	普工		工日		0.733	8.800251	87.1	87.1	766.5				0.733
2	00010102	人	一般技工		工日		1.467	17.612509	134	134	2360.08				1.467
3	00010103	人	高级技工		工日		0.245	2.941421	201	201	591.23				0.245
4	1333010502	材	SBS改性沥青防水卷材 …	4mm	m²		115.635	1388.29…	28.84	**27.41**	40038.3				115.635
5	13350169	材	改性沥青嵌缝油膏		kg		5.977	71.758667	12	12	861.1				5.977
6	14390137@1	材	液化石油气		kg		26.992	324.060…	4.4	**5.15**	1425.87				26.992
7	13350117@1	材	SBS弹性改性沥青防水胶		kg		28.92	347.207…	10	**10.3**	3472.08				28.92
8	GLF	管	管理费		元		46.37	556.708…	1	1	556.71				46.37
9	LR	利	利润		元		36.08	433.169…	1	1	433.17				36.08
10	ZHGR	其他	综合工日		工日		2.45	29.41421	0	0	0				2.45
11	AWF	安	安文费		元		27.69	332.440…	1	1	332.44				27.69
12	GF	规	规费		元		34.33	412.159…	1	1	412.16				34.33
13	QTCSF	措	其他措施费		元		12.74	152.953…	1	1	152.95				12.74

图 9-24 套定额 9-34

水泥砂浆找平层套取 11-6 子目，然后换算砂浆，如图 9-25 所示。

	编码	类别	名称	项目特征	单位	工程量表达式	含量	工程量	单价	合价	综合单价	综合合价
3	010902003003	项	屋面刚性层/地下室底板	1.50厚C20细石混凝土保护层 2.干铺石油沥青纸胎油毡一层 3.4.0厚SBS改性沥青防水卷材（Ⅱ型），遇墙上翻400mm，遇基础承台下翻500mm（附加一道4mm厚的SBS卷材防水，本层仅用于有一级防水要求的房间，二级防水要求时取消本层）（单独列项） 4.刷基层处理剂一遍 5.20厚1:2.5水泥砂浆找平层 6.其他说明：详见相关图纸设计及规范要求	m²	1200.58		1200.58			105.05	126120.93
	11-4 + 11-5 * 20	换	细石混凝土地面找平层 30mm 实际厚度(mm):50		100m²	QDL	0.01	12.0058	4427.38	53154.24	3889.35	46694.76
	9-83	定	涂料防水 冷底子油 第一遍		100m²	QDL	0.01	12.0058	607.42	7292.56	508.96	6110.47
	9-34	定	卷材防水 改性沥青卷材 热熔法一层 平面		100m²	QDL	0.01	12.0058	4281.48	51402.59	3986.65	47862.92
	11-6	换	水泥砂浆楼地面 混凝土或硬基层上 20mm 换为【水泥砂浆 1:2.5】		100m²	QDL	0.01	12.0058	2637.02	31659.53	2118.92	25439.33

工料机显示 | 单价构成 | 标准换算 | 换算信息 | 特征及内容 | 组价方案 | 工程量明细 | 反查图形工程量 | 说明信息

	编码	类别	名称	规格及型号	单位	损耗率	含量	数量	定额价	市场价	合价	是否暂估	锁定数量	是否计价	原始含量
1	00010101	人	普工		工日		1.902	22.835032	87.1	87.1	1988.93				1.902
2	00010102	人	一般技工		工日		3.327	39.943297	134	134	5352.4				3.327
3	00010103	人	高级技工		工日		4.278	51.360812	201	201	10323.52				4.278
4	80010121@1	浆	水泥砂浆 1:2.5 …		m³		2.04	24.491832	218.77	**306.64**	5358.08				2.04
5	04010129@1	材	水泥	32.5	t		0.485	11.878539	307	345.42	3646.71				
6	34110117@1	材	水		m³		0.3	7.34755	5.13	5.27	37.69				
7	04030143@1	材	砂子	中粗砂	m³		1.02	24.981669	67	134.83	1673.77				
8	34110117@1	材	水		m³		3.6	43.22088	5.13	**5.27**	221.72				3.6
9	99061101001	机	干混砂浆罐式搅拌机	公称储量20000L	台班		0.34	4.081972	197.4	**197.68**	805.78				0.34
16	GLF	管	管理费		元		211.54	2539.70…	1	1	2539.71				211.54
17	LR	利	利润		元		121.65	1460.50…	1	1	1460.51				121.65
18	ZHGR	其他	综合工日		工日		9.85	118.25713	0	0	0				9.85
19	AWF	安	安文费		元		111.33	1336.60…	1	1	1336.61				111.33
20	GF	规	规费		元		138.04	1657.28…	1	1	1657.28				138.04
21	QTCSF	措	其他措施费		元		51.22	614.937…	1	1	614.94				51.22

图 9-25 套定额 11-6

（4）屋面排水管

屋面排水管组价如图 9-26 所示，根据清单描述中的水管材质和直径进行子目选择。

	编码	类别	名称	项目特征	单位	工程量表达式	含量	工程量	单价	合价	综合单价
4	010902004001	项	屋面排水管	1. UPVC水落管DN110 2. 做法详见12YJ5-1-2/E6, 3/5/E5, F/E4, D/E3, 2/9/E2 3. 其他说明：详见相关图纸设计及规范要求	m	1582.2		1582.2			31.99
	9-114	定	屋面排水 塑料管排水 水落管 φ≤110mm		100m	QDL	0.01	15.822	3302.44	52251.21	3197.64
5	010902006001	项	屋面（廊、阳台）泄（吐）水管	1. UPVC落水口Φ110 2. 做法详见12YJ5-1-2/E6, 6/E5, 4/E5, D/E3 3. 其他说明：详见相关图纸设计及规范要求	个	20		20			24.6
	9-119	定	屋面排水 塑料管排水 落水口		10个	QDL	0.1	2	277.09	554.18	246.01
6	010902006002	项	屋面（廊、阳台）泄（吐）水管 …	1. UPVC水落斗Φ110 2. 做法详见12YJ5-1-2/E6, 6/E5, 4/E5, D/E3 3. 其他说明：详见相关图纸设计及规范要求	个	20		20			24.29
	9-117	定	屋面排水 塑料管排水 落水斗		10个	QDL	0.1	2	276.27	552.54	242.76

图 9-26　屋面排水管组价

(5) 墙面防水

墙面防水组价如图 9-27 所示。

	编码	类别	名称	项目特征	单位	工程量表达式	含量	工程量	单价	合价	综合单价	综合合价
7	010903001001	项	墙面卷材防水	1. 基层处理剂一遍 2. 4厚SBS改性沥青防水卷材 3. 部位：地下室外墙 4. 其他说明：详见相关图纸设计及规范要求	m^2	694.01		694.01			42.12	29231.7
	9-35	定	卷材防水 改性沥青卷材 热熔法一层 立面		100m^2	QDL	0.01	6.9401	4624.03	32091.23	4213.08	29239.2
8	010903004002	项	墙面变形缝	1. 止水带材料种类：3mm镀锌钢板止水带 2. 其他说明：详见相关图纸设计及规范要求	m	166.2		166.2			57.35	9531.57
	9-153	定	钢板止水带		100m	QDL	0.01	1.662	6268.58	10418.38	5735.48	9532.37

图 9-27　墙面防水组价

(6) 地面防水

地面防水组价如图 9-28 所示。

	编码	类别	名称	项目特征	单位	工程量表达式	含量	工程量	单价	合价	综合单价	综合合价
10	010904002001	项	楼（地）面涂膜防水	1. 水泥基渗透结晶性防水涂料一道 2. 20厚1:2.5水泥砂浆，内掺5%防水剂 3. 部位：集水坑 4. 砂浆种类：预拌砂浆 5. 其他说明：详见相关图纸设计及规范要求	m^2	78.38		78.38			60.98	4779.61
	9-80	定	涂料防水 水泥基渗透结晶型防水涂料 1.0mm厚 立面		100m^2	QDL	0.01	0.7838	3184.36	2495.9	1828.44	1433.13
	9-95	定	刚性防水 防水砂浆 掺防水剂 20mm厚		100m^2	QDL	0.01	0.7838	4310.98	3378.95	4268.74	3345.84
11	010904002002	项	楼（地）面涂膜防水/楼3	1. 1.5厚聚氨酯防水涂料（四周上翻300高）面撒黄沙 2. 部位：卫生间、盥洗间、开敞阳台 3. 其他说明：详见相关图纸设计及规范要求	m^2	4190.15		4190.15			29.12	122017.17
	9-71 + 9-73 * -1	换	涂料防水 聚氨酯防水涂膜 2mm厚 平面 实际厚度(mm):1.5		100m^2	QDL	0.01	41.9015	2884.12	120848.95	2912.31	122030.16

工料机显示　单价构成　**标准换算**　换算信息　特征及内容　组价方案　工程量明细　反查图形工程量　说明信息

	换算列表		换算内容
1	实际厚度(mm)		1.5
2	坡度	15%<坡度≤25% 人工×1.18	☐
3		25%<坡度≤45% 人工×1.3	☐
4		>45% 人工×1.43	☐
5	人字形、锯齿形、弧形等不规则瓦屋面 人工×1.3		☐
6	施工桩头、地沟零星部位时 人工×1.43		☐
7	单个房间楼地面面积≤8m^2 人工×1.3		☐

图 9-28　地面防水组价

（7）洞口及封堵

洞口及封堵组价如图 9-29 所示。

	编码	类别	名称	项目特征	单位	工程量表达式	含量	工程量	单价	合价	综合单价	综合合价
12	01B001	补项	预留孔洞	1.空调板排水地漏留洞Φ70 2.其他说明:详见相关图纸设计及规范要求	个	108		108			7.59	819.72
	10-11-179	借	预留孔洞 混凝土楼板 公称直径80mm以内【空调排水管】		10个	QDL	0.1	10.8	105.3	1137.24	75.95	820.26
13	01B002	补项	预留孔洞	1.阳台雨水立管留洞Φ120 2.其他说明:详见相关图纸设计及规范要求	个	216		216			9.63	2080.08
	10-11-181	借	预留孔洞 混凝土楼板 公称直径125mm以内【阳台雨水管】		10个	QDL	0.1	21.6	129.93	2806.49	96.31	2080.3
14	01B003	补项	预留孔洞	1.阳台地漏留洞Φ200 2.其他说明:详见相关图纸设计及规范要求	个	216		216			15.45	3337.2
	10-11-184	借	预留孔洞 混凝土楼板 公称直径250mm以内【阳台地漏】		10个	QDL	0.1	21.6	196.21	4238.14	154.58	3338.93
15	01B004	补项	洞口封堵	1.阳台雨水立管留洞封堵 2.其他说明:详见相关图纸设计及规范要求	个	216		216			20.01	4322.16
	10-11-203	借	堵洞 公称直径125mm以内		10个	QDL	0.1	21.6	209.05	4515.48	200.05	4321.08

图 9-29 洞口及封堵组价

8. 保温、隔热、防腐工程

（1）保温隔热屋面

保温隔热屋面清单描述中显示材质为 60mm 厚半硬质矿棉板保温，定额中显示矿棉板有干铺和粘贴两种，如图 9-30 所示，因此可以根据项目或者常用方式进行套取。

	编码	类别	名称	项目特征	单位	工程量表达式	含量	工程量	单价	合价	综合单价	综合合价
B1	A.7		保温、隔热、防腐工程									1937572.05
1	011001001001	项	保温隔热屋面	1.60厚半硬质岩棉板保温（A级） 2.部位:飘窗板顶、板底 3.其他说明:详见相关图纸设计及规范要求	m²	856.94		856.94			22.27	19084.05
	10-25	定	屋面 干铺岩棉板 厚度≤60mm		100m²	QDL * 0.5	0.005	4.2847	1954.39	8373.97	1794.05	7686.97
	10-31	定	屋面 粘贴岩棉板 厚度≤60mm		100m²	QDL * 0.5	0.005	4.2847	3048.12	13060.28	2660.28	11398.5
2	011001001002	项	保温隔热屋面	1.90厚B1级挤塑聚苯板保温层 2.其他说明:详见相关图纸设计及规范要求	m²	928.09		928.09			33.66	31239.51
	10-37	换	屋面 干铺聚苯乙烯板 厚度90mm		100m²	QDL	0.01	9.2809	2709.34	25145.11	3365.84	31238.02
3	011001002001	项	保温隔热天棚	1.60厚半硬质岩棉板 2.部位:地下室负一层顶板 3.其他说明:详见相关图纸设计及规范要求	m²	63.06		63.06			43.75	2758.88
	10-57	换	天棚 粘贴岩棉板 厚度50mm 换为【岩棉板δ60】		100m²	QDL	0.01	0.6306	5408.42	3410.55	4375.49	2759.18

工料机显示 | 单价构成 | 标准换算 | 换算信息 | 特征及内容 | 组价方案 | 工程量明细 | 反查图形工程量 | 说明信息

	编码	类别	名称	规格及型号	单位	损耗率	含量	数量	定额价	市场价	合价	是否暂估	锁定数量	是否计价	原始含量
1	00010101	人	普工		工日		0.7686	3.29322	87.1	87.1	286.84		☐		0.854
2	00010102	人	一般技工		工日		1.5381	6.590297	134	134	883.1		☐		1.709
3	00010103	人	高级技工		工日		0.2565	1.099026	201	201	220.9		☐		0.285
4	15030121@1	材	岩棉板	δ60	m³		4.896	20.977891	297.25	300.17	6235.68	☐	☐		6.12
5	GLF	管	管理费		元		54.98	235.572806	1	1	235.57		☐		54.98
6	LR	利	利润		元		32.49	139.209903	1	1	139.21		☐		32.49
7	ZHGR	其他	综合工日		工日		2.85	12.211395	0	0	0		☐		2.85
8	AWF	安	安文费		元		32.21	138.010187	1	1	138.01		☐		32.21
9	GF	规	规费		元		39.94	171.130918	1	1	171.13		☐		39.94
10	QTCSF	措	其他措施费		元		14.82	63.499254	1	1	63.5		☐		14.82

图 9-30 保温隔热屋面组价

（2）保温天棚

保温天棚做法包含聚合物抗裂砂浆和无机保温砂浆，因此可根据这两个主要做法进行定额选择，无机保温砂浆选择 10-60 子目后需进行厚度换算，如图 9-31 所示。

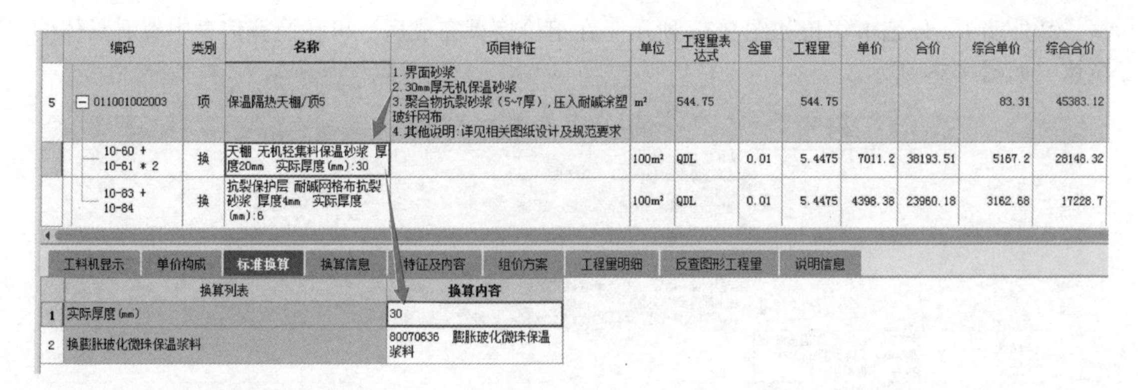

	编码	类别	名称	项目特征	单位	工程量表达式	含量	工程量	单价	合价	综合单价	综合合价
5	011001002003	项	保温隔热天棚/顶5	1.界面砂浆 2.30mm厚无机保温砂浆 3.聚合物抗裂砂浆（5~7厚），压入耐碱涂塑玻纤网布 4.其他说明:详见相关图纸设计及规范要求	m²	544.75		544.75			83.31	45383.12
	10-60 + 10-61 * 2	换	天棚 无机轻集料保温砂浆 厚度20mm 实际厚度(mm):30		100m²	QDL	0.01	5.4475	7011.2	38193.51	5167.2	28148.32
	10-83 + 10-84	换	抗裂保护层 耐碱网格布抗裂砂浆 厚度4mm 实际厚度(mm):6		100m²	QDL	0.01	5.4475	4398.38	23960.18	3162.68	17228.7

工料机显示　单价构成　标准换算　换算信息　特征及内容　组价方案　工程量明细　反查图形工程量　说明信息

	换算列表	换算内容
1	实际厚度(mm)	30
2	换膨胀玻化微珠保温浆料	80070636 膨胀玻化微珠保温浆料

图 9-31　保温天棚组价

（3）保温隔热墙面

①保温隔热墙面组价如图 9-32 所示，在选择 10-89 子目后，厚度在标准换算中按实际厚度进行输入，且可以看到主材是挤塑聚苯板，而清单描述中是挤塑聚苯乙烯泡沫板，因此需要进行主材换算，如图 9-33 所示。

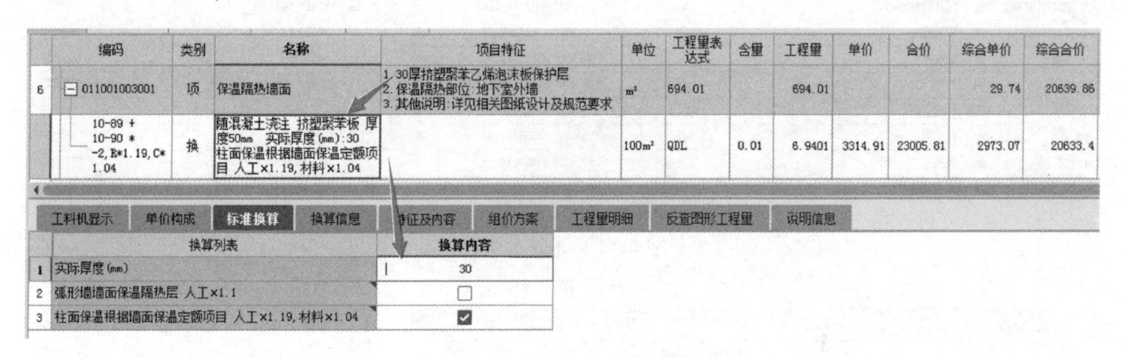

	编码	类别	名称	项目特征	单位	工程量表达式	含量	工程量	单价	合价	综合单价	综合合价
6	011001003001	项	保温隔热墙面	1.30厚挤塑聚苯乙烯泡沫板保护层 2.保温隔热部位:地下室外墙 3.其他说明:详见相关图纸设计及规范要求	m²	694.01		694.01			29.74	20639.86
	10-89 + 10-90 * -2,R*1.19,C*1.04	换	随混凝土浇注 挤塑聚苯板 厚度50mm 实际厚度(mm):30 柱面保温根据墙面保温定额项目 人工×1.19,材料×1.04		100m²	QDL	0.01	6.9401	3314.91	23005.81	2973.07	20633.4

工料机显示　单价构成　标准换算　换算信息　特征及内容　组价方案　工程量明细　反查图形工程量　说明信息

	换算列表	换算内容
1	实际厚度(mm)	30
2	弧形墙墙面保温隔热层 人工×1.1	☐
3	柱面保温根据墙面保温定额项目 人工×1.19,材料×1.04	☑

图 9-32　保温隔热墙面组价

	编码	类别	名称	项目特征	单位	工程量表达式	含量	工程量	单价	合价	综合单价	综合合价
6	011001003001	项	保温隔热墙面	1.30厚挤塑聚苯乙烯泡沫板保护层 2.保温隔热部位:地下室外墙 3.其他说明:详见相关图纸设计及规范要求	m²	694.01		694.01			29.74	20639.86
	10-89 + 10-90 * -2,R*1.19,C*1.04	换	随混凝土浇注 挤塑聚苯板 厚度50mm 实际厚度(mm):30 柱面保温根据墙面保温定额项目 人工*1.19,材料*1.04		100m²	QDL	0.01	6.9401	3314.91	23005.81	2973.07	20633.4

工料机显示　单价构成　标准换算　换算信息　特征及内容　组价方案　工程量明细　反查图形工程量　说明信息

	编码	类别	名称	规格及型号	单位	损耗率	含量	数量	定额价	市场价	合价	是否暂估	锁定数量	是否计价	原始含量
1	00010101	人	普工		工日		1.7136	11.892555	87.1	87.1	1035.84		☐		2.4
2	00010102	人	一般技工		工日		3.4272	23.785111	134	134	3187.2		☐		4.8
3	00010103	人	高级技工		工日		0.5712	3.964185	201	201	796.8		☐		0.8
4	15130107	材	大模内置专用挤塑聚苯板 …		m³		3.432	23.818423	660	660	15720.16	☐	☐		5.5
5	QTCLF-1	材	其他材料费		%		0.9	226.733067	1	1	226.73		☐		1.5
6	GLF	管	管理费		元		92.6	642.65326	1	1	642.65		☐		154.34
7	LR	利	利润		元		54.72	379.762272	1	1	379.76		☐		91.2
8	ZHGR	其他	综合工日		工日		4.8	33.31248	0	0	0		☐		8
9	AWF	安	安文费		元		54.26	376.569826	1	1	376.57		☐		90.42
10	GF	规	规费		元		67.27	466.860527	1	1	466.86		☐		112.11
11	QTCSF	措	其他措施费		元		24.96	173.224896	1	1	173.22		☐		41.6

图 9-33　主材换算

②外墙 1。外墙 1 组价如图 9-34 所示。在组价换算完成后，可在换算信息中查看具体的换算，如图 9-35 所示。

	编码	类别	名称	项目特征	单位	工程量表达式	含量	工程量	单价	合价	综合单价	综合合价
7	⊟ 011001003002	项	保温隔热墙面/外墙1	1. 薄抹第三道抹面胶浆 2. 抹第二道抹面胶浆3~6厚，压入耐碱玻璃纤维网布 3. 锚栓锚固抹面胶浆复合耐碱玻璃纤维网布层 4. 抹第一道抹面胶浆3~6厚，压入耐碱玻璃纤维网布 5. 60厚半硬质岩棉板（A级）保温层，板两表面及侧面涂刷界面剂，配套黏结剂粘贴 6. 保温隔热部位：外墙1 7. 其他说明：详见相关图纸设计及规范要求	m²	17842.19		17842.19			90.34	1611863.44
	10-68 + 10-69	换	粘贴沥青岩棉板 附墙粘贴 厚度50mm 实际厚度(mm):60 换为【岩棉板δ60】		100m²	QDL	0.01	178.4219	6338.43	1130914.72	5045.66	900256.24
	10-83	换	抗裂保护层 耐碱网格布抗裂砂浆 厚度4mm		100m²	QDL	0.01	178.4219	5359.57	956264.66	3987.92	711532.26

工料机显示 | 单价构成 | 标准换算 | 换算信息 | 特征及内容 | 组价方案 | 工程量明细 | 反查图形工程量 | 说明信息

	编码	类别	名称	规格及型号	单位	损耗率	含量	数量	定额价	市场价	合价	是否暂估	锁定数量	是否计价	原始含量
1	00010101	人	普工		工日		5.735	1023.249597	87.1	87.1	89125.04		☐		4.86
2	00010102	人	一般技工		工日		11.472	2046.856037	134	134	274278.71		☐		9.722
3	00010103	人	高级技工		工日		1.913	341.321095	201	201	68605.54		☐		1.621
4	15030121@1	材	岩棉板	δ60	m³		6.24	1113.352656	297.25	**300.17**	330944.08	☐	☐		5.2
5	80070266@1	材	聚合物粘结砂浆		kg		460	82074.074	1.6	**1.44**	131318.52	☐	☐		460
6	03012725	材	膨胀螺栓		副		600	107053.14	0.26	0.26	27833.82	☐	☐		600
7	GLF	管	管理费		元		368.86	65812.702…	1	1	65812.7		☐		312.53
8	LR	利	利润		元		217.98	38892.405…	1	1	38892.41		☐		184.69
9	ZHGR	其他	综合工日		工日		19.12	3411.426728	0	0	0		☐		16.2
10	AWF	安	安文费		元		216.1	38556.97259	1	1	38556.97		☐		183.1
11	GF	规	规费		元		267.95	47808.148…	1	1	47808.15		☐		227.03
12	QTCSF	措	其他措施费		元		99.42	17738.705…	1	1	17738.71		☐		84.24

图 9-34　外墙 1 组价

	编码	类别	名称	项目特征	单位	工程量表达式	含量	工程量	单价	合价	综合单价	综合合价
7	⊟ 011001003002	项	保温隔热墙面/外墙1	1. 薄抹第三道抹面胶浆 2. 抹第二道抹面胶浆3~6厚，压入耐碱玻璃纤维网布 3. 锚栓锚固抹面胶浆复合耐碱玻璃纤维网布层 4. 抹第一道抹面胶浆3~6厚，压入耐碱玻璃纤维网布 5. 60厚半硬质岩棉板（A级）保温层，板两表面及侧面涂刷界面剂，配套黏结剂粘贴 6. 保温隔热部位：外墙1 7. 其他说明：详见相关图纸设计及规范要求	m²	17842.19		17842.19			90.34	1611863.44
	10-68 + 10-69	换	粘贴沥青岩棉板 附墙粘贴 厚度50mm 实际厚度(mm):60 换为【岩棉板δ60】		100m²	QDL	0.01	178.4219	6338.43	1130914.72	5045.66	900256.24
	10-83	换	抗裂保护层 耐碱网格布抗裂砂浆 厚度4mm		100m²	QDL	0.01	178.4219	5359.57	956264.66	3987.92	711532.26

工料机显示 | 单价构成 | 标准换算 | 换算信息 | 特征及内容 | 组价方案 | 工程量明细 | 反查图形工程量 | 说明信息

	换算串	说明	来源
1	⊟ 标准换算		标准换算
2	+ 10-69	实际厚度(mm):60	标准换算
3	H80070631 15030121@1	把人材机80070631(沥青珍珠岩板)替换为人材机15030121@1(岩棉板δ60)(含量不变)	工料机显示

图 9-35　换算信息

9. 楼地面装饰工程

(1) 楼 1

楼 1 做法为 20mm 厚混凝土，素水泥浆一道，具体组价如图 9-36 所示。混凝土厚度换算如图 9-37 所示。

	编码	类别	名称	项目特征	单位	工程量表达式	含量	工程量	单价	合价	综合单价	综合合价
B1	A.8		楼地面装饰工程									1139563.96
1	011101001001	项	水泥砂浆楼地面/楼1	1.20厚豆石混凝土，随打随抹光，混凝土运输距离：自行考虑 2.素水泥浆一道 3.其他说明：详见相关图纸设计及规范要求	m²	1443.51		1443.51			23.41	33792.57
	12-23	定	墙面抹灰 装饰抹灰 打底 素水泥浆界面剂		100m²	QDL	0.01	14.4351	339.8	4905.05	320.46	4625.87
	11-4 + 11-5 * -10	换	细石混凝土地面找平层 30mm 实际厚度(mm):20		100m²	QDL	0.01	14.4351	2462.52	35546.72	2019.94	29158.04

工料机显示　单价构成　标准换算　换算信息　特征及内容　组价方案　工程量明细　反查图形工程量　说明信息

	编码	类别	名称	规格及型号	单位	损耗率	含量	数量	定额价	市场价	合价	是否暂估	锁定数量	是否计价	原始含量
1	00010101	人	普工		工日		1.695	24.467495	87.1	87.1	2131.12		☐		2.015
2	00010102	人	一般技工		工日		2.967	42.828942	134	134	5739.08		☐		3.527
3	00010103	人	高级技工		工日		3.814	55.055471	201	201	11066.15		☐		4.534
4	80210701@2	商砼	豆石混凝土	C20	m³		2.02	29.158902	260	**349.03**	7581.31	☐	☐		3.03
5	34110117@1	材	水		m³		0.4	5.77404	5.13	**5.27**	29.62	☐	☐		0.4
6	990602010	机	双锥反转出料混凝土搅拌机	出料容量200L	台班		0.34	4.907934	170.14	**170.37**	835.04		☐		0.51
13	GLF	管	管理费		元		188.73	2724.336423	1	1	2724.34		☐		227.43
14	LR	利	利润		元		108.59	1567.507509	1	1	1567.51		☐		130.79
15	ZHGR	其他	综合工日		工日		8.79	126.884529	0	0	0		☐		10.59
16	AWF	安	安文费		元		99.39	1434.704589	1	1	1434.7		☐		119.69
17	GF	规	规费		元		123.21	1778.548671	1	1	1778.55		☐		148.41
18	QTCSF	措	其他措施费		元		45.67	659.251017	1	1	659.25		☐		55.07

图 9-36　楼 1 组价

	编码	类别	名称	项目特征	单位	工程量表达式	含量	工程量	单价	合价	综合单价	综合合价
B1	A.8		楼地面装饰工程									1139563.96
1	011101001001	项	水泥砂浆楼地面/楼1	1.20厚豆石混凝土，随打随抹光，混凝土运输距离：自行考虑 2.素水泥浆一道 3.其他说明：详见相关图纸设计及规范要求	m²	1443.51		1443.51			23.41	33792.57
	12-23	定	墙面抹灰 装饰抹灰 打底 素水泥浆界面剂		100m²	QDL	0.01	14.4351	339.8	4905.05	320.46	4625.87
	11-4 + 11-5 * -10	换	细石混凝土地面找平层 30mm 实际厚度(mm):20		100m²	QDL	0.01	14.4351	2462.52	35546.72	2019.94	29158.04

工料机显示　单价构成　标准换算　换算信息　特征及内容　组价方案　工程量明细　反查图形工程量　说明信息

	换算列表	换算内容
1	实际厚度(mm)	20
2	采用地暖的地板垫层，按不同材料执行相应项目 人工×1.3，材料×0.95	☐
3	换预拌细石混凝土 C20	80210701　预拌细石混凝土 C20

图 9-37　混凝土厚度换算

（2）楼梯踢脚线

楼梯踢脚线组价如图 9-38 所示。

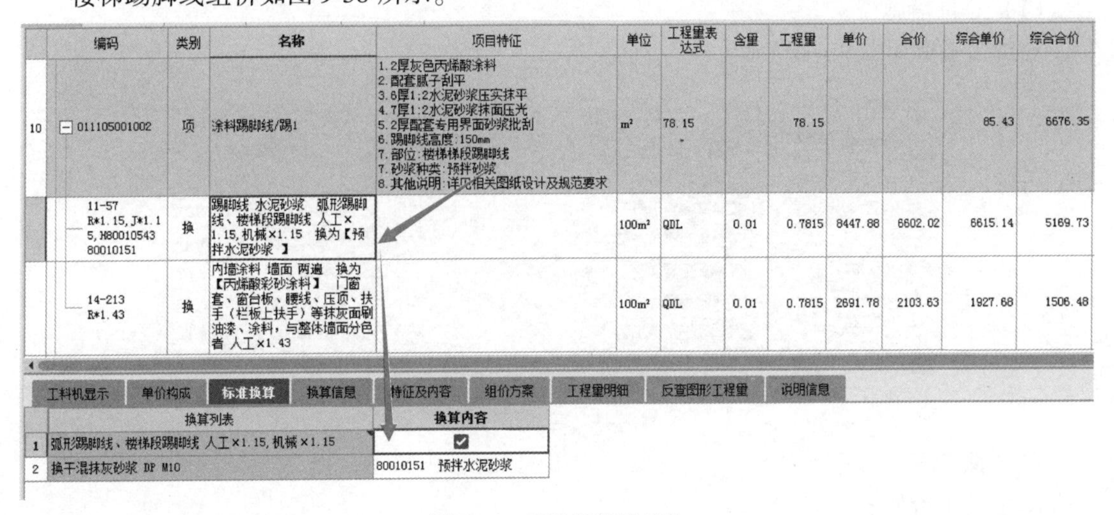

	编码	类别	名称	项目特征	单位	工程量表达式	含量	工程量	单价	合价	综合单价	综合合价
10	011105001002	项	涂料踢脚线/踢1	1.2厚灰色丙烯酸涂料 2.配套腻子刮平 3.6厚1:2水泥砂浆压实抹平 4.7厚1:2水泥砂浆抹面压光 5.2厚配套专用界面砂浆批刮 6.踢脚线高度:150mm 7.部位:楼梯梯段踢脚线 7.砂浆种类:预拌砂浆 8.其他说明:详见相关图纸设计及规范要求	m²	78.15		78.15			85.43	6676.35
	11-57 R*1.15,J*1.15,H80010543 80010151	换	踢脚线 水泥砂浆 弧形踢脚线、楼梯段踢脚线 人工×1.15,机械×1.15 换为【预拌水泥砂浆】		100m²	QDL	0.01	0.7815	8447.88	6602.02	6615.14	5169.73
	14-213 R*1.43	换	内墙涂料 墙面 两遍 换为【丙烯酸彩砂涂料】 门窗套、窗台板、腰线、压顶、扶手（栏板上扶手）等抹灰面刷油漆、涂料，与整体墙面分色者 人工×1.43		100m²	QDL	0.01	0.7815	2691.78	2103.63	1927.68	1506.48

工料机显示　单价构成　标准换算　换算信息　特征及内容　组价方案　工程量明细　反查图形工程量　说明信息

	换算列表	换算内容
1	弧形踢脚线、楼梯段踢脚线 人工×1.15，机械×1.15	☑
2	换干混抹灰砂浆 DP M10	80010151　预拌水泥砂浆

图 9-38　楼梯踢脚线组价

10. 天棚工程

天棚工程组价如图 9-39 所示。

	编码	类别	名称	工程量表达式	含量	工程量	单价	合价	综合单价	综合合价	单价构成文件	取费专业
B1	A.10		天棚工程							74823.82	[房屋建筑与装…	
1	011301001001	项	天棚抹灰/顶1	1815.61		1815.61			13.02	23639.24	房屋建筑与装饰工程	装饰工程
	13-1 + 13-2 * -2	换	天棚抹灰 混凝土天棚 一次抹灰(10mm) 实际厚度(mm):8	QDL	0.01	18.1561	1576.08	28615.47	1302.31	23644.87	房屋建筑与装饰工程	装饰工程
2	011301001002	项	天棚抹灰/顶1(踏步底面)	1054.66		1054.66			13.02	13731.67	房屋建筑与装饰工程	装饰工程
	13-1 + 13-2 * -2	换	天棚抹灰 混凝土天棚 一次抹灰(10mm) 实际厚度(mm):8	QDL	0.01	10.5466	1576.08	16622.29	1302.31	13734.94	房屋建筑与装饰工程	装饰工程
3	011301001003	项	天棚抹灰/顶3	1691.64		1691.64			22.14	37452.91	房屋建筑与装饰工程	装饰工程
	13-1	换	天棚抹灰 混凝土天棚 一次抹灰(10mm) 换为【聚合物粘结砂浆】	QDL	0.01	16.9164	1717.98	29062.04	1241.31	20998.5	房屋建筑与装饰工程	装饰工程
	10-83	定	抗裂保护层 耐碱网格布抗裂砂浆 厚度4mm	QDL	0.01	16.9164	1472.74	24913.46	973.53	16468.62	房屋建筑与装饰工程	建筑工程

图 9-39 天棚工程组价

11. 其他装饰工程

其他装饰工程组价如图 9-40 所示。

	编码	类别	名称	项目特征	单位	工程量表达式	含量	工程量	单价	合价	综合合价
B1	A.12		其他装饰工程								72152.75
1	011503001001	项	金属扶手、栏杆、栏板	1.扶手材料种类、规格:25×25方钢管,间距125mm 2.栏杆材料种类、规格:40×40×3mm方钢管 3.除锈处理,防锈漆两道,调和漆两道 4.栏杆高度:1000mm 5.部位:空调板栏杆,做法详见12YJ6-/73 6.其他说明:详见相关图纸设计及规范要求	m	388.8		388.8			68152.75
	15-86 …	换	铁栏杆 铁扶手 换为【方钢管25×25×2.5】		10m	QDL	0.1	38.88	2107.98	81958.26	62557.53
	14-171 R*1.74,C*1.9,*2	换	金属面 红丹防锈漆一遍 金属面刷两遍防锈漆时 人工×1.74,材料×1.9 单价×2		100m²	QDL*0.6	0.006	2.3328	2172.38	5067.73	3819.68
	14-172	定	金属面 调和漆两遍		100m²	QDL*0.6	0.006	2.3328	1072.41	2501.72	1776.22
2	011507004001	项	信报箱	1.信报箱 2.不锈钢制作,构件连接采用焊接,外露部分应抛光 3.其他说明:详见相关图纸设计及规范要求	个	4		4			4000
	补子目2	补	信报箱		个	QDL	1	4	1000	4000	4000

图 9-40 其他装饰工程组价

12. 措施项目

(1) 总价措施费

总价措施费如图 9-41 所示。

序号	类别	名称	费率(%)	综合单价	综合合价
		措施项目			8592426.53
一		总价措施费			1243835.5
011707001001		安全文明施工费		851877.03	851877.03
01		其他措施费(费率类)		391958.47	391958.47
011707002…		夜间施工增加费	25	97989.62	97989.62
011707004…		二次搬运费	50	195979.23	195979.23
011707005…		冬雨季施工增加费	25	97989.62	97989.62
02		其他(费率类)		0	0

图 9-41 总价措施费

(2) 脚手架

脚手架组价如图 9-42 所示。

	序号	类别	名称	费率(%)	综合单价	综合合价
	二		单价措施费			7348591.03
7			自动提示：请输入清单简称		0	0
8	011701001001		综合脚手架		65.9	1604830.41
	17-26	定	多层建筑综合脚手架 全现浇结构 檐高90m以内		6590	1604829.75
9	011701001002		综合脚手架		16.79	14990.62
	17-45	定	地下室综合脚手架 二层		1680.24	15001.69
10	011701002002		外脚手架		4.33	859.63
	17-49 *0.3	换	单项脚手架 外脚手架 15m以内 双排 砌筑高度在3.6m以外的砌块内墙 单价×0.3		432.49	858.62
11	011701002003		外脚手架		3.43	1350.08
	17-48 *0.3	换	单项脚手架 外脚手架 15m以内 单排 室内浇筑高度在3.6m以外的混凝土墙 单价×0.3		343.63	1352.56
12	011701006001		满堂脚手架		3.78	1151.77
	17-59 *0.3	换	单项脚手架 满堂脚手架 基本层(3.6~5.2m) 满堂基础高度(垫层上皮至基础顶面)>1.2m时 单价×0.3		377.78	1151.1
13	011701006002		满堂脚手架		14.75	12291.62
	17-59	换	单项脚手架 满堂脚手架 基本层(3.6~5.2m)		1363.15	11359.54
	17-60 *0.5	换	单项脚手架 满堂脚手架 增加层1.2m 单价×0.5		112.17	934.75

图 9-42　脚手架组价

（3）模板

模板组价如图 9-43 所示。

	序号	类别	名称	费率(%)	综合单价	综合合价	人工费价格指数	机械费价格指数
22	011702013002		电梯井壁		48.4	137285.63		
	5-250	定	现浇混凝土模板 电梯井壁 复合模板 钢支撑		4839.92	137283.36	1	1
23	011702014001		有梁板		44.34	1063860.71		
	5-256	定	现浇混凝土模板 有梁板 复合模板 钢支撑		4432.33	1063462.23	1	1
24	011702016001		平板		42.63	216441.46		
	5-260	定	现浇混凝土模板 平板 复合模板 钢支撑		4263.27	216455.17	1	1
25	011702021001		栏板		53.08	9010.86		
	5-269	定	现浇混凝土模板 栏板 复合模板钢支撑		5307.68	9010.32	1	1
26	011702023001		雨篷、悬挑板、阳台板		70.5	58513.59		
	5-271	定	现浇混凝土模板 雨篷板 直形 复合模板钢支撑		7050.2	58515.25	1	1
27	011702024001		楼梯		134.49	128021.03		
	5-279 *1.2	换	现浇混凝土模板 楼梯 直形 复合模板钢支撑 单坡直形楼梯（即一个自然层、无休息平台） 按相应项目人工、材料、机械乘以系数1.2		13449.14	128022.36	1	1
28	011702025001		其他现浇构件		63.52	78.13		
	5-283	定	现浇混凝土模板 小型构件 复合模板木支撑		6351.78	78.13	1	1

工料机显示　单价构成　标准换算　换算信息　特征及内容　组价方案　工程量明细　反查图形工程量　说明信息

	换算列表		换算内容
1	楼梯	单坡直行楼梯（即一个自然层、无休息平台） 按相应项目人工、材料、机械乘以系数1.2	☑
2		三跑楼梯（即一个自然层、两个休息平台） 按相应项目人工、材料、机械乘以系数0.9	☐
3		四跑楼梯（即一个自然层、三个休息平台）按相应项目人工、材料、机械乘以系数0.75	☐
4	车站及附属的钢筋混凝土结构、钢结构、幕墙、二次结构等项目 人工×1.15，机械×1.15		☐

图 9-43　模板组价

(4）垂直运输、大型机械设备进出场及安拆等

垂直运输、大型机械设备进出场及安拆等组价如图 9-44 所示。

	序号	类别	名称	费率(%)	综合单价	综合合价	人工费价格指数
33	011703001001		垂直运输		34.15	862128.36	
	17-82	定	垂直运输 20m(6层)以上塔式起重机施工 全现浇结构 檐高 100m以内		3414.87	862094.18	1
34	011704001001		超高施工增加		71.22	716365.66	
	17-106	定	建筑物超高增加费 建筑物檐高 80m以内		7121.08	716273.83	1
35	011705001001		大型机械设备进出场及安拆		96950.92	96950.92	
	17-129	定	进出场费 履带式 挖掘机 1m³以内		3455.11	3455.11	1
	17-113	定	塔式起重机 固定式基础(带配重)		5749.89	5749.89	1
	17-114	定	施工电梯 固定式基础		5635.49	5635.49	1
	17-147	定	进出场费 自升式塔式起重机		23921.5	23921.5	1
	17-116 *1.5	换	自升式塔式起重机安拆费 单价×1.5		39130.75	39130.75	1
	17-124	定	施工电梯安拆费 75m以内		10470.1	10470.1	1
	17-149	定	进出场费 施工电梯 75m以内		8588.08	8588.08	1
36	011707003001		非夜间施工照明		4241.67	4241.67	
	17-HA1	定	地下室等施工照明措施增加费		552.33	4241.67	1
37	01B005		混凝土泵送费		11.67	14832.92	
	5-87	定	泵送混凝土 固定泵		116.69	14831.65	1

图 9-44 垂直运输、大型机械设备进出场及安拆等组价

9.3 调价汇总

1. 工程造价指数

工程造价指数是反映一定时期由于价格变化对工程造价影响程度的一种指标，它反映了报告期与基期相比的价格变动趋势，是调整工程造价价差的依据。

在编制界面分部分项中选择价格指数，然后选择期数，应按照项目时间选择，如图 9-45 所示。

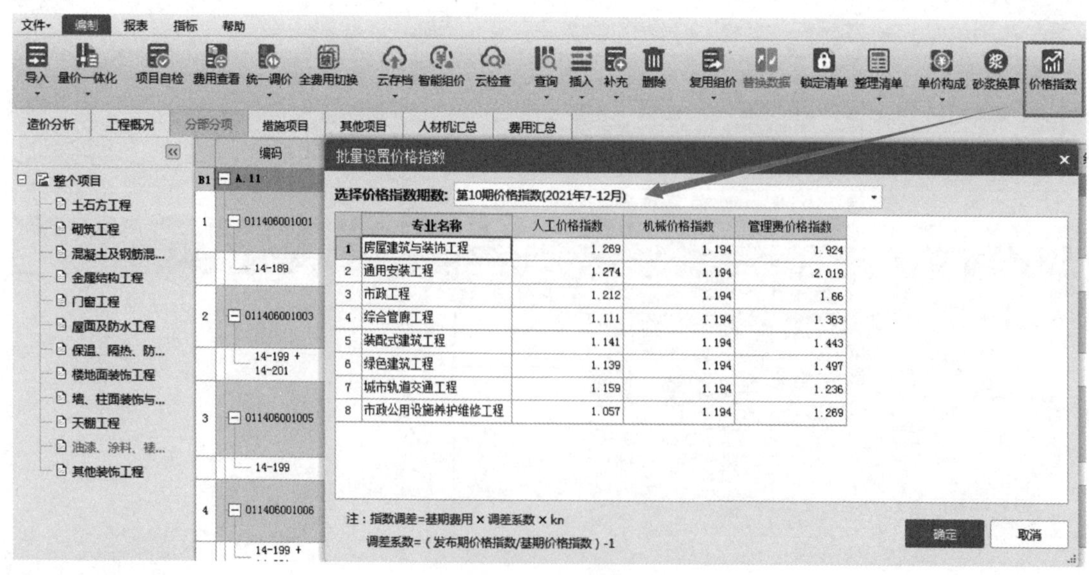

图 9-45 价格指数

2. 人材机汇总中的价格调整

（1）逐个载价

人材机汇总界面可以进行人材机价格的调整，调整价格可选信息价或市场价等，如图 9-46 所示，钢筋规格型号为 HRB100 以内，直径为 20 ~ 25mm，如选择信息价将从预算价的 3.4 变为 4.76，价格来源显示为郑州信息价，价格较预算价高则市场价一栏数据显示为红色，较低则显示为绿色。

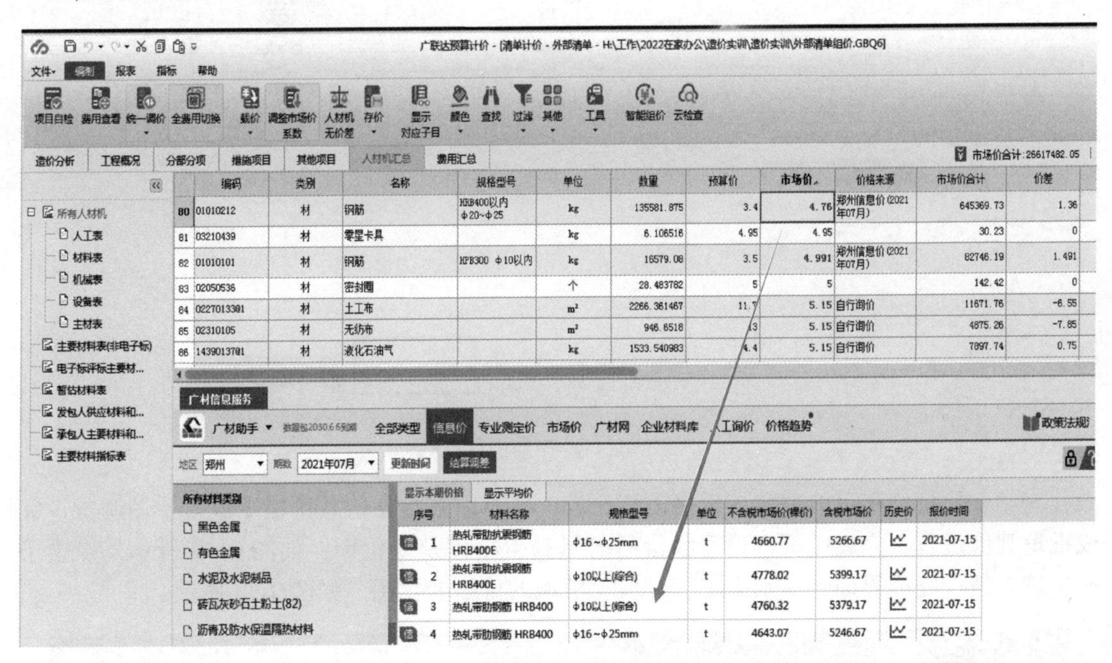

图 9-46　逐个载价

（2）批量载价

价格调整主要是对人材机调整市场价载入价格的过程，其步骤如下：

①一级导航选择到【编制】，鼠标光标定位到项目节点，二级导航页签切换到【人材机汇总】界面，点击功能区中的【载价】，如图 9-47 所示；

	编码	类别	名称	规格型号	单位	数量
80	01010212	材	钢筋	HRB400以内 φ20~φ25	kg	135581.875
81	03210439	材	零星卡具		kg	6.106516
82	01010101	材	钢筋	HPB300 φ10以内	kg	16579.08
83	02050536	材	密封圈		个	28.483782
84	0227013301	材	土工布		m2	2266.361467
85	02310105	材	无纺布		m2	946.6518
86	14390137@1	材	液化石油气		kg	1533.540983

图 9-47　批量载价位置

②根据自身工程要求，选择载价地区及载价月份，可以选择对于已调价的材料不进行载价，如图 9-48 所示。

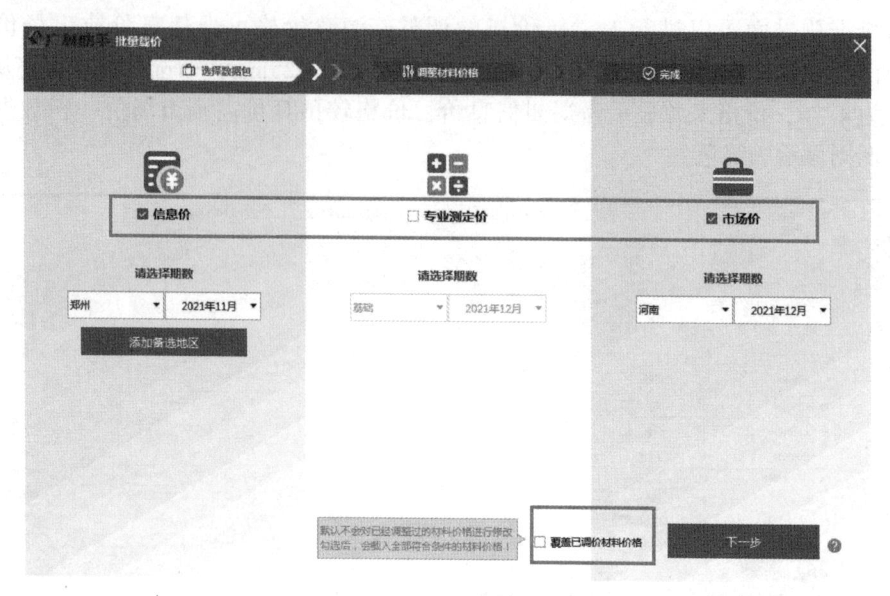

图 9-48　选择载价信息

③对于信息价和目前预载入价格进行比较，也可以直接在待载价格中进行手动调价，完成批量载价过程；完成后可以查看载价后的材料价格以及变化率，如图 9-49 所示。点击下一步进入载价完成界面，显示人工、材料、机械的价格变化图，如图 9-50 所示。

广材助手 批量载价

选择数据包 ››› 调整材料价格 ›› 完成

数据包使用顺序可选：优先使用 信息价　第二使用 市场价　双击载价

待载条数/总条数：17/115　材料分类筛选：☑全部 ☑人工 ☑材料 ☑机械 ☑主材 ☑设备 ☑苗木

全选	序号	定额材料编码	定额材料名称	定额材料规格	单位	待载价格(不含税)	待载价格(含税)	参考税率	信息价(不含税)	市场价(含税)
☑	1	03012861	塑料膨胀螺栓	M3.5	套	0.02	0.02			
☑	2	03010329	沉头木螺钉	L32	个	0.03	0.03			
☑	3	03010619	镀锌自攻螺钉	ST5*16	个	0.03	0.03			
☑	4	03011711	六角螺栓带螺母	M6~12*12~50	套	0.15	0.15			
☑	5	03011087	花篮螺栓	M6*250	个	0.2	0.2			
☑	6	02090101	塑料薄膜		m2	0.26	0.26			
☑	7	03012725	膨胀螺栓		副	0.26	0.26			
☑	8	03131975	水砂纸		张	0.42	0.42			
☑	9	18250235	管卡子(钢管用)	20	个	0.42	0.42			
☑	10	03012857	塑料膨胀螺栓		套	0.5	0.5			
☑	11	03032347	铝合金门窗配...	3mm*30mm*3...	个	0.63	0.63			
☑	12	13030133	成品腻子粉		kg	0.7	0.7			
☑	13	14350193	隔离剂		kg	0.82	0.82			
☑	14	03012859	塑料膨胀螺栓		个	1.02	1.02			
☑	15	04030173	铁砂布		张	1.19	1.19			

调整前材料总价：11397642.35

调整后材料总价：11212422.75　变化率：-1.63%

上一步　下一步

图 9-49　查看载价结果

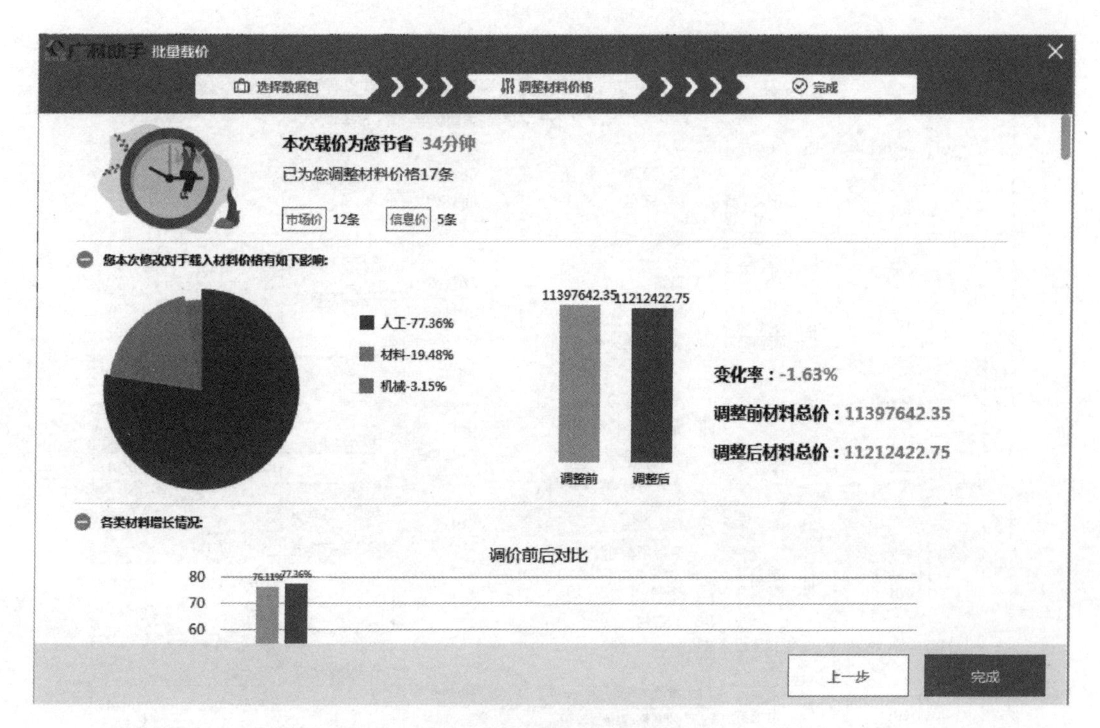

图 9-50　价格变化图

④完成载价或调整价格后，可以看到市场价的变化，并在价格来源列看到价格的来源，如图 9-51 所示。

分部分项	措施项目	其他项目	人材机汇总	费用汇总					
	编码	类别	名称	规格型号	单位	数量	预算价	市场价	价格来源
106	14330125	材	羧甲基纤维素		kg	1.677488	8.43	8.43	
107	03011069	材	对拉螺栓		kg	18735.325953	8.5	8.5	
108	01050171	材	钢丝绳	φ12.5	m	264.784733	8.58	8.58	
109	14050106	材	油漆溶剂油		kg	106.4596	4.4	8.72	郑州信息价(2021年07月)
110	14390141	材	乙炔气		kg	20.1312	8.82	8.82	
111	0321035501	材	钢丝网片		m²	36.013996	9.74	9.15	自行询价
112	990803021	机	电动多级离心清水泵停滞	φ100	台班	58.857313	9.66	9.66	
113	03131915	材	顶丝		个	509.154764	10	10	
114	13050215	材	水泥基渗透结晶防水涂料		kg	115.971048	18	10.03	自行询价
115	17090101	材	方钢管	25×25×2.5	m	497.664	10.24	10.24	

图 9-51　价格来源

⑤对于某几条材料需要单独调整的，可以单独载价进行调整。

3. 强制修改综合单价

对编制完的工程进行策略调价，具体步骤如下：

①光标定位到项目结构树单位工程节点，点击二级导航分部分项页签，在清单行点击鼠标右键，选择【强制修改综合单价】，如图 9-52 所示。

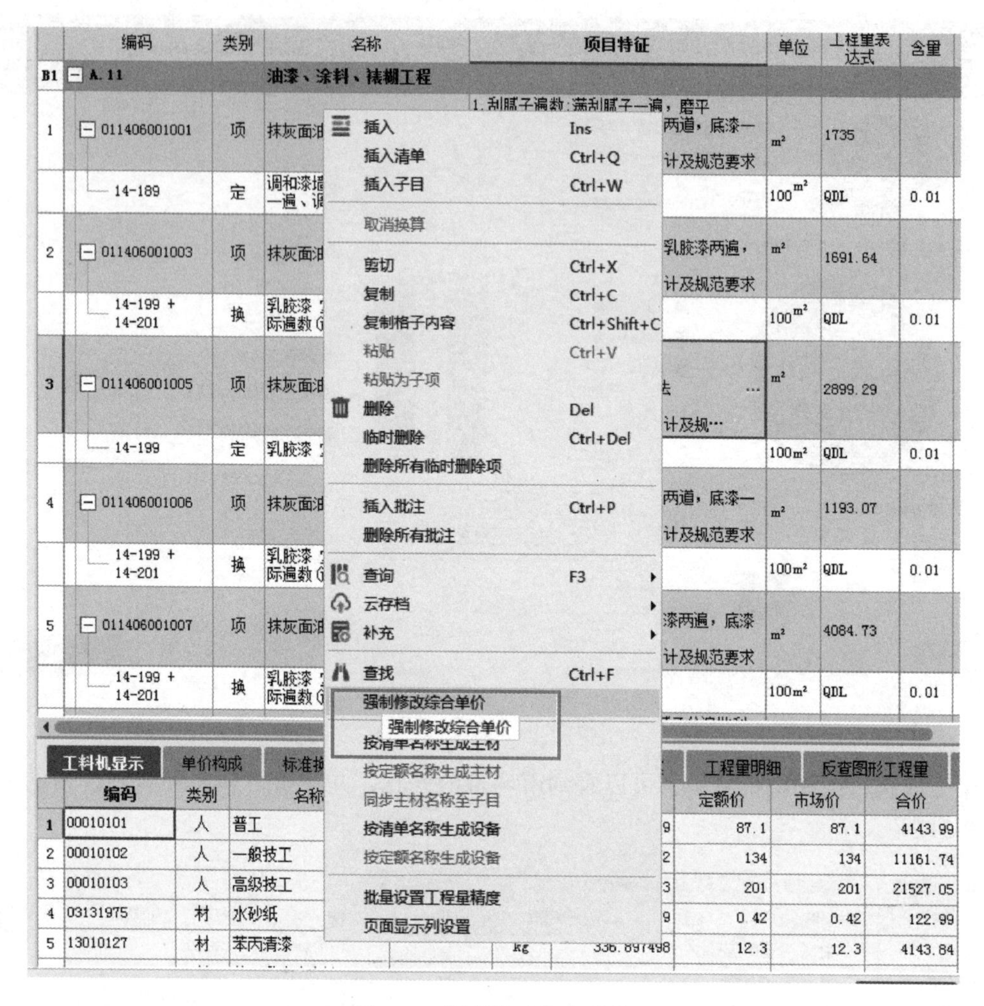

图 9-52　强制修改综合单价

②软件弹出【强制修改综合单价】窗口，如图 9-53 所示。

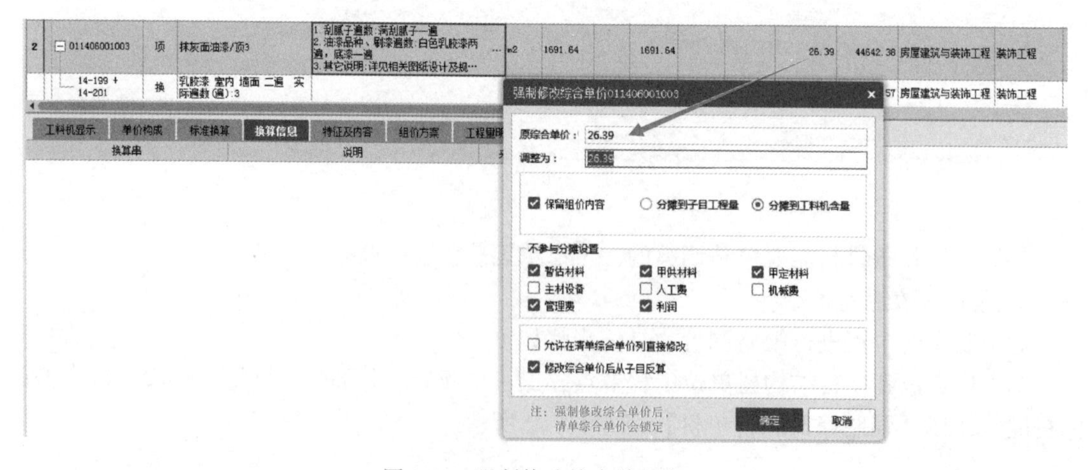

图 9-53　强制修改综合单价窗口

③输入要调整的综合单价点击确定，调整完毕，如图 9-54 所示。

图 9-54　输入单价

4. 指定造价调整

对编制完的工程进行策略调价，具体步骤如下：

①一级导航栏定位到【编制】，切换到项目工程节点，点击功能区【统一调价】下【指定造价调整】，如图 9-55 所示。

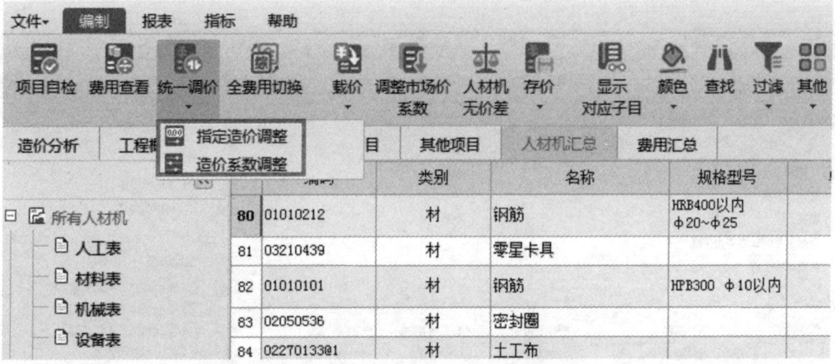

图 9-55　指定造价调整位置

②光标定位并点击指定造价调整，软件弹出如图 9-56 所示窗口。

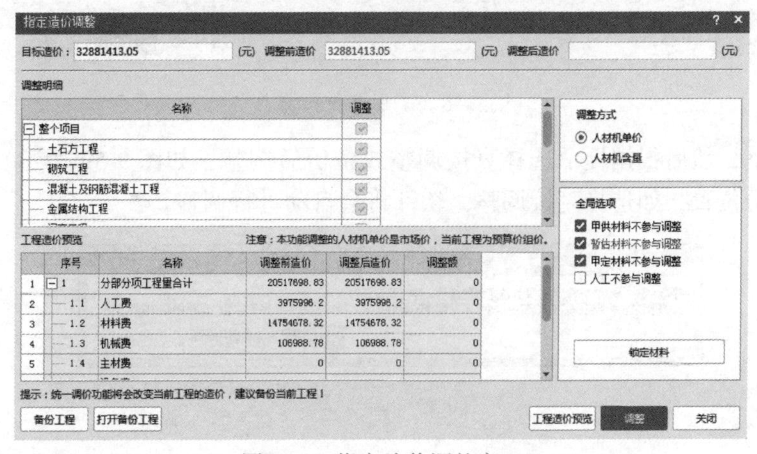

图 9-56　指定造价调整窗口

③在目标造价处，输入要调整的目标造价并选择调整方式，如图 9-57 所示。

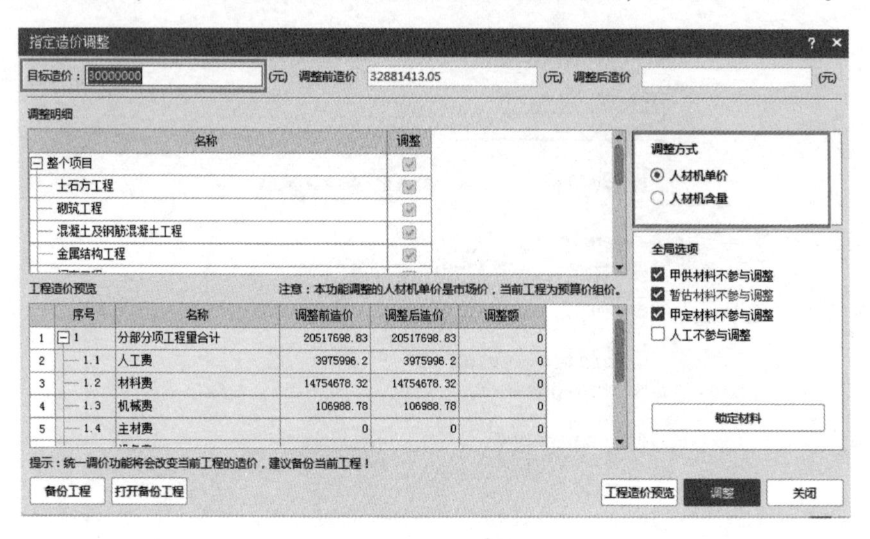

图 9-57　输入目标造价

调整明细：调价时可以在此处输入目标造价值。

工程造价预览：此功能可以快速浏览调价前与调价后的造价对比、调整额，如图 9-58 所示。

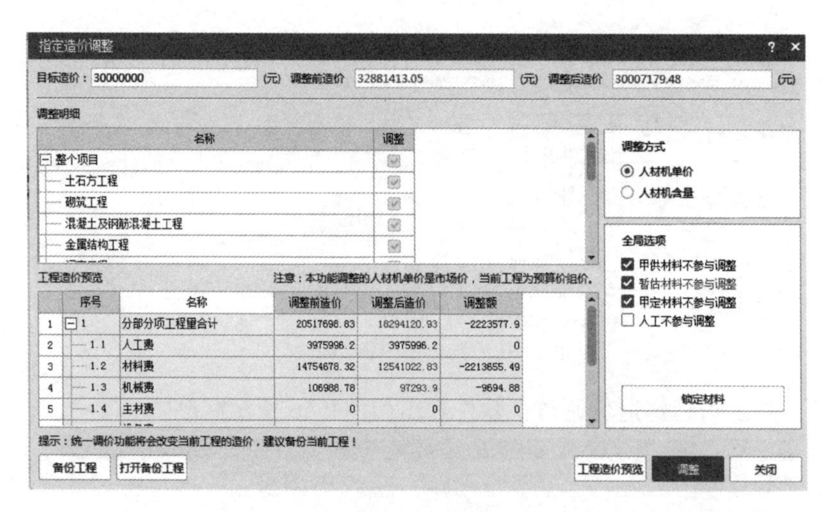

图 9-58　工程造价预览

④点击调整，然后根据提示选择直接调整或备份后调整，如图 9-59 所示。如选择备份调整需选择备份位置；如选择直接调整，软件将会自动进行调整。

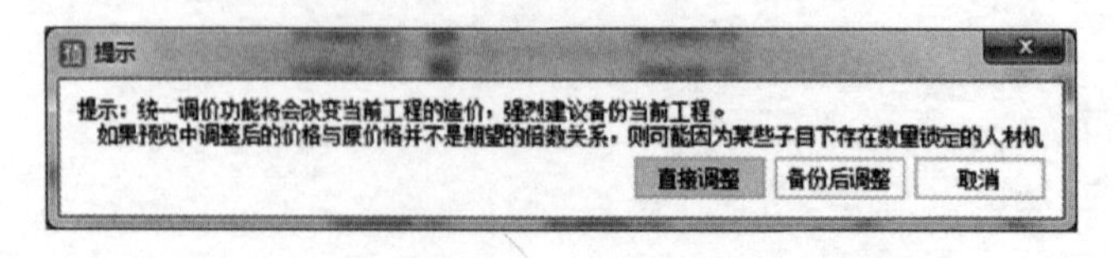

图 9-59　调整提示

第10章 随机实战案例

10.1 中小型案例手工算量

1. 某框架结构手工算量

某钢筋混凝土框架结构建筑物，共四层，首层层高4.2m，第二至四层层高均为3.9m，首层平面图、柱独立基础配筋图、柱网布置及配筋图、一层顶梁结构图、一层顶板结构图如图10-1～图10-5所示。

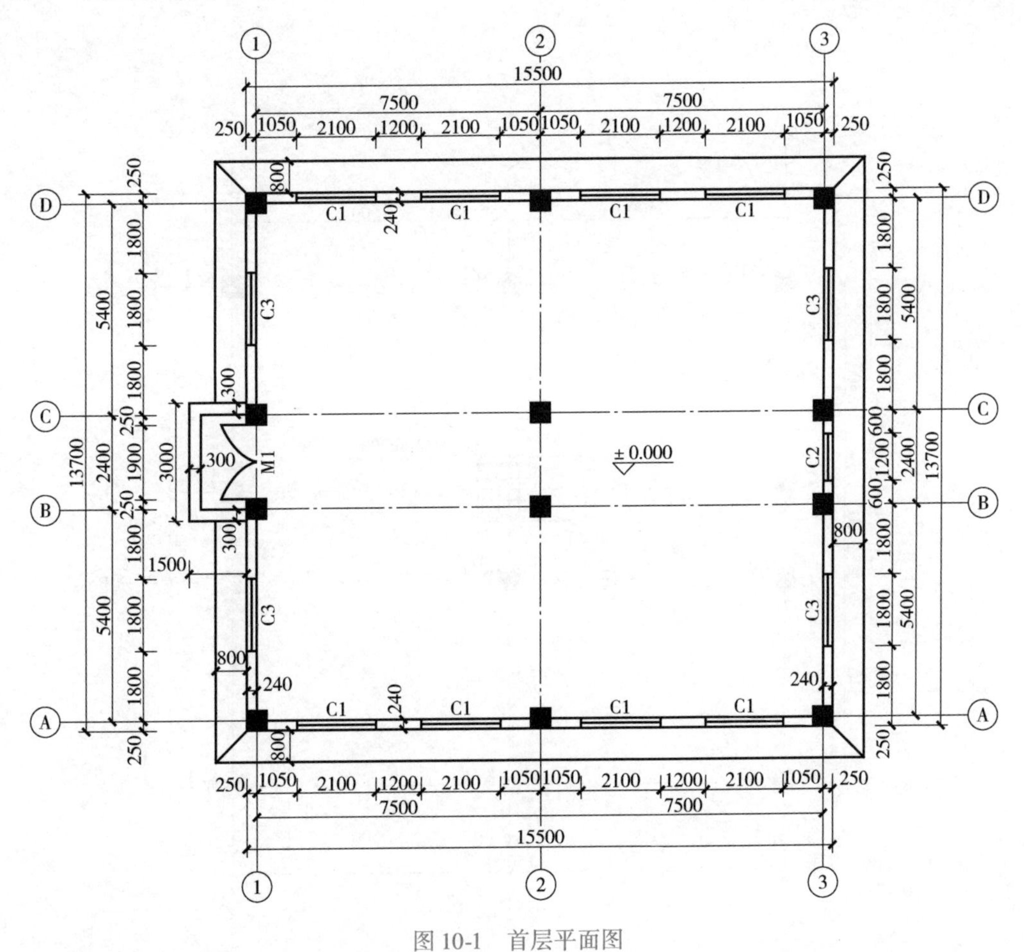

图10-1 首层平面图

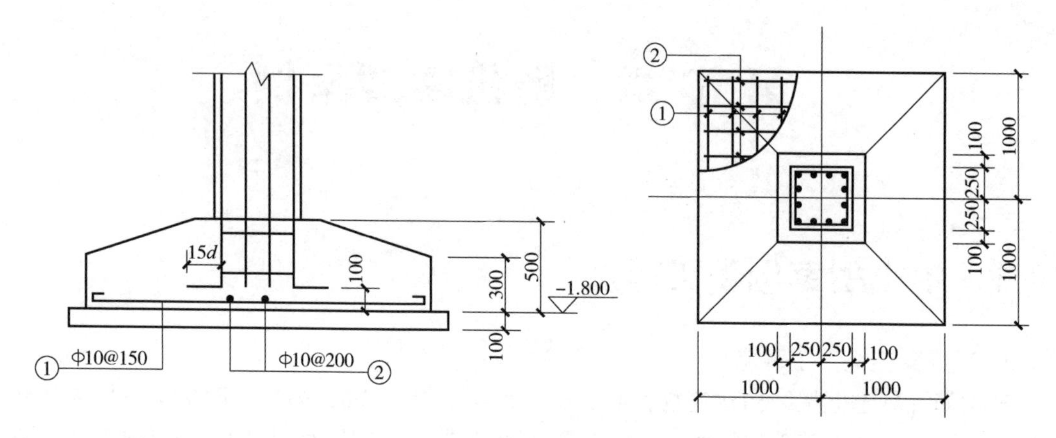

图 10-2　柱独立基础配筋图

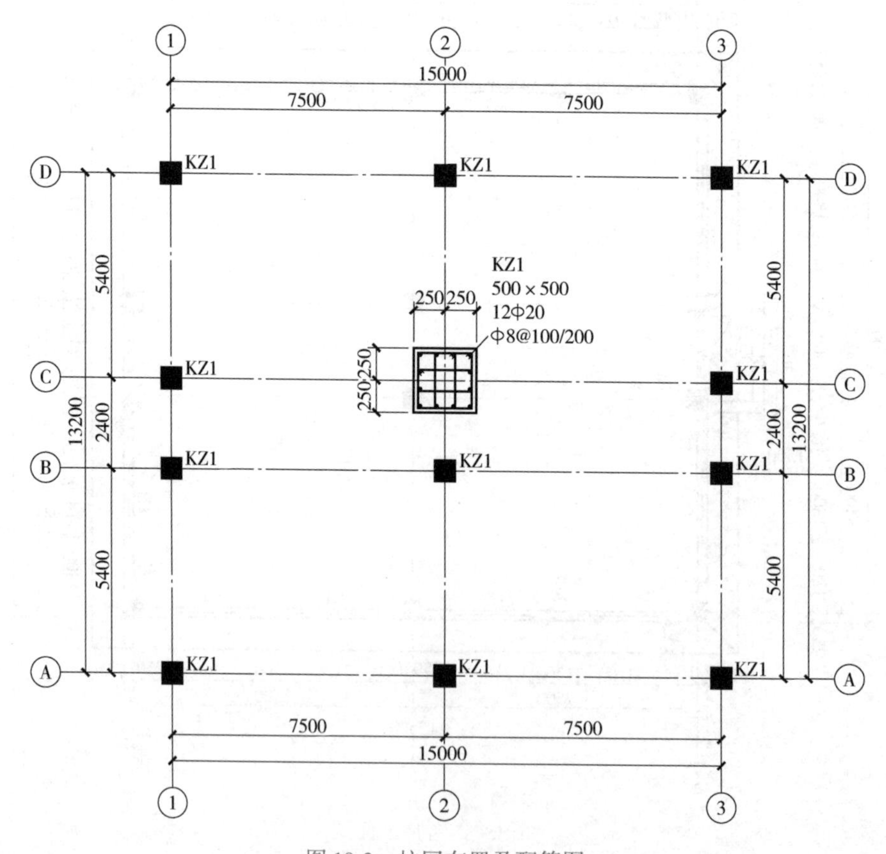

图 10-3　柱网布置及配筋图

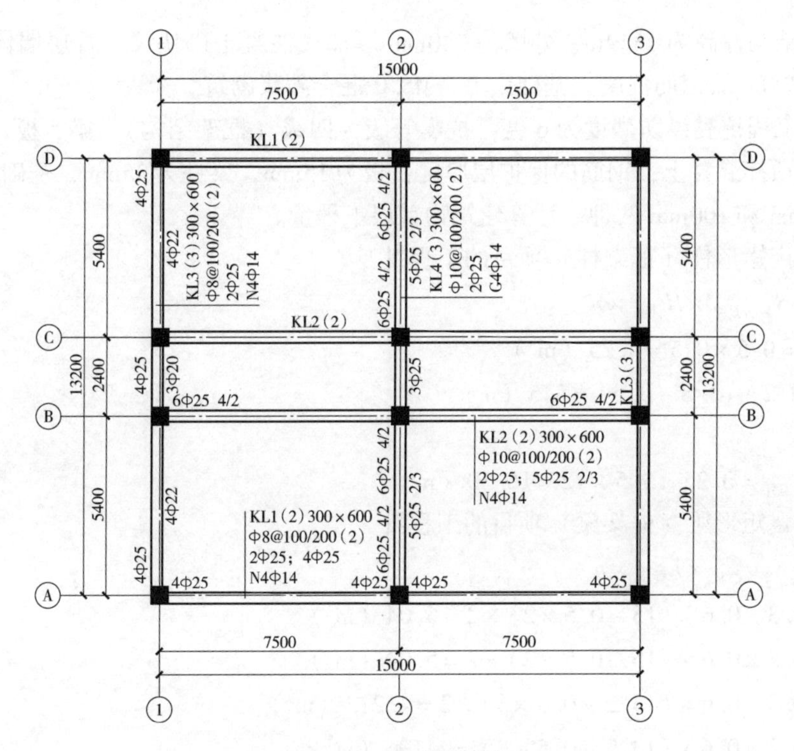

图 10-4　一层顶梁结构图

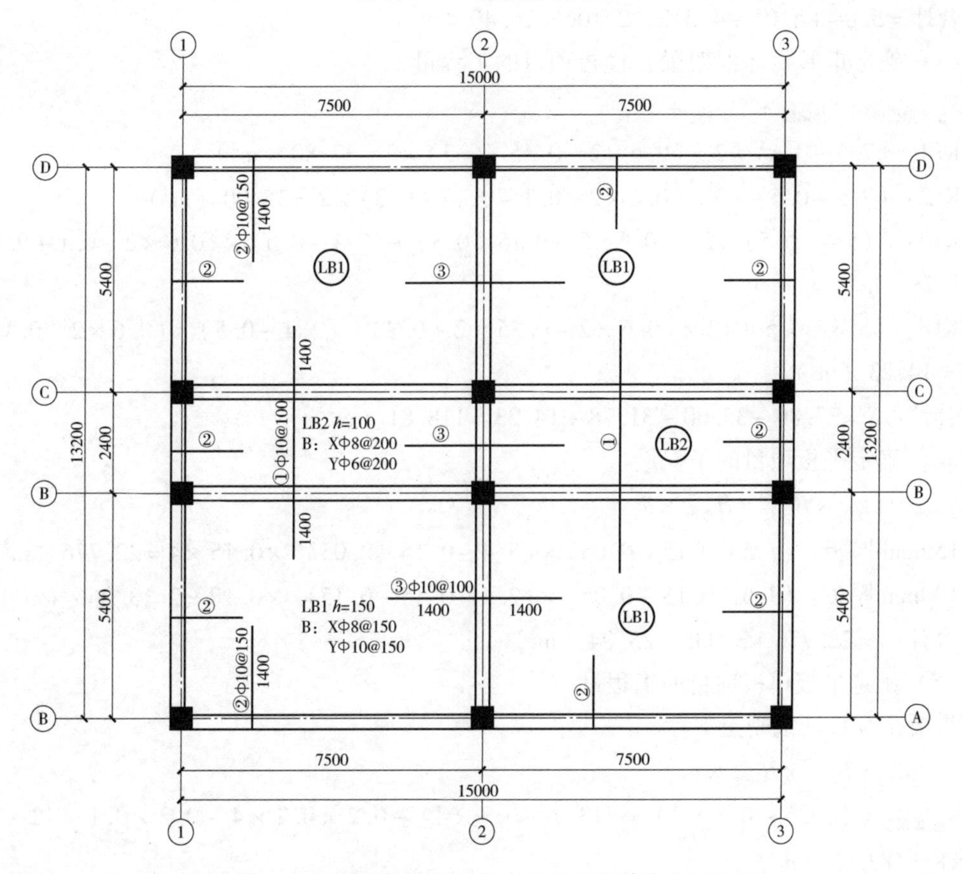

图 10-5　一层顶板结构图（图中未注明板筋为Φ8@250）

柱顶的结构标高为15.9m，外墙为240mm厚加气混凝土砌块墙，首层墙体砌筑在顶面标高为-0.200m的钢筋混凝土基础梁上，M5.0混合砂浆砌筑。

已知本工程抗震设防烈度为6度，抗震等级为四级（框架结构），梁、板、柱的混凝土均采用C30预拌混凝土；钢筋的保护层厚度：板为15mm，梁柱为25mm，基础为35mm。楼板厚有150mm和100mm两种。计算建筑物首层工程量。

（1）确定矩形柱（框架柱）项目的工程量

$V_{框架柱}=S_{截面面积}\times H_{柱高}\times n$

$S_{截面面积}=0.5\times 0.5=0.25$（$m^2$）

$H_{柱高}=4.2+(1.8-0.5)=5.5$（m）

$n=12$

则：$V_{框架柱}=0.25\times 5.5\times 12=16.50$（$m^3$）

（2）确定矩形梁（框架梁）项目的工程量

$V_{框架梁}=S_{截面面积}\times L_{梁长}\times n$

KL1：$0.3\times 0.6\times(15-0.5\times 2)\times 2=5.04$（$m^3$）

KL2：$0.3\times 0.6\times(15-0.5\times 2)\times 2=5.04$（$m^3$）

KL3：$0.3\times 0.6\times(13.2-0.5\times 3)\times 2=4.212$（$m^3$）

KL4：$0.3\times 0.6\times(13.2-0.5\times 3)=2.106$（$m^3$）

合计$=5.04+5.04+4.212+2.106=16.40$（$m^3$）

（3）确定矩形梁（框架梁）模板项目的工程量

$S_{框架梁模板}=S_{外侧模}+S_{内侧模}+S_{底模}$

KL1：$(7.5-0.5)\times 2\times(0.6\times 2-0.15+0.3)\times 2=37.80$（$m^2$）

KL2：$(7.5-0.5)\times 2\times(0.6\times 2-0.1-0.15+0.3)\times 2=35.00$（$m^2$）

KL3：$[(5.4-0.5)\times 2\times(0.6\times 2-0.15+0.3)+(2.4-0.5)\times(0.6\times 2-0.1+0.3)]\times 2=31.78$（$m^2$）

KL4：$(5.4-0.5)\times 2\times(0.6\times 2-0.15\times 2+0.3)+(2.4-0.5)\times(0.6\times 2-0.1\times 2+0.3)=14.23$（$m^2$）

合计：$S=37.80+35.00+31.78+14.23=118.81$（$m^2$）

（4）确定平板项目的工程量

$V_{平板}=L_{板长}\times B_{板宽}\times H_{板厚}\times n$

150mm厚板：$(7.5-0.15-0.05)\times(5.4-0.15-0.05)\times 0.15\times 4=22.776$（$m^3$）

100mm厚板：$(7.5-0.15-0.05)\times(2.4-0.15-0.15)\times 0.10\times 2=3.066$（$m^3$）

合计：$=22.776+3.066=25.84$（m^3）

（5）确定平板模板项目的工程量

混凝土及钢筋混凝土工程

$V_{平板模板}=L_{板长}\times B_{板宽}\times n$

$V_{平板模板}=(15.5-0.3\times 3)\times(13.7-0.3\times 4)-0.2\times 0.2\times 4-0.2\times 0.1\times 12-0.1\times 0.1\times 8=182.02$（$m^3$）

2. 某钢筋工程手工算量

已知框架梁（KL3）如图 10-6 所示，混凝土强度等级 C30，纵向钢筋 HRB335，抗震等级三级，受力筋混凝土保护层厚度为 30mm。A、D 柱靠边主筋直径 $D=18\text{mm}$，B 柱靠边主筋直径 $D=20\text{mm}$。计算框架梁的钢筋工程量。

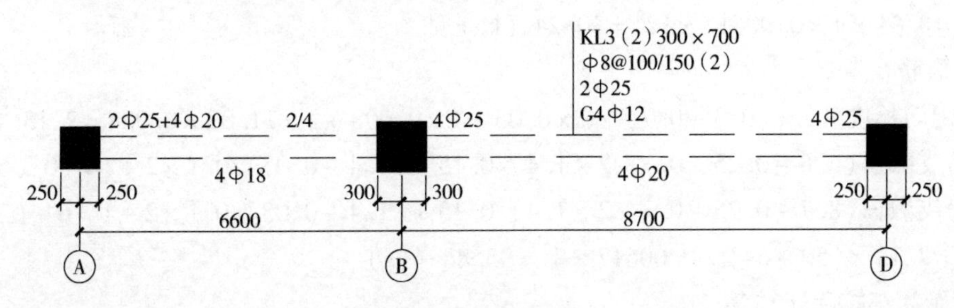

图 10-6　框架梁

根据已给条件查得受拉钢筋抗震锚固长度取 $31d$（d 为钢筋直径）。

（1）上部通长钢筋（2Φ25）

单支钢筋长度 $=6.6+8.7+0.25\times2-2\times0.03-2\times0.018-2\times0.03+2\times15\times0.025=16.39$（m）

重量 $=16.39\times2\times0.00617\times25^2=126.41$（kg）

（2）端支座角筋

①A 支座（4Φ20）。

单支钢筋长度 $=(6.6-0.25-0.3)/4+0.5-0.03-0.018-0.03+15\times0.02=2.24$（m）

重量 $=2.24\times4\times0.00617\times20^2=22.11$（kg）

②D 支座（2Φ25）。

单支钢筋长度 $=8.7-0.25-0.3+0.5-0.03-0.018-0.03+15\times0.025=3.52$（m）

重量 $=3.51\times2\times0.00617\times25^2=27.15$（kg）

（3）中支座直筋（2Φ25）

单支钢筋长度 $=2\times(8.7-0.25-0.3)/3+0.6=6.03$（m）

重量 $=6.03\times2\times0.00617\times25^2=46.51$（kg）

（4）下部纵筋

AB 跨（4Φ18）：

单支钢筋长度 $=6.6-0.25-0.3+0.5-0.03-0.018-0.03+15\times0.018+31\times0.018=7.3$（m）

重量 $=7.3\times4\times0.00617\times18^2=58.37$（kg）

BD 跨（4Φ20）：

单支钢筋长度 $=8.15+0.5-0.03-0.018-0.03+15\times0.02+31\times0.02=9.49$（m）

重量 $=9.49\times4\times0.00617\times20^2=93.69$（kg）

（5）梁中构造筋

AB 跨（4Φ12）

单支钢筋长度 $=6.6-0.25-0.3+2\times15\times0.012=6.41$（m）

重量 $=6.41\times4\times0.00617\times12^2=22.78$（kg）

BD 跨（4Φ12）

单支钢筋长度 $=8.7-0.25-0.3+2\times15\times0.002=8.51$（m）

重量 $=8.51\times4\times0.00617\times12^2=30.24$（kg）

（6）箍筋

单支钢筋长度 $=2\times(0.3+0.7)-8\times0.03+4\times0.008+2\times11.87\times0.008=2.13$（m）

AB 跨支数 $=(6.6-0.25-0.3-2\times1.4)/0.15+(1.4-0.05)/0.1\times2+1=50$（支）

BD 跨支数 $=(8.7-0.25-0.3-2\times1.4)/0.15+(1.4-0.05)/0.1\times2+1=64$（支）

重量 $=2.13\times(50+64)\times0.00617\times8^2=95.88$（kg）

3. 某砖混结构手工算量

如图 10-7 和图 10-8 所示，砖混结构单层建筑，外墙厚 360mm，1、5、A、D 均为偏中轴线。外墙中圈梁、过梁体积为 11.30m^3（其中地圈梁体积为 4.43m^3），内墙中圈梁、过梁体积为 1.44m^3（其中地圈梁体积为 0.67m^3），屋面板厚度为 120mm，顶棚抹面厚 10mm，内外墙门窗规格见表 10-1，附墙砖垛基础为 4 阶不等高放坡，计算该建筑砖砌体工程量。

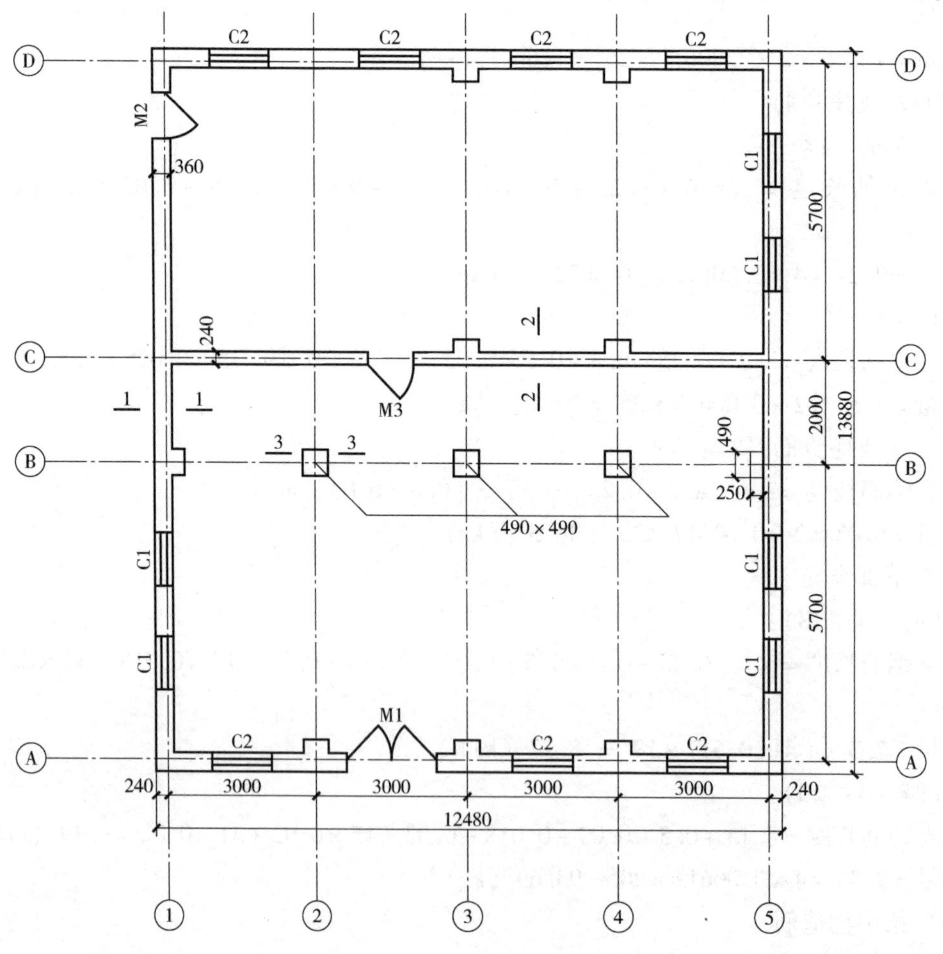

图 10-7　砖混结构平面图

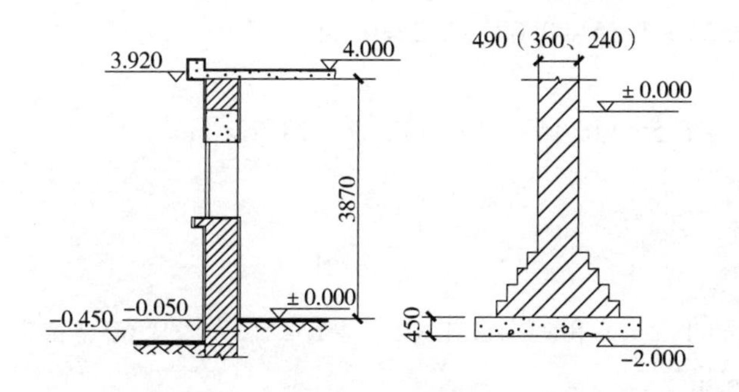

图 10-8　节点图

表 10-1　门窗规格

名称	序号	编号	规格（宽×高）/（mm×mm）	数量	所在轴线编号
钢窗	1	C-1	1500×1800	6	1、5 轴线外墙
	2	C-2	1200×1800	7	A、D 轴线外墙
钢门	1	M-1	2100×2400	1	A 轴外墙
	2	M-2	1200×2700	1	11 轴外墙
木门	1	M-3	1500×2400	1	C 轴外墙

（1）基数计算

①外墙中心线长。

$L_{中}=(12.48-0.36+13.88-0.36)\times2=51.28$（m）

②内墙净长。

$L_{净}=12.00-0.12\times2=11.76$（m）

③砖基础计算高度。

$h_{基}=2.00-0.45=1.55$（m）

④墙高。

$h_{墙}=3.87+0.01=3.88$（m）

（2）砖基础工程量计算

①外墙砖基础。

$V_{外}$ = 外墙基础中心线长度×（基础高度+折加高度）×墙厚

$=51.28\times(1.55+0.345)\times0.365=35.47$（$m^3$）

②内墙砖基础。

$V_{内}$ = 内墙净长×基础断面

$=11.76\times0.24\times(1.55+0.525)=5.86$（$m^3$）

③外墙砖垛基础。

外墙砖垛共 7 个：

$V_{外墙}$ =（砖垛底面积×砖垛基础高+单个砖垛增加体积）×砖垛个数

$=(0.49\times0.25\times1.55+0.032)\times7=1.55$（$m^3$）

④内墙砖垛基础。

内墙砖垛共 2 个：

$V_{内墙} = (0.49 \times 0.25 \times 1.55 + 0.032) \times 2 = 0.44$（$m^3$）

⑤砖基础总体积。

$V = 35.47 + 5.86 + 1.55 + 0.44 - 4.43 - 0.67 = 38.22$（$m^3$）

（3）砖墙工程量

①砖外墙工程量。

a. 外墙门窗面积。

$S = 1.5 \times 1.8 \times 6 + 1.2 \times 1.8 \times 7 + 2.1 \times 2.4 + 1.2 \times 27 = 39.60$（$m^2$）

b. 外墙墙垛工程量。

$V_{外墙墙垛} = 0.49 \times 0.25 \times 3.88 \times 7 = 3.33$（$m^3$）

c. 墙体工程量。

$V_{外墙体} = (51.28 \times 3.88 - 39.60) \times 0.365 - (11.3 - 4.43) + 3.33 = 54.63$（$m^3$）

②砖内墙工程量。

a. 内墙门窗面积。

$S_2 = 15 \times 24 = 3.6$（m^2）

b. 内墙墙垛工程量。

$V_{内墙墙垛} = 0.49 \times 0.25 \times 3.88 \times 2 = 0.95$（$m^3$）

c. 墙体工程量。

$V_{内墙体} = (11.76 \times 3.88 - 3.60) \times 0.24 - (1.44 - 0.67) + 0.95 = 10.27$（$m^3$）

③砖墙总体积。

$V = 54.63 + 10.27 = 64.90$（$m^3$）

（4）砖柱工程量

①砖柱基础。

$V_{柱基} = [0.49 \times 0.49 \times (1.55 + 0.614)] \times 3 = 1.56$（$m^3$）

②砖柱柱身。

$V_{柱身} = 0.49 \times 0.49 \times 3.88 \times 3 = 2.79$（$m^3$）

合计为

砖基础：38.22m^3；

砖柱基础：1.56m^3；

砖墙：64.90m^3；

砖柱柱身：2.79m^3。

10.2 大型案例软件实操

10.2.1 工程概况

（1）场地概况

本项目位于××县。

（2）抗震设计的有关参数

抗震设防类别：乙类（重点设防类）；抗震设防烈度：6 度；设计基本地震加速度：

0. 1g；设计地震分组：第一组；建筑场地类别：Ⅱ类；场地框架抗震等级：三级。

（3）结构的设计使用年限和安全等级

结构的设计使用年限：50 年；

结构的安全等级：丙级。

（4）工程概况

本工程为××学校校区建筑组团工程，本子项为实训楼。建筑工程等级：二级；建筑使用性质：教学用房；设计使用年限：50 年；建筑高度：20. 40m；建筑层数：地上 5 层；建筑层高：3. 9m；总建筑面积：4111. 21m^2；基底面积：771. 73m^2；结构类型：框架结构；基础类型：独立基础；场地类别：Ⅱ类；抗震设防烈度：6 度；结构抗震等级：三级；建筑抗震类别：乙类；耐火等级：二级。

（5）混凝土

该工程构件的混凝土强度等级见表 10-2。

表 10-2　混凝土强度等级

构件名称	混凝土强度等级
基础垫层	C10
挖孔桩（护壁、桩身）	C30
钢筋混凝土梁、板	C30
钢筋混凝土柱	C30（除特殊注明外）
楼梯	与同层框架梁强度相同
构造柱、过梁、圈梁、零星等构件	C20

（6）墙体填充材料

墙体厚度为 200mm。该工程不同位置的砖块、砂浆强度等级见表 10-3。

表 10-3　砖块、砂浆强度等级

构件部位	砖块强度等级	砂浆强度等级	备注
埋地砌体	MU10 页岩实心砖	M5. 0 水泥砂浆	①外围护墙、卫生间隔墙 MU5. 0 空心砖 ②页岩空心砖容重小于或等于 8kN/m^3
上部结构填充墙	MU5. 0 页岩空心砖	M5. 0 混合砂浆	
女儿墙高度小于 1. 4m	MU5. 0 页岩空心砖	M5. 0 混合砂浆	
女儿墙高度大于或等于 1. 4m	MU5. 0 页岩空心砖	M10 混合砂浆	
电梯井筒、零星砌体	MU10 页岩实心砖	M7. 5 混合砂浆	
室内分隔墙及二装隔墙	轻质隔墙	此隔墙每平方米墙面面积的容重小于或等于 0. 5kN/m^2	

10. 2. 2　计量软件实操要点

某学校项目进行广联达计量绘制时基本操作与上述五层办公楼的实例类似，因此这里不再叙述，只做要点讲解。

1. 标准层设置

在某学校工程项目中，3～5 层是标准层，可在楼层设置时直接设置标准层，如图 10-9 所示，楼层名称直接命名为 3～5 层，相同层数填写为 3 层，该楼层即设置为标准层。标准层设置完成后可直接进行构件绘制，在楼层显示时会直接显示 3 层，如图 10-10 所示。

楼层设置

单项工程列表

添加 删除

某学校实训楼-计量计价

楼层列表（基础层和标准层不能设置为首层。设置首层后，楼层编码自动变化，正数为地上层，负数为地下层，基础层编码固定为0）

插入楼层 删除楼层 上移 下移

首层	编码	楼层名称	层高(m)	底标高(m)	相同层数	板厚(mm)	建筑面积(m^2)
☐	7	突出层	1.5	20.95	1	120	(0)
☐	6	女儿墙层	1.5	19.45	1	120	(0)
☐	3~5	第3~5层	3.9	7.75	3	120	(0)
☐	2	第2层	3.9	3.85	1	120	(0)
☑	1	首层	3.9	-0.05	1	120	(0)
☐	0	基础层	1.95	-2	1	500	(0)

图 10-9　设置标准层

图 10-10　标准层显示

2. 构件复制

(1) 复制首层构件到其他楼层

复制首层构件到其他楼层是指把首层已经定义和绘制好的构件图元通过软件复制到其他楼层的相同位置。这种方法适用于其他层的构件与首层构件基本相同的情况，能够节约时间，不需要重复绘制相同的构件。以复制首层框架柱到其他楼层为例，具体操作如下：

①选择构件。复制首层框架柱到其他楼层，首先需要选择构件，选择构件有直接框选和批量选择两种方式。

a. 直接框选。直接框选是在建模界面通过鼠标直接框选全部图元或部分图元，图元框选后颜色会发生变化。

b. 批量选择。批量选择是通过软件中批量选择功能选中需要从首层复制到其他层的构件，如图 10-11 所示，复

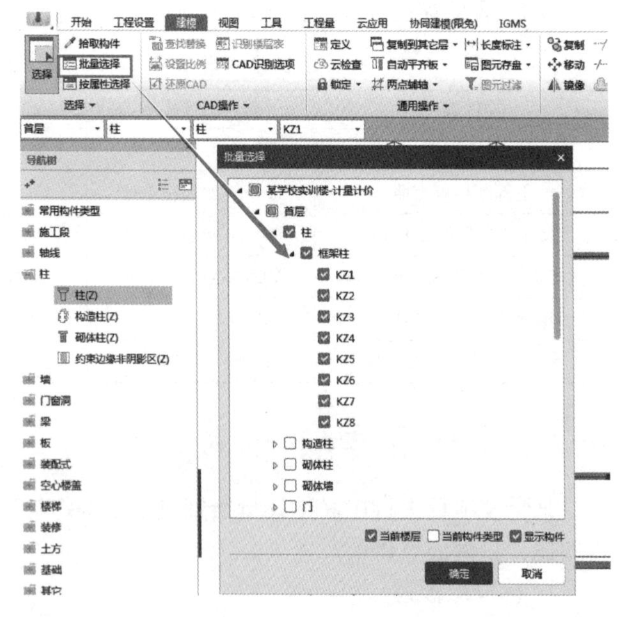

图 10-11　批量选择

制首层的框架柱到其他楼层，需要选中首层中的框架柱下的所有框柱，然后点击确定，首层的框柱就被全部选中。

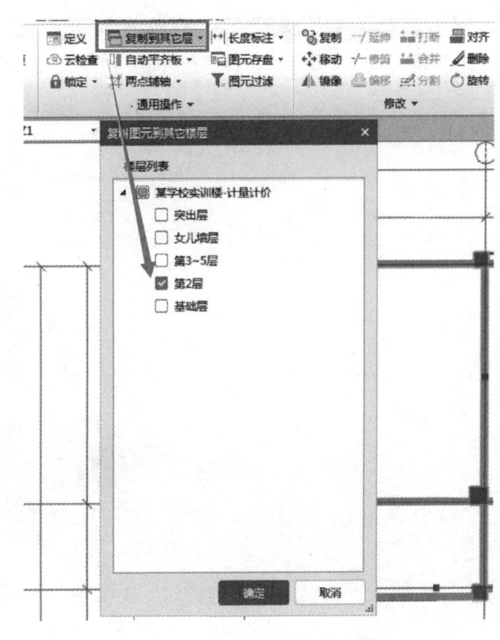

图 10-12　选择目标层

②选择复制到其他层。选中图元后，点击通用操作栏的复制到其他层，然后在弹出的界面中选择目标层，需要复制到第几层，就在哪几层前面打钩，如图 10-12 所示，选择楼层后点击确定，选择复制图元冲突处理方式，比如首层框柱复制到二层，但是二层存在与首层相同名称的柱或二层部分位置已经绘制过柱了，图元就会产生冲突，如果要用首层的柱覆盖二层，且二层已经存在的图元不保留，就选择覆盖目标层同名称构件和同位置构件，如果要保留就选择保留，如图 10-13 所示，选择完成后点击确定，软件将自动进行复制，复制完成会出现如图 10-14 所示界面。

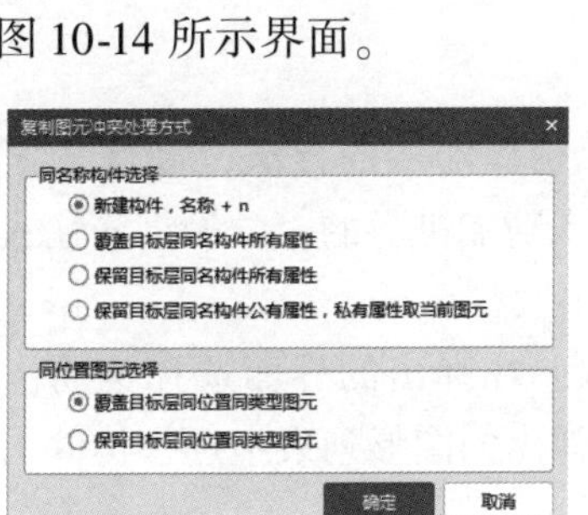

图 10-13　复制图元冲突处理方式

图 10-14　复制完成

（2）从其他楼层复制图元

从其他楼层复制图元是把其他楼层的构件复制到本层，以从首层复制柱到二层为例，具体操作如下：

①选择从其他楼层复制。首先选择楼层第二层，在导航栏中选择柱（Z），然后在通用操作中选择从其他楼层复制，如图 10-15 所示。

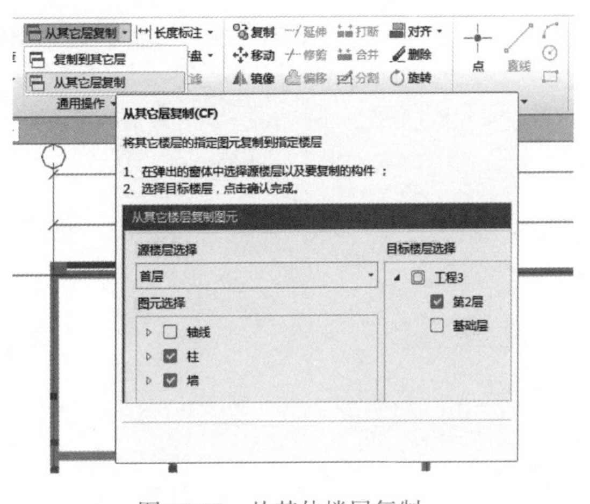

图 10-15　从其他楼层复制

②源楼层选择。点击从其他楼层复制，弹出源楼层选择界面（源楼层是指构件所在楼层，目标楼层为复制构件所在楼层），如在第二层，从首层复制柱，源楼层就是首层，目标楼层就是第二层，如图 10-16 所示。

③图元选择。选择楼层后，在源楼层下的图元选择中选择要复制的图元，比如复制首层柱，点开柱左边的三角符号，把柱下面的图元全部显示出来，然后选择柱，如图 10-17 所示。

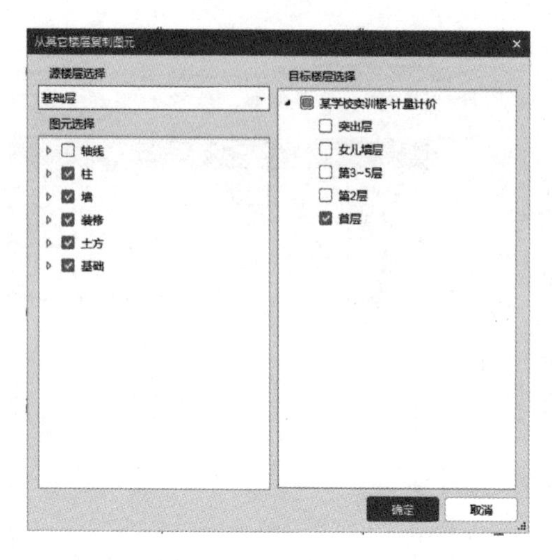

图 10-16 源楼层选择

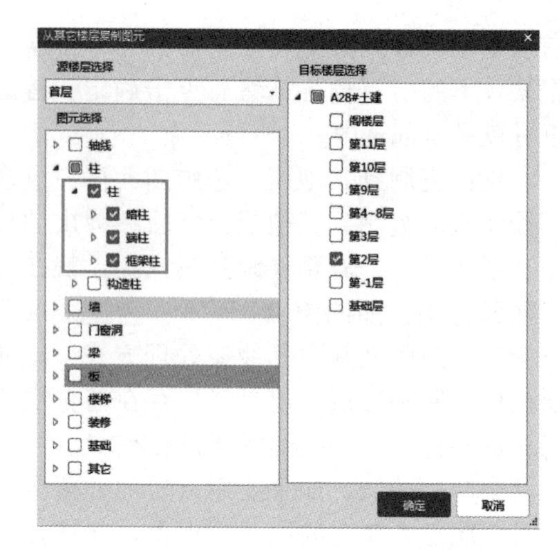

图 10-17 图元选择

④复制完成。选择图元后，点击确定，软件将自动进行构件复制，复制完成后会出现完成界面。

3. 单构件输入

单构件是指通过软件无法绘制的构件，可以通过单构件输入的方法，进行工程量的输入。单构件输入在 GTJ2021 中是通过工程量中的表格输入功能进行的，分为钢筋输入和土建输入两种。

其中，钢筋输入是指在工程量的界面选择表格输入，在弹出的界面选择钢筋，点击构件，编辑构件名称，如楼梯等，然后选择参数输入，在弹出的图形列表中选择构件图形进行钢筋编辑，如图 10-18 所示。

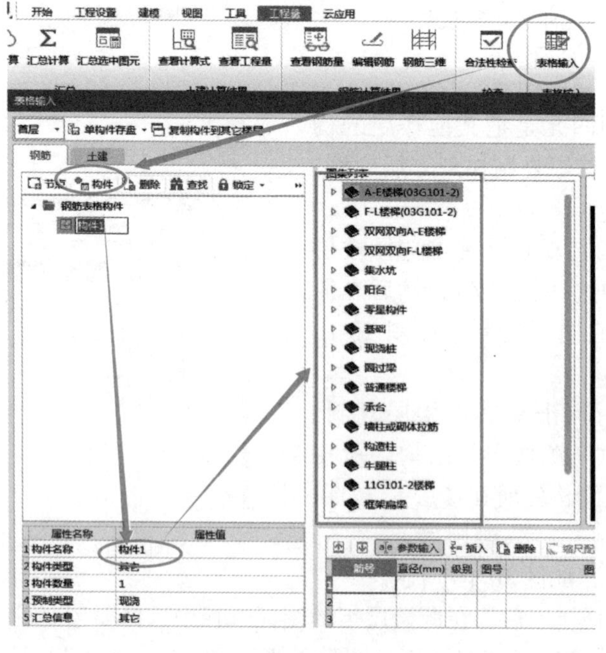

图 10-18 钢筋输入

土建输入是指在工程量的界面选择表格输入，在弹出的界面选择土建，如图 10-19 所示，然后点击构件，编辑构件名称，如雨篷等，然后通过添加清单，编辑清单信息，完成土建单构件输入。

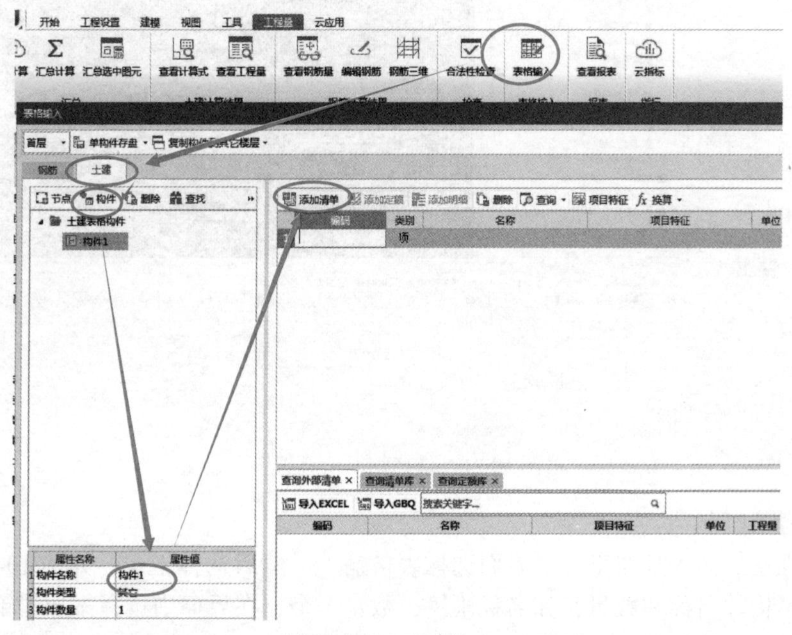

图 10-19　土建输入

（1）楼梯钢筋输入

楼梯在 GTJ2021 中通过新建构件绘制的结果是只有土建工程量，楼梯的钢筋工程量需要通过单构件输入的方法进行输入，按照上述方法，在工程量界面选择表格输入，然后选择钢筋，点击构件，然后选择参数输入，如图 10-20 所示，在出现的图形列表中选择楼梯类型，如图 10-21 所示，选择 AT 型楼梯，在界面中输入楼梯钢筋信息，选择计算保存，完成楼梯钢筋的输入。

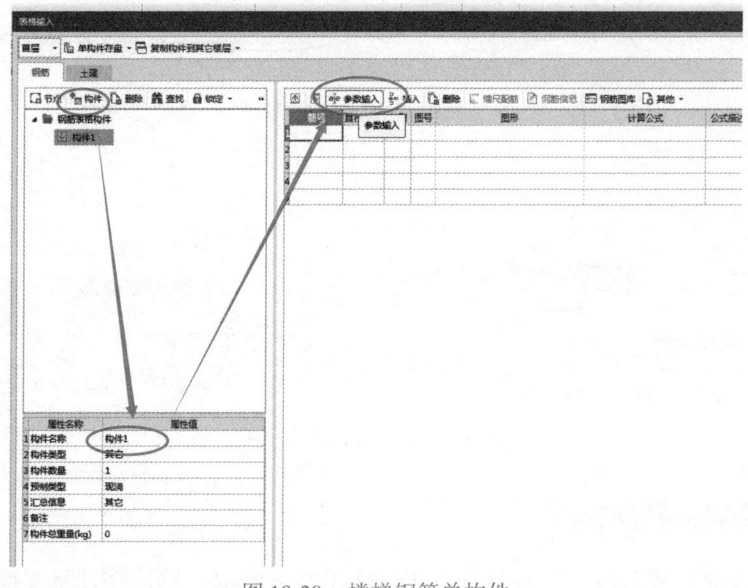

图 10-20　楼梯钢筋单构件

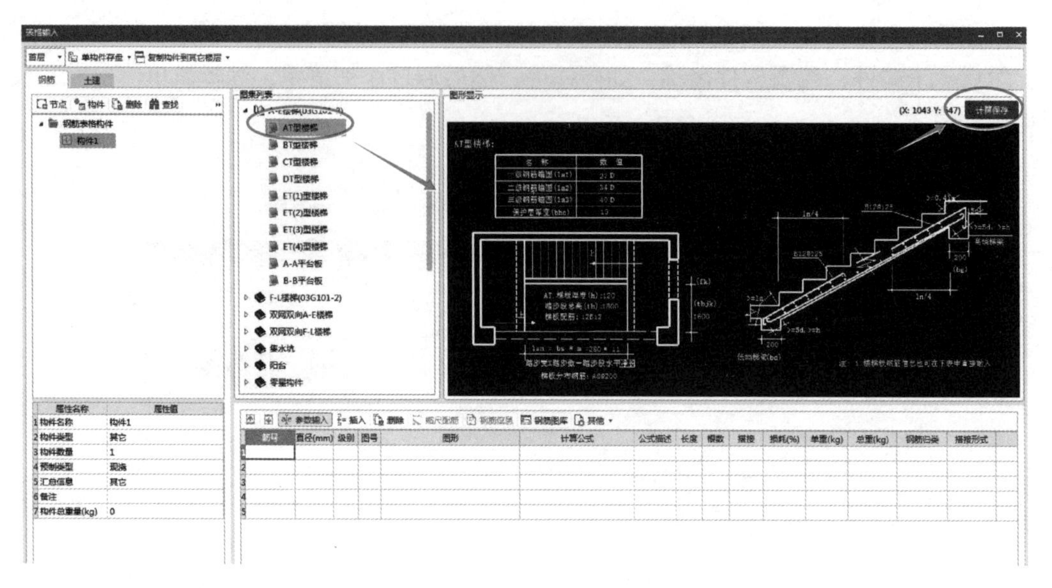

图 10-21　楼梯钢筋信息编辑

（2）雨篷土建输入

土建工程量的输入是在工程量界面选择表格输入，然后选择土建，如图 10-22 所示，点击构件，编辑构件名称和数量，如名称雨篷，数量 1 个，在界面中选择添加清单，按照构件选择具体清单，把构件信息填写清楚，工程量结果填写准确，就完成了土建工程量的输入。其余单构件输入基本类似。

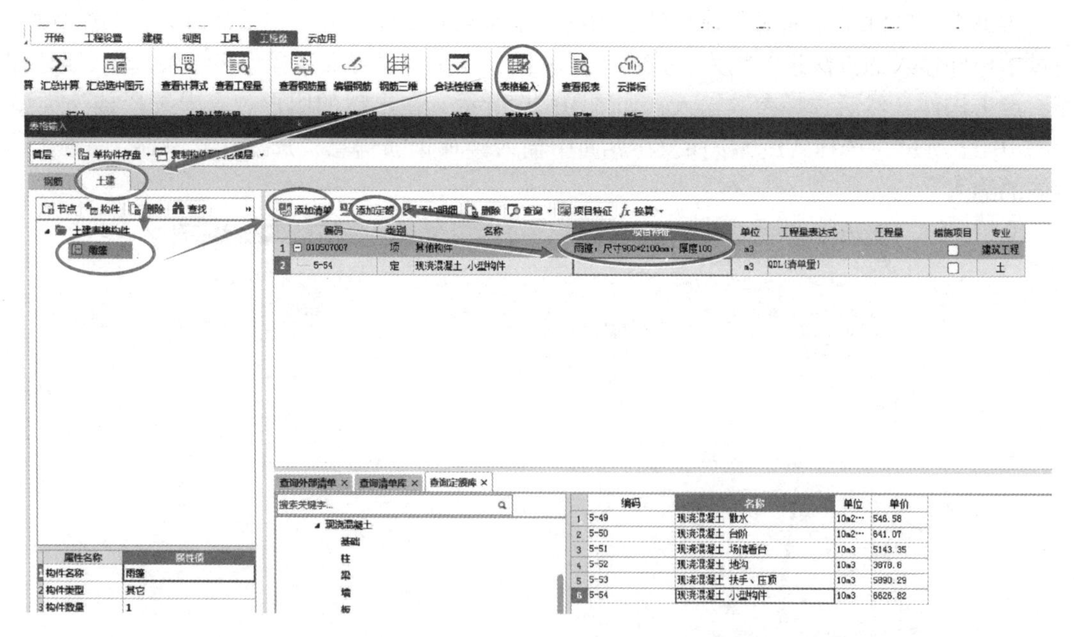

图 10-22　雨篷工程量输入

10.2.3　计价软件实操要点

计量软件绘制完成后可在计量软件中进行清单定额套取，然后将计量文件转到计价文件中，套取做法在构件的定义界面，选择构件做法，如图 10-23 所示，然后根据构件选择添加清单和添加定额。

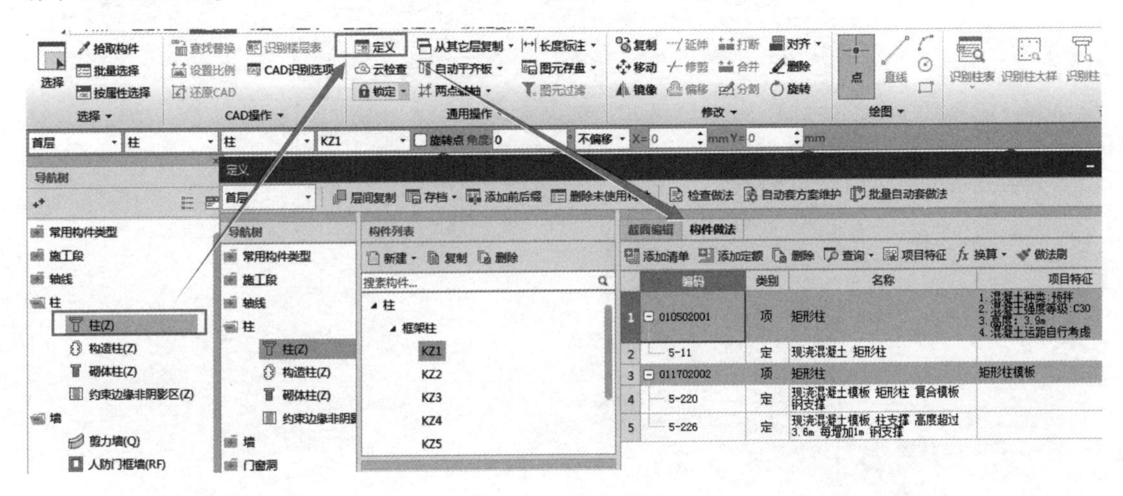

图 10-23 定义界面

按照导航树逐层逐构件进行做法套取也可以有效避免漏项，套取完成后可将该计量文件导入到计价文件。

1. 新建计价文件

打开软件后选择新建项目，如选择新建预算项目后需要选择项目类型，如图 10-24 所示，有招标项目、投标项目、单位工程等。选择完成后需进行信息填写。工作中最常用的是投标项目，因此下面以新建投标项目为例。选择投标项目后，填写工程名称等信息，然后点击立即创建。

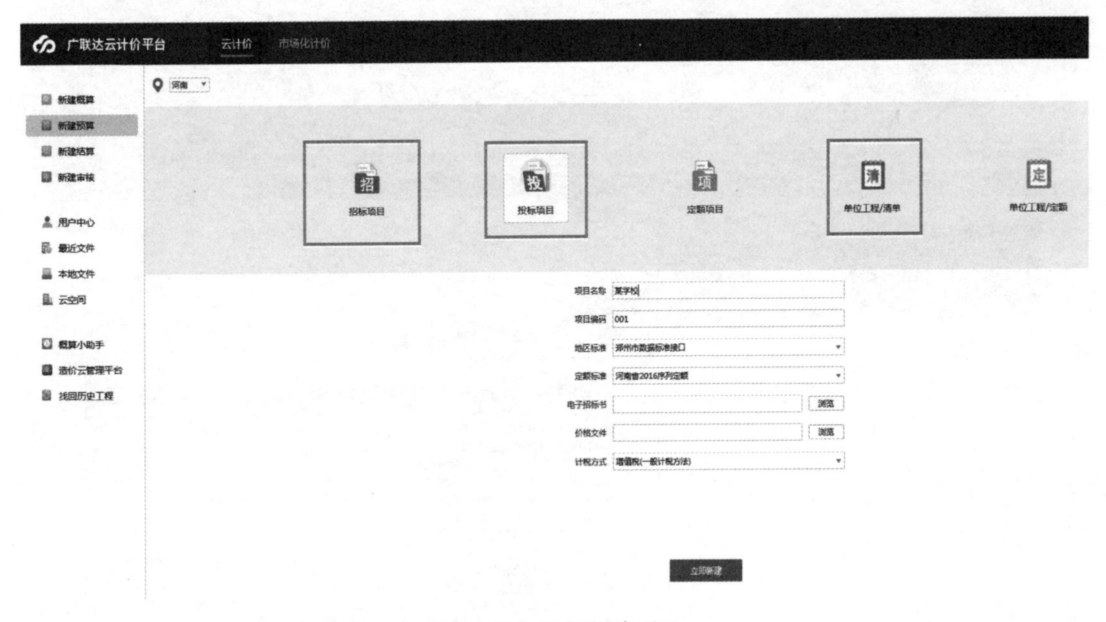

图 10-24 选择新建项目

项目创建之后进入软件界面，首先修改单位工程，点击单位工程修改为建筑工程或装饰工程，如需要新建就点击图中新建，如图 10-25 所示。后续工作就是导入算量文件。

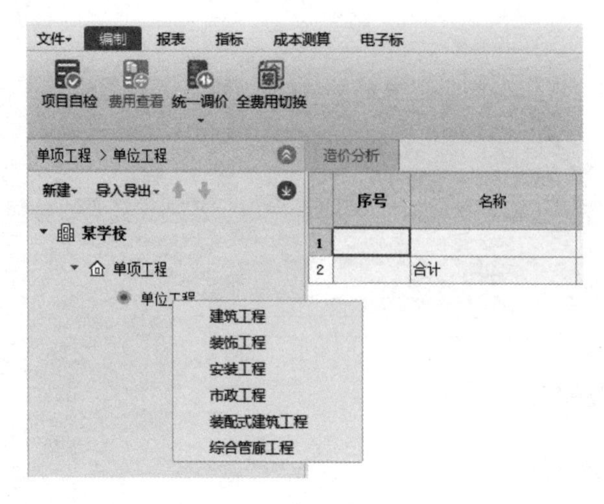

图 10-25 修改单位工程

2. 标准换算

新建完成后可通过量价一体化导入算量文件进行清单整理，然后进行标准换算。

（1）混凝土换算

混凝土换算如图 10-26 所示，选中需要换算的定额子目，在标准换算中选择第三项，根据清单描述矩形梁混凝土强度等级为 C30，因此需要把矩形梁定额子目的 C20 换算成 C30。

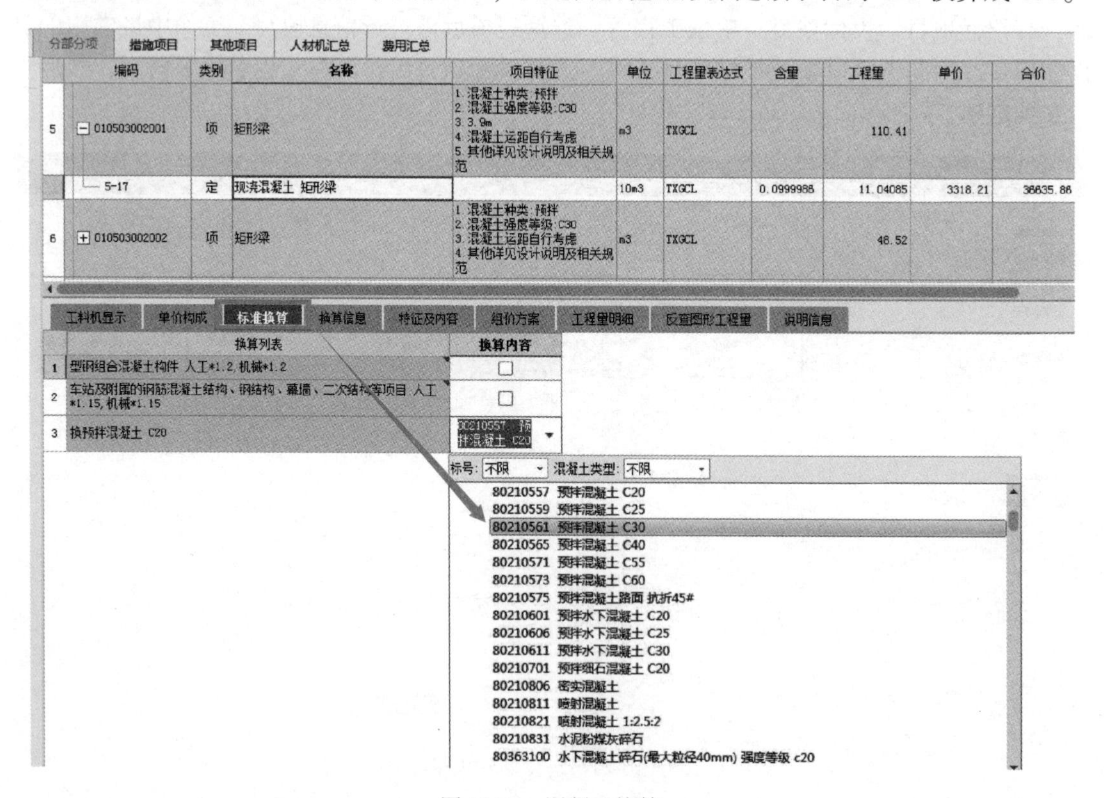

图 10-26 混凝土换算

（2）墙体超高换算

砌块墙高度超过 3.6m 时需要在标准换算中进行换算，如图 10-27 所示。之后换算内容可在换算信息中查看，如图 10-28 所示。

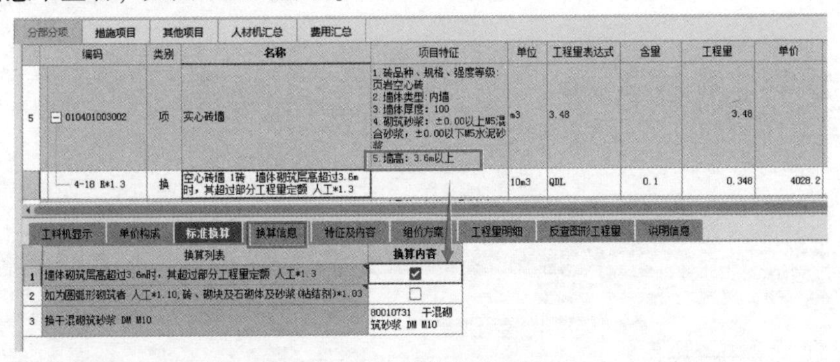

图 10-27　墙体超高换算

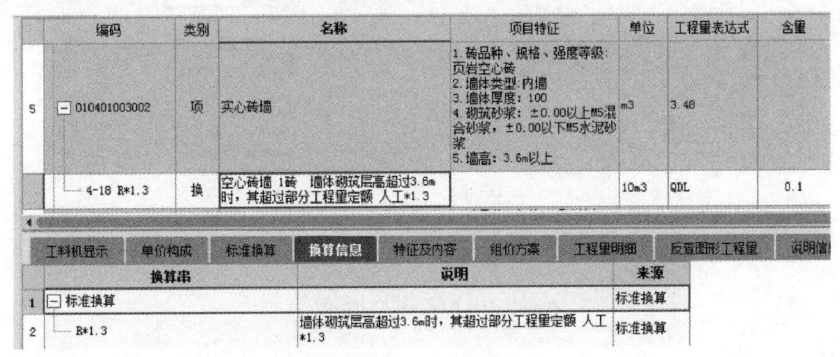

图 10-28　换算查看

（3）砂浆换算

清单描述中的砂浆有时候与定额子目中不一致，需要进行换算，如图 10-29 所示。

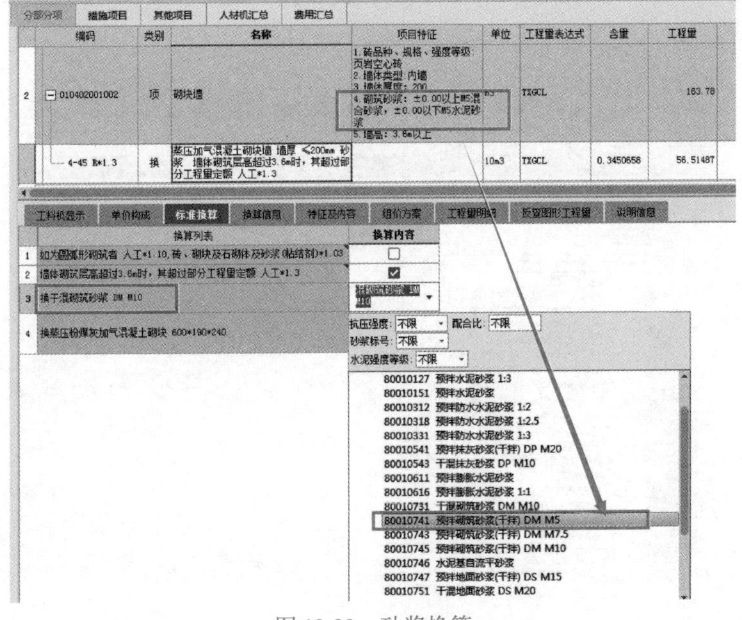

图 10-29　砂浆换算

3. 主材换算

主材换算是在工料机显示中进行的，如图 10-30 所示，墙体材质为页岩空心砖，套取相应定额后显示主材是烧结空心砖，可通过图中标注步骤，换算主材，也可直接修改材料价格。

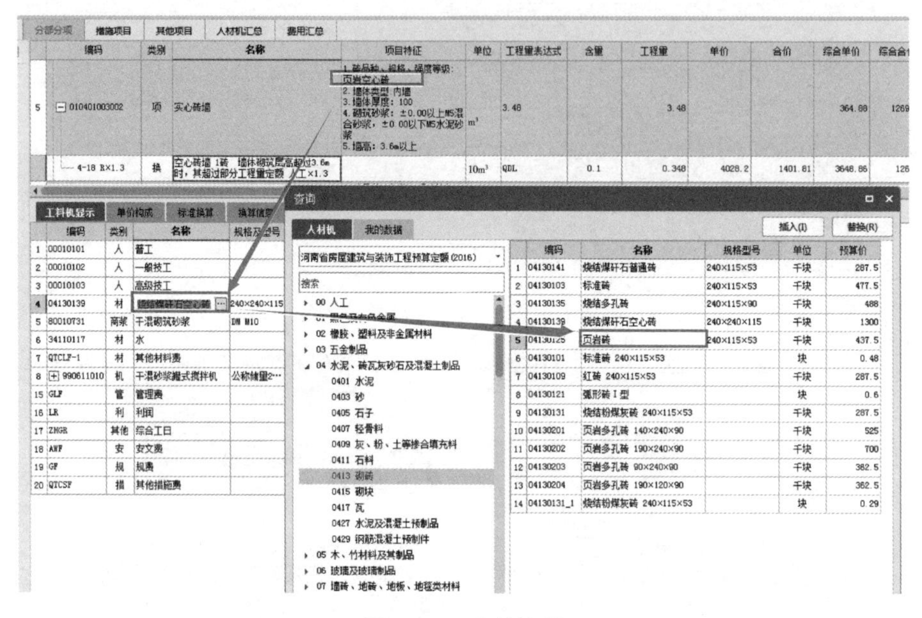

图 10-30　主材换算

4. 钢筋工程

通过计量文件转到计价文件的清单列表中缺少钢筋工程，需要自行添加。通过点击插入→钢筋工程→现浇构件钢筋→插入清单来完成，如图 10-31 所示。插入清单后根据钢筋等级和直径选择定额，如图 10-32 所示。钢筋工程清单定额选定后，工程量需要在计量文件钢筋汇总表中查找。

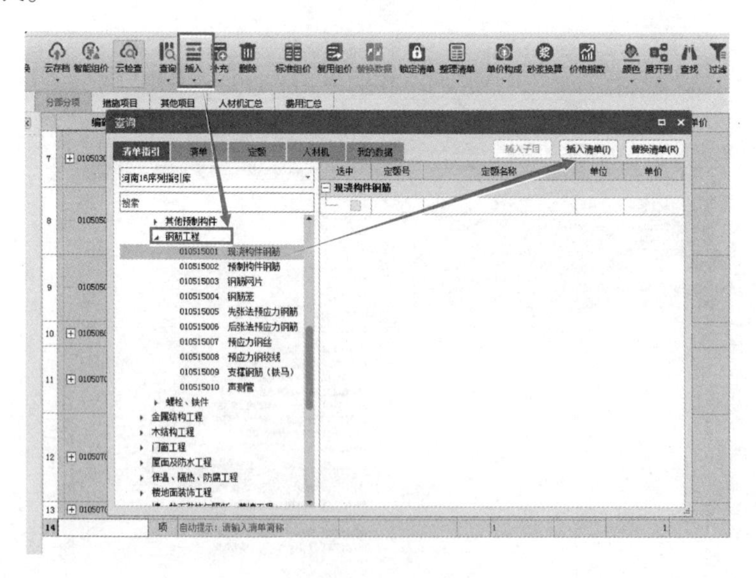

图 10-31　钢筋工程

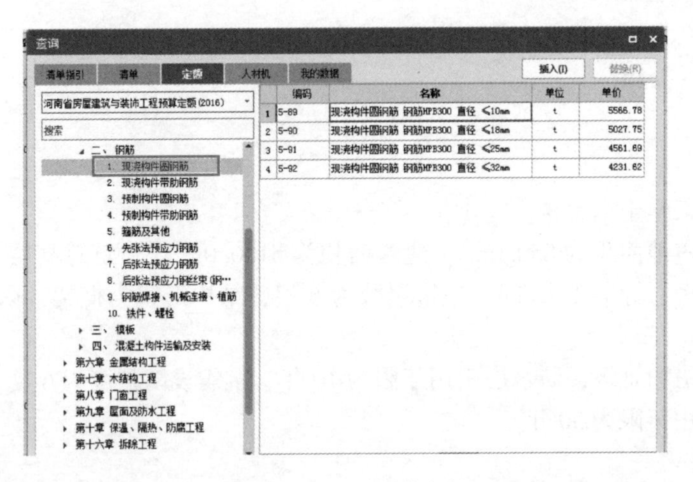

图 10-32　选择钢筋定额

5. 混凝土泵送费

混凝土泵送费指的是地泵等工具输送到楼上发生的费用。如要计算泵送费，需要在计价时通过补充清单进行完善，如图 10-33 所示。清单补充后选择合适的定额，如图 10-34 所示。

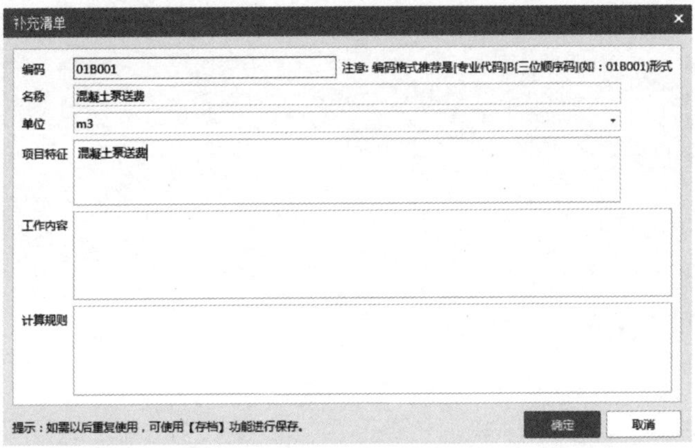

图 10-33　补充清单

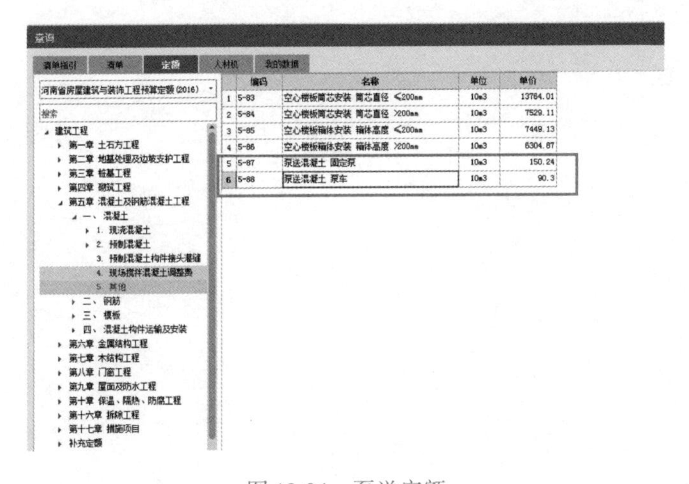

图 10-34　泵送定额

10.3 测试评估

1. 项目概况

项目名称：某学生宿舍楼。

项目概况：占地面积为850.0m^2，建筑面积为5100.0m^2，建筑总高度为20.50m，一至六层均为学生宿舍，标准4人/间，建筑层数为6层，结构形式为框架，丙类建筑，防火等级为二级。

屋面防水等级为Ⅲ级，防水层耐用年限为10年，抗震设防烈度为6度。

结构设计使用年限为50年。

2. 项目图纸

具体图纸略。